Kapazitätsorientierte Auftragsfreigabe in matrixstrukturierten Montagesystemen

Capacity-Orientated Order Release in Matrix-Structured Assembly Systems

Von der Fakultät für Maschinenwesen
der Rheinisch-Westfälischen Technischen Hochschule Aachen
zur Erlangung des akademischen Grades eines
Doktors der Ingenieurwissenschaften
genehmigte Dissertation

vorgelegt von

Esben Schukat

Berichter/in:

Univ.-Prof. Dr.-Ing. Dipl.-Wirt. Ing. Günther Schuh
Univ.-Prof. Dr.-Ing. Peter Burggräf, MBA

Tag der mündlichen Prüfung: 5. Dezember 2023

ERGEBNISSE AUS DER PRODUKTIONSTECHNIK

Esben Schukat

Kapazitätsorientierte Auftragsfreigabe in matrix-strukturierten Montagesystemen

Herausgeber:
Prof. Dr.-Ing. T. Bergs
Prof. Dr.-Ing. Dipl.-Wirt. Ing. G. Schuh
Prof. Dr.-Ing. C. Brecher
Prof. Dr.-Ing. R. H. Schmitt

Band 3/2024

IPT

Bibliografische Information der Deutschen Nationalbibliothek
Die Deutsche Nationalbibliothek verzeichnet diese Publikation in der Deutschen Nationalbibliografie; detaillierte bibliografische Daten sind im Internet über https://portal.dnb.de abrufbar.

Esben Schukat:

Kapazitätsorientierte Auftragsfreigabe in matrixstrukturierten Montagesystemen

1. Auflage, 2024

Gedruckt auf holz- und säurefreiem Papier, 100% chlorfrei gebleicht.

Wissenschaftsverlag des Instituts für Industriekommunikation und Fachmedien an der RWTH Aachen
Steinbachstr. 25, 52074 Aachen
Internet: www.apprimus-verlag.de, E-Mail: info@apprimus-verlag.de

Druck: CPI Druckdienstleistungen GmbH, Ferdinand-Jühlke-Straße 7 I 99095 Erfurt

ISBN 978-3-98555-198-9

D 82 (Diss. RWTH Aachen University, 2023)

Vorwort

Die vorliegende Dissertation entstand während meiner Zeit als Oberingenieur, Gruppenleiter und wissenschaftlicher Mitarbeiter am Lehrstuhl für Produktionssystematik des Werkzeugmaschinenlabors WZL der Rheinisch-Westfälischen Technischen Hochschule Aachen. Mein besonderer Dank gilt meinem Doktorvater Professor Günther Schuh, Inhaber des Lehrstuhls für Produktionssystematik, für die Betreuung meiner Dissertation. Meine fachliche und persönliche Weiterentwicklung während meiner Promotionszeit ist auf ein außergewöhnlich innovatives und visionäres Arbeitsumfeld zurückzuführen, das maßgeblich von ihm geprägt wird. Mein weiterer Dank gilt Professor Peter Burggräf für seine intensive Unterstützung während des Erstellungsprozesses dieser Dissertation sowie die Übernahme des Korreferats. Ebenso bedanke ich mich bei Professor Carlo Holly als Vorsitzenden der Prüfungskommission und Professor Bernd Markert für die Übernahme des Prüfungsbeisitzes.

Für die mir übertragene Verantwortung und die Möglichkeiten zur Weiterentwicklung möchte ich Dr. Matthias Dannapfel sowie Tobias Adlon danken. Ihr habt weit über eure Wirkungszeit als Oberingenieure am WZL hinaus einen wesentlichen Beitrag zu meiner fachlichen und persönlichen Entwicklung geleistet. Ebenso danke ich allen, die mich in meiner Zeit am WZL begleitet haben. Hierzu zählen insbesondere Steffen Schupp, Hannes Kahmann, Dr. Carsten Fölling, Jonas Dackweiler, Nils Föhlisch, Florian Bröhl, Niklas Schäfer, Katharina Adlon, Dr. Amon Göppert, Jonas Baum, Lea Kaven, Dr. Viviane Hahn, Dr. Mario Kehrer und Moritz Beyer. Für ihren enormen Einsatz möchte ich mich auch bei meinem Team studentischer Mitarbeiter sowie Abschlussarbeiter bedanken. Dies betrifft insbesondere Lucian Holtwiesche, Niklas Lange, Gerrit Brügge, Jakob Amtmann, Adrian Maidl, Katharina Fughe, Nina Weber, Felix Schönwasser, Lea Röhm, Paul Aaron Ulmer, Manuel Lauer und Jan-Niklas Moritz.

Dr. Max Busch, Dr. Tim Graberg und Tom Möller danke ich für die langjährige Freundschaft, die gemeinsam verbrachte Zeit am Campus sowie eure immerwährende Hilfe und Unterstützung im Erstellungsprozess dieser Dissertation. Auf meinem akademischen Weg haben mich weiterhin die wissenschaftlichen Erfolge meiner Geschwister Dr. Sirkka Schukat und PD Dr. Marian Grade inspiriert und motiviert. Dafür möchte ich euch danken.

Der wichtigste und abschließende Dank gilt meiner Familie, welche mich nicht nur im Studium, sondern auch während der Promotionszeit fortlaufend mit Rückhalt und Rücksichtnahme unterstützt hat. Ihr habt zahlreiche Entbehrungen hinnehmen müssen und damit ebenso die Erstellung dieser Dissertation ermöglicht.

Aachen, im Dezember 2023 Esben Schukat

Kurzzusammenfassung

Die am weitesten verbreitete Form der Fließfertigung ist die Montagelinie, die insbesondere durch Henry Ford geprägt wurde. Sie ermöglichte es, die Herstellungskosten in der variantenreichen Produktion verschiedener Industrien erheblich zu senken. Trotz ihrer Erfolgsgeschichte stößt diese Organisationsform jedoch bei anhaltenden Herausforderungen wie hoher Variantenvielfalt, kürzeren Innovationszyklen und volatilen Marktbedingungen immer mehr an ihre Grenzen. Die starre Verkettung von Montagestationen in Montagelinien führt zunehmend zu Taktzeitverlusten und Ineffizienzen. In diesem Kontext haben sich matrixstrukturierte Montagesysteme als alternative, taktzeitunabhängige Organisationsform in der Montage hervorgetan. In matrixstrukturierten Montagesystemen sind Montagestationen ähnlich wie die Felder eines Schachbretts zweidimensional angeordnet und voneinander entkoppelt. Dies ermöglicht es Aufträgen, individuelle Pfade durch das Montagesystem zu nehmen und sogar nicht relevante oder belegte Montagestationen zu überspringen. Die Zuordnung von Aufträgen zur jeweils nächsten Montagestation sowie die Auswahl der auszuführenden Tätigkeiten erfolgen in matrixstrukturierten Montagesystemen durch eine reaktive Montagesteuerung. Im Vergleich zu Montagelinien besitzt die Montagesteuerung in matrixstrukturierten Montagesystemen eine deutlich höhere Bedeutung und Komplexität. Bisherige Forschungsarbeiten zur Montagesteuerung in matrixstrukturierten Montagesystemen konzentrierten sich vor allem auf die reaktive Zuordnung von Montageaufträgen zu Montagestationen. Die Auftragsfreigabe, die als integraler Bestandteil der Montagesteuerung gilt, wurde dabei weitgehend vernachlässigt.

Um die theoretischen Potenziale matrixstrukturierter Montagesysteme nachzuweisen und deren praktische Anwendung zu ermöglichen, bedarf es eines geeigneten Ansatzes zur Auftragsfreigabe in solchen Montagesystemen. Daraus ergibt sich das übergeordnete Ziel dieser Dissertation: die Entwicklung einer Methodik für die Auftragsfreigabe in matrixstrukturierten Montagesystemen. Hierzu werden die Anforderungen an die Auftragsfreigabe systematisch hergeleitet, in ein Konzept überführt sowie dieses Konzept anschließend mathematisch operationalisiert. Um die Wirkzusammenhänge innerhalb der Montagesteuerung realitätsnah abzubilden, wird die resultierende Methodik Auftragsfreigabe als Teil eines Agentensystems zur Montagesteuerung in einer Evaluationsumgebung modelliert und softwaretechnisch implementiert. Die Evaluation erfolgt simulationsbasiert am Beispiel einer Batteriemontage in dieser Evaluationsumgebung, wobei die generelle Funktionalität der Methodik zur Auftragsfreigabe sowie ihr Mehrwert unter Berücksichtigung relevanter Produktivitätskennzahlen untersucht werden.

Der wissenschaftliche Beitrag dieser Dissertation liegt in der Entwicklung einer Methodik zur Auftragsfreigabe, die als integraler Bestandteil der Montagesteuerung systematisch Freigabeentscheidungen trifft und dabei die spezifischen Merkmale von matrixstrukturierten Montagesystemen berücksichtigt. Das Ergebnis dieser Dissertation soll zum Einzug matrixstrukturierter Montagesysteme in die industrielle Praxis beitragen. Des Weiteren bietet die implementierte Evaluationsumgebung eine Forschungsplattform zur Integration weiterer Steuerungsaufgaben, wie beispielsweise der Materialbereitstellung.

Summary

The most common form of flow production is the assembly line, which was shaped in particular by Henry Ford. It enabled manufacturing costs to be significantly reduced in the multi-variant production in various industries. Despite its success story, however, this form of organization is increasingly reaching its limits due to persistent challenges such as high variability, shorter innovation cycles and volatile market conditions. The rigid linkage of assembly stations in assembly lines increasingly leads to cycle time losses and inefficiencies. In this context, matrix-structured assembly systems have emerged as an alternative, cycle-time-independent organizational form in assembly. In matrix-structured assembly systems, assembly stations are arranged two-dimensionally and decoupled from one another, similar to the squares of a chessboard. This allows orders to take individual paths through the assembly system and even to skip assembly stations that are not relevant or occupied. In matrix-structured assembly systems, orders are assigned to the next assembly station and the tasks to be performed are selected by a reactive assembly control system. Compared to assembly lines, assembly control in matrix-structured assembly systems is considerably more important and complex. Previous research on assembly control in matrix-structured assembly systems focused mainly on the reactive assignment of assembly orders to assembly stations. Order release, which is considered an integral part of assembly control, has been largely neglected.

In order to prove the theoretical capabilities of matrix-structured assembly systems and to enable their use in practice, a suitable approach for order release in such assembly systems is required. This results in the overall objective of this work: the development of a methodology for order release in matrix-structured assembly systems. For this purpose, the requirements for order release are systematically derived, transferred into a concept and this concept is subsequently mathematically operationalized. In order to realistically represent the interdependencies within assembly control, the resulting order release methodology is modeled as part of an agent system for assembly control in an evaluation environment and implemented in software. The evaluation is simulation-based, using the example of a battery assembly in this evaluation environment. The general functionality of the methodology for order release as well as its added value are examined under consideration of relevant productivity indicators.

The scientific contribution of this work lies in the development of an order release methodology that systematically performs release decisions as an integral part of the assembly control system, taking into account the specific characteristics of matrix-structured assembly systems. The result of this work is intended to contribute to the introduction of matrix-structured assembly systems into industrial practice. Furthermore, the implemented evaluation environment offers a research platform for the integration of further control tasks, such as material supply.

I Inhaltsübersicht

I Inhaltsübersicht .... **I**

II Inhaltsverzeichnis .... **III**

III Abbildungsverzeichnis .... **VII**

IV Tabellenverzeichnis .... **IX**

V Abkürzungen .... **XI**

1 Einleitung **1**

1.1 Motivation der Arbeit 1
1.2 Forschungsziel 4
1.3 Forschungskonzeption 4
1.4 Aufbau der Arbeit 8

2 Agentenbasierte Montagesteuerung als Befähiger matrixstrukturierter Montagesysteme **11**

2.1 Montagesystem 11
2.2 Matrixstrukturierte Montagesysteme 16
2.3 Montagesteuerung 26
2.4 Agentensysteme zur Montagesteuerung 37
2.5 Handlungsbedarf zur agentenbasierten Montagesteuerung in matrixstrukturierten Montagesystemen 45

3 Auftragsfreigabe in der Montage **47**

3.1 Grundlagen der Auftragsfreigabe 47
3.2 Ansätze zur Auftragsfreigabe in matrixstrukturierten Montagesystemen 56
3.3 Zusammenfassung des Forschungsbedarfs 62

4 Entwicklung der Methodik zur Auftragsfreigabe **65**

4.1 Begriffs- und Anforderungsdefinition 65
4.2 Lösungsraum 69
4.3 Konzeption 83
4.4 Operationalisierung 102
4.5 Fazit und Limitationen 112

5 Aufbau der Evaluationsumgebung **117**

5.1 Definition und Herangehensweise 117
5.2 Umsetzung des Agentensystems zur Montagesteuerung 121
5.3 Erweiterung um die kapazitätsorientierte Auftragsfreigabe 141
5.4 Zwischenfazit zur Evaluationsumgebung 159

6 Evaluation der Methodik zur Auftragsfreigabe **163**

6.1 Vorgehen zur Evaluation 163
6.2 Funktionales Testing 170
6.3 Nicht-funktionales Testings 179
6.4 Diskussion und kritische Reflexion 182

7 Zusammenfassung und Ausblick **189**

8 Literaturverzeichnis **191**

9 Anhang **213**

II Inhaltsverzeichnis

I Inhaltsübersicht .... **I**

II Inhaltsverzeichnis .... **III**

III Abbildungsverzeichnis .... **VII**

IV Tabellenverzeichnis .... **IX**

V Abkürzungen .... **XI**

1 Einleitung **1**

1.1 Motivation der Arbeit 1
1.2 Forschungsziel 4
1.3 Forschungskonzeption 4
1.3.1 Design Science Research als Forschungsansatz *5*
1.3.2 Wissenschaftliches Umfeld *7*
1.4 Aufbau der Arbeit 8

2 Agentenbasierte Montagesteuerung als Befähiger matrixstrukturierter Montagesysteme **11**

2.1 Montagesystem 11
2.1.1 Einordnung der Montage *11*
2.1.2 Montage als System *12*
2.1.3 Organisationsformen *13*
2.2 Matrixstrukturierte Montagesysteme 16
2.2.1 Definition und Charakteristika *16*
2.2.2 Wirtschaftliche Potenziale *20*
2.2.3 Umsetzungshürden und Forschungsbedarfe *22*
2.3 Montagesteuerung 26
2.3.1 Begriffsdefinition und -abgrenzung *27*
2.3.2 Steuerungsarchitekturen *29*
2.3.3 Anforderungen an die Montagesteuerung matrixstrukturierter Montagesysteme *32*
2.3.4 Steuerungsarchitekturen im Anwendungskontext *35*
2.4 Agentensysteme zur Montagesteuerung 37
2.4.1 Begriffsbestimmung Agenten und Agentensysteme *37*
2.4.2 Koordination und Kommunikation von Agenten *40*
2.4.3 Anwendungsgebiete von Agentensystemen *42*
2.4.4 Agentenbasierte Montagesteuerung matrixstrukturierter Montagesysteme *43*
2.5 Handlungsbedarf zur agentenbasierten Montagesteuerung in matrixstrukturierten Montagesystemen 45

3 Auftragsfreigabe in der Montage **47**

3.1 Grundlagen der Auftragsfreigabe 47
3.1.1 Definition *47*
3.1.2 Verfahren zur Auftragsfreigabe *49*
3.1.3 Diskussion der Anwendbarkeit im vorliegenden Kontext *53*
3.2 Ansätze zur Auftragsfreigabe in matrixstrukturierten Montagesystemen 56
3.2.1 Methodik zur Identifikation und Untersuchung *56*
3.2.2 Vorstellung bestehender Ansätze *57*
3.2.3 Auswertung und Würdigung der Ansätze *60*
3.3 Zusammenfassung des Forschungsbedarfs 62

4 Entwicklung der Methodik zur Auftragsfreigabe **65**

4.1 Begriffs- und Anforderungsdefinition 65
4.1.1 Methodik zur Auftragsfreigabe *65*
4.1.2 Anforderungen an die Methodik *66*

4.2 Lösungsraum ... 69
4.2.1 Einordnung in das Montagesystem ... 70
4.2.2 Vorselektion von Aufträgen im Auftragspool ... 71
4.2.3 Lösungsverfahren ... 75
4.2.4 Klassifizierung ... 78
4.3 Konzeption ... 83
4.3.1 Modellierung von Kapazitätsnachfrage und -angebot ... 84
4.3.2 Kapazitätsauswertung ... 89
4.3.3 Auswahl von Aufträgen aus dem Auftragspool ... 90
4.3.4 Betrachtungshorizonte der Kapazitätsauswertung und Auftragsauswahl ... 94
4.3.5 Einführung und Einordnung des Auftragsfreigabeagenten ... 100
4.4 Operationalisierung ... 102
4.4.1 Notationsvereinbarung ... 102
4.4.2 Kapazitätsprofilbildung und Kapazitätsnachfrage ... 104
4.4.3 Kapazitätsangebot ... 106
4.4.4 Kapazitätsauswertung zur Prüfung der Bestandsgrenzen ... 107
4.4.5 Berechnung des Freigabescores ... 108
4.4.6 Berechnung des Produktscores ... 109
4.4.7 Berechnung des Jobscores ... 111
4.5 Fazit und Limitationen ... 112

5 Aufbau der Evaluationsumgebung ... 117
5.1 Definition und Herangehensweise ... 117
5.1.1 Konzept ... 117
5.1.2 Vorgehensmodell ... 119
5.2 Umsetzung des Agentensystems zur Montagesteuerung ... 121
5.2.1 Definition der Agenten ... 122
5.2.2 Kommunikation und Interaktion der Agenten ... 124
5.2.3 Detaillierung der Funktionsweise als Pseudocode ... 125
5.2.4 Kalkulation des Montagestations- und Auftragsscore ... 131
5.2.5 Informationseingabe und -ausgabe ... 134
5.2.6 Benutzeroberfläche der Evaluationsumgebung ... 136
5.3 Erweiterung um die kapazitätsorientierte Auftragsfreigabe ... 141
5.3.1 Erweiterung der Benutzeroberfläche ... 141
5.3.2 Klassendiagramm des Freigabeagenten ... 142
5.3.3 Klasse SequentialCapacityDispatcher ... 144
5.3.4 Klasse DecisionConstraints ... 154
5.4 Zwischenfazit zur Evaluationsumgebung ... 159

6 Evaluation der Methodik zur Auftragsfreigabe ... 163
6.1 Vorgehen zur Evaluation ... 163
6.1.1 Grundlagen und Einführung ... 163
6.1.2 Batteriemontage als Anwendungsbeispiel ... 166
6.1.3 Konfiguration der Evaluationsumgebung ... 169
6.2 Funktionales Testing ... 170
6.2.1 Testfall TF-1 ... 172
6.2.2 Testfall TF-2 ... 173
6.2.3 Testfall TF-3 ... 173
6.2.4 Testfall TF-4 ... 174
6.2.5 Testfall TF-5 ... 175
6.2.6 Testfall TF-6 ... 176
6.2.7 Testfall TF-7 ... 177
6.2.8 Testfall TF-8 ... 178
6.2.9 Zwischenfazit ... 179
6.3 Nicht-funktionales Testings ... 179
6.3.1 Testfall TF-9 ... 179
6.3.2 Testfall TF-10 ... 181
6.4 Diskussion und kritische Reflexion ... 182
6.4.1 Limitationen des Testings ... 183

6.4.2 Bewertung der Anforderungserfüllung *184*
6.4.3 Methodik zur Auftragsfreigabe und Beitrag zur Wissensbasis *186*

7 Zusammenfassung und Ausblick **189**

8 Literaturverzeichnis **191**

9 Anhang **213**

III Abbildungsverzeichnis

Abbildung 1.1: Design Science Research Cycles nach HEVNER 6

Abbildung 1.2: Aufbau der Arbeit angelehnt an die DSR-Methodik 8

Abbildung 2.1: Elemente und Aufbau eines Montagesystems 13

Abbildung 2.2: Organisationsformen der Montage 14

Abbildung 2.3: Schematische Darstellung eines matrixstrukturierten Montagesystems.. 17

Abbildung 2.4: Einordnung der Steuerungsverteilung, Steuerungsarchitektur und Systemstruktur 30

Abbildung 2.5: Anforderungen an die Montagesteuerung matrixstrukturierter Montagesysteme 33

Abbildung 2.6: Schematische Darstellung eines Agentensystems und seiner Umgebung 38

Abbildung 2.7: Fähigkeiten von Agenten 41

Abbildung 2.8: Ablauf Verhandlungsprotokoll ContractNet 41

Abbildung 3.1: Unterklassen der bestandsregelnden Auftragsfreigabe 50

Abbildung 3.2: Suchbegriffe der Literaturrecherche und deren Verknüpfung 56

Abbildung 3.3: Ergebnis Literaturrecherche 57

Abbildung 3.4: Zuordnung identifizierter Forschungsbedarfe zu den definierten Forschungsinhalten und Unterforschungsfragen 62

Abbildung 4.1: Einordnung und Definition der Methodik zur Auftragsfreigabe 65

Abbildung 4.2: Übersicht über die inhaltlichen und formalen Anforderungen 66

Abbildung 4.3: Lösungsraum 69

Abbildung 4.4: Einordnung Auftragsfreigabe in Produktionssystem 70

Abbildung 4.5: Schema zur Bildung der Vorauswahlgruppe eines vorselektierten Auftragspools 72

Abbildung 4.6: Lösungsverfahren und Einordnung heuristischer Verfahren 76

Abbildung 4.7: Gegenüberstellung möglicher Lösungsverfahren 77

Abbildung 4.8: Merkmale zur Klassifizierung 78

Abbildung 4.9: Gegenüberstellung der Ausprägungen des Merkmals Betrachtungsgegenstand 79

Abbildung 4.10: Gegenüberstellung der Optionen für das Merkmal Betrachtungsform..... 80

Abbildung 4.11: Berücksichtigung der Sequenzwahrscheinlichkeit in der Kapazitätsauswertung 81

Abbildung 4.12: Definition zulässiger Sequenzen unter Berücksichtigung des Bearbeitungsfortschritts 85

Abbildung 4.13: Überführung einer Sequenz in ein Kapazitätsprofil 86

Abbildung 4.14: Erzeugung von Auslastungsprofilen durch Addition von Kapazitätsprofilen ... 87

Abbildung 4.15: Spezifikation des Bearbeitungsangebots eines matrixstrukturierten Montagesystems ... 88

Abbildung 4.16: Kapazitätsauswertung ... 89

Abbildung 4.17: Auswahl von Aufträgen aus dem Auftragspools ... 92

Abbildung 4.18: Zusammensetzung des Freigabescores für Variante 3 ... 93

Abbildung 4.19: Betrachtungshorizont bei Prüfung der Operationskapazität ... 95

Abbildung 4.20: Betrachtungshorizont bei Prüfung der Systemkapazität ... 96

Abbildung 4.21: Betrachtungshorizont bei Berechnung des Produktscores ... 98

Abbildung 4.22: Betrachtungshorizont bei Berechnung des Jobscores ... 99

Abbildung 4.23: Einordnung des Auftragsfreigabeagenten in die Methodik zur Auftragsfreigabe ... 101

Abbildung 4.24: Ziel- und Lösungsbild der Methodik zur agentenbasierten, kapazitätsorientierten Auftragsfreigabe ... 113

Abbildung 5.1: Inkrementelles Vorgehensmodell zur Softwareentwicklung ... 120

Abbildung 5.2: Kommunikationsverlauf zwischen den Agenten als Sequenzdiagramm ... 124

Abbildung 5.3: Kriterien des Montagestationsscores ... 132

Abbildung 5.4: Kriterien des Auftragsscores ... 132

Abbildung 5.5: Informationseingabe und -ausgabe der Evaluationsumgebung ... 135

Abbildung 5.6: Registerkarte Simulation der Evaluationsumgebung ... 136

Abbildung 5.7: Schaltflächen der Registerkarte Simulation zur Bedienung der Evaluationsumgebung ... 137

Abbildung 5.8: Elemente der Live-Visualisierung der Registerkarte Simulation ... 138

Abbildung 5.9: Registerkarte Data Table der Evaluationsumgebung ... 139

Abbildung 5.10: Registerkarte Monitoring & Reporting der Evaluationsumgebung ... 140

Abbildung 5.11: Benutzeroberfläche des Auftragsfreigabeagenten in der Evaluationsumgebung ... 141

Abbildung 5.12: Klassendiagramm des implementierten Freigabeagenten ... 143

Abbildung 6.1: Kernkomponenten des Batteriesystems ... 166

Abbildung 6.2: Montagevorranggraphen der Batterievarianten ... 168

IV Tabellenverzeichnis

Tabelle 3.1: Auftragsfreigabe in vorangegangen Studien zu matrixstrukturierten Montagesystemen ... 55

Tabelle 4.1: Notationsvereinbarung der Methodik zur Auftragsfreigabe ... 102

Tabelle 6.1: Beschreibung der Montageoperationen der Batteriemontage ... 167

Tabelle 6.2: Module und Koordinaten der Montagestationen ... 168

Tabelle 6.3: Testfälle des funktionalen Testings ... 171

Tabelle 6.4: Ergebnisse Testfall TF-1 ... 172

Tabelle 6.5: Ergebnisse Testfall TF-2 ... 173

Tabelle 6.6: Ergebnisse Testfall TF-3 ... 174

Tabelle 6.7: Ergebnisse Testfall TF-4 ... 175

Tabelle 6.8: Ergebnisse Testfall TF-5 ... 175

Tabelle 6.9: Ergebnisse Testfall TF-6 ... 177

Tabelle 6.10: Ergebnisse Testfall TF-7 ... 177

Tabelle 6.11: Ergebnisse Testfall TF-8 ... 178

Tabelle 6.12: Testfälle des nicht-funktionalen Testings ... 179

Tabelle 6.13: Ergebnisse Testfall TF-9 ... 180

Tabelle 6.14: Ergebnisse Testfall TF-10 ... 182

Tabelle 6.15: Bewertung der Anforderungserfüllung der Methodik zur Auftragsfreigabe ... 184

Tabelle 9.1: Testplan für das funktionale sowie nicht-funktionale Testing ... 213

Tabelle 9.2: Vollständige Simulationsergebnisse für Testfall TF-1, TF-3, TF-4, TF-5, TF-7 und TF-8 ... 213

Tabelle 9.3: Auszug der Konsolenausgabe für Testfall TF-3, TF-4, TF-5, TF-7 und TF-8 ... 215

Tabelle 9.4: Simulationsergebnisse für Testfall TF-2 ... 219

Tabelle 9.5: Simulationsergebnisse für Testfall TF-6 mit veränderten Gewichtungsfaktoren ... 221

Tabelle 9.6: Simulationsergebnisse von Testfall TF-9 des Simulationslaufs mit ConWIP-Steuerung ... 222

Tabelle 9.7: Simulationsergebnisse von Testfall TF-10 mit angepasster Konfiguration ... 224

V Abkürzungen

Abkürzung	Beschreibung
AA	Auftragsagenten
AGV	Automated Guided Vehicle
AI	Artificial Intelligence
ALP	Auftragsfreigabe mit Linearer Programmierung
AIMFREE	Agile Montage von Elektrofahrzeugen durch freie Verkettung
AS	Assembly station
Aufl.	Auflage
AWK	Aachener Werkzeugmaschinen-Kolloquium
Bd.	Band
BOA	Belastungsorientierten Auftragsfreigabe
CAD	Computer Aided Design
ConWIP	Constant Work in Progress
DBF	Dezentralen Bestandsorientierten Fertigungsregelung
d. h.	das heißt
DLZ	Durchlaufzeit
DSR	Design Science Research
et al.	et alii (lateinisch: und weitere)
e. V.	eingetragener Verein
f.	folgende Seite
ff.	fortfolgende Seiten
FIFO	First-In-First-Out
FJSP	flexible Job-Shop-Problems
Hrsg.	Herausgeber
i. A. a.	in Anlehnung an
IEEE	Institute of Electrical and Electronics Engineers
LMAS	Line-less mobile assembly system
LoCoMo	Low-Cost-Montage
MA	Manageragent
MAS	Multi-agent system
MCDM	Multi-criteria decision making
MSA	Montagestationsagent
NAS	number of assembly stations
NC	Numeric Control
NP	Nichtdeterministisch polynomielle Zeit

NPM	Node Package Manager
OP	Operation
PEM	Production Engineering of E-Mobility Components der RWTH Aachen
POLCA	Paired-Cell Overlapping Loops of Cards
PPS	Produktionsplanung und -steuerung
RWTH	Rheinisch-Westfälische Technische Hochschule
REFA	Verband für Arbeitsgestaltung, Betriebsorganisation und Unternehmensentwicklung
UF	Unterforschungsfrage
UML	Unified Modeling Language
VDE	Verband der Elektrotechnik Elektronik
VDI	Verband Deutscher Ingenieure
VDMA	Verband Deutscher Maschinen- und Anlagenbau
Vgl.	vergleiche
WZL	Werkzeugmaschinenlabor WZL der RWTH Aachen
SW	Schlüsselweite
ZE	Zeiteinheiten

1 Einleitung

Das Fließband hat als serieller Taktgeber ausgedient.
Nur mit einem immer gleichen Produkt ergab die Fließbandfertigung Sinn.
(Hubert Waltl – ehem. Audi-Produktionsvorstand)[1]

1.1 Motivation der Arbeit

Matrixstrukturierte Montagesysteme gewinnen in der Forschung zunehmend Aufmerksamkeit. Als flexible Organisationsform sollen sie den andauernden Herausforderungen durch kürzere Innovationszyklen und volatile Marktbedingungen montageseitig begegnen. Dabei brechen matrixstrukturierte Montagesysteme mit wesentlichen Paradigmen der linienstrukturierten Fließmontage, welche seit mehr als 100 Jahren als Befähiger der wirtschaftlichen Montage von großen Losgrößen gilt. Wo bisher Taktzeiten und eindirektionale Verkettungen von Montagestationen vorherrschen, sehen matrixstrukturierte Montagesysteme taktzeitunabhängige und zweidimensional angeordnete Montagestationen vor. Dadurch können Aufträge individuelle Pfade durch das Montagesystem nehmen, indem nicht relevante oder belegte Montagestationen übersprungen werden. Die Zuordnung von Aufträgen zur jeweils nächsten Montagestation sowie die Auswahl der nächsten Montageoperation erfolgt dabei kurzfristig und unter Berücksichtigung aktueller Gegebenheiten im Montagesystem. Dadurch kann auf unvorhergesehene Ereignisse wie bspw. Stationsausfälle, Abweichungen von Vorgabezeiten oder Änderungen im Produktionsprogramm reagiert werden. Diese Zuordnung erfolgt in matrixstrukturierten Montagesystemen durch die Montagesteuerung. Dabei regelt die Montagesteuerung nicht nur die Zuordnung von Aufträgen und Montageoperationen, sondern ebenso die Zuweisung von Montagepersonal zu Montagestationen und die notwendige Materialbereitstellung.

Die zahlreichen Freiheitsgrade sowie die zum Betrieb notwendige Reaktionsfähigkeit erschweren die Realisierung einer Montagesteuerung für matrixstrukturierte Montagesysteme. So sind Verfahren auszuschließen, die zu einem initialen Zeitpunkt eine statische Montagestations- bzw. Maschinenbelegungsplanung auf Basis vollständiger (Eingangs-)Informationen[2] erzeugen. Vielmehr gilt es die Montage als störungsbehaftetes System mit nicht vorhersagbaren Zustandsänderungen und ungeplanten Ereignissen anzusehen. Entsprechend sind im Anwendungskontext Verfahren zum Online-Scheduling in den Fokus gerückt. Diese verarbeiten Informationen wie bspw. die aktuelle Verfügbarkeit von Montagestationen im laufenden Montagebetrieb und treffen darauf aufbauend Entscheidungen. Anzumerken ist, dass sich die Vernachlässigung globaler Informationen negativ auf die Optimalität von Entscheidungen auswirken kann.[3]

[1] Interview in: POLL (Das Ende des Fließbands), 2016.

[2] In der Literatur wird in diesem Fall von Offline-Scheduling (engl. für Maschinenbelegungsplanung bzw. Ablaufplanung) gesprochen.

[3] Vgl. POPPENBORG et al. (Online scheduling of flexible job-shops), 2012, S. 498.

Als geeigneter Ansatz zur Modellierung der Montagesteuerung in matrixstrukturierten Montagesystemen haben sich dezentrale Agentensysteme herausgestellt.[4] Ziel eines Agentensystems ist das Lösen eines komplexen Problems mithilfe mehrerer, zueinander in Beziehung stehenden Agenten. Hierzu wird ein Problem in Teilaufgaben zerlegt und einzelnen Agenten zur Bearbeitung zugeordnet.[5] Agenten sind als (Software-)Einheiten bestrebt, ihre inhärenten Entwicklungsziele durch eigenständiges Handeln zu erreichen.[6] Exemplarisch sei im Anwendungskontext die agentenbasierte Montagesteuerung nach BURGGRÄF et al. genannt. BURGGRÄF et al. modellieren die Zuordnung eines Auftrags zu einer Montagestation sowie die anschließende Auswahl eines Auftrags aus der Warteschlange einer Montagestation als separate Teilprobleme. Montagestationen und Aufträge verhandeln als Agenten, indem sie Informationen austauschen und eigenständig ihre Entwicklungsziele verfolgen.[7]

Bisherige Ansätze zur Modellierung der Montagesteuerung in matrixstrukturierten Montagesystemen fokussieren insbesondere die Zuordnung von Montageaufträgen zu Montagestationen als Kernaufgabe der Montagesteuerung. Die Auftragsfreigabe, welche als Teil der Montagesteuerung anzusehen ist, stand bisher nicht im Fokus. Simulationsmodelle matrixstrukturierter Montagesysteme beruhen bisher auf zufälliger, alternierender oder periodischer Auftragsfreigabe. Diese Herangehensweise widerspricht den Grundprinzipien matrixstrukturierter Montagesysteme, indem keine Prüfung von kapazitiven Bestandsgrenzen des Montagesystems oder auch der Bearbeitbarkeit von Aufträgen erfolgt. Gerade in der variantenreichen und disruptiven betrieblichen Praxis ist es jedoch unabdingbar, dass Aufträge erst dann freigegeben werden, wenn ein Montagesystem absehbar über ausreichende Kapazitäten zur Auftragsbearbeitung verfügt. Eine unzureichende Berücksichtigung kapazitiver Restriktionen kann zu Engpässen und Ablaufstörungen im Montagesystem führen. Mögliche Auswirkungen dieser sind wiederum schwankende oder auch längere Durchlaufzeiten von Aufträgen sowie temporäre Unter- und Überlastung von Montageressourcen. Vielmehr gilt es Aufträge, deren störungsfreie Bearbeitung nicht absehbar ist, zurückzuhalten.[8] Anders als in linienstrukturierten Fließmontagen ist zugunsten der Stabilität und Leistungsfähigkeit eines matrixstrukturierten Montagesystems auf vorgegebene Reihenfolgen[9] bei der Einschleusung von Aufträgen sowie an den Montagestationen zu verzichten.[10] Folglich ist keine terminierte Vorhersage des Kapa-

[4] Vgl. BURGGRÄF et al. (Agentensysteme in der Montage), 2020, S. 172ff.; LEUSIN et al. (Multi-Agent System Approach for Production Control), 2018, S. 1459; SCHÖNEMANN et al. (Matrix-structured manufacturing systems), 2015, S. 110; MAY et al. (Multi-Agent Production Control for Matrix Production Systems), 2021, S. 3ff.; TAN et al., 2020, S. 2.

[5] Vgl. MÖNCH (Agentenbasierte Produktionssteuerung), 2006, S. 4.

[6] Vgl. ZAWISZA (Agentensysteme zur dezentralen PPS), 2018, S. 56ff.

[7] Vgl. BURGGRÄF et al. (Agentensysteme in der Montage), 2020, S. 170ff.

[8] Vgl. SCHUKAT et al. (Order release in matrix-structured assembly systems), 2022.

[9] In linienstrukturierten Fließmontagen durchlaufen einzelne Aufträge das Montagesystem bzw. die zugehörigen Montagestationen in der gleichen Reihenfolge, wie sie freigegeben und in das System eingeschleust wurden. Diese Reihenfolge wird in der Praxis auch als Perlenkette bezeichnet.

[10] Vgl. GRESCHKE (Matrix-Produktion), 2020, S. 238f.

zitätsbedarfs eines spezifischen Auftrags möglich. Diese ist jedoch Voraussetzung zur Durchführung eines Belastungsabgleichs[11] innerhalb einer bestandsregelnden Auftragsfreigabe, welche zur Vermeidung von Überlastungen eines Montagesystems darstellt. Diese Problematik wird zusätzlich durch die reaktive Zuordnung von Aufträgen zu Montagestationen, welche die Montagesteuerung nach Freigabe eines Auftrags steuert, verstärkt. Die deterministische sowie eindeutige Vorhersage des Kapazitätsbedarfs eines spezifischen Auftrags bedingt, dass sowohl die Reihenfolge der Bearbeitung der Montageschritte als auch die Reihenfolge der Belegung der jeweils notwendigen Montagestationen bekannt sind. Der Pfad eines Auftrags, welcher diese Reihenfolgen bestimmt, wird beim Online-Scheduling jedoch erst reaktiv im laufenden Montagebetrieb bestimmt.[12] Dennoch können die technisch möglichen Pfade anhand des Montagesystems sowie auftragsspezifischen Produkts hergeleitet werden. Dabei sind Routing- und Sequenzflexibilität zu unterschieden. Routingflexibilität beschreibt in matrixstrukturierten Montagesystemen die Möglichkeit, dieselbe Montageoperation an unterschiedlichen Montagestationen durchzuführen. Dadurch können Aufträge, welche die gleichen Montageoperationen beinhalten, unterschiedliche Pfade während ihrer Bearbeitung durchlaufen. Folglich kann der zugehörige Kapazitätsbedarf nicht eindeutig einer Montagestation zugeordnet werden. Sequenzflexibilität beschreibt hingegen die Möglichkeit, die zur Bearbeitung eines Auftrags notwendigen Montageoperationen in variierender Reihenfolge durchzuführen.[13] In Summe führen Routing- und Sequenzflexibilität bei reaktiver Zuordnung von Montageaufträgen zu Montagestationen sowie Auswahl der jeweils zu bearbeitenden Montageoperationen dazu, dass selbst bei Bekanntsein des Freigabezeitpunkts eines Auftrags eine Vielzahl möglicher Pfade und damit möglicher Belastungszustände existieren.

Die skizzierte Unsicherheit hinsichtlich der möglichen Pfade eines Auftrags und den resultierenden Kapazitätsbedarfen führt dazu, dass die Auftragsfreigabe in matrixstrukturierten Montagesystemen als komplexes Problem anzusehen ist. Die vorliegende Arbeit nimmt sich diesem Problem an und verfolgt das übergeordnete Ziel, die postulierten Wirtschaftlichkeits- und Leistungspotenziale matrixstrukturierter Montagesysteme der Praxis zugänglich zu machen. Hierzu knüpft sie an bestehende Vorarbeiten zur agentenbasierten Montagesteuerung des Autors an und entwirft eine Methodik[14] zur agentenbasierten, kapazitätsorientierten Auftragsfreigabe.

---

[11] Abgleich von Kapazitätsangebot und -nachfrage bspw. bezogen auf ein Montagesystem, eine Montagestation oder auch spezifische Ressourcen.

[12] Vgl. BURGGRÄF et al. (Agentensysteme in der Montage), 2020, S. 171ff.

[13] Vgl. BURGGRÄF et al. (Modeling agile assembly systems), 2020, S. 1074.

[14] Eine Methodik stellt eine zielgerichtete Vorgehensbeschreibung bestehend aus Methoden, Modellen und Hilfsmitteln dar. Eine im Anwendungskontext detaillierte Definition folgt im Kapitel 4.1.1.

1.2 Forschungsziel

Gemäß den vorangegangenen Ausführungen kann das Ziel dieser Dissertation wie folgt formuliert werden:

> Ziel ist die Entwicklung einer Methodik zur agentenbasierten, kapazitätsorientierten Auftragsfreigabe für matrixstrukturierte Montagesysteme, welche Freigabeentscheidungen unter Berücksichtigung des aktuellen Montagesystemzustands sowie individueller Auftragsmerkmale trifft.

Die Umsetzung einer auf die Eigenschaften matrixstrukturierter Montagesysteme angepassten Methodik zur Auftragsfreigabe schafft die technologische Grundlage zur Einführung dieser in der Praxis. Gleichzeitig ist es Voraussetzung zur Realisierung der in der Wissenschaft postulierten Potenziale matrixstrukturierter Montagesysteme. Zur weiteren Strukturierung der zur Erreichung der Zielsetzung notwendigen Forschungsaktivitäten sowie zur Gestaltung eines zielgerichteten Forschungsprozesses wird gemäß KUBICEK eine grundlegende Forschungsfrage definiert. Diese grenzt den Betrachtungs- und Lösungsbereich ein.[15] Die handlungsleitende Forschungsfrage dieser Dissertation lautet:

> Wie können kapazitätsorientierte Freigabeentscheidungen in matrixstrukturierten Montagesystemen operationalisiert werden?

Die Beantwortung der handlungsleitenden Forschungsfrage wird durch weitere Unterfragen (UF), welche spezifische Themenbereiche adressieren, unterstützt und strukturiert. Diese sind wie folgt formuliert:

- UF-1: Wie ist eine bestandsregelnde Auftragsfreigabe für matrixstrukturierte Montagesysteme zu gestalten, welche trotz fehlender Informationen bzgl. Freigabezeitpunkt sowie Pfad eines jeden Auftrags Bestandsgrenzen berücksichtigt?
- UF-2: Wie ist eine Evaluationsumgebung zu gestalten, welche das Implementieren sowie das Testen der Methodik zur Auftragsfreigabe ermöglicht?
- UF-3: Können Funktionalität und Mehrwert der implementierten Methodik systematisch nachgewiesen und quantifiziert werden?

1.3 Forschungskonzeption

Diese Arbeit und das Vorgehen zur Beantwortung der Forschungsfrage folgt dem allgemeinen Verständnis und Vorgehen wissenschaftlicher Forschung. Wissenschaftliche Forschung stellt einen strukturierten Prozess dar, welcher nach BINDER UND KANTOWSKY „eine neue Wirklichkeit“ für den Forschenden und die Forschungsgemeinde zum Ergebnis hat.[16] Die Ausgestaltung und Detaillierung der neuen Wirklichkeit als Forschungsergebnis, benennt AHLSTRÖM als

---

[15] Vgl. KUBICEK (Heuristische Bezugsrahmen), 1976, S. 24ff.

[16] Vgl. BINDER und KANTOWSKY (Technologiepotentiale), 1996, S. 3f.

„Beitrag zum Wissen", welcher als Voraussetzung auf einer Neuheit basieren muss.[17] Die Strukturierung des Forschungsprozess folgt dabei einem Forschungsansatz, welcher den gesamten Prozess von Problembeschreibung bis hin zur Lösungsfindung systematisch unterstützt und als Orientierung dient. Als grundlegender Forschungsansatz wird im Rahmen dieser Dissertation die Design Science Research (DSR)-Methodik gewählt, welche nachstehend eingeführt und begründet wird. Abschließend wird das Forschungsumfeld des Autors beschrieben, welches grundlegend zu dem Erfahrungswissen des Autors beigetragen hat.

1.3.1 Design Science Research als Forschungsansatz

Das der Dissertation zugrundliegende Vorgehen zur Erzielung der Forschungsergebnisse orientiert sich an der DSR-Methodik. Diese stellt als Forschungsansatz einen konzeptionellen Ordnungsrahmen für wissenschaftliche Forschung dar. Ziel der DSR-Methodik ist es, dem Forschenden Leitlinien für das Verständnis, die Durchführung und die Bewertung von Forschungsarbeiten zur Verfügung zu stellen, um die Erzielung und Relevanz eines Forschungsergebnisses sicherzustellen.[18] Das Ergebnis der DSR-Methodik wird auch als Artefakt bezeichnet, welches die zielgerichtete Lösung des erfassten und beschriebenen organisatorischen Problems darstellt.[19,20] Der Begriff Design Science hebt die Bedeutung hervor, dass die Gestaltung von realen Lösungen und die Ausrichtung auf das Wissen und die Fähigkeit für praktische Anwendungen im Vordergrund steht.[21] Die Ursprünge des Forschungsansatzes liegen im Ingenieurwesen und der Informatik.[22] Der Einsatz der Methodik soll daher vor allem die Wissensgenerierung so unterstützen, dass Fachleute der betreffenden Disziplinen das Wissen anwendungs- und lösungsorientiert nutzen können.[23] Dementsprechend dienen Designtheorien nicht nur präskriptiven, sondern auch funktionalen Zwecken.[24] Aus diesen Gründen eignet sich die DSR-Methodik besonders für das in dieser Dissertation zugrundeliegende Forschungsdefizit, da neben der theoretischen Problemstellung auch eine funktionale Lösung adressiert und implementiert wird.

Nach HEVNER besteht DSR aus den drei Säulen *Application Environment*, *Research* und *Knowledge Base* sowie sieben Richtlinien, mit denen die Anwendung sichergestellt wird.[25] Da-

---

[17] Vgl. AHLSTRÖM (Research process), 2016, S. 47.

[18] Vgl. HEVNER et al. (Design Science), 2004, S. 75.

[19] Vgl. HEVNER et al. (Design Science), 2004, S. 82.

[20] Als Forschungsergebnis können auch weitere Artefakte entstehen, die als Lösungselemente zu verstehen sind.

[21] Vgl. VAN AKEN (Design Science), 2005, S. 22.

[22] Vgl. SIMON (Sciences of the artificial), 1996.

[23] Vgl. VAN AKEN (Design Science), 2005, S. 20.

[24] Vgl. BASKERVILLE und PRIES-HEJE (Designtheorie), 2010, S. 261.

[25] Vgl. HEVNER et al. (Design Science), 2004, S. 80ff.

rauf aufbauend erweiterte HEVNER das Modell um die *Design Science Research Cycles*: *Relevance*, *Design* und *Rigor Cycle*[26], welche das iterative Vorgehen verdeutlichen (vgl. Abbildung 1.1).

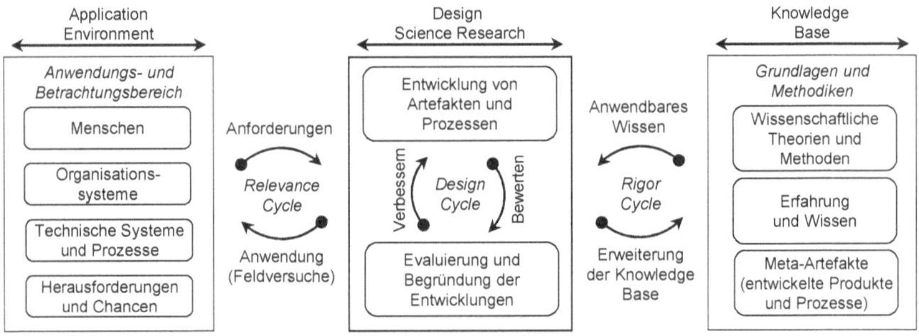

Abbildung 1.1: Design Science Research Cycles nach HEVNER[27]

Die *Application Environment* (engl. für Anwendungsumfeld bzw. -bereich) definiert das Problem sowie den Betrachtungsbereich, in dem sich das zu betrachtende Forschungsproblem befindet. Es umfasst dazu alle beteiligten Personen, organisatorische und technische Systeme sowie relevante Herausforderungen und Chancen.[28] Der *Relevance Cycle* verbindet die *Application Environment* mit dem Forschungsinhalt (*Design Science Research*), indem relevante Anforderungen und konkrete Probleme aufgezeigt werden. Weiterhin sieht der *Relevance Cycle* die spätere Anwendung der Forschungsergebnisse bspw. in Form von Feldtests in der Praxis vor. Ist das Umfeld und die Problemstellung klar definiert, wird die *Design Science Research* zur Erarbeitung der Forschungsergebnisse durchgeführt. Zentrales Element ist der *Design Cycle* welcher iterativ zwischen den Kernaktivitäten, der Entwicklung der Artefakte und der Bewertung dieser wechselt. Die Artefakte, als Lösungselement des zugrundliegenden Problems, können verschiedener Art sein, bspw. Konstrukte, Modelle, Methoden oder Theorien. Im iterativen *Design Cycle* wird das Artefakt inkrementell entwickelt und anschließend hinsichtlich der Problemlösung und Anwendung bewertet. Als Grundlage für die Entwicklung von Artefakten wird die *Knowledge Base* als Wissensbasis genutzt. Diese enthält wissenschaftliche Methodiken, Grundlagen und Erfahrungen. Weiterhin bildet sie die methodische Grundlage zur Bewertung innerhalb des *Design Cycles*. Betrachtet wird die *Knowledge Base* innerhalb des *Rigor Cycles* , welcher das anwendbare Wissen für die mittlere Säule der DSR-Methodik zur Verfügung stellt. Ein im Design Science Research erzeugtes Forschungsergebnis wird anschließend als Teil des *Relevance Cycles* im geeigneten Umfeld bspw. durch Feldtests angewandt. Gleichzeitig erweitern die Forschungsergebnisse bzw. neuen Artefakte mit dem *Rigor Cycle* die *Knowledge Base*. Zu dieser Erweiterung zählen sowohl die Anwendbar-

[26] Vgl. HEVNER (Design Science Research), 2007, S. 88.

[27] I. A. a. HEVNER (Design Science Research), 2007, S. 88; HEVNER et al. (Design Science), 2004, S. 80.

[28] Vgl. SIMON (Sciences of the artificial), 1996.

keit von bestehenden Grundlagen und Methodiken, als auch durch die Entwicklung von Artefakten aufgedeckten Defizite und Lücken innerhalb der *Knowledge Base*. Somit wird die *Knowledge Base* für zukünftige Forschungsaktivitäten erweitert.[29]

Die DSR-Methodik wird sowohl für die Bearbeitung der Forschungsfrage dieser wissenschaftlichen Arbeit, als auch im wissenschaftlichen Umfeld des Autors, bspw. in Forschungsprojekten der RWTH Aachen University angewendet. Diese Forschungsprojekte bilden wiederum einen wesentlichen Teil der Wissensbasis des Autors.

1.3.2 Wissenschaftliches Umfeld

Die Bearbeitung des zugrundeliegenden Forschungsdefizits und -ziels basiert vor allem auf dem fundierten Erfahrungswissen des Autors. Dieses entstand durch die Beschäftigung als wissenschaftlicher Mitarbeiter und Gruppenleiter in der Abteilung Fabrikplanung am Lehrstuhl für Produktionssystematik am Werkzeugmaschinenlabor WZL der RWTH Aachen University (WZL) sowie zuvor in der Gruppe Automotive Assembly am Lehrstuhl Production Engineering of E-Mobility Components der RWTH Aachen University (PEM). Dabei hat der Autor diverse (Forschungs-)Projekte im Themengebiet zukünftiger, innovativer Montageorganisationsformen bearbeitet sowie geleitet. Besonders erwähnenswert durch ihre hohe Relevanz für die betrachtete Forschungsfrage dieser Dissertation sind:

- Forschungsprojekt *LoCoMo:* Das Forschungsprojekt *LoCoMo* (Low-Cost-Montageeinheiten) hatte zum Ziel, die Montage in der automobilen Serienproduktion zu flexibilisieren. Derzeit ist der wesentliche Anteil der Wertschöpfung der Automobilendmontage zentralisiert in wenigen großen Serienproduktionsstätten. Zur Erzielung einer hohen Produktionseffizienz sind die Montageeinheiten stark spezialisiert und mittels einer Taktfertigung gesteuert. Bei fallenden Stückzahlen infolge einer stärkeren Individualisierung und Derivatisierung der Fahrzeuge stoßen solche starren Produktionssysteme an ihre Grenzen und können mitunter wirtschaftlich nicht mehr effizient agieren. Es werden innovative Konzepte für die zukünftige, wirtschaftliche Fertigung von Fahrzeugen benötigt. Ein Lösungskonzept stellen die im Forschungsprojekt LoCoMo entwickelten flexiblen Low-Cost-Montageeinheiten dar. Anstatt starrer Fließbänder und Montageeinheiten basiert das Konzept auf flexiblen Montagestationen, welche von autonomfahrenden Fahrzeugchassis individuell angesteuert werden. Unterstützt wird das Konzept durch eine entsprechende Steuerungslogistik sowie teil-automatisierten 3D-Druck von Justage-Elementen zur Steigerung der Prozesseffizienz.
- Forschungsprojekt *AIMFREE:* Das Forschungsprojekt *AIMFREE* hatte die Parallelisierung von Montagestationen sowie die Erhöhung der Wandlungsfähigkeit und Flexibilität automobiler Endmontage zum Ziel. Dabei wurden im Forschungsprojekt alle notwendigen Aspekte eines solchen agilen Montagesystems aufgegriffen und hinsichtlich einer praxisgerechten Anwendung bearbeitet. Dies beinhaltet ebenso die initiale Systemgestaltung sowie die Planung und Steuerung. Ein wesentlicher Bestandteil und damit auch Forschungsschwerpunkt bei der Gestaltung agiler Montagesysteme ist die

[29] Vgl. HEVNER et al. (Design Science), 2004, S. 79f.

Auflösung der starren Verkettung in linienstrukturierten Montagesystemen. Die Validierung der entwickelten Ergebnisse erfolgte sowohl mit Projektpartnern aus der Automobilindustrie (insb. Porsche AG) als auch in der Maschinenhalle des WZL. Dadurch wird die Anwendbarkeit der Ergebnisse in der Praxis sichergestellt.

Durch die Durchführung von zahlreichen Industrie- und Konsortialprojekten wurde zudem praxisnahes Wissen zu verschiedenen technologischen Themen und Lösungsansätzen der Montage der Zukunft gesammelt. In der Projektbearbeitung und -leitung arbeitete der Autor an dem Übertrag der aus den Forschungsprojekten gewonnenen Erkenntnissen in die industrielle Praxis. Ergänzt wird das Erfahrungswissen durch Aufbereitung der Erkenntnisse aus Forschungs- und Industrieprojekten in verschiedenen Lehr- und Weiterbildungsveranstaltungen sowie in zahlreichen Studien und internationalen Veröffentlichungen. Weitere Grundlagen zur Produktion und Produktionstechnik wurden durch das vorhergehende Maschinenbaustudium geschaffen sowie durch ein Studium der Wirtschaftswissenschaften ergänzt.

1.4 Aufbau der Arbeit

Der Aufbau der vorliegenden Arbeit orientiert sich an der zuvor vorgestellten DSR-Methodik. In Abbildung 1.2 werden daher die Kapitel sowie Unterforschungsfragen dieser Arbeit den jeweiligen Säulen bzw. Cycles zugeordnet.

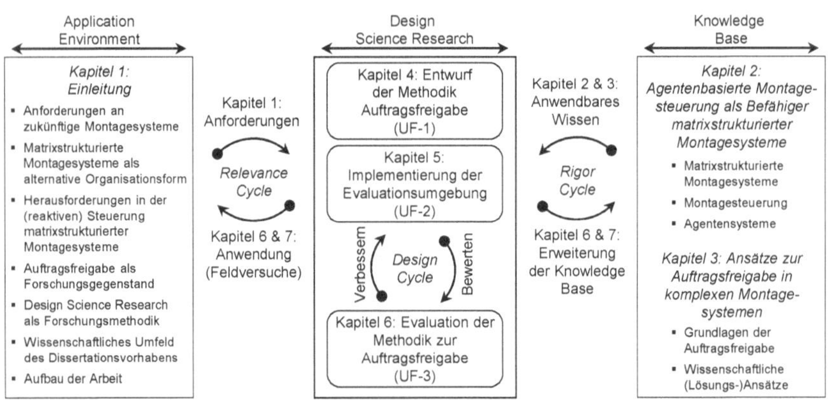

Abbildung 1.2: Aufbau der Arbeit angelehnt an die DSR-Methodik[30]

Das zweite Kapitel befasst sich mit der *Knowledge Base* und definiert damit die grundlegenden Begrifflichkeiten, die für das Verständnis dieser Arbeit fundamental sind. Dies umfasst insbesondere die Sicht auf die industrielle Montage als System, die Merkmale matrixstrukturierter Montagesysteme sowie Funktionen der Montagesteuerung und die Rolle von Agentensystemen im Anwendungskontext. Dabei schließt das Kapitel mit einem Ausblick auf die Notwen-

[30] I. A. a. HEVNER (Design Science Research), 2007, S. 88; HEVNER et al. (Design Science), 2004, S. 80.

digkeit der Adaption von bekannten Verfahren zur Auftragsfreigabe für matrixstrukturierte Montagesysteme ab. Der identifizierte Handlungsbedarf wird verdeutlichen, dass für eine Realisierung der postulierten Potenziale matrixstrukturierter Montagesysteme die Entwicklung einer Methodik zur kapazitätsorientierten, agentenbasierten Auftragsfreigabe sowie deren Anbindung an die Montagesteuerung unabdinglich ist.

Das dritte Kapitel erweitert die *Knowledge Base* und stellt zunächst die Grundlagen der Auftragsfreigabe vor. Nach einer Diskussion der Übertragbarkeit dieser auf matrixstrukturierte Montagesysteme werden in Ergänzung systematisch dedizierte Ansätze identifiziert und untersucht, welche zur Beantwortung der (Unter-)Forschungsfragen herangezogen werden können. Abschließend wird der Forschungsbedarf zusammengefasst.

Das vierte Kapitel ist der mittleren Säule der DSR-Methodik zuzuordnen und behandelt somit den eigentlichen Forschungsinhalt. Auf Basis der Erkenntnisse und Anknüpfungspunkte aus der *Application Environment* sowie *Knowledge Base* wird der Lösungsraum eingegrenzt und eine Methodik zur agentenbasierten, kapazitätsorientieren Auftragsfreigabe entworfen. Hierzu werden diejenigen (Teil-)Modelle entwickelt, die in Summe der Beantwortung der UF-1 dienen, sowie die Grundlage der nachfolgenden Implementierung bilden. Dies beinhaltet weiterhin die Formulierung spezifischer Algorithmen zur späteren Implementierung der entworfenen Methodik. Das Kapitel 4 schließt mit einer Analyse des erwarteten Mehrwerts sowie den Limitationen der entwickelten Methodik ab.

Das fünfte Kapitel befasst sich mit der Implementierung der Methodik zur agentenbasierten, kapazitätsorientieren Auftragsfreigabe. Hierzu wird zunächst eine Evaluationsumgebung eingeführt, welche die Auftragsbearbeitung in matrixstrukturierten Montagesystem mithilfe einer agentenbasierten Montagesteuerung simuliert. Anschließend wird beschrieben, wie die Methodik zur Auftragsfreigabe als Agent in der Evaluationsumgebung softwaretechnisch umgesetzt wird. Das Kapitel beantwortet damit die UF-2.

Im sechsten Kapitel findet die Evaluation der entwickelten sowie implementierten Methodik auf Basis der im vorangegangenem Kapitel vorgestellten Evaluationsumgebung statt. Hierzu wird anhand eines systematischen Testings die Funktionalität der implementierten Methodik überprüft sowie anderseits der Mehrwert gegenüber bisherigen Ansätzen zur Auftragsfreigaben in matrixstrukturierten Montagesystemen untersucht. Damit dient das Kapitel der Beantwortung von UF-3 sowie auch der übergeordneten Forschungsfrage. Letzteres umfasst auch die Reflexion und Diskussion des Beitrags *zur Knowledge Base* sowie *Application Environment* im Sinne der DSR-Methodik.

Im abschließenden Kapitel 7 werden zunächst die Ergebnisse der Dissertation zusammengefasst. Abschließend wird ein Ausblick auf zukünftige Forschungsbedarfe und -aktivitäten gegeben.

2 Agentenbasierte Montagesteuerung als Befähiger matrixstrukturierter Montagesysteme

Das zweite Kapitel befasst sich mit dem Aufbau der *Knowledge Base*. Hierzu wird zunächst der Betrachtungsbereich der vorliegenden Arbeit, matrixstrukturierte Montagesysteme, vertieft. Dies umfasst einleitend eine grundlegende Definition von Montagesystemen. Darauf aufbauend werden die Aufgaben der Montagesteuerung, mögliche Steuerungsarchitekturen zur Umsetzung der Montagesteuerung sowie die Anforderung an die Montagesteuerung im Anwendungskontext beleuchtet. Es folgt eine detaillierte Beschreibung von Agentensystemen, die als dezentrale Steuerungsarchitektur die Anforderungen an die Montagesteuerung im Anwendungskontext adressieren können. Abschließend wird der Handlungsbedarf zur Erweiterung der Montagesteuerung matrixstrukturierter Montagesysteme hinsichtlich der Auftragsfreigabe ausgewiesen.

2.1 Montagesystem

Montagesysteme stellen den übergeordneten Betrachtungsbereich dieser Dissertation dar. Entsprechend wird zunächst die Montage als Tätigkeit im Kontext der industriellen Produktion eingeordnet. Es folgt eine erweiternde Betrachtung der Montage als System, welche die vorangegangene Betrachtung um zur Montage notwendigen Ressourcen und koordinativen Aktivitäten ergänzt. Das Kapitel endet mit einer Darstellung möglicher Organisationsformen von Montagesystemen.

2.1.1 Einordnung der Montage

Die Definition des Begriffs *Montagesystem* schließt die Einführung des Begriffs *Montage* ein. In produzierenden Unternehmen stellt die Montage die letzte Stufe des Prozesses zur Herstellung von Fertigerzeugnissen dar.[31] Gemäß der VDI-Richtlinie 2860 bezeichnet die Montage diejenigen Vorgänge, welche die geometrischen Lagebeziehungen zwischen Körpern festlegen.[32] Nach WARNECKE et al. ist die Aufgabe der Montage, die zu verschiedenen Zeitpunkten und mittels verschiedener Fertigungsverfahren hergestellten Einzelteile zu einem Produkt höherer Komplexität mit definierten Funktionen innerhalb eines festgelegten Zeitraumes zusammenzubauen. In Abgrenzung zur (Einzelteil-)Fertigung ist die Aufgabe der Montage damit nicht die Veränderung der Geometrie von Einzelteilen, sondern die Veränderung deren Lage zueinander.[33]

---

[31] Vgl. BRANKAMP und REENTS (Montage), 1975, S. 421; PETERSEN (Organisationsformen der Montage), 2005, S. 1.

[32] Vgl. VDI (VDI-Richtlinie 2860).

[33] Vgl. WARNECKE et al. (Montagetechnik), 1975, S. 11; WESTKÄMPER und WARNECKE (Fertigungstechnik), 2011, S. 4; WEHKING (Montagetechnik), 2020, S. 4; HUCK (Produktorientierte Montageablauf- und Layoutplanung), 1990, S. 6ff.; PETERSEN (Organisationsformen der Montage), 2005, S. 1f.

Nach EVERSHEIM werden Produkte nur selten unmittelbar aus Einzelteilen zusammengefügt. Vielmehr umfasst die Montage eines Produktes mehrere Stufen.[34] So bezeichnet die Vormontage das Zusammensetzen von Einzelteilen zu einer nicht funktionsfähigen Baugruppe. Die Baugruppen werden anschließend in der Baugruppenmontage zu einer abgeschlossenen Baueinheit zusammengefügt.[35] Laut SCHWEIZER wird in der Literatur die Baugruppenmontage teilweise direkt der Stufe der Vormontage zugeordnet.[36] Die letzte Stufe der industriellen Montage beinhaltet das Zusammenfügen der in den vorherigen Stufen montierten Zwischenprodukte. Demnach werden in der Montage Einzelteile über Baugruppen in verschiedenen Produktionsstufen hin zu einem Fertigerzeugnis kombiniert.[37]

Die Elementarfunktionen der Montage sind die Tätigkeiten des Fügens, der Werkstückhandhabung sowie der Justage und Kontrolle. In Ergänzung dazu können Sonderoperationen wie Markierungen, Erwärmungen, Kühlungen, Reinigungen und Entgratungen erforderlich sein.[38] Weiterhin unterteilt WARNECKE die Tätigkeiten der Montage wie folgt:[39]

- *Direkte Tätigkeiten*: Zusammenfügen von Einzelteilen und Baugruppen.
- *Produktionsnahe indirekte Tätigkeiten*: Beschaffen von Material und Betriebsmitteln.
- *Indirekte Tätigkeiten*: Warten und Instandhalten von Betriebsmitteln.
- *Dispositive Tätigkeiten*: Verfolgen von Aufträgen und Auftragsinhalten.
- *Administrative Tätigkeiten*: Koordinieren angrenzender Bereiche.

2.1.2 Montage als System

Die Durchführung von Montageaufgaben erfolgt in einem *Montagesystem*.[40] Für die Durchführung sind i.d.R. weitere Aufgaben und Ressourcen notwendig. Diese können zur systematischen Abgrenzung und Definition eines Montagesystems genutzt werden, wie KLUGE in seiner Dissertation beschreibt. Während einige Autoren lediglich die physischen Bestandteile von Montagestationen fokussieren, berücksichtigen ganzheitliche Ansätze ergänzend planerische und koordinierende Aufgaben.[41] So beschreibt HESSE ein Montagesystem als die „Gesamtheit aller Montageeinrichtungen, die von einem übergeordneten Montageleitrechner aus überwacht und gesteuert werden"[42]. KONOLD & REGER ergänzen diese Definition dahingehend,

[34] Vgl. EVERSHEIM (Organisation in der Produktionstechnik), 1989, S. 167f.

[35] Vgl. PETERSEN (Organisationsformen der Montage), 2005, S. 12.

[36] Vgl. SCHWEIZER (Montage), 1995, S. 42f.; DISPAN (Maschinen- und Anlagenbau), 2016, S. 19.

[37] Vgl. NEBL (Produktionswirtschaft), 2011, S. 421; MÄRZ und VAN LANGSDORF (Flexibilität und Markorientierung in der Montage), 2001, S. 6.Vgl. LOTTER und WIENDAHL (Montage in der industriellen Produktion), 2012, S. 4.

[38] Vgl. LOTTER (Montage), 2012, S. 2; PETERSEN (Organisationsformen der Montage), 2005, S. 11.

[39] Vgl. WARNECKE (Montage im flexiblen Produktionsbetrieb), 1996, S. 348.

[40] Vgl. MIESE (Rationalisierung der Montage), 1975, S. 441.

[41] Vgl. KLUGE (Planung modularer Montagesysteme), 2011, S. 19.

[42] HESSE (Automatische Montagemaschinen), 2006, S. 225.

dass Montagesysteme über Materialfluss- und Informationsflusssysteme mit den angrenzenden Teilsystemen wie bspw. dem Versand verknüpft sind.[43] Abbildung 2.1 visualisiert die Elemente sowie den Aufbau eines Montagesystems nach MIESE.

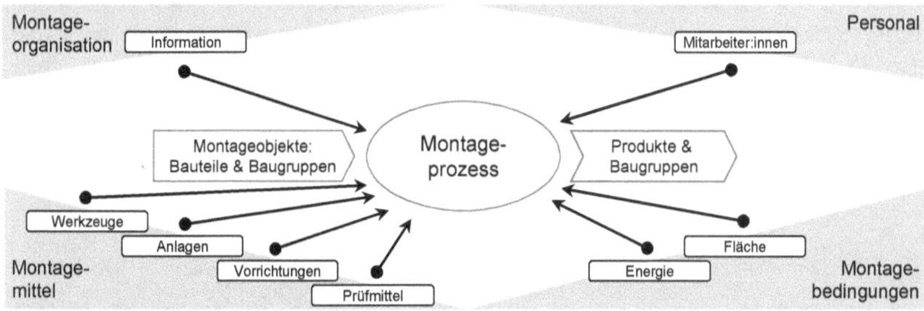

Abbildung 2.1: Elemente und Aufbau eines Montagesystems[44]

Zentrales Element eines Montagesystems ist der Montageprozess.[45] Ein Montageprozess beschreibt dabei die Transformation von Einzelteilen in Baugruppen bzw. Fertigzeugnisse anhand der Verrichtung spezifischer Tätigkeiten.[46] Weitere Elemente eines Montagesystems sind die Montagemittel wie Vorrichtungen und Werkzeuge, die Montagebedingungen wie das Fabrikgebäude oder das Personal, welches die Tätigkeiten in der Montage verrichtet. Das letzte Element, die Montageorganisation, befasst sich bspw. mit den notwendigen Informationen zum Zusammenbau eines Produkts.[47] Dieses Element wird nachfolgend hinsichtlich möglicher Organisationsformen eines Montagesystems beschrieben.

2.1.3 Organisationsformen

Eine Organisationsform beschreibt nach PETERSEN das Beziehungs- und Anordnungsmuster sowie das Regelsystem eines Montageprozesses. Dabei wird das Zusammenspiel von Arbeitskräften, Betriebsmitteln und Montageobjekten in Form von räumlichen, sachlichen und zeitlichen Kontexten festgelegt.[48] Ziel ist es, ein Montagesystem so zu strukturieren, dass Leistungen in angemessener Qualität und Quantität erstellt sowie in kürzester, ökonomisch günstigster und ökologisch bestmöglicher Art und Weise bereitgestellt werden können.[49]

---

[43] Vgl. KONOLD und REGER (Praxis der Montagetechnik), 2009, S. 3.

[44] I. A. a. MIESE (Rationalisierung der Montage), 1975, S. 441; WAGNER (Kleinserienmontage), S. 12.

[45] Vgl. MIESE (Rationalisierung der Montage), 1975, S. 441.

[46] Vgl. KÜPPER und HELBER (Ablauforganisation in Produktion und Logistik), 2004, S. 13f.

[47] Vgl. MIESE (Rationalisierung der Montage), 1975, S. 441.

[48] Vgl. SPATH et al. (Produktionssysteme), 1999, S. 27f.; PETERSEN (Organisationsformen der Montage), 2005, S. 25.

[49] Vgl. PETERSEN (Organisationsformen der Montage), 2005, S. 25.

Grundlegend können Montageorganisationsformen anhand von stationären oder bewegten Montageobjekten differenziert werden.[50] Organisationsformen, welche auf einem stationären Montageobjekt aufbauen, werden dem Verrichtungsprinzip zugeordnet. Wird ein Montageobjekt bewegt, handelt es sich um ein Fließprinzip.[51] Dem Verrichtungsprinzip sind die Organisationsformen Einzelplatzmontage, Baustellenmontage und Gruppenmontage sowie dem Fließprinzip die Organisationsformen Reihenmontage, Taktstraßenmontage und Fließmontage zuzuordnen.[52] Diese Organisationsformen sind mitsamt zugehöriger Bewegungscharakteristika in Abbildung 2.2 illustriert.

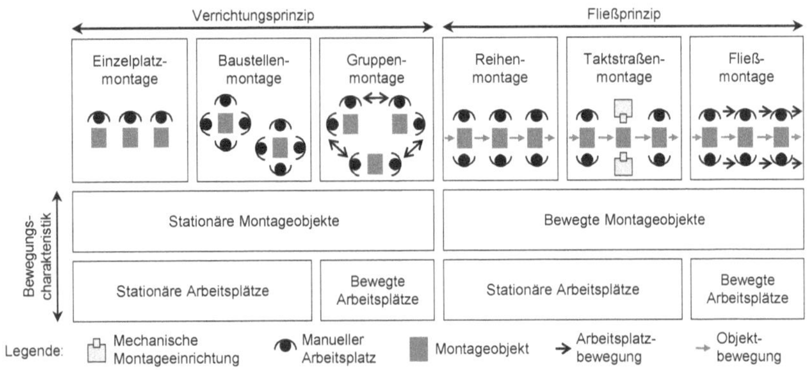

Abbildung 2.2: Organisationsformen der Montage[53]

Erfolgt die gesamte Montage eines Produktes an einem alleinigen, ortsgebundenen Montagebereich, wird von der *Einzelplatzmontage* gesprochen. Dabei findet die Ausführung im Regelfall auf Werkbänken oder Tischen statt, auf welchen die essentiellen Einzelteile bereitgestellt sind. Die Einzelplatzmontage ermöglicht eine hohe Flexibilität, sodass punktuelle Störungen keine Konsequenzen an anderen Arbeitsplätzen nach sich ziehen. Gleichzeitig kann eine große Anzahl an bereitzustellenden Teilen notwendig sein, weshalb die Einzelplatzmontage nur für Produkte mit kleiner bis mittlerer Komplexität geeignet ist.[54] Die *Baustellenmontage* gilt als besondere Form der Einzelplatzmontage, bei der die genutzten Arbeitsplätze und das Montageobjekt ebenso stationär sind. Bei der Baustellenmontage wird der Ort der Montage durch

[50] Vgl. EVERSHEIM (Organisation in der Produktionstechnik), 1989, S. 135f.; GRUNDIG (Fabrikplanung), 2009, S. 153f.; PETERSEN (Organisationsformen der Montage), 2005, S. 38ff.

[51] Vgl. MIESE (Systematische Montageplanung), 1976, S. 32.

[52] Vgl. GRUNDIG (Fabrikplanung), 2009, S. 153f.; EVERSHEIM (Produktionstechnik), 1996, S. 133ff.

[53] I. A. a. GRUNDIG (Fabrikplanung), 2009, S. 154; JANSEN (Montageorientierte Produktionsplanung und -steuerung), 1985, S. 22f.; KLUGE (Planung modularer Montagesysteme), 2011, S. 22; MIESE (Systematische Montageplanung), 1976, S. 33; SCHWEIZER (Montage), 1995, S. 43ff.; LOTTER und SCHILLING (Manuelle Montage), 1994, S. 22f.; EVERSHEIM (Organisation in der Produktionstechnik), 1989, S. 175f.

[54] Vgl. SCHWEIZER (Montage), 1995, S. 44; LOTTER und SCHILLING (Manuelle Montage), 1994, S. 5.

das jeweilige stationäre Montageobjekt vorgegeben, wohingegen bei der Einzelplatzmontage die benötigten Arbeitskräfte und Betriebsmittel, die sogenannten Potenzialfaktoren, den Ort der Montage bestimmen. Gleichzeitig werden die durchzuführenden Montagearbeiten von mehr als einem Mitarbeitenden verrichtet, wobei es ihnen ermöglicht wird, sich frei um das Montageobjekt herum zu bewegen und die Montagetätigkeiten aus mehreren Richtungen zu bewerkstelligen. Die Baustellenmontage ermöglicht eine gute Durchführbarkeit, bspw. bei großen Maschinen, welche nicht bewegt werden können.[55] In Abgrenzung zur *Baustellenmontage* wechseln Mitarbeitende bei der *Gruppenmontage* zwischen den Montageobjekten, wodurch fachliche Spezialisierungen des Personals genutzt werden können, indem jeweils nur ein Teil des Montageauftrags bearbeitet wird. Der Wechsel von Mitarbeitenden zu anderen Arbeitsplätzen bzw. Montageobjekten kann einerseits mittels definierter Taktzeit, andererseits auch aperiodisch, vorgenommen werden. Somit kann bei einem niedrigen Bedarf an Fläche ein hoher Grad an Flexibilität erreicht werden. Als Konsequenz ergibt sich jedoch ein höherer Steuerungsaufwand zur Koordination des Personals.[56] Eine *Reihenmontage* liegt vor, wenn die Montageobjekte beweglich, die Arbeitsplätze hingegen ortsgebunden sind. Die Mobilisierung der jeweiligen Montageobjekte erfolgt nicht unter Taktzwang und kann somit aperiodisch sein, so dass folglich einzelne Arbeitsplätze für Montagen je nach Bedarf übergangen werden können. In Erweiterung zur Reihenmontage wird bei der *Taktstraßenmontage* die Bewegung der Montageobjekte durch eine fest vorgegebene Taktzeit gesteuert. Die Taktzeit ist ein für die gesamte Taktstraße bzw. Montagelinie einheitliches Zeitintervall, in dem das Montageobjekt zur nächsten Montagestation weitergegeben wird. Häufig werden dazu mechanisierte Montageeinrichtungen herangezogen.[57] Die *Fließmontage* ist durch eine Beweglichkeit von Montageobjekten und Arbeitsplätze gekennzeichnet.[58] Innerhalb einer räumlich limitierten Teilstrecke bewegen sich sowohl die Mitarbeitenden als auch die Betriebsmittel intervallartig, je nach Dauer eines Montagevorgangs synchron zum Materialfluss und anschließend wieder zurück zum ursprünglichen Ausgangspunkt. Durch die Wahl dieser Organisationsform kann ein transparenter Ablauf der Montage erzielt werden, ohne dass hohe Anforderungen an die Qualifikation gegeben sein müssen.[59] Im Allgemeinen lässt sich feststellen, dass die Produktivität und die zu produzierenden Stückzahlen von der Einzelplatzmontage hin zur Fließmontage steigen während die Stückkosten sinken. Dies erfolgt jedoch zu Lasten der montagetechnischen Flexibilität und der somit abbildbaren Variantenvielfalt.[60]

Die Auswahl einer geeigneten Organisationsform ist eine Teilaufgabe der Montageplanung. Durch die Bestimmung des Aufbaus und der Zusammenhänge aller relevanten Flüsse in dem

[55] Vgl. LOTTER und SCHILLING (Manuelle Montage), 1994, S. 4; EVERSHEIM (Organisation in der Produktionstechnik), 1989, S. 135f.; PETERSEN (Organisationsformen der Montage), 2005, S. 125.

[56] Vgl. EVERSHEIM (Organisation in der Produktionstechnik), 1989, S. 175.

[57] Vgl. EVERSHEIM (Organisation in der Produktionstechnik), 1989, S. 175f.

[58] Vgl. GRUNDIG (Fabrikplanung), 2009, S. 153f.

[59] Vgl. PETERSEN (Organisationsformen der Montage), 2005, S. 122f.

[60] Vgl. KLUGE (Planung modularer Montagesysteme), 2011, S. 21f.

zu gestaltenden Montagesystem dient sie als Grundlage für die Feinplanung des Montagesystems.[61] Die Entscheidung zur Auswahl einer Organisationsform hängt unter anderem von der Größe und Masse eines Produkts, der Produktkomplexität, der benötigten Montagezeit, dem konstruktiven Aufbau des Produkts, der Auftragslosgröße sowie der anvisierten zeitbezogenen Ausbringungsmenge ab.[62] So kann bspw. eine große Losgröße ein Indikator für die Eignung einer Fließmontage sein.[63] Große Produktmaße einen Indikator für die Notwendigkeit eines stationären Montageobjekts dar.[64] Zudem sind in der Literatur eine Vielzahl weiterer Kriterien wie bspw. der Grad der Arbeitsteilung zur Klassifizierung der Organisationsformen der Montage zu finden.[65]

2.2 Matrixstrukturierte Montagesysteme

Ziel dieses Kapitels ist die Einführung der charakterisierenden Merkmale von matrixstrukturierten Montagesystemen. Zusätzlich werden die wirtschaftlichen Potenziale vorgestellt. Das Kapitel endet mit einem Ausblick auf aktuelle Umsetzungshürden und Forschungsbedarfe, welche einer umfassenden Realisierung matrixstrukturierter Montagesysteme bisher entgegenstehen.

2.2.1 Definition und Charakteristika

Um die in Kapitel 1.1 angeführten Defizite der Fließmontage zu adressieren, präsentieren GRESCHKE et al. das Konzept der Matrix-Produktion. Fundamentales Merkmal dieses Konzepts ist das Aufbrechen des eindimensionalen Transports des Produktionsobjekts zwischen Montagestationen. Hierzu werden Montagestationen statt in der Fließmontage üblichen starren Linienstruktur in einer matrixförmigen Anordnung positioniert. Die Zuordnung von Montageobjekten zu Montagestationen kann so in Abhängigkeit individueller Auftragsmerkmale oder auch der situativen Verfügbarkeit der Montagestationen erfolgen.[66] In der Literatur findet sich eine Vielzahl vergleichbarer Konzepte, die trotz unterschiedlicher Herangehensweisen alle darauf abzielen, die lineare Aneinanderreihung von Montagestationen in der Fließmontage aufzubrechen, um so effizient auf die steigende Variantenvielfalt durch zunehmende Individualisierung von Produkten reagieren zu können.[67] Hierzu zählen insbesondere die Konzepte der frei verketteten Montage[68] nach GÖPPERT et al. sowie die modulare Montage[69] nach KERN et

[61] Vgl. EVERSHEIM (Organisation in der Produktionstechnik), 1989, S. 29f.

[62] Vgl. LOTTER (Wirtschaftliche Montage), 1992, S. 47; SCHMIDT (Gruppenorientierte Arbeitsstrukturen für die Montage), 1990, S. 5; PETERSEN (Organisationsformen der Montage), 2005, S. 24f.

[63] Vgl. EVERSHEIM (Organisation in der Produktionstechnik), 1989, S. 181ff.

[64] Vgl. REUTER et al. (Adaptive Montage), 2014, S. 718ff.

[65] Vgl. SCHUH und SCHMIDT (Produktionsmanagement), 2014, S. 31.

[66] Vgl. GRESCHKE et al. (Matrix Structures in Production Systems), 2014; GRESCHKE (Matrix-Produktion), 2016; SCHÖNEMANN et al. (Matrix-structured manufacturing systems), 2015.

[67] Vgl. NYHUIS et al. (Organisationsformen), 2021, S. 22.

[68] Vgl. GÖPPERT et al. (Frei verkettete Montagesysteme), 2018, S. 151.

[69] KERN (Modulare Produktion), 2021, 1ff.; KERN et al. (Logistics Concept for a Modular Assembly System), 2017, S. 957; KERN et al. (Modular Automotive Assembly System), 2016, S. 327.

al. Nachfolgend wird zur besseren Lesbarkeit der Begriff des *matrixstrukturierten Montagesystems* genutzt, da dieser einerseits die räumliche Struktur der Organisationsform als Matrix beschreibt und anderseits durch das Verständnis der Montage als System die Perspektive der Montagesteuerung miteinschließt.[70] Dieses Begriffsverständnis ist in Abbildung 2.3 dargestellt und wird nachfolgend detailliert.

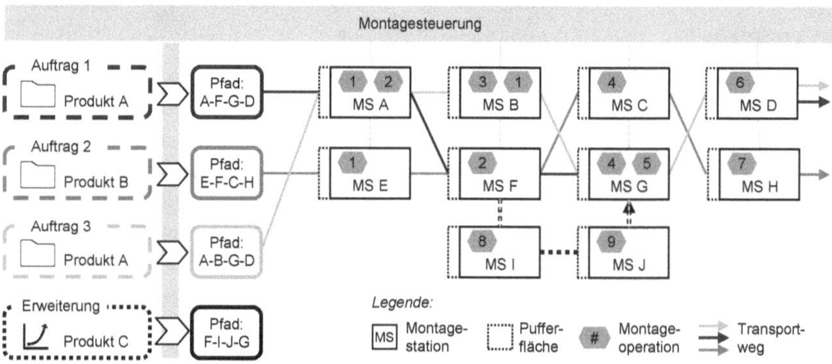

Abbildung 2.3: Schematische Darstellung eines matrixstrukturierten Montagesystems[71]

Das matrixstrukturierte Montagesystem beinhaltet stationäre Montagestationen, welche durch ihre jeweilige Ausstattung zur Durchführung spezifischer Montagetätigkeiten befähigt sind.[72] Zur vereinfachten Darstellung und Modellierung wird hier der Begriff der Montageoperation genutzt, welcher mehrere Tätigkeiten eines Montageschritts zusammenfasst.[73] Eine übergeordnete Montagesteuerung entscheidet, welchen Pfad ein Auftrag durch das Montagesystem nimmt. Ein Pfad beschreibt dabei die jeweilige Reihenfolge von Montagestationen, die nacheinander durch einen Auftrag belegt werden.[74] Jeder Auftrag kann einen individuellen Pfad nehmen, wodurch die für die Bearbeitung eines Auftrags etwaig irrelevanten Montagestationen übersprungen werden können. Durch die Redundanz von Fähigkeiten zur Durchführung von Montageoperationen besteht weiterhin die Möglichkeit, dass gleiche Produkte unterschiedliche Pfade durch das Montagesystem nehmen (siehe Auftrag 1 und 3).[75] Dies wird als Routingflexibilität bezeichnet.[76] Entsprechend entsteht für Auftrag 2 ein alternativer Pfad, würden

[70] Ebenso sei auf die Analogie zur Automobilproduktion verwiesen. Da die Matrix-Produktion nicht die Produktion einer Matrix, sondern vielmehr die Anordnung von Montagestationen in Matrixstruktur bezeichnet, ist der Begriff *matrixstrukturiertes Montagesystem* besser geeignet.

[71] I. A. a. GRESCHKE et al. (Matrix Structures in Production Systems), 2014, S. 164; HÜTTEMANN (Lineless mobile assembly systems), 2021, S. 23.

[72] Vgl. GRESCHKE (Matrix-Produktion), 2020, S. 179ff.

[73] GRESCHKE verwendet abweichend den Begriff des Arbeitspakets. Vgl. GRESCHKE (Matrix-Produktion), 2020, S. 180.

[74] Vgl. GRESCHKE (Matrix-Produktion), 2020, S. 236f.

[75] Vgl. BURGGRÄF et al. (Agentensysteme in der Montage), 2020, S. 171.

[76] Vgl. MAY et al. (Multi-Agent Production Control for Matrix Production Systems), 2021, S. 4.

die Montagestationen E und F durch A ersetzt. Die operative Umsetzung der Routingflexibilität bedingt eine entsprechende Montagesteuerung, welche für die Zuordnung von Aufträgen und Montageoperationen zu Montagestationen zuständig ist.[77] Die Aufgaben der Montagesteuerung gewinnen im Vergleich zur Fließmontage an Bedeutung, da die theoretisch möglichen Pfade eines Auftrags durch das Montagesystem zwar a priori bekannt sind, der tatsächliche Pfad jedoch situativ und in Abhängigkeit der tatsächlichen Verfügbarkeit der Montagestationen festgelegt wird.[78]

Ergänzend zu diesen Grundprinzipien matrixstrukturierter Montagesysteme wurde im Kontext der Elektromobilproduktion das Konzept der agilen Low-Cost Montage (im Folgenden agile Montage) entwickelt.[79] Agilität bedeutet im Kontext der agilen Montage[80] „sich aktiv auf Unsicherheiten vorzubereiten und so die Fähigkeit zu erlangen, innerhalb kürzester Zeit auf Veränderungen zu reagieren mit dem Ziel, die wirtschaftliche Situation eines Unternehmens ständig zu optimieren"[81]. Wesentliches Abgrenzungsmerkmal zur Wandlungsfähigkeit und Flexibilität ist dabei der Zeithorizont.[82] Das Ziel der agilen Montage ist daher, Änderungen in Produkt und Prozess, bspw. bei sich ändernden Markt- und Nachfragebedingungen, unmittelbar abbilden zu können. Die agile Montage stellt ergänzend zur Auflösung der Linienstruktur weitere Lösungsbausteine bereit. Diese sollen ebenso eine die kurzfristige Reaktion auf sich ändernde Markt- und Nachfragebedingungen ermöglichen. Hierzu zählen selbstfahrende Elektrofahrzeug-Chassis, Augmented Reality Anwendungen, Ansätze zur automatisierten Gestaltung von Montagevorrichtungen (Rapid Fixture), Toleranzausgleichselemente, Smart Logistics und ein Montagesteuerungscockpit. Diese technologischen Bausteine tragen dazu bei, dass kurzfristige Änderungen der Prozesse hinsichtlich Montagestruktur, -layout und -ablauf umgesetzt werden können. Hierzu sollen sämtliche Ressourcen der agilen Montage digital vernetzt sowie Handlungsempfehlungen und Steuerungsangaben in einem Montagesteuerungscockpit berechnet werden.[83]

[77] GRESCHKE (Matrix-Produktion), 2020, S. 236ff.

[78] Vgl. GRESCHKE (Matrix-Produktion), 2016, S. 216f.; GRESCHKE et al. (Matrix Structures in Production Systems), 2014, S. 165; SCHÖNEMANN et al. (Matrix-structured manufacturing systems), 2015, S. 106.

[79] Vgl. KAMPKER et al. (Agile Low-Cost Montage), 2017, S. 232.

[80] Vgl. BURGGRÄF et al. (Agile Montage), 2019, S. 623.

[81] SCHURIG et al. (Agile Produktion), 2014, S. 957.

[82] Vgl. BURGGRÄF et al. (Agile Montage), 2019, S. 623.

[83] Vgl. KAMPKER et al. (Agile Low-Cost Montage), 2017, S. 244ff.

Das wesentliche, abgrenzende Merkmal der agilen Montage ist die Sequenzflexibilität. So können Montageschritte in der agilen Montage entsprechend der Grenzen des (Montage-)Vorranggraphen[84] in unterschiedlicher Reihenfolge durchgeführt werden.[85] Die entstehende Flexibilität hängt dabei stark vom Produkt ab. Je verzweigter der Vorranggraph, desto größer die entstehenden Freiheitsgrade. Diese zusätzlichen Freiheitsgerade können sich positiv auf die Robustheit sowie Auslastung eines Montagesystems auswirken, erhöhen jedoch ebenso die Komplexität in der Montagesteuerung.[86] Damit erschließt das Konzept der agilen Montage einerseits technologische Lösungsbausteine sowie anderseits die Sequenzflexibilität in matrixstrukturierten Montagesystemen inklusive der Spezifikation der entstehenden Freiheitsgrade in der Montagesteuerung. Da technologische Aspekte der agilen Montage ebenso alleinstehend oder innerhalb von Fließmontagen betrachtet werden können, wird für die nachfolgenden Betrachtungen nur die Sequenzflexibilität der agilen Montage berücksichtigt. Damit lassen sich die zentralen Charakteristika matrixstrukturierter Montagesysteme für diese Arbeit wie folgt beschreiben:

- *Matrixstrukturiert:* Als matrixstrukturiert wird die nichtlineare Anordnung von Montagestationen in einem schachbrettartigen Muster bezeichnet.[87]
- *Multifunktionalität von Montagestationen:* Montagestationen werden als multifunktional bezeichnet, wenn diese in Abhängigkeit ihrer jeweiligen Ressourcen (Betriebsmittel und Montagepersonal) mehrere, unterschiedliche Montageschritte ausführen können.[88]
- *Fähigkeitsprofil:* Durch die individuelle Zuordnung von Montageprozessmodulen[89], welche Ressourcen wie Betriebsmittel, Anlagen und Werkzeuge umfassen, zu Montagestationen ergeben sich spezifische Fähigkeitsprofile, welche wiederum Voraussetzung zur Durchführung von Montageschritten sind.[90]
- *Routingflexibilität:* Die Routingflexibilität basiert auf der Möglichkeit, denselben Montageschritt auf unterschiedlichen Montagestationen durchführen zu können. Dadurch können gleiche Produkte unterschiedliche (Produktions-)Pfade durch ein Montagesys-

[84] „Beim Vorranggraphen handelt es sich um eine netzplanähnliche Darstellung von Teilaufgaben der Montage, in der die Teilaufgaben als Knoten und die Abhängigkeitsbeziehungen als Verbindungslinien (Kanten) zwischen den Knoten dargestellt werden“ BULLINGER und AMMER (Montageplanung), 1986, S. 96.

[85] Vgl. KAMPKER et al. (Agile Low-Cost Montage), 2017, S. 245.

[86] Vgl. BURGGRÄF et al. (Agentensysteme in der Montage), 2020, S. 71; HUTCHINSON und PLUGHOEFT (Flexible process plans), 1994, S. 173; WADHWA et al. (Flexibility types), 2006, S. 1005.

[87] Vgl. GRESCHKE et al. (Matrix Structures in Production Systems), 2014, S. 164.

[88] Vgl. BURGGRÄF et al. (Agentensysteme in der Montage), 2020, S. 173.

[89] Im weiteren Verlauf der Dissertation werden diese auch als Module (engl. Modules) bezeichnet. Module werden zur Durchführung spezifischer Montageschritte benötigt. Vgl. BURGGRÄF et al. (Capability-based assembly design:), 2020.

[90] Vgl. BURGGRÄF et al. (Agentensysteme in der Montage), 2020, S. 171.

tem laufen. Voraussetzung für die Routingflexibilität ist, dass die Fähigkeit zur Durchführung eines spezifischen Montageschritts von mehr als einer Montagestation angeboten wird. Dies wird im Themenkontext auch als Redundanz bezeichnet.

- *Sequenzflexibilität:* Die Sequenzflexibilität beschreibt in matrixstrukturierten Montagesystemen die produktseitigen Freiheitsgrade in der Zusammenbaureihenfolge.[91]
- *(Montage)-Operation:* Der Begriff fasst mehrere Tätigkeiten eines Arbeitsschritts zusammen, um so eine aggregierte Betrachtung von Montageschritten zu ermöglichen.
- *Montagesteuerung:* Die Montagesteuerung matrixstrukturierter Montagesysteme regelt die Zuordnung von Aufträgen und Montageschritten zu Montagestationen unter Berücksichtigung von Ressourcenverfügbarkeiten und Störungen.[92] Dies beinhaltet im erweiterten Sinne ebenso die Steuerung von Transportaufträgen.[93] Eine detaillierte Betrachtung folgt in Kapitel 2.3.3.

Nach NYHUIS et al. ist unklar, ob es sich bei dem von GRESCHKE et al. vorgestellten Prinzip um eine eigenständige Organisationsform handelt, oder um die Weiterentwicklung einer bestehenden Organisationsform.[94] Für die vorliegende Dissertation werden matrixstrukturierte Montagesysteme aufgrund der vorgestellten Charakteristika sowie abgrenzenden Merkmale gegenüber der Fließmontage als eigenständige Organisationsform angesehen.

2.2.2 Wirtschaftliche Potenziale

Durch die skizzierten Merkmale matrixstrukturierter Montagesysteme ergeben sich vielzählige Potenziale. Die Entkopplung von Montagestationen sowie die Routingflexibilität führen dazu, dass im Falle eines Stationsausfalls nicht das gesamte Montagesystem bzw. ganze Bandabschnitte zum Stillstand kommen, wie es häufig in der Fließmontage der Fall ist. Die bedarfsorientierte Replikation von Montagestationen oder auch der Einsatz zusätzlicher Montagestationen ermöglicht die Integration neuer Produktvarianten, so dass sich matrixstrukturierte Montagesysteme durch eine gute Erweiterungsfähigkeit auszeichnen.[95] Durch die Taktunabhängigkeit der Montageoperationen können Effizienzverluste durch Taktzeitabweichungen reduziert werden. Weiterhin entstehen durch den Wegfall des Zeitdrucks verbesserte Arbeitsbedingungen oder sogar Arbeitsbedingungen, die Menschen mit Einschränkungen das Arbeiten in der Montage ermöglichen.[96]. Der theoretische Nutzen matrixstrukturierter Montagesysteme wurde ebenso in verschiedenen Simulationsstudien diskutiert. Wesentlicher Vorteil der simulationsgestützten Bewertung ist die Möglichkeit der Betrachtung unterschiedlicher Montage-

[91] Vgl. BURGGRÄF et al. (Modeling agile assembly systems), 2020, S. 1074.

[92] Vgl. BURGGRÄF et al. (Agentensysteme in der Montage), 2020, S. 170ff.; GRESCHKE (Matrix-Produktion), 2020, S. 236f.

[93] Vgl. MAYER et al. (Production Control in a Modular Assembly System), 2019, S. 45f.

[94] Vgl. NYHUIS et al. (Organisationsformen), 2021, S. 22.

[95] Vgl. BURGGRÄF et al. (Agentensysteme in der Montage), 2020, S. 170ff.

[96] Vgl. GRESCHKE (Matrix-Produktion), 2020, S. 363ff.

systemkonfigurationen sowie Logiken zur Montagesteuerung ohne die physische Implementierung in realen Systemen.[97] Nachfolgend werden zur weiteren Motivation der Umsetzungspotenziale Simulationsstudien zur wirtschaftlichen Relevanz matrixstrukturierter Montagesysteme[98] vorgestellt.

GRESCHKE präsentiert in seiner Dissertation nicht nur das Konzept der taktunabhängigen Fließfertigung in Form matrixstrukturierter Montagesystem, sondern simuliert dieses Konzept ebenso am Beispiel einer Vormontage für Antriebsteile von Verbrenner-, Elektro- und Hybridfahrzeugen der Volkswagen AG. Die Vormontage umfasst sechs Varianten mit einer Taktzeitspreizung von bis zu 60 %. Auf einer verfügbaren Fläche von 6400 qm wird als Referenz eine bestehende Linienfertigung mit 31 Arbeitsstationen (Stationsauslastung zwischen 52 % und 106 %) mit einem matrixstrukturierten Montagesystem mit 25 Montagestationen (zwei bis sieben Montageschritte je Montagestation) verglichen. Das Simulationsmodell berücksichtigt Transportzeiten, Abstände zwischen Montagestationen sowie eine Puffergröße von eins. Die Simulation zeigt, dass während die durchschnittliche Auslastung in dem linienstrukturierten Montagesystem nur 65 % beträgt, die Auslastung in der Matrix-Produktion mit 87 % deutlich höher liegt. Ebenso ist der durchschnittliche Umlaufbestand des matrixstrukturierten Montagesystems mit 39 Fahrzeugen im Vergleich zum linienstrukturierten Montagesystem mit 53 deutlich geringer. Eine teils durch Annahmen geleitete Betrachtung der Kostenstrukturen weist ebenso auf eine wirtschaftliche Überlegenheit des matrixstrukturierten Montagesystems durch geringere Kosten für Betriebsmittel und Personal bei gleichbleibender Auslastung hin. Weitere, nicht quantifizierbare Vorteile, bspw. hinsichtlich der Marktflexibilität, wurden im Rahmen einer Nutzwertanalyse herausgearbeitet.[99]

SCHÖNEMANN et al. vergleichen ein matrixstrukturiertes Montagesystem[100] bestehend aus neun Montagestationen mit einem linienstrukturierten Montagesystem bestehend aus acht Montagestationen. Die Simulation umfasst einen Auftragspool von 1000 Aufträgen mit zwei unterschiedlichen Produkten, welche in zufälliger Reihenfolge freigegeben werden. Dabei wird die Systemauslastung als primärer Leistungsindikator mit direktem Einfluss auf die Effizienz und damit die Wirtschaftlichkeit des Montagesystems herangezogen. SCHÖNEMANN et al. können auf Basis ihrer Annahmen und Parameterwahl eine höhere Systemauslastung (ca. 20 %P) im matrixstrukturierten Montagesystem nachweisen. Ebenso erreicht die Systemauslastung zeitweise sogar 100 %. Weiterhin zeigen die Autoren, dass das skizzierte matrixstrukturierte Montagesystem robuster gegenüber Stationsausfällen ist.[101]

---

[97] Vgl. SCHÖNEMANN et al. (Matrix-structured manufacturing systems), 2015, S. 112.

[98] Aus Gründen der Übersichtlichkeit wird weiterhin der Begriff des matrixstrukturierten Montagesystems genutzt, obgleich dieser in den jeweiligen Studien nicht verankert ist.

[99] Vgl. GRESCHKE (Matrix-Produktion), 2016, S. 174ff.

[100] SCHÖNEMANN et al. nutzen den Begriff des Matrix-structured Manufacturing System; kurz: MMS.

[101] Vgl. SCHÖNEMANN et al. (Matrix-structured manufacturing systems), 2015, S. 110f.

BOCHMANN präsentiert in seiner Dissertation einen Ansatz zur Entwicklung und Bewertung eines flexiblen und dezentral gesteuerten Fertigungssystems für variantenreiche Produkte. Wesentliche Merkmale des Systems sind räumlich verteilte, multifunktionale Fertigungszellen (in Matrixstruktur) sowie flexible und nicht vordefinierte Material- und Produktflusspfade.[102] Als Kernergebnis wird ein Optimierungsproblem (Flexible Job Shop Problem) zur Groblayoutplanung, Maschinenbelegungsplanung, Transportwegplanung und Kollisionsvermeidung vorgestellt sowie am Beispiel einer Cockpitvormontage eines deutschen Automobilherstellers mittels linearer Programmierung gelöst. Das zur Validierung betrachtete System enthält in der Linienkonfiguration (Realsystem) 31 Montagestationen sowie in der Matrixkonfiguration 15 Montagestationen. BOCHMANN zeigt, dass die Durchlaufzeit in der Matrixkonfiguration 25,2 % geringer ist als im Realsystem. Ebenso ist die Systemauslastung im Realsystem um 6,2 % geringer als in der Matrixkonfiguration.[103]

Grundsätzlich liefern die vorgestellten Simulationsstudien erste Evidenz, dass matrixstrukturierte Montagesysteme eine wirtschaftliche Alternative zur Fließmontage darstellen können. Allerdings verweist die Fachliteratur ebenso darauf, dass zur Realisierung der vollständigen Potenziale matrixstrukturierter Montagesysteme weitere Fragestellungen zu beantworten sind. Das nachfolgende Kapitel kategorisiert diese Fragestellungen und spezifiziert diejenigen Forschungsbedarfe und Umsetzungshürden, welche eine breite Einführung matrixstrukturierter Montagesysteme in die industrielle Praxis erschweren.

2.2.3 Umsetzungshürden und Forschungsbedarfe

Matrixstrukturierte Montagesysteme brechen mit einer Vielzahl etablierter Prinzipien zur Gestaltung sowie dem Betrieb von Fließmontagen.[104] Einen umfassenden Überblick über die Forschungsbedarfe und Umsetzungshürden bieten HELLMICH et al.[105] Nachfolgend werden diese zusammenfassend vorgestellt und hierzu in fünf Kategorien eingeteilt:[106] Methoden zur Gestaltung, Umsetzung der Montagesteuerung, Einbindung des Menschen, Entwicklung von Geschäftsmodellen sowie Gestaltung des Wertschöpfungsnetzwerks.

Methoden zur Gestaltung: Wesentlicher Forschungsbedarf besteht in der Entwicklung von (standardisierten) Methoden zur wirtschaftlichen Gestaltung matrixstrukturierter Montagesysteme.[107] Die zu gestaltenden Elemente umfassen dabei insbesondere das Layout des Montagesystems, die Montagestationen, die Materialbereitstellung sowie die Montagesteuerung

---

[102] In Abgrenzung zu GRESCHKE und SCHÖNEMANN et al. berücksichtigt BOCHMANN analog zur agilen Montage die Sequenzflexbilität auf Basis des Montagevorranggraphens.

[103] Vgl. BOCHMANN (Dezentral gesteuerte Fertigungssysteme), 2018, S. 148ff.

[104] Vgl. GRESCHKE (Matrix-Produktion), 2020, S. 61; GÖPPERT et al. (Frei verkettete Montagesysteme), 2018, S. 151; BAUERNHANSL (Wandlungsfähige (Fahrzeug-)Forschungsproduktion), 2020, S. 146.

[105] Vgl. HELLMICH et al. (Matrixproduktionssysteme), 2022, S. 42ff.

[106] Die genutzte Kategorisierung ist an HELLMICH et al. angelehnt, wurde jedoch auf Basis der in Kapitel 1.3.2 dargestellten Erfahrungen weiterentwickelt. Vgl. HELLMICH et al. (Matrixproduktionssysteme), 2022, S. 42ff.

[107] Vgl. HELLMICH et al. (Matrixproduktionssysteme), 2022, S. 42f.

(siehe auch Kapitel 2.1.2). Die zugehörigen Methoden müssen dabei auch eine Bewertung unterschiedlicher Montagesystemkonfigurationen bei sich verändernden Randbedingungen hinsichtlich Produktportfolio und Stückzahlen ermöglichen.[108] Entscheidende Unterschiede im Vergleich zur Fließmontage ergeben sich durch die Abkehr einer übergeordneten Taktzeit oder auch die Multifunktionalität von Montagestationen, weshalb typische Planungsansätze und -schritte wie das Line-Balancing entfallen.[109] Stattdessen bedarf es Methoden zur Definition der Montagestation sowie deren Fähigkeitsprofilen und Anordnung. Dies umfasst auch die Betrachtung der Multifunktionalität von Montagestationen in matrixstrukturierten Montagesystemen.[110] Besondere Bedeutung kommt auch der Intralogistik und der Befähigung flexibler Materialflüsse zu. Die bisherigen Materialbereitstellungskonzepte berücksichtigen nicht die Anforderungen matrixstrukturierter Montagesysteme, welche bspw. die situative Bereitstellung an unterschiedlichen Montagestationen umfassen. Dies betrifft auch unmittelbar das Layout der Montagestationen, welche somit Bereitstellungszonen für unterschiedliche Werkstückträger benötigen.[111]

Ebenso sind etablierte Qualitätsmanagementsysteme hinsichtlich ihrer Übertragbarkeit zu prüfen und neue Herangehensweisen zu entwickeln, da die Anzahl an Anläufen und Inbetriebnahmen durch kürzere Produktlebenszyklen potenziell zunimmt.[112] Gleichzeitig ergeben sich neue Freiheitsgerade zur Durchführung von Prüfumfängen an Montagestationen sowie zur Anordnung von Qualitätstoren.[113] Nicht zuletzt ist die Infrastruktur zur echtzeitnahen Kommunikation der Montageressourcen zu befähigen, um so eine Interaktion aller Teilsysteme zu ermöglichen.[114]

Umsetzung der Montagesteuerung:[115] Die Wirtschaftlichkeit matrixstrukturierter Montagesysteme wird insbesondere durch die Effizienz der Montageabläufe und damit der Qualität der Entscheidungsfindung der Montagesteuerung festgelegt.[116] Kernaufgabe der Montagesteuerung besteht in der Zuordnung von Aufträgen und Montageschritten zu Montagestationen un-

---

[108] Vgl. KERN et al. (Alternatives to assembly line), 2015, S. 6; GRAHN et al. (Potential Analysis by Approximating Line-Less Assembly Systems), 2022, S. 423.

[109] Vgl. GÖPPERT et al. (Bridging the Gap Between Line and Matrix Configurations), 2021, S. 6; GRESCHKE (Matrix-Produktion), 2016, S. 103; BURGGRÄF et al. (Agentensysteme in der Montage), 2020, S. 171.

[110] Vgl. BURGGRÄF et al. (Capability-based assembly design:), 2020, S. 1209f.

[111] FILZ et al. (Material supply strategies), 2019, 1005f., 1009; GÖPPERT et al. (Frei verkettete Montagesysteme), 2018, 1005-1006,1009.

[112] Vgl. FECHTER und DIETZ (Ausblick Arena2036), 2020, 152, 156.

[113] KERN et al. (Alternatives to assembly line), 2015, S. 6f.; BOCHMANN (Dezentral gesteuerte Fertigungssysteme), 2018, S. 53; GRESCHKE (Matrix-Produktion), 2016, S. 211.

[114] Vgl. BOCHMANN (Dezentral gesteuerte Fertigungssysteme), 2018, S. 96.

[115] Als Kernthema der vorliegenden Dissertation wird die Thematik der Montagesteuerung in den Kapiteln 2.3 sowie 2.4 vertieft, weshalb an dieser Stelle zunächst nur ein generischer Überblick erfolgt.

[116] Vgl. SCHÖNEMANN et al. (Matrix-structured manufacturing systems), 2015, S. 106.

ter Berücksichtigung situativer Umstände wie bspw. Ressourcenverfügbarkeiten oder Störungen.[117] Die hohe Anzahl an Freiheitsgeraden durch Routing- und Sequenzflexibilität ist kognitiv nicht mehr lösbar. Entsprechend bedingt die effiziente Koordination der Montageabläufe computergestützte Ansätze zur Montagesteuerung.[118] Erweiterte Betrachtungen der Montagesteuerungen schließen ebenso die Steuerung der Materialbereitstellung sowie des Montagepersonals ein.[119] Aufgrund der potenziellen Ortsveränderlichkeit von Montageressourcen und Fertigungsmitteln sowie der situativen, ortflexiblen Materialbereitstellung ergeben sich dadurch zusätzliche Freiheitsgrade. Die Montagesteuerung kann innerhalb eines Leitsystems umgesetzt werden.[120] Ebenso sind Ausweich- und Notlaufstrategien vorzusehen und zu etablieren, die den Produktionsbetrieb bei Ausfall einer Montagestation oder einer computerbasierten Steuerung absichern.[121]

Einbindung des Menschen: Matrixstrukturierte Montagesysteme setzen beim Menschen eine erhebliche Bereitschaft zum Umdenken voraus.[122] Dies betrifft zunächst die Rollen und Kompetenzanforderungen an die Mitarbeitenden im Bereich der Montageplanung.[123] Mitarbeitende können nur noch bedingt auf eigenes und etabliertes Erfahrungswissen zurückgreifen, da wesentliche Prinzipien wie die Austaktung von Arbeitsplätzen entfallen. Stattdessen entstehenden gänzlich neue Planungsaufgaben, wie die Auslegung von redundanten Fähigkeitsprofilen der Montagestationen.[124] Diese potenzielle Abwertung der bisherigen Planungskompetenzen gilt es zu adressieren. Weiterhin ist davon auszugehen, dass die Flexibilität sowie Intransparenz der Montageabläufe das Montagepersonal belastet.[125] Die Übertragung der steuernden Tätigkeiten auf dem Shopfloor auf eine computerbasierte Montagesteuerung erfordern einen Lernprozess aller Beteiligten. Es sind geeignete Ansätze zu identifizieren, die Informationen zur Grundlage getroffener (Steuerungs-)Entscheidungen ermöglichen, um so nicht offensichtliche Entscheidungen nachvollziehen zu können.[126] Weiterhin setzen matrixstrukturierte Montagesysteme voraus, dass Mitarbeitende auf dem Shopfloor auch ortsflexibel eingesetzt werden können.[127] Obgleich STARK et al. den Mensch als anpassungsfähig ansehen und daher technische Rahmenbedingungen in den Vordergrund stellen[128], warnen GRESCHKE sowie

[117] Vgl. BURGGRÄF et al. (Agentensysteme in der Montage), 2020, S. 171.

[118] GRESCHKE (Matrix-Produktion), 2016, S. 211.

[119] Vgl. BURGGRÄF et al. (Planning and control of an agile assembly system), 2020, S. 144f.

[120] Vgl. BOCHMANN (Dezentral gesteuerte Fertigungssysteme), 2018, S. 93.

[121] GRESCHKE (Matrix-Produktion), 2016, S. 141.

[122] Vgl. FECHTER und DIETZ (Ausblick Arena2036), 2020, S. 152.

[123] Vgl. GRESCHKE (Matrix-Produktion), 2020, S. 381.

[124] Vgl. KERN (Modulare Produktion), 2021, S. 180.

[125] GRESCHKE (Matrix-Produktion), 2016, 223–224.

[126] HÜTTEMANN (Line-less mobile assembly systems), 2021, S. 69; GRESCHKE (Matrix-Produktion), 2016, S. 223.

[127] Vgl. GRESCHKE (Matrix-Produktion), 2016, 68.

[128] Vgl. STARK et al. (Montagetechnik), 2020, S. 127f.

FECHTER und DIETZ davor, dass diese Auffassung zur einer Überbeanspruchung der Mitarbeitenden und damit einer Minderung der Motivation führen kann.[129] Darüber hinaus stellt der kontinuierliche Anpassungs- bzw. Lernbedarf sowie die zugehörigen Aufwände einen zusätzlichen Risikofaktor bei der Einhaltung von Lieferterminen dar.[130] Es sind daher umfassende Qualifikations- und Schulungsmaßnahmen notwendig, um das Planungs- und Montagepersonal auf diese Veränderungen vorzubereiten. Ziel ist es, die Belastung aller Mitarbeitenden zu berücksichtigen und Bedenken bezüglich Intransparenz entgegenzuwirken. Dies umfasst auch die Erfassung und Verarbeitung sensibler Daten, welche durch individuelle Bearbeitungszeiten an den Montagestationen potenziell missbraucht werden können.[131] Weiterhin besteht die Notwendigkeit der Entwicklung der für den Betrieb notwendigen Informationssysteme an den Montagestationen, um Arbeitsanweisungen zu den variierenden Arbeitsumfängen bereitzustellen.[132]

Entwicklung von Geschäftsmodellen: Motivation und Ziel matrixstrukturierter Montagesysteme sind insbesondere die bessere Anpassungsfähigkeit an sich verändernde Marktbedingungen bei gleichzeitig hoher Systemauslastung bei einem variantenreichen Produktportfolio (vgl. Kapitel 1.1). Entsprechend ist zu untersuchen, für welche Marktbedingungen bzw. Marktentwicklungen sowie für welche Branchen die skizzierte Organisationsform besonders geeignet ist.[133] Die Wirtschaftlichkeit matrixstrukturierter Montagesysteme im Vergleich zur Fließmontage lässt sich voraussichtlich nicht rein durch die Produktivität unter statischen Bedingungen begründen. Vielmehr gilt es zu analysieren, inwieweit sich unterschiedliche Produktionsprogramme, Ausbringungsmengen oder auch kürzere Anlaufzeiten für neue Produkte positiv auf die Wirtschaftlichkeit des Lebenszyklus eines Montagesystems auswirken.[134] Entsprechend sind klassische Kennzahlenzahlensysteme der Fließmontage zu hinterfragen. Durch die Auflösung von Takt und Fließband verlieren diese ihre Aussagekraft, da sich einzelne Aufträge stark unterscheiden können und die Gesamtausbringungsmenge betrachtet wird.[135]

Gestaltung des Wertschöpfungsnetzwerks: Die Flexibilisierung des Montagesystems wirkt sich ebenso auf das Wertschöpfungsnetzwerk eines Unternehmens aus.[136] So sind lieferan-

---

[129] Vgl. FECHTER und DIETZ (Ausblick Arena2036), 2020, S. 150ff.

[130] Vgl. GRESCHKE (Matrix-Produktion), 2020, S. 97.

[131] Vgl. GRESCHKE (Matrix-Produktion), 2020, S. 391.

[132] Vgl. SCHMITT et al. (Frei verkettete Montage), 2017, S. 349.

[133] Vgl. GRESCHKE (Matrix-Produktion), 2020, S. 39.

[134] Vgl. GÖPPERT et al. (Bridging the Gap Between Line and Matrix Configurations), 2021, S. 6; GÖPPERT et al. (Frei verkettete Montagesysteme), 2018, S. 154ff.; FECHTER und DIETZ (Ausblick Arena2036), 2020, S. 6; SCHÖNEMANN et al. (Matrix-structured manufacturing systems), 2015, S. 111.

[135] Vgl. GRESCHKE (Matrix-Produktion), 2020, S. 298; HÜTTEMANN (Line-less mobile assembly systems), 2021, S. 69.

[136] Vgl. GÖPPERT et al. (Frei verkettete Montagesysteme), 2018, S. 155.

tenseitige Prozesse bspw. bei Direktanlieferungen durch ortsflexible Bereitstellung in der Montage neu auszurichten.[137] Durch das Auflösen starrer Zusammenbaureihenfolgen wird die deterministische Vorhersage von Materialverbräuchen und -bedarfen an individuellen Montagestationen deutlich erschwert.[138] Ebenso sind vorgelagerte Fertigungsprozesse hinsichtlich ihrer notwendigen Flexibilität zur Andienung des Montagesystems zu prüfen und optional anzupassen.[139] In Summe ergeben sich daher veränderte und gegebenenfalls auch zusätzliche Synchronisationsaufwände innerhalb der Wertschöpfungsnetzwerke, welche es technologisch und informativ zu befähigen gilt.

Grundvoraussetzung für die Umsetzung und Realisierung eines Montagesystems ist deren Wirtschaftlichkeit.[140] Als weitere Voraussetzung gilt jedoch auch die technologische Realisierbarkeit des Montagesystems So sagt SIEBEN: „...(Technik) ist das Hindernis, warum flexible Zellfertigung noch nicht komplett umgesetzt wurde. [...] Da ist das Hauptthema das übergreifende Steuerungsthema, [...] was noch [...] der Whitespot ist"[141]. Das Wissen über die Steuerung matrixstrukturierter Montagesysteme ist also einerseits technologischer Befähiger sowie anderseits Voraussetzung für die Bewertung unterschiedlicher Montagesystemkonfigurationen, welche bei der Gestaltung erzeugt werden. Damit wird die Montagesteuerung auch eine Voraussetzung für die Entwicklung von Methoden zur Gestaltung matrixstrukturierter Montagesysteme. Bevor Geschäftsmodelle, Wertschöpfungsnetzwerke oder die Rolle des Menschen untersucht werden sollten, gilt es die Montagesteuerung matrixstrukturierter Montagesysteme auszugestalten. Das nachfolgende Kapitel vertieft daher die Grundlagen der Montagesteuerung und setzt diese in Bezug zu matrixstrukturierten Montagesystemen.

2.3 Montagesteuerung

Die Montagesteuerung ist einer der Schlüsselfaktoren zur Umsetzung matrixstrukturierter Montagesysteme. Nachfolgend wird der Begriff der Montagesteuerung definiert und die allgemeinen Aufgaben der Montagesteuerung spezifiziert. Es folgt eine Betrachtung möglicher Steuerungsarchitekturen zur Vernetzung und Verteilung der Aufgaben der Montagesteuerung. Anschließend werden konkrete Anforderungen an die Montagesteuerung matrixstrukturierter Montagesysteme formuliert sowie die Notwendigkeit dezentraler Steuerungsarchitekturen für die Montagesteuerung matrixstrukturierter Montagesysteme begründet.

---

[137] Vgl. GRESCHKE (Matrix-Produktion), 2020, S. 387.

[138] Vgl. GRESCHKE (Matrix-Produktion), 2020, 255, 271-273.

[139] Vgl. GÖPPERT et al. (Frei verkettete Montagesysteme), 2018, S. 153; GRESCHKE (Matrix-Produktion), 2020, S. 349ff.

[140] Vgl. GRESCHKE (Matrix-Produktion), 2016, S. 222.

[141] SIEBEN (Flexible Zellfertigung), 2021.

2.3.1 Begriffsdefinition und -abgrenzung

Der Begriff *Montagesteuerung* setzt sich aus den Bestandteilen Montage und Steuerung zusammen. In Kapitel 2.1.1 wurde Montage bereits umfassend definiert, so dass sich der folgende Abschnitt auf den Begriff Steuerung sowie die anschließende Aufarbeitung im Kontext der Montage fokussiert.

Nach DIN 19226-1 wird Steuerung als „Vorgang in einem System, bei dem eine oder mehrere Größen als Eingangsgrößen andere Größen als Ausgangsgrößen aufgrund der dem System eigentümlichen Gesetzmäßigkeiten beeinflussen“[142] definiert. Als wichtige Voraussetzung wird angegeben, dass Ausgangsgröße und Eingangsgröße systembedingt nicht rückgekoppelt sind. Dabei wird ein System als „eine in einem betrachteten Zusammenhang gegebene Anordnung von Gebilden, die miteinander in Beziehung stehen“[143] angesehen. Der Verband für Arbeitsgestaltung, Betriebsorganisation und Unternehmensentwicklung (REFA) beschreibt die Steuerung als das „Veranlassen, Überwachen und Sichern der Aufgabendurchführung hinsichtlich Menge, Termin, Qualität, Kosten und Arbeitsbedingungen“[144]. Dabei ist Veranlassen „ein terminorientierter Anstoß, ein Auslösen der Aufgabendurchführung“ und damit zukunftsgewandt. Überwachung ist das „Feststellen der Aufgabenerfüllung bzw. der Abweichung der Ist- von den Soll-Daten“[145] und damit gegenwartsgewandt. Das Sichern übernimmt die Aufgabe nachträglicher Qualitätsprüfungen und ist damit vergangenheitsgewandt.[146] Eine Betriebsorganisation kann als System angesehen werden. Die von REFA beschriebenen Funktionen der Steuerung sind dem kontrollierten Transformationsvorgang von Eingangs- in Ausgangsgröße gleichzusetzen. Die Definitionen nach Din 19226-1 und REFA lassen sich somit vereinen.

MINOLLA spezifiziert den Begriff Steuerung im Kontext der Fertigung und Montage als Arbeitssteuerung. Demnach umfasst die Arbeitssteuerung in Fertigung und Montage diejenigen Maßnahmen, welche zur Abwicklung von Aufträgen unter Berücksichtigung der Vorgaben aus der vorangegangenen (Arbeits-)Planung berücksichtigt.[147] Im Gegensatz zur Arbeitsplanung grenzt sich die Arbeitssteuerung durch einen konkreten Auftragsbezug ab.[148] Für eine ausführliche Definition des Planungsbegriffes sei auf REFA und EVERSHEIM verwiesen. Weitere Merkmale, welche die Gestaltung von Arbeitssteuerungen beeinflussen, sind auszugsweise die Auftragsauslösung[149] sowie die Abläufe und Struktur einer Fertigung bzw. Montage.[150]

[142] DEUTSCHES INSTITUT FÜR NORMUNG E.V. (DIN 19226-1), 1994.

[143] DEUTSCHES INSTITUT FÜR NORMUNG E.V. (DIN 19226-1), 1994.

[144] REFA (Methodenlehre der Betriebsorganisation), 1991, S. 22.

[145] REFA (Methodenlehre der Betriebsorganisation), 1991, S. 22.

[146] Vgl. REFA (Methodenlehre der Betriebsorganisation), 1991, S. 22.

[147] Vgl. MINOLLA (Rationalisieren in der Arbeitsplanung), 1975, S. 7ff.

[148] Vgl. EVERSHEIM (Organisation in der Produktionstechnik), 2002, S. 13.

[149] Gleichzusetzen mit Auftragsfreigabe

[150] Vgl. EVERSHEIM (Organisation in der Produktionstechnik), 2002, S. 13f.

KLUGE wendet in seiner Dissertation die Definition der Arbeitssteuerung auf den zuvor eingeführten Begriff des Montagesystems an.[151] Im Rahmen dieser Arbeit soll analog das Verständnis der Arbeitssteuerung mit der Montagesteuerung bzw. den Steuerungsaufgaben der Montage gleichgesetzt werden. Die wesentlichen Aufgaben können daher wie folgt beschrieben werden:

- Eindeutige Vorgabe, wie viel, wann, wo und durch wen montiert wird[152]
- Abwicklung und Koordination von Tätigkeiten mit Auftragsbezug[153]
- Bereitstellung von (Fertigungs-)Materialien und Informationen (Arbeitspapieren), die Festlegung des Arbeitsvorrats sowie Personaleinsatzplanung[154]
- Maßnahmeneinleitung bei (kurzfristig) auftretenden Störungen[155]
- Überwachung des Montagefortschritts sowie Erfassung von Betriebs- und Maschinendaten[156]

WARNECKE ordnet diese Aufgaben einzelnen Funktionen zu. Er unterscheidet die Auftragsbearbeitung, die mittelfristige Montagesteuerung, die kurzfristige Montagesteuerung inkl. Störungsmanagement sowie die bereichsübergreifende und -bezogene Personaleinsatzplanung. Die Auftragsbearbeitung legt fest, wann und ob eine Kundenanfrage bearbeitet werden kann. Die mittelfristige Montagesteuerung stellt eine planerische Tätigkeit dar und befasst sich mit der Kapazitätsbelegung unter Berücksichtigung von Liefermengen und -terminen. Unter Berücksichtigung fertigungsspezifischer Randbedingungen sowie Zielsetzungen erfolgt die bereichsspezifische Ressourcenbelegungsplanung sowie Meldung von Sekundärbedarfen an interne und externe Lieferanten. Die kurzfristige Montagesteuerung setzt diese Ergebnisse um. Dies beinhaltet die Überprüfung der Teileverfügbarkeit, die Übergabe von Arbeitsanweisungen an Arbeitsstationen und Montagepersonal sowie die prozessnahe Reihenfolgeplanung. Weiterhin umfasst dies die Ausregelung von Störungen. Die bereichsübergreifende Personaleinsatzplanung ist für die rechtzeitige Anpassung des Personalangebots an den Personalbedarf verantwortlich. Die bereichsbezogene Personaleinsatzplanung detailliert die Planung durch die Zuordnung des Montagepersonals zu spezifischen Arbeitsplätzen.[157]

---

[151] Vgl. KLUGE (Planung modularer Montagesysteme), 2011, S. 19ff.

[152] Vgl. EVERSHEIM (Organisation in der Produktionstechnik), 2002, S. 3.

[153] Vgl. EVERSHEIM (Organisation in der Produktionstechnik), 2002, S. 13; MINOLLA (Rationalisieren in der Arbeitsplanung), 1975, S. 8.

[154] Vgl. WARNECKE (Ablauf der Montage), 1986, S. 273ff.; EVERSHEIM (Organisation in der Produktionstechnik), 1989, S. 616ff.

[155] Vgl. THALER (Montageablaufplanung), 1993, S. 18.

[156] Vgl. WARNECKE (Ablauf der Montage), 1986, 618; WIESBECK (Montagesequenzen für die situationsorientierte Werkerführung), 2014, 10.

[157] Vgl. WARNECKE (Montage im flexiblen Produktionsbetrieb), 1996, S. 168ff.

Zusammenfassend lässt sich festhalten, dass die Aufgabe der Montagesteuerung die kunden- und auftragsbezogene Gestaltung von Material- und Informationsflüssen ist.[158] Die der Montagesteuerung zugrundeliegende Steuerungslogik definiert dabei „das logische und zeitliche Zusammenwirken der materialbewegenden und -bearbeitenden Bereiche“[159].

2.3.2 Steuerungsarchitekturen

Die dargestellten Aufgaben und Funktionen der Montagesteuerung[160] können in der Praxis durch unterschiedliche Steuerungsarchitekturen modelliert und computerbasiert umgesetzt werden. Eine *Steuerungsarchitektur* ist dabei die technologieunabhängige Beschreibung einer Steuerung. Eine solche Beschreibung umfasst die Systemstruktur, den Ablauf von Steuerungsentscheidungen (Steuerungslogik), die Art und Anzahl an Entscheidungsträgern inklusive deren Beziehungsgeflecht sowie die Art der Entscheidungsfindung. Damit stellen Steuerungsarchitekturen die Grundlage für die spätere Implementierung sowohl im software-, als auch im hardwaretechnischen Sinne dar.[161] Abzugrenzen sind Steuerungsarchitekturen von (Steuerungs-)Algorithmen[162], welche für die Umsetzung der Steuerungsarchitekturen erforderlich sind.

In der Literatur werden spezifische Steuerungsarchitekturen hinsichtlich ihrer Steuerungsverteilung sowie Systemstruktur eingeordnet. Hinsichtlich der Steuerungsverteilung können drei Architekturen (zentral, dezentral oder autonom) differenziert werden. Weiterhin ist eine Unterscheidung hinsichtlich der Systemstruktur (hierarchisch oder heterarchisch) üblich.[163] Dieser Zusammenhang ist in Abbildung 2.4 dargestellt.

[158] Vgl. WARNECKE (Montage im flexiblen Produktionsbetrieb), 1996, S. 156.

[159] Vgl. WARNECKE (Montage im flexiblen Produktionsbetrieb), 1996, S. 162.

[160] Definitorisch umfasst die Produktion sowohl Montage als auch Fertigung (Vgl. KIENER et al. (Produktionsmanagement), 2018, S. 4; GÜNTHER und TEMPELMEIER (Produktion und Logistik), 2012, S. 9.). Daher wird zur besseren Lesbarkeit weiterhin der Begriff der Montagesteuerung verwendet, obgleich die zitierten Arbeiten sich teilweise auf den übergeordneten Begriff der Produktionssteuerung (engl.: production control) beziehen.

[161] Vgl. SCHREIBER (Dezentrale Steuerungsarchitekturen für Produktionssysteme), 2013, S. 11.

[162] Das Deutsches Institut für Normung e.V. definiert in DIN 19226-1 einen Algorithmus als „eine vollständig festgelegte endliche Folge von Vorschriften, nach denen aus zulässigen Eingangsgrößen eines Systems gewünschte Ausgangsgrößen erzeugt werden“.

[163] Vgl. KOLBERG (Referenzarchitektur mittels digitaler Technologien), 2018, S. 10.

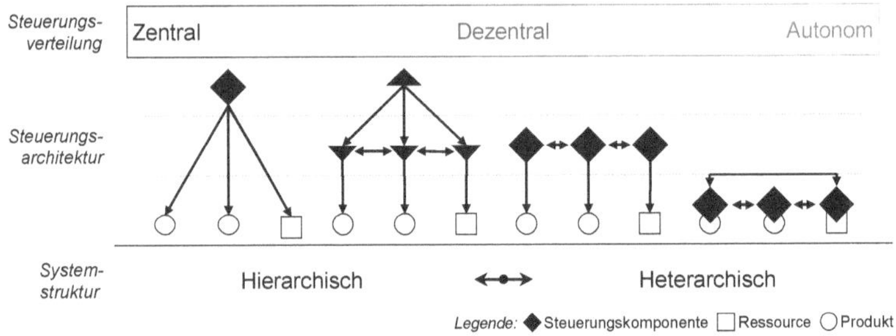

Abbildung 2.4: Einordnung der Steuerungsverteilung, Steuerungsarchitektur und Systemstruktur[164]

In Steuerungsarchitekturen mit zentraler Steuerungsverteilung und hierarchischer Systemstruktur werden alle Prozesse zur Planung und Informationsverarbeitung an einem zentralen Ort durchgeführt und innerhalb des Systems verteilt. Alle anderen Entitäten, wie Ressourcen und Produkte, sind passiv und nicht in der Lage, eigenständig Entscheidungen zu treffen. Wesentlicher Vorteil und Ziel dieser Steuerungsarchitektur ist die ganzheitliche Optimierung unter Berücksichtigung globaler Informationen. Dem gegenüber stehen jedoch Defizite hinsichtlich der Reaktionsfähigkeit, Störungsanfälligkeit sowie der Möglichkeit zur Beherrschung komplexer Produktionssysteme.[165] Diese Defizite können durch eine Dezentralisierung der Entscheidungsfindung adressiert werden. Hierbei besitzt eine übergeordnete Instanz die vollständige Weisungsbefugnis, kann diese jedoch an untergeordnete Instanzen delegieren. Dies entspricht einer Steuerungsarchitektur mit hierarchischer Systemstruktur und dezentraler Steuerungsverteilung.[166] Definitorisch kann die hierarchische Steuerungsarchitektur damit als verteiltes System[167] ausgelegt werden, bei dem die Entscheidungsfindung nicht nur durch eine zentrale (Rechen-)Instanz auf oberster Ebene verantwortet wird.[168] Vielmehr verteilt sich die Entscheidungsfindung hinsichtlich Umfang, Zeitpunkt und zugrundeliegenden Informationen auf unterschiedliche Ebenen.[169] Diese Idee spiegelt sich im klassischen Aufbau der Automatisierungspyramide wider, in der die jeweils übergeordnete Ebene die untergeordnete Ebene kontrolliert. Solche Steuerungsarchitekturen ermöglichen im Vergleich zu denen mit vollständig zentralen Steuerungsverteilungen auch in komplexeren Systemen eine Verbesserung der Reaktionsfähigkeit und Störungsanfälligkeit bei gleichzeitig geringen Einbußen hinsichtlich der

---

164 I. A. a. Schreiber (Dezentrale Steuerungsarchitekturen für Produktionssysteme), 2013, S. 1; Scholz-Reiter und Freitag (Autonomous Processes in Assembly Systems), 2007, S. 715; Gorecky et al. (Automatisierungssysteme), 2017, S. 1; Meissner et al. (Control Architectures in the Context of Industry 4.0), 2017, S. 166.

165 Vgl. Zawisza (Agentensysteme zur dezentralen PPS), 2018, S. 39.

166 Vgl. Kolberg (Referenzarchitektur mittels digitaler Technologien), 2018, S. 10.

167 Unland und Dilts et al. bezeichnen diesen Fall auch als modifiziert hierarchische Steuerungsarchitektur. Vgl. Unland (Industrial Agents), 2015, S. 91; Dilts et al. (control architectures), 1991, S. 91.

168 Vgl. Zawisza (Agentensysteme zur dezentralen PPS), 2018, S. 39f.

169 Mönch (Agentenbasierte Produktionssteuerung), 2006, S. 47.

Optimalität von Lösungen.[170] Steuerungsarchitekturen mit hierarchischer Steuerungsverteilung erlauben nur vertikale, abwärts gerichtete Entscheidungen und Kommunikation. Anfragen bezüglich Informationen sowie zugehörige Rückmeldungen können jedoch auch aufwärtsgerichtet werden. In einer hierarchischen Steuerungsarchitektur erfolgt daher so lange eine Informationsbereitstellung an die jeweils übergeordnete Steuerungskomponente bis eine befugte Steuerungskomponente die Entscheidungsfindung durchführt und diese an die tieferen Ebenen weitergeleitet hat.[171] Hierarchische Systemstrukturen sind in der industriellen Praxis weit verbreitet.[172]

Das Antonym zur Hierarchie ist die Heterarchie.[173] Im Falle der heterarchischen Systemstruktur mit dezentraler Steuerungsverteilung entfällt die Weisungsbindung an eine übergeordnete Ebene bzw. ein übergeordnetes System. Einzelne Steuerungskomponenten agieren als gleichwertige Teilnehmer und verhandeln die Übernahme von Aufgaben, wobei die Steuerungskomponenten weiterhin von den physischen Komponenten eines Systems getrennt sind. Somit forciert diese Steuerungsarchitektur die Kooperation der Steuerungskomponenten eines Systems auf einer Ebene.[174] Die Steuerungskomponenten verzichten weitgehend auf globale Informationen, wodurch keine ganzheitliche Fertigungsplanung und -optimierung garantiert wird.[175] In der Produktion bedeutet dies potenzielle Abweichungen von definierten Arbeitsplänen sowie Abweichungen vom globalen Optimum.[176] Ebenso wird die Vorhersage des Systemverhaltens erschwert.[177] Eine dezentrale Informationsverarbeitung bedingt weiterhin die Redundanz von Steuerungskomponenten, wodurch höhere Investitionskosten entstehen können.[178] Dem gegenüber stehen wesentliche Vorteile hinsichtlich Flexibilität, Robustheit, Produktivität, Anpassungsfähigkeit, lokal benötigter Rechenleistung und Implementierungsaufwand.[179]

Zuletzt sei auf SCHOLZ-REITER & FREITAG verweisen, welche die „autonome Steuerung" als weitere Steuerungsarchitektur mit heterarchischer Steuerungsverteilung anführen. Durch die

---

170 ZAWISZA (Agentensysteme zur dezentralen PPS), 2018, S. 39f.

171 Vgl. UNLAND (Industrial Agents), 2015, S. 27.

172 Vgl. RIBEIRO (Industrial Agent Systems), 2015, S. 46; ZAWISZA (Agentensysteme zur dezentralen PPS), 2018, S. 39f.

173 Vgl. DUFFIE und PIPER (Nonhierarchical control of manufacturing systems), 1986, S. 137; DUFFIE und PRABHU (Scheduling of heterarchical manufacturing systems), 1994, S. 94f.; SCHREIBER (Dezentrale Steuerungsarchitekturen für Produktionssysteme), 2013, S. 10ff.

174 Vgl. UNLAND (Industrial Agents), 2015, S. 29f.

175 LEITÃO (Distributed manufacturing control), 2009, S. 981ff.; MONOSTORI et al. (Agent-Based Systems for Manufacturing), 2006, S. 714.

176 Vgl. VALCKENAERS und VAN BRUSSEL (Design for the unexpected), 2015, S. 43.

177 Vgl. MONOSTORI et al. (Agent-Based Systems for Manufacturing), 2006, S. 714.

178 Vgl. LEITÃO (Distributed manufacturing control), 2009, S. 979.

179 Vgl. LEITÃO und RESTIVO (Control System in a Flexible Manufacturing System), 2008, S. 708; LEITÃO (Distributed manufacturing control), 2009, S. 980.

Konvergenz von Steuerung und physikalischen Systemen entfällt im Fall der autonomen Steuerung die Aktualisierung eines virtuellen Abbilds durch Rückmeldungen aus der physischen Welt. Die ressourcennahe Informationsverarbeitung ohne Aggregation in zentralen Stellen bzw. separierten Steuerungskomponenten reduziert so das Risiko, Entscheidungen auf Basis veralteter Informationszustände zu treffen.[180] ZAWISZA bezeichnet diese Steuerungsarchitektur als „maximal dezentralisierte Steuerungsform"[181].

Aufgrund der besagten Vorteile von Steuerungsarchitekturen mit dezentraler Steuerungsverteilung gewinnen diese in der Forschung und in der industriellen Praxis zunehmend an Bedeutung.[182] Dabei ist die Motivation zur Dezentralisierung der Steuerungsverteilung nicht gänzlich neu. Mit Bezug zur Montage führte WARNECKE bereits 1996 an, dass zentrale Ansätze zur Montagesteuerung nicht mehr ausreichen werden, um die Marktanforderungen hinsichtlich Flexibilität, Kosten und Abrufdauer zur erfüllen.[183] Nachfolgend werden entsprechend die Anforderungen an die Montagesteuerung matrixstrukturierter Montagesysteme aufgeführt, um auf deren Basis die notwendige Steuerungsarchitektur zu begründen.

2.3.3 Anforderungen an die Montagesteuerung matrixstrukturierter Montagesysteme

Wesentliche Komplexitätstreiber für die Montagesteuerung matrixstrukturierter Montagesysteme sind Routing- und Sequenzflexibilität. Die hohe kombinatorische Anzahl möglicher Pfade eines Auftrags durch ein matrixstrukturiertes Montagesystem beeinflusst entsprechend die Gestaltung geeigneter Ansätze zur Montagesteuerung.[184] Kernaufgabe der Montagesteuerung matrixstrukturierter Montagesysteme ist die Zuordnung von Aufträgen und Montageschritten zu Montagestationen. Dabei sind situative Umstände wie die auftragsspezifischen Bearbeitungsfortschritte oder aktuelle Stationsverfügbarkeiten zu berücksichtigen.[185] KERN detailliert diese Betrachtung und benennt die nachfolgenden Steuerungsaufgaben:[186]

- *Auftragssteuerung*: Freigabe von Montageaufträgen sowie Zuordnung von Montageaufträgen zu Montagestationen unter Berücksichtigung des Montagevorranggraphs
- *Ressourcensteuerung*: Koordination der arbeitsplatzspezifischen und bedarfsabhängigen Zuordnung von Montagepersonal zu Montagestationen
- *Logistiksteuerung*: Koordination der dynamischen und stationären Materialbereitstellung an den Montagestationen auf Basis von Materialverbrauch und -bedarf
- *Transportsteuerung*: Koordination der Produkttransporte und Materialtransporte durch dynamische Routenplanung der (flexiblen) Fördertechnik

---

[180] Vgl. SCHOLZ-REITER und FREITAG (Autonomous Processes in Assembly Systems), 2007, S. 712ff.

[181] ZAWISZA (Agentensysteme zur dezentralen PPS), 2018, S. 43.

[182] Vgl. KOLBERG (Referenzarchitektur mittels digitaler Technologien), 2018, S. 11.

[183] Vgl. WARNECKE (Montage im flexiblen Produktionsbetrieb), 1996, S. 158.

[184] Vgl. BURGGRÄF et al. (Agentensysteme in der Montage), 2020, S. 170.

[185] Vgl. GRESCHKE (Matrix-Produktion), 2020, S. 236f.; BURGGRÄF et al. (Modeling agile assembly systems), 2020, S. 1073ff.

[186] Vgl. KERN (Modulare Produktion), 2021, S. 146ff.

- *Monitoring und Störungsmanagement*: Überwachung von Abweichungen sowie Maßnahmeneinleitung im Störungsfall

Die Durchführung der skizzierten Steuerungsaufgaben setzt eine umfassende Datenbasis voraus.[187] Jeder Auftrag ist hinsichtlich der durchzuführenden Montageschritte sowie deren Ausführungsreihenfolge als Montagevorranggraph zu spezifizieren. Darüber hinaus benötigt die Montagesteuerung statische und deterministische Informationen wie das Fähigkeitsprofil der im System vorhandenen Montagestationen, die Verfügbarkeit von Ressourcen sowie die aus dem Layout hervorgehenden Transportwege zwischen den einzelnen Montagestationen. Damit besitzt die Montagesteuerung ebenso die Aufgabe, Transportaufträge im Montagesystem auszulösen. Die konkrete Pfadplanung erfolgt nach BURGGRÄF in einer untergeordneten Transportwegeplanung, welche basierend auf der Zuweisung der Aufträge zu den Montagestationen konkrete Transportrouten durch das Montagesystem berechnet.[188] Diese Transportwegeplanung bezeichnet KERN als Transportsteuerung.[189]

Die vorliegende Arbeit sieht die Auftragssteuerung nach KERN als Kernaufgabe der Montagesteuerung, weshalb sich die nachfolgenden Ausführungen insbesondere auf die Zuordnung von Aufträgen und Montageschritten zu Montagestationen konzentrieren. Nachfolgend werden die Begriffe Montagesteuerung und Auftragssteuerung synonym verstanden. Diesem Verständnis entsprechend hat der Autor dieser Dissertation ein umfassendes Anforderungsmodell an die Montagesteuerung matrixstrukturierter Montagesysteme publiziert. [190] Die nachfolgenden Beschreibungen sind dem weitgehend gleichlautenden Inhalt vorgenannter Veröffentlichung entnommen und dienen der späteren Begründung der Steuerungsarchitektur. Das entwickelte Anforderungsmodell ist in Abbildung 2.5 dargestellt und beinhaltet einerseits allgemeine Anforderungen an eine computerbasierte Montagesteuerung sowie anderseits anwendungsspezifische Anforderungen.

Allgemeine Anforderungen	Anwendungsspezifische Anforderungen	
▪ Skalierbarkeit	▪ Multifunktionale Montagestationen	▪ Montagestationsstillstände
▪ Robustheit	▪ Flexible Montageoperationsabfolge	▪ Stationsspezifische Nachlaufzeiten
▪ Echtzeitfähigkeit	▪ Transportzeiten	▪ Multivariables Zielsystem
▪ Effizienz	▪ Reihenfolge abhängige Rüstzeiten	

Abbildung 2.5: Anforderungen an die Montagesteuerung matrixstrukturierter Montagesysteme[191]

Zu den allgemeinen Anforderungen zählen die Skalierbarkeit, Robustheit und Echtzeitfähigkeit sowie die Effizienz. Im Kontext matrixstrukturierter Montagesysteme wird unter Skalierbarkeit die Möglichkeit verstanden, zusätzliche Produktvarianten einzuführen, die Auftragsanzahl zu erhöhen oder neue Montagestationen einzurichten, ohne dabei grundlegende strukturelle Än-

[187] Vgl. KERN (Modulare Produktion), 2021, S. 182f.

[188] Vgl. BURGGRÄF et al. (Planning and control of an agile assembly system), 2020, S. 140.

[189] Vgl. KERN (Modulare Produktion), 2021, S. 146ff.

[190] BURGGRÄF et al. (Agentensysteme in der Montage), 2020.

[191] I. A. a. BURGGRÄF et al. (Agentensysteme in der Montage), 2020, S. 172.

derungen im Lösungsverfahren der Montagesteuerung vorzunehmen. Dadurch wird gewährleistet, dass sich stetig ändernde Inputdaten dynamisch verarbeitet werden können. Damit besteht die Anforderung, dass die Rechenzeit bei linear zunehmenden Datenmengen nicht exponentiell steigt.[192] Nach SCHOLL umfasst eine robuste Entscheidungsfindung im weitesten Sinne Modellierungsmöglichkeiten und -methoden, welche für Entscheidungen unter Unsicherheit bei einem risikoscheuen Entscheider geeignet sind.[193] Dadurch sollen unerwartete Ausfälle durch Defekte oder Personalmangel antizipiert und die Auftragsabwicklung trotz Unsicherheit möglichst termintreu abgeschlossen werden. Für den vorliegenden Anwendungsfall folgt hiermit die Anforderung nach Robustheit, so dass Aufträge ausreichend früh eingeplant und Montagestationen gleichmäßig ausgelastet werden. Durch die risikodiversifizierte Beplanung von Montagestationen soll eine Auslastung von Engpassstationen verhindert werden. Eine weitere zentrale Anforderung stellt die Echtzeitfähigkeit dar, welche die kurzfristige Reaktionsfähigkeit auf Änderungen der Informationslage gewährleisten soll. Abschließend bildet die Effizienz der Montagesteuerung eine übergeordnete Anforderung. Effizienz bedeutet in diesem Kontext, dass die Steuerung der Montageabläufe nicht nur im Hinblick auf Zulässigkeit, sondern auch im Hinblick auf die Maximierung oder Minimierung definierter Zielgrößen erfolgt.[194]

Unter anwendungsspezifischen Anforderungen werden im Kontext matrixstrukturierter Montagesysteme alle Anforderungen verstanden, die einen unmittelbaren Einfluss auf die Steuerungslogik aufweisen. Eine multifunktionale Montagestation verfügt in einem matrixstrukturierten Montagesystem über ein spezifisches Fähigkeitsprofil zur Durchführung produkt- und auftragsspezifischer Montageschritte. Eine geeignete Montagesteuerung muss ebendiese berücksichtigen. Des Weiteren führen Verzweigungen innerhalb des produkt- und auftragsspezifischen Vorranggraphs zu der Anforderung, flexible Abfolgen von Montageschritten zu ermöglichen. Dadurch besteht die Möglichkeit, Montageaufträge desselben Produkts in verschiedenen Sequenzen abzuwickeln. Infolgedessen sollte die Montagesteuerung eine Zuweisung zwischen den Montageschritten und -stationen unter Berücksichtigung weiterer Einschränkungen gestalten. Neben den Anforderungen zur Berücksichtigung multifunktionaler Montagestationen und flexiblen Abfolgen von Montageschritten besteht die Notwendigkeit, dass die durch das Montagesystem bestimmten Bearbeitungs-, Transport-, Rüst- und Nachlaufzeiten von der Montagesteuerung berücksichtigt werden. Die Berücksichtigung dieser Zeiten befähigt die Montagesteuerung zur durchlaufzeiten- sowie montagestationsauslastungsorientierten Entscheidungsfindung. Rüstzeiten entstehen als Folge der Multifunktionalität von Montagestationen. Die Berücksichtigung von Rüstzuständen stellt daher eine weitere Anforderung dar, um Montagestationen effizient zu beplanen. Dabei gilt, dass die Bearbeitung eines Montageschritts an einer Montagestation erst nach dem Abschluss des Rüstvorgangs beginnen kann. Bei Nachlaufzeiten handelt es sich um Zeiten, in denen eine Montagestation nach der Bearbeitung eines Montageschritts geblockt ist, bspw. für Reinigungsvorgänge an den Betriebsmit-

[192] Vgl. BURGGRÄF et al. (Agentensysteme in der Montage), 2020, S. 172f.
[193] Vgl. SCHOLL (Robuste Planung und Optimierung), 2001, S. 44f.
[194] Vgl. BURGGRÄF et al. (Agentensysteme in der Montage), 2020, S. 172f.

teln. Weiterhin kann die Nachlaufzeit genutzt werden, um einen Mindestabstand der Bearbeitung als zeitlichen Puffer zu etablieren oder Pausen für das Montagepersonal zu modellieren. Mangelnde Personalverfügbarkeit, Störungen und geplante Wartungen stellen mögliche Ursachen für Stillstände von Montagestationen dar. Für die Dauer eines Stillstands einer Montagestation darf jedoch kein Montageschritt auf der entsprechenden Montagestation eingeplant werden, woraus sich eine weitere Anforderung ergibt. Als letzte Anforderung sei das multivariable Zielsystem angeführt. Alle Entscheidungen der Montagesteuerung sollen auf Basis einer spezifischen Fertigungsstrategie getroffen werden können. Mögliche Bestandteile des Zielsystems für matrixstrukturierte Montagesysteme sind eine Minimierung der Durchlaufzeit, eine Minimierung der Auftragsverspätung sowie eine gleichmäßige Stationsauslastung.[195]

Die vorangegangenen Ausführungen haben gezeigt, dass vielfältige Anforderungen an eine geeignete Montagesteuerung für matrixstrukturierte Montagesysteme bestehen. Hervorzuheben ist insbesondere die Echtzeitfähigkeit, welche die Grundvoraussetzung für die Reaktion auf Störungen bildet. Daraus kann potenziell die Schlussfolgerung gezogen werden, dass zentrale Ansätze zur Montagesteuerung in matrixstrukturierten Montagesystemen durch ihre Defizite hinsichtlich Reaktionsfähigkeit nur bedingt sinnvoll sind. Dem gegenüber steht die fehlende Optimalität dezentraler Ansätze. Das nachfolgende Kapitel widmet sich entsprechend der Frage, welche Merkmale eine geeignete Steuerungsarchitektur im Anwendungskontext erfüllen muss und inwieweit diese in vorangegangenen Arbeiten bereits Betrachtungsgegenstand waren.

2.3.4 Steuerungsarchitekturen im Anwendungskontext

Diverse Forschungsarbeiten haben sich bereits mit der Montagesteuerung matrixstrukturierter Montagesysteme beschäftigt, wobei diese zumeist lediglich auf die Steuerungsverteilung eingehen. So sagen MAYER et al., dass matrixstrukturierte Montagesysteme komplexe Steuerungsalgorithmen erfordern, um die gegebene Flexibilität bewältigen und die Elemente des Systems wie bspw. Montagestationen oder AGVs koordinieren können. Diese Steuerungsalgorithmen können nach MAYER et al. entweder zentral oder dezentral organisiert sein[196], wobei dies die zuvor definierte Steuerungsverteilung beschreibt. Auch GRESCHKE sagt aus, dass sich die Ansätze zur Montagesteuerung matrixstrukturierter Montagesysteme grob in zentrale und dezentrale Ansätze unterteilen lassen.[197] Die Vorarbeiten des Autors dieser Dissertation umfassen ebenso einen zentralen Ansatz zur Montagesteuerung.[198] Dieser beruht auf einer Erweiterung des sogenannten Flexible Job-Shop-Problems (FJSP), welches parallele und multifunktionalen Montagestationen, sequenzabhängige Rüstzeiten, Routing- und Sequenzflexibilität sowie eine multivariable Zielfunktion berücksichtigt. Das resultierende Modell auf Basis gemischt-ganzzahliger linearer Programmierung ist in der Lage, optimale Arbeitsabläufe in matrixstrukturierten Montagesysteme zu determinieren. Voraussetzung für die Lösungsfindung ist neben der Auswahl eines geeigneten Lösungsverfahrens ebenso die Eingabe aller

[195] Vgl. BURGGRÄF et al. (Agentensysteme in der Montage), 2020, S. 172f.

[196] Vgl. MAYER et al. (Control Systems in Modular Assembly Systems), 2019, S. 113.

[197] Vgl. GRESCHKE (Matrix-Produktion), 2020, S. 246.

[198] Vgl. BURGGRÄF et al. (Modeling agile assembly systems), 2020.

benötigten Eingangsgrößen. Die berücksichtigten Flexibilitätspotenziale führen allerdings dazu, dass die formulierte Erweiterung des FJSP als NP-schweres kombinatorisches Problem zu klassifizieren ist. Eine Verdopplung wesentlicher Eingangsgrößen (bspw. Anzahl der Aufträge oder Montagestationen) führt als Konsequenz zu einer Vervielfachung der Berechnungsdauer. Für kleine Testinstanzen konnte das Modell in Polynomialzeit gelöst werden. Für größere Testinstanzen, die jedoch noch keinem industriellen Maßstab genügen, konnte in einem Zeithorizont von sechs Stunden keine optimale Lösung gefunden werden.[199] Ähnliches zeigen die Ausführungen von BOCHMANN, welcher in der Validierung seiner Dissertation aufgrund der mathematischen Komplexität des Problems sowie der Optimierung die Systemgröße auf einen Ausschnitt der zu evaluierenden Cockpitmontage reduzieren musste.[200] Ebenso verweist BOCHMANN auf die Limitationen hinsichtlich exakter Eingangsgrößen zu denen bspw. die Transportzeiten zwischen den Montagestationen oder auch die zu fertigenden Aufträge zählen[201], wodurch die Reaktionsfähigkeit bzw. Echtzeitfähigkeit des Ansatzes eingeschränkt ist. Damit spiegeln die Forschungsergebnisse die Erwartungshaltung von SCHÖNEMANN et al. wider, welche den Einsatz mathematischer Optimierungsverfahren aufgrund der erwarteten Wechselwirkungen der Systemelemente sowie stochastischer Effekte als nicht sinnvoll erachten.[202] MAYER et al. ergänzen, dass die Optimierung der Montageabläufe auf globaler Ebene ebenso durch die Rechenleistung begrenzt ist. Sie schlagen daher eine Dezentralisierung der Aufgaben der Montagesteuerung vor, welche die Komplexität durch die Definition separat zu lösender Teilprobleme reduziert.[203] Diese Herangehensweise teilen bspw. BURGGRÄF et al.[204] oder auch MAY et al.[205]

Zusammenfassend lässt sich feststellen, dass zentrale Ansätze zur Montagesteuerung auf Basis von Optimierungsverfahren[206] nur bedingt den Anforderungen matrixstrukturierter Montagesysteme genügen. Wesentliche Kritikpunkte sind die hohe Berechnungsdauer bei großen Probleminstanzen sowie die damit verbundene eingeschränkte Reaktionsfähigkeit auf Veränderungen der Randbedingungen. Einen vielversprechenden Ansatz zur Dezentralisierung der Aufgaben der Montagesteuerung stellen Agentensysteme dar. Agentensysteme gelten als besonders gut geeignet, um eine dezentrale Steuerungsverteilung in der Steuerungsarchitektur

---

[199] Vgl. BURGGRÄF et al. (Modeling agile assembly systems), 2020, S. 1073ff.

[200] Vgl. BOCHMANN (Dezentral gesteuerte Fertigungssysteme), 2018, S. 148.

[201] BOCHMANN (Dezentral gesteuerte Fertigungssysteme), 2018, S. 160f.

[202] Vgl. SCHÖNEMANN et al. (Matrix-structured manufacturing systems), 2015, S. 109f.

[203] Vgl. MAYER et al. (Production Control in a Modular Assembly System), 2019, S. 45.

[204] Vgl. BURGGRÄF et al. (Agentensysteme in der Montage), 2020.

[205] Vgl. MAY et al. (Multi-Agent Production Control for Matrix Production Systems), 2021.

[206] Optimierungsverfahren sind nicht unmittelbar mit Steuerungsarchitekturen gleichzusetzen, sondern stellen vielmehr Lösungsmethoden dar. Die zentrale Informationsbereitstellung und -verarbeitung (bspw. in einem Leitstand) rechtfertigt die vorliegende Herangehensweise dennoch. Eine detaillierte Betrachtung von Entscheidungsregeln, Heuristiken und Optimierungsverfahren, welche zur Lösung von Teilproblemen durch Agenten in einem Agentensystem genutzt werden können, folgt in Kapitel 4.2.3.

umzusetzen.[207] Entsprechend sind diese Betrachtungsgegenstand des nachfolgenden Kapitels. BURGGRÄF et al. unterstreichen dennoch die Relevanz der diskutierten Vorarbeiten, da sie die Möglichkeit eröffnen, alternative Lösungsansätze zur Montagesteuerung hinsichtlich ihrer Optimalität zu bewerten.[208]

2.4 Agentensysteme zur Montagesteuerung

Bevor die tatsächliche Anwendbarkeit von Agentensystemen zur Montagesteuerung in matrixstrukturierten Montagesystemen elaboriert wird, erfolgt eine Einführung in die Grundlagen von Agentensystemen. Dies umfasst im ersten Schritt eine Definition des Begriffs Agent und Agentensystem. Anschließend wird beschrieben, wie Agenten in einem System interagieren. Es folgt eine kurze Vorstellung der Anwendungsgebiete von Agentensystemen sowie deren bisherige Anwendung im Kontext matrixstrukturierter Montagesysteme.

2.4.1 Begriffsbestimmung Agenten und Agentensysteme

Ziel eines *Agentensystems* ist das Lösen eines komplexen Problems mithilfe mehrerer, zueinander in Beziehung stehender Agenten. Hierzu wird ein Problem in Teilaufgaben zerlegt und einzelnen Agenten zur Bearbeitung zugeordnet.[209] Daher gilt es zunächst, den Begriff des *Agenten* zu spezifizieren. Da sich je nach Autor und Fachgebiet unterschiedliche Definitionen anführen lassen, sei zunächst die häufig genutzte Definition nach WOOLDRIDGE angeführt.[210] Diese baut auf die Definitionen von WOOLDRIDGE[211] sowie JENNINGS[212] auf und bezeichnet Agenten als „ein Computersystem, welches sich in einer bestimmten Umgebung befindet und in dieser Umgebung eigenständig handeln kann, um seine Entwicklungsziele zu erreichen“[213]. Zur Problemlösung bzw. Erreichung der definierten Ziele besitzen Agenten eine Koordinations- bzw. Optimierungskomponente, welche das Regelwerk zur Problemlösung beinhaltet. Für Kommunikationsprozesse besitzen Agenten eine administrative Komponente.[214] Der Verein Deutscher Ingenieure (VDI) ergänzt diese Definition in der Richtlinie VDI/VDE-Norm 2653-1 zum Thema Agentensysteme in der Automatisierungstechnik wie folgt: „Ein [technischer] Agent ist eine abgrenzbare (Hardware oder/und Software-) Einheit mit definierten Zielen. Ein Agent ist bestrebt, diese Ziele durch selbstständiges Verhalten zu erreichen und interagiert dabei mit seiner Umgebung und anderen Agenten. Agenten sind ein Modellierungskonzept zur

[207] Vgl. LIBERT et al. (Agentenbasierte Materialflusssteuerung), 2010; UNLAND (Industrial Agents), 2015; VALCKENAERS und VAN BRUSSEL (Design for the unexpected), 2015.

[208] Vgl. BURGGRÄF et al. (Modeling agile assembly systems), 2020, S. 1078.

[209] Vgl. KIRN (Softwareagenten), 2002, S. 55f.; WEISS (Distributed artificial intelligence), 1999, S. 79ff.; MÖNCH (Agentenbasierte Produktionssteuerung), 2006, S. 4.

[210] Vgl. ZAWISZA (Agentensysteme zur dezentralen PPS), 2018, S. 56ff.

[211] Vgl. WOOLDRIDGE (Agent-Oriented DAI testbed), 1995, S. 160ff.

[212] Vgl. JENNINGS (Cooperative problem solving in industrial multi-agent systems), 1995, S. 195ff.

[213] WOOLDRIDGE (Multiagent systems), 2002, S. 16.

[214] Mönch weist auf weitere, vielfältige Möglichkeiten zur Gestaltung der Architektur von Agenten hin, wobei WEISS (1999) eine geeignete Übersicht bietet. Vgl. MÖNCH (Agentenbasierte Produktionssteuerung), 2006, S. 4.

Lösung von technischen Aufgabenstellungen unabhängig von einer bestimmten Realisierungsform“[215]. Damit erkennt der VDI an, dass ein Agent auch durch ein physisches Objekt repräsentiert werden kann.

Zur Erreichung ihrer definierten Ziele interagieren Agenten in einem Agentensystem. Dieses beschreibt die Beziehungen zwischen verschiedenen Agenten in und mit ihrer Umwelt.[216] Der VDI definiert Agentensysteme wie folgt: „Ein Agentensystem besteht aus einer Menge von Agenten, die interagieren, um gemeinsam eine oder mehrere Aufgaben zu erfüllen“[217]. Dabei weist der VDI darauf hin, dass der im deutschen teilweise fälschlich verwendete Begriff des *Multiagentensystems* als Übersetzung des englischen Begriffs *Multi-Agent System (kurz MAS)* korrekterweise als Agentensystem zu übersetzen ist.[218] Nach KIRN können Agentensysteme sowie Ansätze zur verteilen Problemlösung auch unter dem Begriff *agentenbasierte Systeme* zusammengefasst werden.[219, 220] Abbildung 2.6 verdeutlicht die Abgrenzbarkeit von Agenten, die Einbettung in die Umgebung sowie die Interaktion mit anderen Agenten.

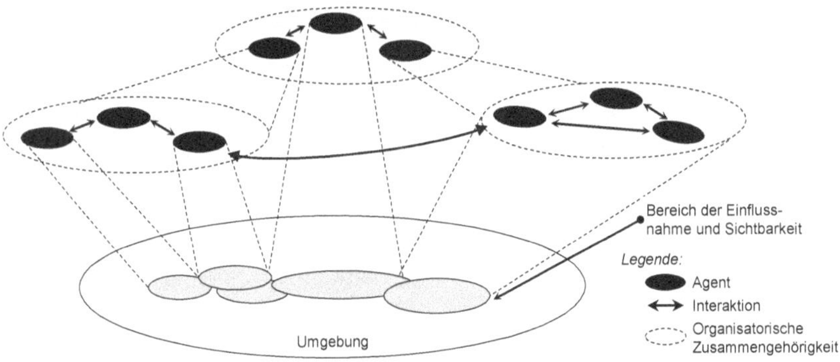

Abbildung 2.6: Schematische Darstellung eines Agentensystems und seiner Umgebung[221]

Die Umgebung eines Agenten kann die physische Welt, eine Ansammlung anderer Agenten (organisatorische Zusammengehörigkeit) oder auch eine grafische Benutzeroberfläche

---

[215] VDI (Agentensysteme), S. 4.

[216] Vgl. KIRN (Softwareagenten), 2002, S. 56; WOOLDRIDGE (Agents), 1999, S. 79ff.; WEISS (Distributed artificial intelligence), 1999, S. 1.

[217] VDI (Agentensysteme), S. 4.

[218] Vgl. VDI (Agentensysteme), S. 4.

[219] Vgl. KIRN (Softwareagenten), 2002, S. 54.

[220] Zur Vereinheitlichung und besseren Lesbarkeit werden in dieser Dissertation die Begriffe *Agentensystem* sowie *agentenbasierte Systeme* synonym verwendet.

[221] I. A. a. JENNINGS und BUSSMANN (Agent-based control systems), 2003, S. 64; JENNINGS (Agent-based approach), 2001, S. 37; SCHREIBER (Dezentrale Steuerungsarchitekturen für Produktionssysteme), 2013, S. 16.

sein.[222] Ersichtlich wird auch, dass Agenten nicht die Gesamtkontrolle über ihre Umwelt verantworten. Vielmehr beeinflussen sie nur einen Teil der Umgebung, was dazu führt, dass identisches Verhalten eines Agenten innerhalb einer Umgebung unterschiedliches Systemverhalten bewirken kann. Dieses nicht-deterministische Verhalten gilt es bei der Gestaltung von Agenten bzw. Agentensystemen zu berücksichtigen.[223]

Nach KIRN beschreibt ein Agentensystem insbesondere die Zusammensetzung mehrerer Agenten in einem System, allerdings ohne die Definition spezifischer Eigenschaften.[224] Da ein Agentensystem jedoch ein selbstorganisierendes System widerspiegelt, können die Eigenschaften eines Agentensystems als emergent angesehen werden.[225] Eine der am häufigsten[226] zitierten Zusammenstellungen der Eigenschaften von Agenten stammt von WOOLDRIDGE und JENNINGS. Sie führen die nachfolgenden vier Eigenschaften an:[227]

- *Autonomie*: Agenten agieren ohne direktes Eingreifen (bspw. durch Menschen), treffen selbständig Entscheidungen und haben eine gewisse Kontrolle über ihre Handlungen und ihren inneren Zustand[228]
- *Soziale Fähigkeit*: Agenten interagieren zur Erreichung ihrer individuellen Ziele mit anderen Agenten in ihrer Umgebung. Hierzu nutzen sie eine Agenten-Kommunikationssprache[229]
- *Reaktivität*: Agenten nehmen ihre Umgebung wahr und reagieren rechtzeitig auf Veränderungen in dieser[230]
- *Proaktivität*: Agenten reagieren nicht lediglich aus Reaktion auf ihre Umwelt, sondern zeigen ein zielgerichtetes Verhalten, indem sie die Initiative ergreifen[231]

Diese vier Eigenschaften wurden im Laufe der Jahre in verschiedenen Bereichen umfassend erweitert. Hierzu zählt bspw. die Fähigkeit von Agenten ausgehend von Beobachtungen aus der Umwelt oder aus getätigten Entscheidungen zu lernen[232] sowie die Fähigkeit, auf Basis des Erlernten das eigene Verhalten zu ändern.[233] Eine umfassende, tabellarische Übersicht

---

[222] WOOLDRIDGE und JENNINGS (Intelligent agents), 1995, S. 116.

[223] Vgl. WOOLDRIDGE (Multiagent systems), 2002, S. 16.

[224] Vgl. KIRN (Softwareagenten), 2002, S. 56.

[225] Vgl. BOGON (Agentenbasierte Schwarmintelligenz), 2013, 16, 20; ZAWISZA (Agentensysteme zur dezentralen PPS), 2018, S. 59.

[226] Vgl. MOONEN (Multi-agent systems), 2009, S. 21f.

[227] Vgl. WOOLDRIDGE und JENNINGS (Intelligent agents), 1995, S. 116.

[228] WOOLDRIDGE und JENNINGS (Intelligent agents), 1995, S. 116; CASTELFRANCHI (Agent architecture), 1995, S. 56ff.

[229] Vgl. GENESERETH und KETCHPEL (Software agents), 1994, S. 48; WOOLDRIDGE und JENNINGS (Intelligent agents), 1995, S. 116.

[230] Vgl. WOOLDRIDGE und JENNINGS (Intelligent agents), 1995, S. 116.

[231] Vgl. WOOLDRIDGE und JENNINGS (Intelligent agents), 1995, S. 116.

[232] Vgl. MOONEN (Multi-agent systems), 2009, S. 21ff.

[233] Vgl. BOTTI und GIRET (Mulit-agent Methodology), 2008, S. 21f.

über diese Weiterentwicklungen bietet MOONEN.[234] Es lässt sich feststellen, dass die Eigenschaften der Agenten in einem System ebenso die Eigenschaften eines Agentensystems bestimmen. Agentensysteme sind durch eine dezentrale Architektur und Entscheidungsfindung, Modularität, Robustheit, Flexibilität und Anpassungsfähigkeit an Veränderungen gekennzeichnet.[235] UNLAND ergänzt weiterhin die Merkmale der Skalierbarkeit und Rekonfigurierbarkeit, welche durch ein Hinzufügen oder Entfernen von Agenten aus einem System gegeben sind.[236]

2.4.2 Koordination und Kommunikation von Agenten

Grundlage für die Interaktion von Agenten in einem Agentensystem ist die Fähigkeit eines einzelnen Agenten zur Kommunikation. Agenten kommunizieren, um ihre eigenen Ziele oder die des Systems, in dem sie verortet sind, zu erreichen. Damit befähigt Kommunikation Agenten dazu, ihre Handlungen und ihr Verhalten zu koordinieren. Die Koordination zwischen Agenten in einer gemeinsamen Umgebung wird üblicherweise in zwei Kategorien, abhängig von ihrer Zielsetzung, unterschieden. Agenten können entweder kooperieren oder konkurrieren. Kooperation beschreibt die Koordination zwischen synergetischen bzw. nicht-antagonistischen Agenten.[237] Bspw. können hochkomplexe Aufgaben von kooperierenden Agenten mit gleicher Zielsetzung gelöst werden, wodurch eine fehlerfreie Bearbeitung durch Redundanz sichergestellt werden kann.[238] Koordination zwischen konkurrierenden Agenten kann hingegen als Verhandlung angesehen werden. Konkurrierende Agenten verfolgen meist gegensätzliche Ziele, wofür zunächst die jeweilige Ausgangssituation geteilt sowie anschließend eine Einigung gesucht wird, indem Zugeständnisse gemacht und Kompromisse eingegangen werden.[239]

Die beschriebene Koordination setzt voraus, dass ein Agent Nachrichten über ein Kommunikationsnetz senden und empfangen kann. Hierbei werden zwei Nachrichtentypen unterschieden: Assertionen und Anfragen.[240] Damit ergeben sich vier mögliche Fähigkeiten hinsichtlich Kommunikationsrichtung und Nachrichtentyp, welche in Abbildung 2.7 unterschiedlichen Agententypen zugeordnet werden.

---

[234] Vgl. MOONEN (Multi-agent systems), 2009, S. 23.

[235] Vgl. ZIMMERMANN und MÖNCH (Adaptive agents), 2007, S. 269; LEITÃO (Distributed manufacturing control), 2009, S. 979.

[236] Vgl. UNLAND (Industrial Agents), 2015, S. 35ff.

[237] Vgl. HUHNS und STEPHENS (Multiagent Systems), 1999, S. 83.

[238] Vgl. DURFEE (Distributed Problem Solving), 2006, S. 132.

[239] Vgl. HUHNS und STEPHENS (Multiagent Systems), 1999, S. 83f.

[240] Vgl. HUHNS und STEPHENS (Multiagent Systems), 1999, S. 85.

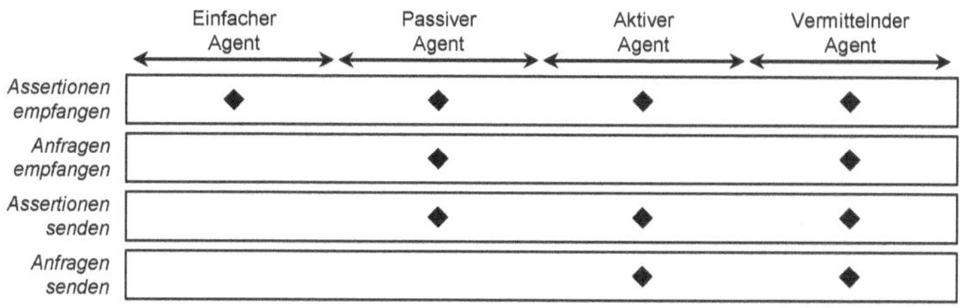

Abbildung 2.7: Fähigkeiten von Agenten[241]

Jeder (einfache) Agent muss die Möglichkeit besitzen, Informationen in Form von Assertionen zu empfangen. Die sendende Instanz kann sowohl eine externe Quelle, als auch ein Agent sein. Eine Erweiterung dieser Grundform stellt der passive Agent dar. Dieser kann zusätzlich Anfragen annehmen und Assertionen senden. Ob eine Assertion als Antwort auf eine Anfrage oder unaufgefordert gesendet wurde, wird hierbei nicht unterschieden. Ein aktiver Agent verarbeitet im Gegensatz zu einem passiven Agenten keine Anfragen, sondern stellt diese. Damit kann ein aktiver Agent die Kontrolle über andere Agenten übernehmen und veranlassen, auf eine Anfrage zu antworten oder eine gesendete Assertion zu verwerten. Zuletzt sei der vermittelnde Agent angeführt, welcher sowohl eine aktive, als auch eine passive Rolle einnehmen kann. Das heißt, dass dieser Typ Assertionen und Anfragen sowohl empfangen, als auch senden kann.[242] Zusätzlich kann ein Manageragent zur Verwaltung und Protokollierung globaler Systemdaten eingesetzt werden.[243]

Die Koordination und Kommunikation von Agenten soll zum besseren Verständnis an einem illustrierenden Beispiel erläutert werden. Abbildung 2.8 zeigt ein sogenanntes *ContractNet* als Verhandlungsprotokoll zwischen einem aktiven Agenten sowie drei passiven Agenten.[244]

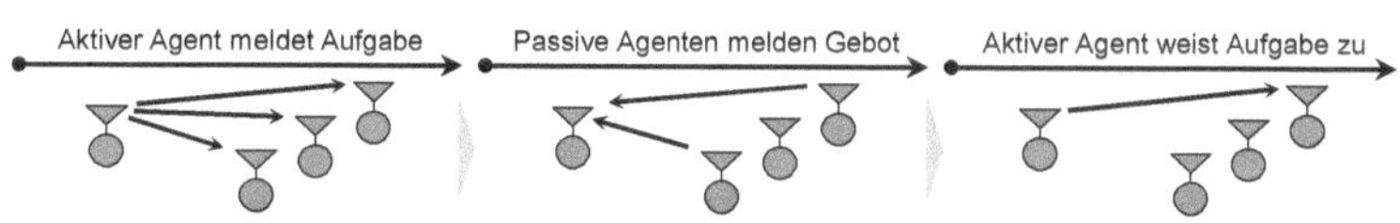

Abbildung 2.8: Ablauf Verhandlungsprotokoll ContractNet[245]

Der aktive Agent meldet die Existenz einer Aufgabe an alle oder ausgewählte Agenten in seiner Umgebung. Die empfangenden, passiven Agenten evaluieren die versendete Aufgabe und prüfen die Möglichkeit der Übernahme. Wenn diese gegeben ist, geben die passiven Agenten

[241] I. A. a. HUHNS und STEPHENS (Multiagent Systems), 1999, S. 86.

[242] Vgl. HUHNS und STEPHENS (Multiagent Systems), 1999, S. 85.

[243] Vgl. RAJABINASAB und MANSOUR (Dynamic flexible job shop scheduling), 2011, S. 1095.

[244] Vgl. HUHNS und STEPHENS (Multiagent Systems), 1999, S. 100ff.

[245] I. A. a. HUHNS und STEPHENS (Multiagent Systems), 1999, S. 102.

ein Gebot für diese Aufgabe in Richtung des aktiven Agenten ab. Der anfragende Agent prüft die Rückmeldungen und weist die Aufgabe dem Agenten mit dem besten Gebot zu.[246]

Anhand dieses illustrierenden Beispiels wird ersichtlich, dass der Kommunikations- und Koordinationsbedarf zur Vergabe einer Aufgabe in Abhängigkeit der Anzahl an (hier passiven) Agenten ansteigt. Eine Reduktion des Aufgabenumfangs eines einzelnen Agenten bzw. Bearbeitung einer Aufgabe durch mehrere Agenten führt zwar zu einer Reduktion der agenteninternen Komplexität, steigert aber die externe Komplexität, da die Agenten untereinander koordiniert werden müssen.[247]

2.4.3 Anwendungsgebiete von Agentensystemen

Es existiert ein sehr breites Anwendungsspektrum für Agentensysteme. Dieses reicht von der Modellierung des menschlichen Entscheidungsverhaltens von Menschenmengen in Notfallsituationen[248] bis hin zum Routing von Gepäckstücken sowie der Steuerung von Gepäckförderanlagen an Flughäfen.[249] Für die produzierende Industrie bieten MONOSTORI et al., LEITÃO et al. und SHEN et al. jeweils einen umfangreichen Überblick über Vorhaben und Forschungsprojekte zur Anwendung von dezentralen, agentenbasierten Steuerungsarchitekturen.[250] Exemplarisch sei hier die Kategorisierung der Anwendungsgebiete von MONOSTORI et al. angeführt. Diese beinhaltet acht Kategorien, wobei für die vorliegende Dissertation insbesondere die Anwendungsgebiete vier und fünf von Interesse sind:[251]

1. Konstruktion,
2. Prozessplanung,
3. Produktionssystemplanung und Ressourcenallokation,
4. Produktionsplanung und -steuerung,
5. Prozesssteuerung, Monitoring und Diagnose,
6. Unternehmensorganisation und -integration,
7. verteilte Produktion in Netzwerken sowie
8. Montage- und Lebenszyklus-Management.

Agentensysteme eignen sich dank ihrer dezentralen Steuerungsarchitektur hervorragend zur Umsetzung hierarchieloser Steuerungssysteme und damit moderner Produktions- und Montagesysteme.[252] Ausschlaggebend sind die Eigenschaften von Agenten, die ein hohes Maß an Robustheit und Flexibilität ermöglichen (vgl. Kapitel 2.4.1). LEITÃO und RESTIVO führen an,

---

[246] Vgl. HUHNS und STEPHENS (Multiagent Systems), 1999, S. 100ff.

[247] Vgl. FRANKE et al. (Dezentrale Multiagentensysteme), 2010, S. 1078.

[248] Vgl. LUO et al. (Agent-based modeling), 2008, S. 271ff.

[249] Vgl. ELGER et al. (Dezentral gesteuerten Flughafen-Gepäckförderanlagen), 2010, S. 275ff.

[250] Vgl. MONOSTORI et al. (Agent-Based Systems for Manufacturing), 2006, S. 703ff.; LEITÃO et al. (Industrial Agent Applications), 2013, S. 2360ff.; SHEN et al. (Agent-based systems in intelligent manufacturing), 2006, S. 417ff.

[251] Vgl. MONOSTORI et al. (Agent-Based Systems for Manufacturing), 2006, S. 703ff.

[252] UNLAND (Industrial Agents), 2015, S. 24ff.; ZAWISZA (Agentensysteme zur dezentralen PPS), 2018, S. 60.

dass die Implementierung der Software eines prototypischen, agentenbasierten Steuerungssystems für Fertigungs- und Produktionsabläufe aufgrund des geringeren Umfangs der einzelnen, verteilten Komponenten vergleichsweise einfacher zu schreiben, zu debuggen und zu warten ist. Der agentenbasierte Ansatz vereinfacht weiterhin die Erweiterbarkeit und Rekonfigurierbarkeit des Systems.[253] Für eine vertiefende Darstellung dieser Anwendungsgebiete sei weiterhin auf VOGEL-HEUSER et al. verwiesen.[254] Trotz der theoretischen Vorteile dezentraler Steuerungsarchitekturen sind Systeme in der Praxis überwiegend zentralisiert.[255] Für die Entwicklung von Agentensystemen existieren bereits bewährte Methoden, welche sich sowohl mit der Softwareentwicklung, als auch der Beschreibung des Verhaltens von Agenten befassen. Entscheidend bei der Entwicklung ist das Domänenwissen, da nur so ein Agentensystem auf den jeweiligen Anwendungsfall angepasst werden kann.[256] Nachfolgend werden daher Ansätze für agentenbasierte Montagesteuerungen für matrixstrukturierte Montagesysteme vorgestellt.

2.4.4 Agentenbasierte Montagesteuerung matrixstrukturierter Montagesysteme

Bereits 2015 haben SCHÖNEMANN et al. das Potenzial von Agentensystemen zur Simulation matrixstrukturierter Montagesysteme erkannt. Sie führen an, dass das dynamische und stochastische Systemverhalten die Komplexität der Planungs- und Steuerungsaufgaben erhöht. Rein ereignisbasierte, diskrete Simulationen können dieses Verhalten nicht abbilden, da sie Merkmale individueller Aufträge nicht ausreichend berücksichtigen. Dort werden typischerweise alle Aufträge durch Ereignisse repräsentiert, wie bspw. die Ankunft an einer Montagestation, die wiederum eine bestimmte Aktion wie den Beginn einer Montageoperation auslöst. Stattdessen sehen matrixstrukturierte Montagesysteme eine dezentrale Entscheidungsfindung durch Montageaufträge sowie einen dezentralen Abgleich von Kapazitätsbedarfen sowie -angebot auf Montagestations- und Auftragsebene vor. Um Aufträge und Montagestationen zur autonomen, dezentralen Entscheidungsfindung zu befähigen, wählen die Autoren einen agentenbasierten Ansatz zur Simulation.[257] Damit decken sich die beschriebenen Merkmale und Anforderungen matrixstrukturierter Montagesysteme mit den für Agentensysteme geeigneten Anwendungsgebieten (vgl. Kapitel 2.4.1 und 2.4.3). Auch GRESCHKE schlägt die Anwendung dezentraler Steuerungslogiken mittels eines Agentensystems für die Montagesteuerung vor.[258]

[253] Vgl. LEITÃO und RESTIVO (Control System in a Flexible Manufacturing System), 2008, S. 705.

[254] Vgl. VOGEL-HEUSER et al. (Agent-based control of production systems), 2015, S. 153ff.

[255] Vgl. SCHLECHTENDAHL et al., 2015, S. 143f.; MEISSNER et al. (Control Architectures in the Context of Industry 4.0), 2017, S. 166.

[256] Vgl. FELDHORST und LIBERT SERGEY (Software-Methoden), 2010, S. 36f.; WEISS (Agents in software), 2001, S. 354ff.

[257] Vgl. SCHÖNEMANN et al. (Matrix-structured manufacturing systems), 2015, S. 109f.

[258] Vgl. GRESCHKE (Matrix-Produktion), 2020, S. 246.

Ein weiterer Indikator für die Anwendbarkeit von Agentensystemen ist die Teilbarkeit einer Aufgabe. Diese Teilbarkeit der Aufgaben der Montagesteuerung diskutieren im Anwendungskontext bspw. BURGGRÄF et al. und MAYER et al. Erstere präsentieren ein hierarchisches Montageplanungs- und -steuerungsmodell für matrixstrukturierte Montagesysteme. Dieses sieht vor, dass die Aufgabe der Montagesteuerung in zwei unabhängige Teilprobleme zerlegt wird: die Zuordnung von Aufträgen zu Montagestationen sowie die Sequenzierung von Aufträgen und Operationen an einer Montagestation. Die Transportwegeplanung beschreibt nachgelagert, wie ein spezifischer Fahrauftrag als Pfad durch das Montagesystem umgesetzt wird.[259] MAYER et al. sehen hingegen eine Unterteilung der Aufgaben der Montagesteuerung in fünf Teilprobleme und -aufgaben vor:[260]

- *Freigabemanagement*: Bestimmung von Zeitpunkt und Produkttyp der Auftragsfreigabe
- *Arbeitsablaufmanagement*: Auswahl einer Montagestation sowie Festlegung der Bearbeitungsreihenfolge der Montageoperationen eines Auftrags
- *Montagestationsmanagement*: Planung der Bearbeitungsfolge der einer Montagestation zugewiesenen Montageoperationen
- *Fahrzeugmanagement*: Zuweisung von Transportaufträgen zu fahrerlosen Transportfahrzeugen sowie deren störungsfreie Koordination
- *Störungsmanagement*: Umgang mit Betriebsabweichungen wie Maschinenausfällen und blockierten fahrerlosen Transportfahrzeugen

Die Ausführungen zeigen, dass die Kapitel 2.3.3 definierte Kernaufgabe der Montagesteuerung in matrixstrukturierten Montagesystemen in mehrere, unabhängige Entscheidungen unterteilt werden können. Ergänzend fallen diese Entscheidungen nicht zwangsweise zum selben Zeitpunkt an, was sich positiv auf die Lösbarkeit und Geschwindigkeit der Entscheidungsfindung auswirken kann. Neben den Ansätzen von MAYER et al., SCHÖNEMANN et al. und BURGGRÄF et al. sind weitere Ansätze im Anwendungskontext bekannt. Hierzu zählen die agentenbasierten Ansätze nach MAY et al.[261] sowie LEUSIN et al.[262], wobei letzterer sich nicht ausschließlich auf Montageoperationen bezieht.

Die in diesem Kapitel angeführten Ansätze zeigen vielversprechende Forschungsergebnisse zu dezentralen, agentenbasierten Montagesteuerungen für matrixstrukturierte Montagesysteme. Unabhängig von der individuellen Erfüllung der in Kapitel 2.3.3 gestellten Anforderungen werden nachvollziehbare Anwendungsfälle und Simulationsergebnisse präsentiert. MAY et al. konnten anhand eines Evaluierungsbeispiels ebenso zeigen, dass die Zykluszeit der agentenbasierten Montagesteuerung nur etwa 5 % vom statischen Optimum entfernt war.[263] Damit

[259] Vgl. BURGGRÄF et al. (Agentensysteme in der Montage), 2020, S. 173.

[260] Vgl. MAYER et al. (Production Control in a Modular Assembly System), 2019, S. 45.

[261] Vgl. MAY et al. (Multi-Agent Production Control for Matrix Production Systems), 2021, S. 3ff.

[262] Vgl. LEUSIN et al. (Multi-Agent System Approach for Production Control), 2018, S. 1459ff.

[263] Vgl. MAYER et al. (Production Control in a Modular Assembly System), 2019, S. 45.

kann die generelle Anwendbarkeit sowie Funktionalität von Agentensystemen für die weiteren Ausführungen als gegeben angesehen werden.

2.5 Handlungsbedarf zur agentenbasierten Montagesteuerung in matrixstrukturierten Montagesystemen

Matrixstrukturierte Montagesysteme gewinnen in der Forschung zunehmend Aufmerksamkeit. Sie gelten als mögliche Antwort, um den anhaltenden Herausforderungen durch kürzere Innovationszyklen und volatile Marktbedingungen durch den Einsatz einer flexiblen Montageorganisationsform zu begegnen. Die für matrixstrukturierte Montagesysteme charakteristische Routing- und Sequenzflexibilität bei der Auftragsbearbeitung führt zu einem hochdynamischen und stochastischen Systemverhalten, so dass die Montagesteuerung erheblich an Bedeutung gewinnt. Zentralisierte, mathematische Optimierungsverfahren zur Montagesteuerung werden diesem Verhalten nicht gerecht. Gerade bei großen Probleminstanzen können sie keine kurzfristige Zuordnung von Aufträgen und Montageoperationen zu Montagestationen unter Berücksichtigung aktueller Ressourcenverfügbarkeiten bzw. -störungen in Polynomialzeit gewährleisten (vgl. Kapitel 2.3.4). Als vielversprechende Alternative haben sich Agentensysteme herausgestellt, welche eine dezentrale Entscheidungsfindung sowie Unterteilung der Steuerungsaufgaben in Teilprobleme vorsehen (vgl. Kapitel 2.4.4). Die diesbezüglich vorgestellten Vorarbeiten fokussieren bisher die Kernfunktionen der Montagesteuerung, Aufträge den vorhandenen Montagestationen zuzuordnen sowie spezifische Montageoperationen an Montagestationen auszulösen.[264] Weitere, essentielle Funktionen der Montagesteuerung umfassen jedoch auch die Materialversorgung, Koordination des Montagepersonals sowie Auftragsfreigabe (vgl. Kapitel 2.3.1). Die Materialversorgung in matrixstrukturierten Montagesystemen ist bereits Gegenstand unterschiedlicher Forschungsarbeiten.[265] Die Koordination des Montagepersonals sollte sich am Montageobjekt und damit am Kern der Wertschöpfung orientieren. Vor einer tieferen Betrachtung der Koordination des Montagepersonals gilt es daher zunächst, die Montagesteuerung hinsichtlich der Auftragsfreigabe zu untersuchen. Im Rahmen der umfangreichen Vorarbeiten dieser Dissertation wurde bereits eine unzureichende Betrachtung der Auftragsfreigabe im vorliegenden Kontext festgestellt.[266] So erwarten MAYER et al., dass durch eine Verbesserung der Auftragsfreigabe stabilere Durchlaufzeiten bei gleichzeitiger Reduktion von Blockaden[267] von Aufträgen im Montagesystem erreicht werden können. Auch GRESCHKE

[264] Es sei an dieser Stelle angemerkt, dass keiner der genannten Autorengruppen seine Entwicklungsumgebung vollständig öffentlich zugänglich gemacht hat.

[265] Vgl. FRIES et al. (Intralogistics material supply in matrix productions), 2020; POPP (Logistikkonzepte für eine flexible Automobilproduktion ohne Band), 2018; RANKE und BAUERNHANSL (Material Supply Strategies in Matrix Manufacturing Systems), 2021; SCHOLZ et al. (Material Supply of a Modular Manufacturing Environment), 2017; FILZ et al. (Material supply strategies), 2019; KERN et al. (Logistics Concept for a Modular Assembly System), 2017.

[266] Vgl. SCHUKAT et al. (Order release in matrix-structured assembly systems), 2022.

[267] In der englischsprachigen Fachliteratur werden diese Blockaden als Deadlocks bezeichnet.

weist auf die Notwendigkeit hin, die Auftragsfreigabe als Teil der Montagesteuerung zu betrachten sowie kombiniert zu gestalten.[268]

Zusammenfassend konnte in Kapitel 2 die Relevanz agentenbasierter Montagesteuerungen als Befähiger matrixstrukturierter Montagesysteme dargestellt werden. Die vorgestellten Grundlagen und Forschungsergebnisse zur Gestaltung von Agentensystemen, auch mit Blick auf den Anwendungskontext, bilden somit einen elementaren Bestandteil der *Knowledge Base*. Bevor in der Praxis mit einem breiten Einzug matrixstrukturierter Montagesysteme zu rechnen ist, gilt es eine Vielzahl offener Fragestellungen zu beantworten. Diese umfassen insbesondere Methoden zur Gestaltung sowie die Weiterentwicklung der Montagesteuerung. Da die Montagesteuerung Grundvoraussetzung für die Anwendung und Bewertung entsprechender Methoden zur Gestaltung matrixstrukturierter Montagesysteme ist, muss zunächst ein ausreichender Reifegrad der Montagesteuerung erarbeitet werden. Dies betrifft insbesondere die Auftragsfreigabe, welche deshalb als weiterer Bestandteil der *Knowledge Base* Gegenstand der nachfolgenden Betrachtungen in Kapitel 3 ist.

[268] Vgl. GRESCHKE (Matrix-Produktion), 2016, S. 225.

3 Auftragsfreigabe in der Montage

Im vorliegenden Kapitel wird die *Knowledge Base* hinsichtlich der Auftragsfreigabe erarbeitet. Zunächst werden die Grundlagen der Auftragsfreigabe definiert. Dies umfasst eine Einordnung der Auftragsfreigabe als Teilaufgabe der Montagesteuerung, die Beschreibung der Verfahren zur Auftragsfreigabe nach LÖDDING sowie die Diskussion der Übertragbarkeit dieser Verfahren auf matrixstrukturierte Montagesysteme. Darauf aufbauend werden bestehende wissenschaftliche Ansätze zur Auftragsfreigabe mit Bezug zum Anwendungskontext vorgestellt. Dadurch wird sichergestellt, dass bereits erschlossene Ansätze oder auch Lösungsbestandsteile, welche die zu Beginn aufgestellten (Unter-)Forschungsfragen adressieren, identifiziert werden. Der Vorstellung der identifizierten Ansätze folgt eine Auswertung und Würdigung. Abschließend wird der herausgearbeitete Forschungsbedarf zusammengefasst.

3.1 Grundlagen der Auftragsfreigabe

Die Beschreibung der Grundlagen der Auftragsfreigabe beinhaltet die Definition des Begriffs *Auftragsfreigabe*, die Beschreibung der Verfahren zur Auftragsfreigabe nach LÖDDING. Das Kapitel endet mit einer Diskussion, inwieweit die angeführten Verfahren zur Auftragsfreigabe prinzipiell auf matrixstrukturierte Montagesysteme übertragbar sind.

3.1.1 Definition

In der Literatur zur Auftragsfreigabe wird u.a. zwischen Einkaufs- und Produktionsauftragsfreigabe unterschieden. In dieser Arbeit soll ausschließlich die Montageauftragsfreigabe behandelt werden. Deshalb wird im Folgenden der Begriff Auftragsfreigabe synonym für die Produktionsauftragsfreigabe verwendet, welche auch die Montageauftragsfreigabe umfasst.[269] Wie bereits in Kapitel 2.3.1 festgestellt, ist die Auftragsfreigabe neben der Kapazitätssteuerung und Reihenfolgebildung auch Teilaufgabe der Montagesteuerung.[270] Sie bestimmt, welche Aufträge in einem (Montage-)System bearbeitet werden dürfen. Hierzu kann sie den Status eines Auftrags von *vorgeschlagen* in *freigegeben* ändern.[271] Daraufhin werden die benötigten Ressourcen zur Auftragsbearbeitung reserviert und bereitgestellt.[272] Damit entscheidet die Auftragsfreigabe sowohl über den richtigen Zeitpunkt der Auftragsfreigabe, als auch über die Auswahl des passendsten Auftrags.[273] Sie kann durch den richtigen Zeitpunkt der Freigabe eines Auftrags den Arbeitsfluss eines Montagesystems glätten. Die Auftragsfreigabe nimmt einen wesentlichen Einfluss auf die nachfolgenden Unternehmensziele:[274]

1. Minimierung der Materialbestände
2. Minimierung der Durchlaufzeiten

---

[269] Vgl. SCHÖNSLEBEN (Logistikmanagement), 2011, S. 607ff.

[270] Vgl. SEITZ et al. (Produktionssteuerung), 2019, S. 829.

[271] Vgl. SCHÖNSLEBEN (Logistikmanagement), 2011, S. 608.

[272] Vgl. LÖDDING (Fertigungssteuerung), 2016, S. 339.

[273] Vgl. WISNER (Order release), 1995, S. 25.

[274] Vgl. FANDEL et al. (Methoden der Auftragsfreigabe), 1994, S. 266.

3. Maximierung der Kapazitätsauslastung
4. Minimierung der Lieferterminabweichungen

Der Änderung des Status eines Auftrags gehen vorbereitende Schritte voraus. In der Auftragserzeugung werden Aufträge aus externen Kundenaufträgen oder dem aufgestellten Produktionsprogramm generiert. Ein solcher Auftrag umfasst weitere Informationen hinsichtlich des zu fertigenden Produkts, der Bestellmenge und dem spätesten Fertigstellungstermin. Ebenso erfolgt eine Verfügbarkeitsprüfung hinsichtlich des Vorhandenseins aller benötigten Ressourcen, was auch die benötigten Montagekapazitäten beinhaltet. Dabei geht klassischerweise mit der Verfügbarkeitsprüfung der Ressourcen auch eine die Zuweisung aller für die Bearbeitung eines Auftrags benötigten Ressourcen einher.[275] Es ist anzumerken, dass keine eindeutige Abgrenzung der Begrifflichkeiten rund um die Auftragsfreigabe existiert. MISSBAUER spricht bspw. sowohl von Methoden, Mechanismen, Modellen und Verfahren zur Auftragsfreigabe.[276] Nachfolgend wird für die theoretischen Grundlagen der Begriff des Verfahrens verwendet, wie ihn auch LÖDDING nutzt.

LÖDDING klassifiziert Verfahren zur Auftragsfreigabe hinsichtlich der Merkmale des *Kriteriums* zur Auftragsfreigabe, dem *Detaillierungsgrad* und der *Auslösungslogik*.[277] Das *Kriterium* liefert die Logik, mit der über die Freigabe eines Auftrags entscheiden wird. Für diese Arbeit ist als Kriterium insbesondere die Freigabe mit arbeitssystemspezifischem[278] Belastungsabgleich als Sonderfall der bestandsregelnden Auftragsfreigabe von Relevanz. Diese berücksichtigt die momentane sowie die durch die Freigabe eines Auftrags im zeitlichen Verlauf erwartete Belastung eines Arbeitssystems.[279] Je nach *Detaillierungsgrad* der Auftragsfreigabe wird ein Auftrag als Ganzes freigegeben oder es erfolgt die Freigabe einzelner Bearbeitungsschritte.[280] Die *Auslösungslogik* gibt an, mit welcher Systematik der Anstoß zur Freigabeentscheidung erfolgt. So können Aufträge zu zuvor definierten und wiederkehrenden Zeitpunkten (periodische Auftragsfreigabe) oder in Abhängigkeit spezifischer Ergebnisse (ereignisorientierte Auftragsfreigabe) bewertet und freigebegeben werden.[281] Eine detaillierte Beschreibung der relevanten Verfahren erfolgt in Kapitel 3.1.2. Die nachfolgend vorgestellten Verfahren haben ihren Ursprung zwar in der Fertigung, jedoch sind in ihre Prinzipien ebenso auf die Montage übertragbar.[282]

---

275 Vgl. SCHÖNSLEBEN (Logistikmanagement), 2011, S. 607ff.

276 MISSBAUER (Auftragsfreigabe), 2018, S. 651.

277 LÖDDING (Fertigungssteuerung), 2016, S. 339ff.

278 Ein Arbeitssystem ist hier gleichzusetzen mit dem Begriff des Montagesystems. Analog kann Ein Subsystem als eine Montagestation angesehen werden.

279 Bei dem sogenannten Null-Kriterium wird ein Auftrag unmittelbar nach Erzeugung freigeben. Weiterhin kann die Freigabe eines Auftrags nach Plan-Starttermin erfolgen. Bei Berücksichtigung des Bestands eines Arbeitssystems sowie Freigabe eines Auftrags bei Unterschreitung eines Planwerts, spricht LÖDDING von einer bestandsregelnden Auftragsfreigabe. Vgl. LÖDDING (Fertigungssteuerung), 2016, S. 339f.

280 Vgl. LÖDDING (Fertigungssteuerung), 2016, 349ff.

281 Vgl. LÖDDING (Fertigungssteuerung), 2016, 352ff.

282 Vgl. LÖDDING (Fertigungssteuerung), 2016, S. 354f.

3.1.2 Verfahren zur Auftragsfreigabe

Die Mehrheit der Verfahren zur Auftragsfreigabe ist der bestandsregelnden Auftragsfreigabe zuzuordnen. Die sofortige Auftragsfreigabe sowie Auftragsfreigabe nach Termin werden nachfolgend vernachlässigt, da diese per Definitionen keine Prüfung der Ressourcenverfügbarkeit berücksichtigen. Bestandsregelnde Verfahren zur Auftragsfreigabe sehen diese Prüfung vor und sind daher robuster gegenüber Unsicherheiten in der Bereitstellung von Ressourcen. Weiterhin können bei Abbruch bereits eingeplanter Aufträge die zuvor reservierten Ressourcen freigesetzt und von der Auftragsfreigabe erkannt werden. Zuletzt verhindert die bestandsregelnde Auftragsfreigabe durch das Zurückhalten von Aufträgen Überlastungen oder auch durch die Freigabe von neuen Aufträgen Leerläufe in einem Arbeitssystem. Dem gegenüber steht die notwendige und potenziell aufwendige Steuerung des Arbeitssystems. Außerdem können durch eine Vernachlässigung des Fertigstellungszeitpunktes Lieferverzögerungen oder bei zu früher Fertigstellung Kosten für die Einlagerung von Erzeugnissen resultieren.[283] Externe Einflussfaktoren auf die Leistungsfähigkeit der bestandsregelnden Auftragsfreigabe sind die Güte der Bestands- und Kapazitätsplanung, die Fähigkeit und Flexibilität des Arbeitssystems zum Ausgleich von Bedarfsschwankungen (auf welche die Auftragsfreigabe nicht mehr eingehen kann) sowie die zu betrachtende Komplexität des Arbeitssystems einschließlich des Materialflusses.[284] Einen internen Einflussfaktor auf die bestandsregelnden Auftragsfreigabe stellt der Detaillierungsgrad dar. Durch eine Betrachtung des Bedarfs auf Ebene des gesamten Arbeitssystems kann durch die Vernachlässigung von Wechselwirkungen zwischen Subsystemen die Komplexität ihrer Steuerung signifikant reduziert werden. Werden hingegen Subsysteme einzeln betrachtet, erleichtert dies die Identifikation von Engpässen und die Berücksichtigung dieser in der Auftragsfreigabe, was schlussendlich zum Belastungsausgleich in Subsystemen befähigt.[285]

Die Verfahren zur bestandsregelnden Auftragsfreigabe werden nachfolgend dahingehend unterschieden, ob ein arbeitssystemspezifischer Belastungsabgleich erfolgt. Hierunter werden Verfahren verstanden, die das Ziel der genauen Regelung der Belastung einzelner Subsysteme verfolgen.[286] Das zweite Unterscheidungsmerkmal ist die Zentralität bzw. Dezentralität der Bestandsregelung. Zentralität bedeutet hier, dass die Ressourcenprüfung lediglich zum Beginn der Bearbeitung eines Auftrags erfolgt, während ein dezentraler Ansatz nach jedem Subsystem prüft, ob die weitere Bearbeitung des Auftrags möglich ist.[287] Abbildung 3.1 ordnet die bekanntesten Verfahren der bestandsregelnden Auftragsfreigabe mithilfe der definierten Unterscheidungsmerkmale den sich ergebenden Unterklassen zu.

---

[283] Vgl. LÖDDING (Fertigungssteuerung), 2016, S. 343ff.

[284] Vgl. LÖDDING (Fertigungssteuerung), 2016, S. 347f.

[285] Vgl. LÖDDING (Fertigungssteuerung), 2016, S. 349ff.

[286] Ein einzelnes Arbeitssystem ist hier gleichzusetzen mit einer einzelnen Montagestation.

[287] Vgl. LÖDDING (Fertigungssteuerung), 2016, S. 354f.

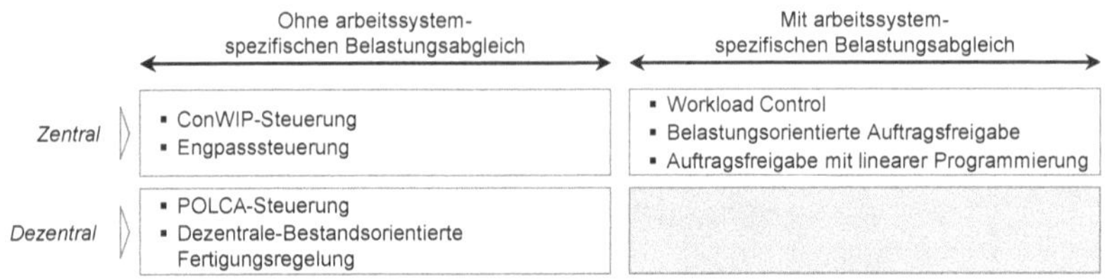

Abbildung 3.1: Unterklassen der bestandsregelnden Auftragsfreigabe[288]

Zentrale Auftragsfreigabe ohne arbeitssystemspezifischen Belastungsabgleich

Die Grundidee des Verfahrens der Constant-Work-in-Process-Steuerung oder auch ConWIP-Steuerung ist es, den Bestand in einem Arbeitssystem konstant zu halten.[289] Dazu wird immer dann ein Auftrag freigegeben, wenn die Auslastung des Arbeitssystems unter einen zuvor definierten Schwellenwert fällt. Der Bestand eines Arbeitssystems kann bspw. anhand der Anzahl an derzeit bearbeiteten Aufträgen oder anhand der Summe der prognostizierten Bearbeitungszeit aller aktiven Aufträge bemessen werden. In letzterem Fall wird für einen Auftrag bspw. die Summe der Vorgabezeiten seiner Bearbeitungsschritte herangezogen und das Verfahren auch als Maximum Load Limit bezeichnet. Im Falle der Bestandsmessung mittels Auftragszahl werden in Anlehnung an das traditionelle Kanban-System sogenannte ConWIP-Karten auf Auftragsebene eingesetzt, die den Auftrag während der gesamten Bearbeitung begleiten und anschließend wieder freigegeben werden. Ist keine ConWIP-Karte verfügbar, so kann auch kein Auftrag freigegeben werden. Ist eine ConWIP-Karte verfügbar, erfolgt die Auswahl des freizugebenden Auftrags aus der Liste aller noch nicht freigegebenen Aufträge entsprechend seiner Priorität. Durch die Anzahl an insgesamt verfügbaren ConWIP-Karten als primärer Verfahrensparameter kann so die gewünschte Auslastung des Arbeitssystems eingestellt werden.[290]

Die Engpass-Steuerung ähnelt der bereits beschriebenen ConWIP-Steuerung, ergänzt diese jedoch um Informationen zu bestehenden oder antizipierten Engpässen in einem Arbeitssystem. Der Systemabschnitt vor einem Engpass wird bei der Engpass-Steuerung bestandsgeregelt (bspw. mithilfe ConWIP-Steuerung), der danach jedoch nicht. In dem bestandsgeregelten Teilsystem entspricht das Verfahren daher der ConWIP-Steuerung. Im Falle der ConWIP-Steuerung würde die ConWIP-Karte des Auftrags folglich nach Durchlaufen des Engpasses zurückgegeben werden. Dies geschieht unter der Annahme, dass der Engpass maßgeblich für die Durchlaufzeit eines Auftrags durch ein Arbeitssystem verantwortlich ist. Dies macht eine Kapazitätsbetrachtung nach dem Engpass nicht notwendig, denn die auf den Engpass folgenden Subsysteme können per Definition einen höheren Bestand bearbeiten als der Engpass. Im Falle einer Bestandsmessung anhand der Auftragsanzahl erfolgt die Freigabe eines Auftrages nur dann, wenn ein bereits freigegebener Auftrag das Engpassarbeitssystem verlässt.

---

288 I. A. a. LÖDDING (Fertigungssteuerung), 2016, S. 354.

289 Vgl. SPEARMAN M. et al. (ConWIP), 1990, S. 883; SCHENK (Fabrikplanung), 2014, S. 339.

290 Vgl. SPEARMAN M. et al. (ConWIP), 1990, S. 883ff.; LÖDDING (Fertigungssteuerung), 2016, S. 373ff.

Liegen mehrere Engpässe in einem Arbeitssystem vor, kann das Verfahren mit unterschiedlichen Varianten erweitert werden. Die Betrachtung mehrerer Engpässe erhöht logischerweise die Komplexität, etwa durch die Verwendung verschiedener Karten für jeden Engpass. Unter der Voraussetzung eines eindeutig definierten Engpasses im Arbeitssystem erzielt die Engpass-Steuerung höhere Durchsätze als eine ConWIP-Steuerung.[291]

Zentrale Auftragsfreigabe mit arbeitssystemspezifischem Belastungsabgleich

Verfahren der Auftragsfreigabe mit arbeitssystemspezifischem Belastungsabgleich erzielen im Falle komplexer Materialflüsse einen höheren Durchsatz als bspw. eine ConWIP-Steuerung.[292] Zu den zentralen Verfahren mit arbeitssystemspezifischem Belastungsabgleich zählt unter anderem Workload Control. Während ConWIP- und Engpass-Steuerung das Arbeitssystem jeweils als Ganzes betrachten, wird bei dem Auftragsfreigabeverfahren Workload Control auch die Auslastung von einzelnen Subsystemen, wie etwa einzelnen Bearbeitungszentren, berücksichtigt. Potenziell freizugebende Aufträge, die bereits überlastete Subsysteme durchlaufen würden, werden aktiv zurückgehalten. Weiterhin werden zusätzlich zum aktuellen Bestand eines Subsystems auch die Aufträge hinzugezählt, die bereits freigegeben wurden und das betrachtete Subsystem zukünftig durchlaufen werden. Die primären Steuerungsparameter sind hier die Bestandsgrenzen der Subsysteme. Überschreitet der im Bestandskonto des Subsystems festgehaltene Bestand die definierte Bestandsgrenze, geht das System von einer Überlastung aus. Der Kalkulation des Bestands eines Subsystems erfolgt durch die Buchung der Bearbeitungszeiten der freigegebenen Aufträge sowie Abbuchung dieser nach Beendigung der Bearbeitung auf das Bestandskonto des jeweiligen Arbeitssystems. Da die Workload Control vielmehr eine Überprüfung des freizugebenden Auftrags darstellt, wird der Vorschlag eines Auftrags zur Freigabe entweder periodisch oder entsprechend definierter Ereignisse, wie etwa dem Fertigstellen eines Auftrags, generiert. Die Workload Control ermöglicht eine gleichmäßige Auslastung eines Arbeitssystems, unterliegt hinsichtlich der Termintreue jedoch großen Schwankungen.[293] Eine spezielle Auslegung der belastungsorientierten Workload Control ist das COBACABANA-Verfahren („Control of Balance by Card"). Auch hier werden Karten genutzt, um die hohe Variabilität im Montagesystem zu bewältigen, indem eine Freigabeentscheidung durch Feedbackinformationen getroffen werden kann.[294]

Wie beim Verfahren Workload Control werden auch in der Belastungsorientierten Auftragsfreigabe (BOA) Aufträge nur dann freigegeben, wenn der Bestand an keinem der zu durchlaufenen Arbeitssysteme die Bestandsgrenze überschreitet. Dies geschieht ebenfalls anhand von Bestandskonten der Subsysteme. Beiden Verfahren unterliegt eine Definition des Bestandes als die Summe der Bearbeitungszeiten von Bearbeitungsschritten, die ein Subsystem in einem bestimmten Zeitraum zu erledigen hat. Damit betrachtet BOA ebenso wie Workload Control den Einfluss des freizugebenden, so wie der bereits im Arbeitssystem vorhandenen Aufträge

[291] Vgl. LÖDDING (Fertigungssteuerung), 2016, S. 387ff.

[292] Vgl. LÖDDING (Fertigungssteuerung), 2016, S. 373ff.

[293] Vgl. SPEARMAN M. et al. (ConWIP), 1990, S. 407ff.; LÖDDING (Fertigungssteuerung), 2016, S. 407ff.

[294] Vgl. THÜRER (Kartenbasierte Steuerungssysteme), 2016, S. 128ff.

auf das Bestandskonto eines Subsystems. Der primäre Unterschied des Verfahrens liegt jedoch in der Art der Berücksichtigung zukünftiger Aufträge für das betrachtete Subsystem, indem bei BOA das Einbuchen der Bearbeitungszeiten eines Auftrags differenzierter erfolgt. Dafür werden Abzinsungsfaktoren eingeführt. Entsprechend der Subsysteme, die ein Auftrag vor Ankunft an einem anderen Subsystem durchläuft, werden die auf dem Bestandskonto zu erfassenden Bearbeitungszeiten bzw. die entstehende Belastung um einen spezifischen Abzinsungsfaktor reduziert. Je weiter der Auftrag vom betrachteten Subsystem entfernt ist, desto schwächer fällt er also ins Gewicht. Der Abzinsungsfaktor stellt somit neben der Bestandsgrenze einen weiteren einstellbaren Parameter auf Subsystemebene dar. Insgesamt ermöglicht die BOA Bestands- und Durchlaufzeitreduzierungen, die Einhaltung von Fertigstellungsterminen ist aber nur bei einer akkuraten Produktionsprogrammplanung möglich.[295]

Während Workload Control und BOA jeweils über die Freigabe eines zuvor mit einer anderen Methode ausgewählten Auftrags entscheiden, werden bei der Auftragsfreigabe mit Linearer Programmierung (ALP) beide Schritte kombiniert. ALP nutzt dabei dieselbe Bestandsdefinition wie das Verfahren Workload Control, berücksichtigt aber eine uneingeschränkte Liste aller freizugebenden Aufträge. Wesentlicher Unterschied zu anderen Verfahren ist die Freigabe mittels linearer Optimierung. Hierbei wird (computergestützt) eine Zielfunktion minimiert, deren Wert mit steigender Differenz zwischen Ist- und Plan-Bestand der Subsysteme sowie mit sinkender zeitlicher Differenz zwischen Freigabezeitpunkt und planmäßigem Fertigstellungszeitpunkt der Aufträge ansteigt. Weiterhin sind Randbedingungen bezüglich Bestandsober- und Bestanduntergrenzen zu definieren. Eine Minimierung der Zielfunktion soll somit zu einer Reihenfolge der freizugebenden Aufträge führen. Das grundlegende Ziel ist eine hohe Kapazitätsauslastung. Selbst im Falle komplexer Materialflüsse erreicht die ALP konstante Bestände, wie beim Verfahren Workload Control ergeben sich jedoch Abweichungen von den Plan-Endterminen. Zielfunktion und Nebenbedingungen können beliebig angepasst und erweitert werden. Aufgrund des zu lösenden Optimierungsproblems steigt jedoch die benötigte Rechenleistung mit der Komplexität des betrachteten Systems und der Anzahl zu berücksichtigender Aufträge an.[296]

Dezentrale Auftragsfreigabe ohne arbeitssystemspezifischen Belastungsabgleich

Ein Verfahren zur dezentralen Auftragsfreigabe ohne arbeitssystemspezifischen Belastungsausgleich ist die Paired-Cell Overlapping Loops of Cards (oder kurz POLCA-)Steuerung. Diese wurde vorrangig für die Werkstattfertigung konzipiert, lässt sich jedoch auch auf andere Organisationsformen übertragen. Die Dezentralität dieser Bestandsregelung beruht darauf, dass der Objektfluss zwischen zwei Subsystemen geregelt wird. Zur Bestandsregelung werden jeweils zwei Subsysteme zusammengefasst und jedem sich ergebenden Paar sogenannte POLCA-Karten zugeordnet, die zwischen den beiden Subsystemen Steuerung der Auftragsfreigabe rotieren. Für die Auftragsfreigabe in einem Subsystem müssen zwei Bedingungen erfüllt sein. Zum einen muss eine freie POLCA-Karte vorhanden sein, welche die bearbeitende

---

[295] Vgl. SPEARMAN M. et al. (ConWIP), 1990, S. 427ff.; LÖDDING (Fertigungssteuerung), 2016, S. 427ff.

[296] Vgl. LÖDDING (Fertigungssteuerung), 2016, S. 449ff.; IRASTORZA und DEANE (Job Shop Control), 1974, S. 302ff.

Ursprungsinsel mit der passenden Zielinsel, die der Auftrag anschließend besucht, enthält. Zum anderen muss der zulässige Freigabezeitpunkt eines Auftrags für die jeweilig nachfolgende Bearbeitung erreicht sein. Der Freigabezeitpunkt ergibt sich dabei aus einer Rückwärtsberechnung ausgehend vom planmäßigen Fertigstellungstermin. Ebenso können Freigabetermine für die Aufträge an jeder Montagestation einzeln definiert werden, um auch eine zeitliche Steuerung zu ermöglichen. Dementsprechend sind die Anzahl der POLCA-Karten und die Freigabetermine die beiden einstellbaren Steuerungsparameter. Mit einer höheren Komplexität des Materialflusses zwischen den Montagestationen steigt entsprechend auch die Komplexität der POLCA-Steuerung. Die POLCA-Steuerung erreicht nur im Falle einer koordinierten Auftragserzeugung und simpler Materialflüsse vergleichbare Durchsätze wie die Auftragsfreigabe mit arbeitssystemspezifischem Belastungsabgleich.[297]

Zuletzt existiert mit der Dezentralen Bestandsorientierten Fertigungsregelung (DBF) ein weiteres dezentrales Verfahren zur Auftragsfreigabe ohne arbeitssystemspezifischen Belastungsabgleich. Bei diesem kann das (Fertigungs-)Personal entscheiden, ob es einen Auftrag, welcher im jeweils vorgelagerten Subsystem vorliegt, für die Bearbeitung freigibt. Entsprechend wird ein Auftrag nicht als Ganzes, sondern nur ein spezifischer Bearbeitungsschritt im betrachteten Bestandsregelkreis freigegeben. Die Freigabe des Bearbeitungsschrittes ist von dem Bestand des Subsystems abhängig und erfolgt nur, wenn die Summe aus aktuellem Bestand und dem Bestand direkter Vorgängerstationen unterhalb der Bestandsgrenze liegt. Der Informationsfluss läuft also entgegen dem Materialfluss, was im Vergleich zur POLCA-Steuerung einen Einsatz bei komplexeren Materialflüssen ermöglicht. Die Steuerungsparameter der DBF sind die Bestandskapazitäten der einzelnen Montagestationen und ihre Positionsnummer. Letztere bestimmen die Bearbeitungsreihenfolge, wobei eine höhere Positionsnummer eine spätere Bearbeitung eines Auftrags an der entsprechenden Montagestation bedeutet.[298]

Die meisten der genannten Verfahren arbeiten mit Listen freizugebender Aufträge, welche in manchen Fällen Bedingungen zur Freigabe unterliegen. Hierzu gehört bspw. der Plan-Starttermin innerhalb eines definierten Zeitraums. Innerhalb der Listen freizugebender Aufträge kann mittels Verfahren der Reihenfolgebildung eine Prioritätsreihenfolge erstellt werden.[299] Analog dazu kann die Reihenfolgebildung nicht innerhalb der Listen freizugebender Aufträge erfolgen, sondern auch an einzelnen Subsystemen, um Aufträge aus einer Warteschlange auszuwählen. Auf die zugehörigen Verfahren, wie z. B. FIFO (First in - First out), wird an dieser Stelle nicht weiter eingegangen, da diese keine ganzheitliche Betrachtung komplexer Bearbeitungsfolgen verfolgen.

3.1.3 Diskussion der Anwendbarkeit im vorliegenden Kontext

Ausgehend von den Verfahren zur Auftragsfreigabe wird nachfolgend diskutiert, inwieweit die Verfahren zur Auftragsfreigabe nach LÖDDING für die Auftragsfreigabe in matrixstrukturierten Montagesystemen geeignet sind. Diese Diskussion konzentriert sich auf die Unterklasse der

---

[297] Vgl. LÖDDING (Fertigungssteuerung), 2016, S. 467ff.

[298] Vgl. LÖDDING (Fertigungssteuerung), 2016, S. 485ff.

[299] Vgl. LÖDDING (Fertigungssteuerung), 2016, S. 507ff.

bestandsregelnden Auftragsfreigabe, da die sofortige Auftragsfreigabe sowie Auftragsfreigabe nach Termin keine Prüfung der Ressourcenverfügbarkeit berücksichtigen.

Die ConWIP-Steuerung und die darauf aufbauende Engpass-Steuerung bilden zwar eine einfache Möglichkeit zur Betrachtung der Systemauslastung, jedoch ist ein Kerngedanke matrixstrukturierter Montagesysteme sich von einem rigiden Durchlaufplan zu lösen und stattdessen Aufträge reaktiv Montagestationen zuzuweisen. Dementsprechend muss auch bei der Auftragsfreigabe die stationsspezifische Belastung eine elementare Rolle spielen. Heterogene Aufträge fallen so unterschiedlich ins Gewicht, was durch die beiden Steuerungsansätze nicht betrachtet werden kann. Workload-Control und BOA ermöglichen die zuvor genannte stationsspezifische Betrachtung, erfordern jedoch Informationen über den Durchlaufplan des Auftrages, um die Belastung an den Montagestationen zu berechnen. Dieser Durchlaufplan ist jedoch bei der matrixstrukturierten Montage ungewiss und unterliegt stetigen Änderungen durch die Montagesteuerung. Beide Ansätze können somit nicht ohne weitere Anpassungen im Kontext dieser Arbeit verwendet werden. Die selbe Betrachtung gilt für die ALP. Zusätzlich führt ein komplexes System bei einem optimierungsbasierten Ansatz zu einem starken Anstieg der erforderlichen Rechenleistung und -zeit und ist somit nur schwer skalierbar. Zuletzt wurden die beiden dezentralen Verfahren zur Auftragsfreigabe POLCA und DBF erläutert. Durch die multifunktionalen Montagestationen, die Routing- und Sequenzflexibilität sowie die reaktive Montagesteuerung ergeben sich komplexe Materialflüsse. Diese Komplexität spricht gegen die Verwendung von POLCA-Karten, da sie als Problem für die POLCA-Steuerung gilt. Die DBF hingegen könnte mit dieser Komplexität zwar potenziell umgehen, dient aber wie auch die POLCA-Steuerung lediglich der Auftragsfreigabe zwischen zwei Montagestationen und nicht für den gesamten Montageprozess. Zudem beruht sie auf der Mitarbeit des Montagepersonals, wodurch eine zusätzliche Schnittstelle zur computergestützten Montagesteuerung entsteht.

Es bleibt festzuhalten, dass die Verfahren zur Auftragsfreigabe nach LÖDDING nicht ohne weitere Adaption auf die vorliegende Organisationsform übertragbar sind. Daher stellt sich die Frage, wie die in Kapitel 2.2.2 und Kapitel 2.4.4 angeführten Studien zur Simulation und Modellierung matrixstrukturierter Montagesysteme das Thema der Auftragsfreigabe umgesetzt haben. Zur Beantwortung dieser Frage bietet Tabelle 3.1 einen Überblick, wie die zuvor genutzte Literatur den Themenkomplex behandelt.

Tabelle 3.1: Auftragsfreigabe in vorangegangen Studien zu matrixstrukturierten Montagesystemen

Autor (Jahr)	Direktes Zitat bezüglich der Auftragsfreigabe
SCHÖNEMANN et al. (2015)	"*...simulation [...]* with a random distribution of product types without an initial sequencing (fix seed value). This random occurrence of jobs should imitate the worst possible case *of unknown demands and without a prior sequencing or sorting of jobs...*" [300]
BOCHMANN et al. (2018)	*"Das [...] entwickelte Lösungsverfahren ist auf statische Auftragspools mit exakten Planungsinformationen [...] beschränkt. Eine Weiterentwicklung bzw. Modifikation dieses Ansatzes zur Berücksichtigung dynamischer Auftragspools und unsicherer Planungsinformationen ist daher sinnvoll."* [301]
MAYER et al. (2019)	*"All jobs J can be released into the system in an arbitrary order and at arbitrary points of time as long as the system's work in progress is lower than an upper work-in-progress-limit denoted by WIP being set as a parameter in the simulations."* [302]
MAYER et al. (2019)	*„Each job J_i can be released at any time S_{Ji} in case the* [...] *maximum WIP hasn't been reached yet."* [303]
MAYER & ENDISCH (2019)	"[...] *jobs are released every 92.5s.*"[304]
GÖPPERT et al. (2020)	*„Two variants are simulated: First, every 170 s a new job enters the system, which is above the highest process time. Second, the interarrival time is 110 s, which is below that."* [305]
HÜTTEMANN (2020)	"[...] *release of jobs into the LMAS (Line-less mobile assembly system) and the demand of the various processes are subject to a stochastic distribution, thereby ignoring sequencing restrictions. The consideration of sequences is thus simplified by considering stochastic distributions."* [306]

SCHÖNEMANN et al. haben in ihrer Studie eine ConWIP-Steuerung zur Begrenzung der Anzahl der Aufträge in einem Montagesystem vorgesehen, bei der die Aufträge in zufälliger Reihenfolge aus einem Auftragspool freigegeben werden. BOCHMANN hat eine ALP umgesetzt, wobei die Aufträge nach Fertigstellungstermin sortiert werden. MAYER et al. präsentieren ebenso eine ConWIP-Steuerung, wobei der Bestand anhand der freigegebenen Aufträge approximiert wird. MAYER & ENDISCH nutzen wie GÖPPERT et al. eine periodische Auftragsfreigabe. HÜTTEMANN modelliert die Auftragsfreigabe als stochastischen Prozess. Eine detaillierte Ausgestaltung der Auftragsfreigabe zur Berücksichtigung kurzfristiger Veränderungen in der Kapazitätsverfügbarkeit innerhalb des Montagesystems oder die Veränderungen im Auftragspool bietet keine der identifizierten Studien.

Zusammenfassend lässt sich damit feststellen, dass einerseits die direkte Übertragbarkeit der theoretischen Verfahren zur Auftragsfreigabe nach LÖDDING nur eingeschränkt möglich ist. Anderseits weisen die vorangegangenen Studien im Anwendungskontext hinsichtlich der Auftragsfreigabe eine vergleichsweise geringe Modellierungstiefe auf. Diese verfolgen bisher lediglich zufällige, alternierende, periodische oder bestandsorientierte Verfahren zur Auftragsfreigabe, wobei letztere lediglich eine Bewertung des Bestands anhand der Anzahl freigegebener Aufträge vorsieht. Dadurch können Engpässe bei der Durchführung einzelner Montageschritte nicht ausreichend erfasst werden. Gleichzeitig wurde in Kapitel 3.1.1 die zentrale Be-

[300] SCHÖNEMANN et al. (Matrix-structured manufacturing systems), 2015, S. 110.

[301] BOCHMANN (Dezentral gesteuerte Fertigungssysteme), 2018, S. 160f.

[302] MAYER et al. (Production Control in a Modular Assembly System), 2019, S. 47.

[303] MAYER et al. (Negotiating Agents in Modular Assembly Systems), 2019, S. 122.

[304] MAYER und ENDISCH (Adaptive Production Control in a Modular Assembly), 2019, S. 298.

[305] GÖPPERT et al. (Reinforcement learning controlled line-less assembly systems), 2020, S. 1094.

[306] HÜTTEMANN (Line-less mobile assembly systems), 2021, S. 109.

deutung der Auftragsfreigabe zur Erreichung einer konstanten Systemauslastung und der Vermeidung von Engpässen herausgearbeitet. Das nachfolgende Kapitel befasst sich daher mit der Frage, inwieweit dedizierte Ansätze zur Auftragsfreigabe in matrixstrukturierten Montagesystemen existierten.

3.2 Ansätze zur Auftragsfreigabe in matrixstrukturierten Montagesystemen

LÖDDING beschreibt die charakterisierenden Merkmale der Verfahren zur Auftragsfreigabe. Deren konkrete Anwendung eines Verfahrens zur Auftragsfreigabe bedingt jedoch die Operationalisierung sowie die Implementierung der Verfahren. Die Operationalisierung einer ConWIP-Steuerung umfasst bspw. die Definition der Anzahl an ConWIP-Karten oder auch die Art der Bewertung des Auftragsbestands. Die Implementierung spezifiziert hingehen die Informationsflüsse zur Montagesteuerung oder auch die Entscheidung, ob ConWIP-Karten physisch oder digital zwischen den Montagestationen zirkulieren.

Nachfolgend wird zunächst die Systematik vorgestellt, mit der potenzielle relevante Ansätze identifiziert werden. Darauf folgt eine Vorstellung ausgewählter Ansätze sowie deren Auswertung und Würdigung. Übergeordnetes Ziel dabei ist die Identifikation möglicher Ansätze, die zur teilweisen oder vollständigen Erreichung der in Kapitel 1.2 formulierten Zielsetzung beitragen können sowie die Detaillierung des Forschungsbedarfs hinsichtlich der Auftragsfreigabe in matrixstrukturierten Montagesystem.

3.2.1 Methodik zur Identifikation und Untersuchung

Die nachfolgend beschriebene Literaturrecherche orientiert sich am Vorgehen nach VOM BROCKE et al.[307] Die genutzten Datenbanken sind Scopus sowie Web of Science, da sich diese bspw. durch die Funktionen zur erweiterten Suche in Titel, Abstracts und Key Words, der Möglichkeit zur Verknüpfung von Suchbegriffen sowie dem Export der Trefferlisten auszeichnen. Der Beginn des Suchzeitraums ist entsprechend der ersten Forschungsergebnisse zu matrixstrukturierten Montagesystemen von GRESCHKE et al.[308] aus dem Jahr 2014 auf Veröffentlichungen großzügig mit 2010 angesetzt.[309] Dabei ist die Recherche auf englischsprachige Veröffentlichungen, die einem Peer-Review unterliegen, beschränkt. Zugrundeliegende Annahme dabei ist, dass relevante Forschung weltweit zugänglich ist. Durchsucht werden Titel, Abstracts und Key Words der in den elektronischen Datenbanken verfügbaren Literatur. Die verwendeten Suchbegriffe und deren Verknüpfung sind in Abbildung 3.2 dargestellt.

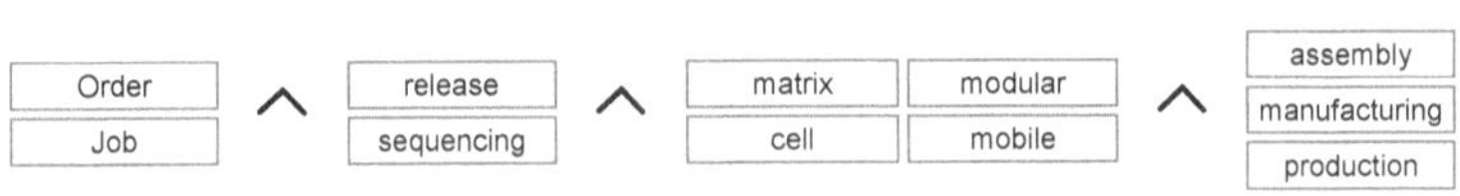

Abbildung 3.2: Suchbegriffe der Literaturrecherche und deren Verknüpfung

---

[307] Vgl. VOM BROCKE et al. (Literature Search Process), 2009, S. 2213ff.

[308] Vgl. GRESCHKE et al. (Matrix Structures in Production Systems), 2014.

[309] Der Suchzeitraum ist weiterhin durch die Durchführung der Recherche im Juni 2021 begrenzt.

Die Suchbegriffe gliedern sich in vier Blöcke. Innerhalb dieser gilt eine Oder-Verknüpfung, zwischen den Blöcken jeweils eine Und-Verknüpfung. Die ersten beiden Blöcke befassen sich mit den englischsprachigen Begriffen der Auftragsfreigabe, während die letzteren beiden Blöcke das Produktionssystem beschreiben. Die Suchbegriffe wurden so gewählt, dass diese auch Synonyme für matrixstrukturierte Montagesysteme wie bspw. die modulare Produktion umfassen. Insgesamt konnten so 7449 Treffer erzeugt werden, welche anschließend mithilfe des Vorgehens nach MOHER et al.[310] systematisch eingrenzt wurden (siehe Abbildung 3.3).

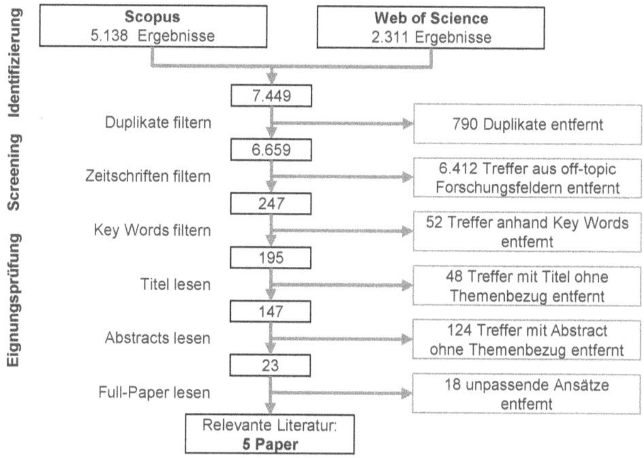

Abbildung 3.3: Ergebnis Literaturrecherche[311]

Die Eingrenzung der Ergebnisse umfasste zwei übergeordnete Schritte. Zunächst wurden im Screening Duplikate sowie Veröffentlichungen aus irrelevanten Forschungsfeldern entfernt. Anschließend erfolgte eine sukzessive Eingrenzung durch Analyse der Titel, Abstracts sowie schlussendlich Volltexte. Die Literaturrecherche hat zu fünf Veröffentlichungen geführt, welche im folgenden Abschnitt vorgestellt werden.

3.2.2 Vorstellung bestehender Ansätze

Production planning in autonomous and matrix-structured assembly systems: Effects of similarity of precedence graphs on order release sequencing[312]

MÜLLER & SCHMITT beziehen sich in ihren Ausführungen unmittelbar auf matrixstrukturierte Montagesysteme. Sie schlagen eine Reihenfolgebildung der freizugebenden Aufträge basierend auf einem Ähnlichkeitsscore vor. Der Grundgedanke ist eine Kapazitätsglättung an den Montagestationen durch eine möglichst geringe Ähnlichkeit der Aufträge bzw. der aufei-

---

[310] Vgl. MOHER et al. (Systematic reviews and meta-analyses), 2009, S. 123ff.

[311] I. A. a. MOHER et al. (Systematic reviews and meta-analyses), 2009, S. 125.

[312] Vgl. MÜLLER und SCHMITT (Production planning in matrix-structured assembly), 2020.

nander folgenden Aufträge im Montagesystem. Um die Verfügbarkeit aller erforderlichen Ressourcen zu gewährleisten, wird der gesamte Auftragspool in mehrere Volumentakte[313] unterteilt, deren Aufträge erst freigegeben werden können, wenn die Ressourcen aller Aufträge beschafft wurden. Die Entscheidung über die Zuordnung der Aufträge zu den Volumentakten und die Priorisierung der Volumentakte wird als planerische Tätigkeit beschrieben, die verwendeten Entscheidungsregeln sowie die Materialbereitstellung werden durch die Autoren jedoch nicht weiter ausgeführt. Für die Freigabereihenfolge innerhalb der Volumentakte wird dann die Ähnlichkeit der Vorranggraphen der Aufträge zueinander quantifiziert. Es werden sowohl die Gemeinsamkeiten bezüglich des Ressourcenbedarfs anhand der Knoten im Vorranggraph, als auch die Gemeinsamkeiten bezüglich des Ablaufplans anhand der Vorranggraph-Kanten betrachtet. Außerdem wird der Ähnlichkeitsscore zwischen zwei Aufträgen entsprechend deren Abstand in der Freigabereihenfolge abgezinst, so dass insbesondere die Ähnlichkeit direkt aufeinanderfolgender Aufträge reduziert wird. Es lässt sich so ein quadratisches Minimierungsproblem formulieren, um den Ähnlichkeitsscore zu reduzieren. Aufgrund der Vielzahl an möglichen Sequenzen und der daraus resultierenden Komplexität des Optimierungsproblems wird dieses im vorliegenden Ansatz jedoch heuristisch gelöst. Dazu werden zufällige Sequenzen generiert und entsprechend des Ähnlichkeitsscores sortiert. Die Sequenzierung der Aufträge mit dem niedrigsten Ähnlichkeitsscore wird dann für den jeweiligen Volumentakt festgesetzt. Innerhalb des aktiven Volumentakts werden die Aufträge in der festgelegten Sequenz über eine ConWIP- Steuerung freigegeben.

Müller & Schmitt kommen nach einer Gegenüberstellung von Sequenzen mit hohem und mit niedrigem Ähnlichkeitsscore zu dem Ergebnis, dass eine geringere Ähnlichkeit der Aufträge zu einer erhöhten Kapazitätsauslastung des Montagesystems, einer geringeren durchschnittlichen Durchlaufzeit und ebenso einer geringeren Standardabweichung der Durchlaufzeit einzelner Aufträge führt.

Extending the POLCA production control system with centralized job release[314]

Carmo-Silva et al. erweitern in diesem Ansatz die bereits in Kapitel 3.1.2 beschriebene POLCA-Steuerung um ein zentrales Element zur initialen Auftragsfreigabe in ein Produktionssystem. Das Ziel ist eine globale Abstimmung der Kapazitätsauslastung der Montagestationen. Hierzu werden analog zu bereits skizzierten POLCA-Karten zusätzliche Freigabekarten eingeführt. Letztere rotieren nicht zwischen zwei Montagestationen, sondern zwischen den sogenannten Gateway-Stationen und dem Auftragspool. Gateway-Stationen sind jene Montagestationen, an denen der erste Arbeitsschritt gemäß dem Montageplan erfolgen kann. Durch die Freigabekarten wird sichergestellt, dass nur dann Aufträge freigegeben werden, wenn diese auch direkt bearbeitet werden können. Die Reihenfolgebildung geschieht zunächst entsprechend der Plan-Starttermine, wobei früheren Startterminen eine höhere Priorität zugeordnet

[313] Nach Bochmann beschreibt ein Volumentakt eine Menge an Aufträgen, die in einem begrenzten Zeitraum (bspw. einer Takesproduktion) zu fertigen sind. Vgl. Bochmann et al. (Towards Decentralized Production), 2015, S. 273.

[314] Vgl. Carmo-Silva et al. (POLCA production control system with centralized job release), 2020.

wird. Aufträge, deren Plan-Startdatum bereits verstrichen sind, werden entsprechend des Modified Capacity Slack[315] (MODCS) neu sequenziert. Hierfür werden die Prozesszeiten eines Auftrags in Relation zu der verfügbaren Kapazität der eingeplanten Montagestationen und zu der Anzahl an eingeplanten Montagestationen gesetzt. Die sich je verspätetem Auftrag ergebenden Kennzahlen werden genutzt, um die Reihenfolge festzulegen, in der die Aufträge freigeben werden.

CARMO-SILVA et al. zeigen, dass durch die zentrale Auftragsfreigabe die Durchlaufzeiten der Aufträge und somit auch die Verspätungen reduziert werden. Die Freigabe nach MODCS ist dabei effektiver als eine rein terminorientierte Freigabe oder die Freigabe nach dem First in - First out (FIFO) Prinzip. Außerdem sinken Verspätungen und Durchlaufzeiten mit steigenden Detaillierungsgrad der Kapazitätsinformationen und mit einer steigenden Anzahl an Gateway-Montagestationen.

Adaptive production control in a modular assembly system - Towards an agent-based approach[316]

MAYER et al. stellen einen dezentralen Ansatz zur Montagesteuerung vor (siehe auch Kapitel 2.4.4). Sie modellieren das Montagesystem mithilfe autonomer Agenten, wobei ebenso ein Auftragsfreigabe-Agent skizziert wird. Der Auftragsfreigabe-Agent gibt Aufträge in zufälliger Reihenfolge nach dem ConWIP-Prinzip frei. Mit jedem freigegebenen Auftrag wird zudem ein Job-Routing-Agent generiert, welcher den Pfad durch das Montagesystem bestimmt.

Die Autoren stellen fest, dass die Durchlaufzeit der Aufträge mit einem zunehmenden ConWIP-Schwellenwert zunächst stark sinkt und sich dann asymptotisch stabilisiert. Außerdem weisen sie bei der Wiederholung der Testläufe darauf hin, dass die Freigabe zufälliger Aufträge zu einer hohen Varianz der Durchlaufzeit und zudem zu Blockaden im Montagesystem führen kann.

Workload Control and Optimized Order Release[317]

FERNANDES et al. untersuchen die Potenziale einer ALP im Vergleich zu einer regelbasierten Auftragsfreigabe. Hierzu wird zunächst die regelbasierte Auftragsfreigabe als Benchmark definiert. Die vorhandenen Aufträge werden gemäß einem Priorisierungskriterium geordnet. Dies kann der Plan-Fertigstellungstermin oder auch der bereits zuvor erwähnte Capacity Slack sein. Die Aufträge werden dann der Reihe nach zur Freigabe ausgewählt, sofern die dafür notwendige Kapazität des Systems abzüglich der bereits ausgewählten Aufträge ausreicht. Die ALP umfasst eine zu minimierende Zielfunktion, bestehend aus kapazitiver Über- und Unterlast sowie der Dringlichkeit von Aufträgen. Die Überlast beschreibt Abweichungen der beanspruchten Stationskapazität von der Normkapazität nach oben, während die Unterlast analog die Abweichungen nach unten beschreibt. Die Dringlichkeit wird durch die Differenz des Freigabezeitpunkts zum Fälligkeitsdatum des Auftrags gebildet. Die durchgeführte Simulation bildet eine

[315] Vgl. THÜRER et al. (Job sequencing and selection within workload control), 2016, S. 1061ff.

[316] Vgl. MAYER et al. (Production Control in a Modular Assembly System), 2019.

[317] Vgl. FERNANDES et al. (Workload control and optimised order release), 2020.

variantenreiche Fließfertigung ab. Es werden insgesamt sechs verschiedene Ansätze zur Auftragsfreigabe verglichen, wobei jeweils drei regelbasiert sowie drei als Optimierungsproblem formuliert sind. Die regelbasierte Auftragsfreigabe beinhaltet eine Reihenfolgebildung nach FIFO, Plan-Start Datum und Capacity Slack. Die optimierungsbasierten Ansätze reichen von einem rein kapazitätsorientierten Ansatz über die Berücksichtigung der Dringlichkeit im Falle vermehrt auftretender Unterlast bis hin zum Fokus auf Termintreue bei Überlast im System.

FERNANDES et al. kommen zu dem Ergebnis, dass die kapazitätsorientierte Betrachtung durch den Capacity Slack im Rahmen der regelbasierten Freigabe die kürzesten Durchlaufzeiten, das rein kapazitätsorientierte ALP jedoch bei einer vergleichbaren Durchlaufzeit eine geringere Quote an verspäteten Aufträgen erzielt. Interessanterweise stellt sich zudem heraus, dass das Berücksichtigen der Dringlichkeit zu einer Erhöhung der Anzahl an verspäteten Aufträgen führt. Dies ist insbesondere der Fall, wenn die Dringlichkeit in Zeiten der Unterlast betont wird.

Solving the flexible job-shop just-in-time scheduling problem with quadratic earliness and tardiness costs[318]

ZAMBRANO REY et al. stellen eine ALP vor, welche durch eine Terminbetrachtung insbesondere Lagerkosten reduzieren soll. Die zu minimierende Zielfunktion bildet die quadratische Abweichung des Prognostizierten- und des Plan-Fertigstellungstermins in einer Fließfertigung ab. Durch das Quadrieren werden verfrühte genau wie auch verspätete Aufträge sanktioniert. Außerdem werden durch den exponentiellen Anstieg besonders starke Abweichungen vermieden. Als Entscheidungsgrößen werden Freigabezeitpunkt, Freigabereihenfolge und Routing verwendet. Das Routing beschreibt die mögliche Zuordnung der Bearbeitungsschritte zu den einzelnen Stationen des Produktionssystems. Zur Lösung des Optimierungsproblems werden ein Genetischer Algorithmus (GA) und eine Partikel-Schwarm Optimierung (PSO) verwendet.[319].

Die Autoren kommen zu dem Ergebnis, dass beide Algorithmen vergleichbare Ergebnisse erzielen. Ebenso zeigen sie, dass beide Ansätze individuelle Freigabetermine bestimmen können, ohne dass Verspätungen im Vergleich zu einer unmittelbaren Freigabe bei Auftragserstellung zunehmen. Dies entspricht einer erreichbaren Reduktion von Lagerkapazitäten und -kosten durch bessere Planbarkeit. Allerdings benötigt insbesondere die angewendete PSO sehr lange Rechenzeiten von bis zu fünf Stunden. Eine mögliche Integration einer Con-WIP Kapazitätsbetrachtung wird in Aussicht gestellt, jedoch nicht implementiert.

3.2.3 Auswertung und Würdigung der Ansätze

Nachdem im vorherigen Kapitel die identifizierten Ansätze vorgestellt wurden, erfolgt nun die Auswertung und Würdigung dieser. Grundlage hierfür sind insbesondere die in Kapitel 2.3.3 vorgestellten Anforderungen an die Montagesteuerung matrixstrukturierter Montagesysteme. Entsprechend werden nachfolgend weniger einzelne Methoden hinterfragt, als vielmehr die Relevanz der Ansätze im Kontext matrixstrukturierter Montagesysteme diskutiert.

---

318 Vgl. ZAMBRANO REY et al. (Solving the flexible job-shop just-in-time scheduling problem), 2015.

319 Für eine Beschreibung der Algorithmen wird hiermit auf die Literatur verwiesen.

MÜLLER & SCHMITT stellen einen vielversprechenden Ansatz vor, welcher sich spezifisch auf matrixstrukturierte Montagesysteme bezieht. Es werden individuelle Vorranggraphen betrachtet. Durch den heuristischen Ansatz zur Bestimmung der möglichen Sequenzen eines Auftrags verspricht der Ansatz eine gute Skalierbarkeit. Ebenso wird die Berücksichtigung auftragsspezifischer Merkmale skizziert. Der Kerngedanke der Reduktion der Ähnlichkeit zwischen zwei aufeinander folgenden Aufträgen erfolgt jedoch nicht auf Stationsebene, so dass eine alleinige Bedarfsglättung durch die Auftragsfreigabe vermutlich nicht erreicht werden kann. Durch die Anwendung einer ConWIP-Steuerung erfolgt ebenso keine Kapazitätsbetrachtung auf Montagestations- oder Montageoperationsebene. Die Reihenfolgebildung im Auftragspool anhand der Ähnlichkeitsmerkmale ist im störungsfreien Betrieb zwar denkbar, bildet allerdings nicht die Montage als störungsbehaftetes System ab. Der Ansatz von CARMO-SILVA et al. grenzt sich durch die verwendete POLCA-Steuerung ab. Diese ermöglicht eine Kapazitätsbetrachtung einzelner Montagestationen sowie die Berücksichtigung auftragsspezifischer Merkmale. Durch die ereignisabhängige Evaluierung der freizugebenden Aufträge kann die Auftragsfreigabe aktuelle Informationen aus dem Montagesystem verwerten. Wie allerdings bereits in Kapitel 3.1.2 beschrieben wurde, ist POLCA primär für kleine Stückzahlen ausgelegt und daher nur bedingt skalierbar. Ebenso berücksichtigt der Ansatz bisher nicht die notwendige Routing- und Sequenzflexibilität. MAYER et al. stellen ebenso einen für matrixstrukturierte Montagesysteme entwickelten Ansatz vor und setzen diesen in Bezug zur Montagesteuerung. Der beschriebene Auftragsfreigabeagent führt die Freigabeentscheidung im laufenden Betrieb aus und nutzt die aktuell durch das Montagesystem bereitgestellten Informationen. Die Modellierung als Agentensystem und die vergleichsweise simple ConWIP-Steuerung auf Basis der Auftragsanzahl deutet auf eine gute Skalierbarkeit hin. Allerdings wurde bereits in Kapitel 3.1.3 festgestellt, dass eine ConWIP-Steuerung nur bedingt für matrixstrukturierte Montagesysteme geeignet ist. Zudem werden auftragsspezifische Merkmale wie Vorranggraphen oder Fertigstellungstermine weder bei der Reihenfolgebildung noch bei der Freigabeentscheidung berücksichtigt. Die Aufträge werden zufällig ausgewählt. So weisen MAYER et al. darauf hin, dass das genutzte Verfahren zu Blockaden des Systems führen kann. Obgleich FERNANDES et al. kein matrixstrukturiertes Montagesystem betrachten, liefern die Autoren Anknüpfungspunkte zur Erreichung der Zielsetzung dieser Arbeit. Insbesondere die Berücksichtigung auftragsspezifischer Merkmale wie dem Fertigstellungstermin, die Betrachtung der Kapazitäten auf Stationsebene und die Berücksichtigung von Über- und Unterlasten im Montagesystem grenzen diesen Ansatz ab. Durch die Formulierung als Optimierungsproblem ist jedoch die Skalierbarkeit bei komplexen Simulationsszenarien eingeschränkt. Da auch die Routing- und Sequenzflexibilität keine Berücksichtigung findet, ist der Ansatz nicht ohne weitere tiefgreifende Modifikationen übertragbar. ZAMBRANO REY et al. berücksichtigen in ihrer ALP individuelle Auftragsmerkmale. Allerdings findet in dem von ZAMBRANO REY et al. entwickelten Ansatz weder eine Kapazitätsbetrachtung statt, noch werden kontinuierlich aktuelle Informationen aus dem Montagesystem verarbeitet. Durch die Komplexität des Optimierungsproblems ist die Auftragsfreigabe nur bedingt implementierbar und skalierbar. Die Berücksichtigung verfrühter und verspäteter Aufträge im Optimierungsproblem ist im Sinne einer vorausschauenden Montagesteuerung sowie optimierten Lagerung von Fertigerzeugnissen positiv zu erwähnen.

Zusammenfassend lässt sich feststellen, dass keiner der identifizierten Ansätze zur unmittelbaren Erreichung der Zielsetzung der vorliegenden Dissertation genutzt werden kann. Einheitliche Kritikpunkte sind bei den Ansätzen von MÜLLER & SCHMITT, MAYER et al. und ZAMBRANO REY et al. die eingeschränkten Möglichkeiten zur reaktiven Sequenzierung in Abhängigkeit der aktuellen Kapazitätsverfügbarkeit im Montagesystem. Einzig MÜLLER & SCHMITT und MAYER et al. beziehen sich unmittelbar auf matrixstrukturierte Montagesysteme, wobei sich CARMO-SILVA et al. ebenso auf unabhängige, jedoch nicht multifunktionale Montagestationen beziehen. Im Allgemeinen werden die Reihenfolgebildung und die Freigabeentscheidung in der Literatur getrennt betrachtet, so dass die Auftragsfreigabe häufig mittels ConWIP-Steuerung erfolgt. Diese Trennung kann hilfreich sein, falls die Reihenfolgebildung sehr rechenintensiv ist, schränkt aber dementsprechend Flexibilität und Echtzeitfähigkeit der Freigabe ein. Dennoch bieten die Ansätze vielversprechende Anknüpfungspunkte. Hierzu zählt das von MÜLLER & SCHMITT gewählte Vorgehen zur Begrenzung der möglichen Pfade eines Auftrags durch das Montagesystem und die Erkenntnisse zur Relevanz der Gateway-Stationen von CARMO-SILVA et al. Die Erkenntnisse aus dem zweiten Kapitel der vorliegenden Arbeit finden sich ebenso in der von MAYER et al. vorgeschlagen Integration der Auftragsfreigabe in das Agentensystem zur Montagesteuerung wieder. Als weitere Anknüpfungspunkte sind die von FERNANDES et al. skizzierte Bewertung von Überlast- und Unterlasten sowie die Flexibilisierung des Zeitpunkts der Auftragsfreigabe nach ZAMBRANO REY et al. aufzugreifen.

3.3 Zusammenfassung des Forschungsbedarfs

Für die Auftragsfreigabe als Teilaufgabe der Montagesteuerung existieren umfassende Grundlagen sowie ebenso vielzählige Forschungsarbeiten. Für die vorliegende Dissertation konnte jedoch gezeigt werden, dass nur wenige Vorarbeiten einen expliziten Bezug zwischen Auftragsfreigabe und matrixstrukturierten Montagesystemen herstellen. Die in den vorangegangenen Ausführungen identifizierten Forschungsbedarfe werden in Abbildung 3.4 den jeweiligen Forschungsinhalten und Unterforschungsfragen dieser Dissertation zugeordnet sowie anschließend kurz erläutert.

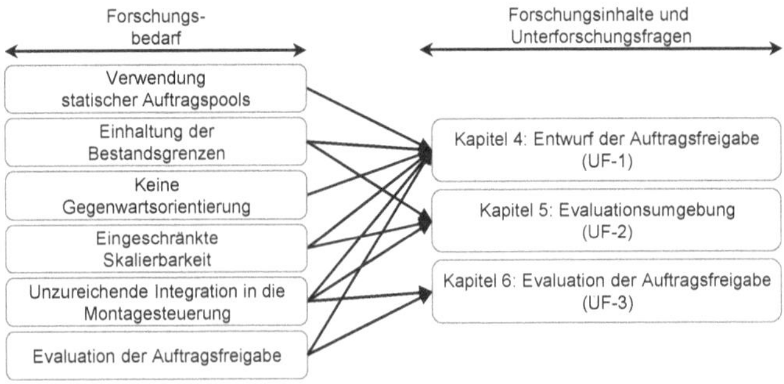

Abbildung 3.4: Zuordnung identifizierter Forschungsbedarfe zu den definierten Forschungsinhalten und Unterforschungsfragen[320]

[320] I. A. a. GÖPPERT (Scheduling of Dynamically Interconnected Assembly Systems), 2022, S. 42.

Auftragspools: Die untersuchten Ansätze bedingen teilweise vollständige sowie statische Informationen zum Auftragspool. Diese Informationen umfassen im Falle von MÜLLER & SCHMITT bspw. die Anzahl der Aufträge sowie die jeweiligen Vorranggraphen. Eilaufträge oder auch Auftragsstornierungen finden keine Berücksichtigung. Im Anwendungskontext sei ebenso BOCHMANN genannt, welcher die Reihenfolge, in der Aufträge freizugeben sind, a priori festlegt. Entsprechend fordert BOCHMANN zur Weiterentwicklung der Montagesteuerung die *„Berücksichtigung dynamischer Auftragspools und unsicherer Planungsinformationen“*[321]. Daher gilt es zu untersuchen, inwiefern Veränderungen im Auftragspool in der Auftragsfreigabe berücksichtigt werden können sowie auf eine a priori Reihenfolgebildung verzichtet werden kann.

Einhaltung der Bestandsgrenzen: Lediglich CARMO-SILVA et al. und FERNANDES et al. sehen einen Detaillierungsgrad auf Stationsebene vor. Allerdings wird dabei nicht die Möglichkeit der Multifunktonalität und Redundanz von Montagestationen sowie die sich daraus ergebende Routingflexibilität berücksichtigt. Analog bestehen Defizite bei der Berücksichtigung der Sequenzflexibilität. Daher besteht weiterer Forschungsbedarf zur Umsetzung einer Auftragsfreigabe, welche eine Einhaltung der Bestandsgrenzen sicherstellt. Dies beinhaltet die Vorhersage möglicher Pfade freizugebender sowie bereits freigegebener Aufträge durch das Montagesystem, obgleich diese im Falle einer reaktiven Montagesteuerung nicht deterministisch vorhersagbar sind.

Gegenwartsorientierung: Die vorgestellten Ansätze auf Basis der ConWIP-Steuerung sind bisher nicht in der Lage, Engpässe zu antizipieren und auf Veränderungen im Montagesystem zu reagieren. Zusammen mit der fehlenden Berücksichtigung der Bestandsgrenzen kann dies zu Blockaden und Engpässen führen, wie bspw. von MAYER et al. beobachtet wurde. Diese Herausforderung wird teilweise durch die erweiterte POLCA-Steuerung von CARMO-SILVA et al. und die formulierte gegenwarts- und ereignisorientierte Auslösungslogik adressiert. Allerdings ist die POLCA-Steuerung nur bedingt für komplexe Materialflüsse geeignet. Ansätze basierend auf ALP besitzen Schwächen hinsichtlich der Lösbarkeit in Polynomialzeit, so dass diese gerade bei häufigen Störungen, wie sie in der Montage als störungsbehaftetes System zu erwarten sind, als ungeeignet eingestuft werden können. Entsprechend ist zu untersuchen, wie eine Veränderung der Ressourcenverfügbarkeit im Montagesystem sowie die jeweiligen Bearbeitungsstände der bereits freigegebenen Aufträge bei der Freigabeentscheidung berücksichtigt werden können.

Skalierbarkeit: Durch Routing- und Sequenzflexibilität ergeben sich in matrixstrukturierten Montagesystemen eine Vielzahl individueller Pfade, die ein Auftrag während seiner Bearbeitung bis hin zu seiner Fertigstellung durchlaufen kann. Wie in Kapitel 2.3.4 aufgezeigt, führt die NP-Schwere des kombinatorischen Problems zu Limitationen bei der Verwendung von Optimierungsmodellen, insbesondere bei industrierelevanten Probleminstanzen.[322] Ähnliches findet sich auch im Ansatz von MÜLLER & SCHMITT, die auf eine Heuristik zur Begrenzung der möglichen Pfade verweisen. Bei den Ansätzen mit ALP wird daher ebenso auf die

[321] BOCHMANN (Dezentral gesteuerte Fertigungssysteme), 2018, S. 160.

[322] Vgl. BURGGRÄF et al. (Modeling agile assembly systems), 2020, S. 1073ff.

benötigte Rechenleistung verwiesen. Weiterführend ist somit zu untersuchen, inwieweit auch industrierelevante Probleminstanzen robust verarbeitet werden können.

Montagesteuerung: Lediglich MAYER et al. ordnen die Auftragsfreigabe im Kontext der Montagesteuerung ein. Damit schaffen die Autoren die Grundlage zur Einbettung der Auftragsfreigabe in die Montagesteuerung. Die Funktionalität des Agenten zur Auftragsfreigabe ist dabei bisher auf eine ConWIP-Steuerung begrenzt. Die Verarbeitung weiterer Informationen bedingt die Koordination mit anderen Agenten im Montagesystem bzw. des Agentensystems. Diese Koordination von Agenten in einem Agentensystem ist entscheidend für die Leistungsfähigkeit dezentraler Agentensysteme zur Produktionsplanung und -steuerung, welche auch die Aufgabe der Montagesteuerung umfasst. Eine effiziente Koordination der Agenten bedingt die Synchronisation der Handlungen der einzelnen Agenten hinsichtlich eines Gesamtziels. Damit reicht die Optimierung einzelner Agenten nicht aus.[323] Entsprechend ist zu untersuchen, welchen Einfluss eine Erweiterung der informatorischen Beziehungen der Auftragsfreigabe auf die Leistungsfähigkeit der Montagesteuerung besitzt und inwieweit ein Anpassung der von MAYER et al. skizzierten Auftragsfreigabe weiterhin als Freigabeagent modelliert werden kann.

Evaluation: Die vorgestellten Ansätze beschreiben teilweise umfangreiche Simulationsmodelle. Konkrete Algorithmen und Entwicklungsumgebungen sind allerdings nicht in vollem Umfang zugänglich. Es ist daher unabdinglich, eine geeignete Simulations- und Evaluationsumgebung zwecks Bewertung und Vergleich der Verfahren zur Auftragsfreigabe aufzubauen. Dies beinhaltet im erweiterten Sinne auch die Definition geeigneter Metriken und Leistungsgrößen, welche die Leistungsfähigkeit der Auftragsfreigabe, auch in Bezug auf das Montagesystem, messbar machen.

Zusammenfassend lässt sich feststellen, dass die identifizierten Ansätze nicht ausreichen, um die Leistungspotenziale matrixstrukturierter Montagesysteme zu realisieren. Es besteht Bedarf zur Entwicklung einer Methodik zur Auftragsfreigabe, welche die Charakteristika und Anforderungen matrixstrukturierter Montagesysteme vollumfänglich berücksichtigt. Bei der weiteren Lösungsfindung werden die identifizierten Forschungsansätze, vor allem die herausgestellten Forschungsbedarfe, weiterhin Berücksichtigung finden. Damit vervollständigt das Kapitel 3 die in Kapitel 2 eingeführte *Knowledge Base* als Grundlage der *Design Cycle* der DSR-Methodik.

[323] Vgl. TEUNIS (Engpassorientierte Werkstattsteuerung), 2003, S. 31.

4 Entwicklung der Methodik zur Auftragsfreigabe

Zur Adressierung des identifizierten Forschungsbedarfs sowie der aufgezeigten Herausforderungen entwirft das vorliegende Kapitel eine Methodik zur Auftragsfreigabe. Damit ist das vorliegende Kapitel der mittleren Säule der DSR-Methodik zuzuordnen. In Kapitel 4.1 wird zunächst der Begriff *Methodik zur Auftragsfreigabe* sowie die Anforderungen an diese spezifiziert. In Kapitel 4.2 wird ein Lösungsraum zur Entwicklung der Methodik aufgebaut. Dieser bildet die Grundlage zur nachfolgenden Konzeption der Methodik zur Auftragsfreigabe, welche in Kapitel 4.3 erfolgt. Kapitel 4.4 ergänzt die Konzeption um die mathematische Operationalisierung, womit Kapitel 4.4 auch die Grundlage zur Implementierung der Methodik zur Auftragsfreigabe bildet. Abschließend werden in einem Fazit der erwartete Mehrwert diskutiert sowie potenzielle Limitationen der entwickelten Methodik aufgezeigt. Grundlage der Entwicklung der Methodik zur Auftragsfreigabe stellt die in Kapitel 2 und 3 erarbeitete *Knowledge Base* dar.

4.1 Begriffs- und Anforderungsdefinition

Ein fundiertes Begriffs- und Anforderungsverständnis bilden die Grundlage für die Entwicklung der Methodik zur Auftragsfreigabe. Nachfolgend werden daher einerseits die Begriffsdefinition sowie die Anforderungen an die Methodik eingeführt.

4.1.1 Methodik zur Auftragsfreigabe

Allgemeinhin ist eine Methodik eine festgelegte Art eines Vorgehens bestehend aus Methoden, Modellen und Hilfsmitteln.[324] Für die vorliegende Dissertation wurde diese allgemeine Definition auf die Auftragsfreigabe im Betrachtungsbereich matrixstrukturierter Montagesysteme übertragen (siehe Abbildung 4.1).

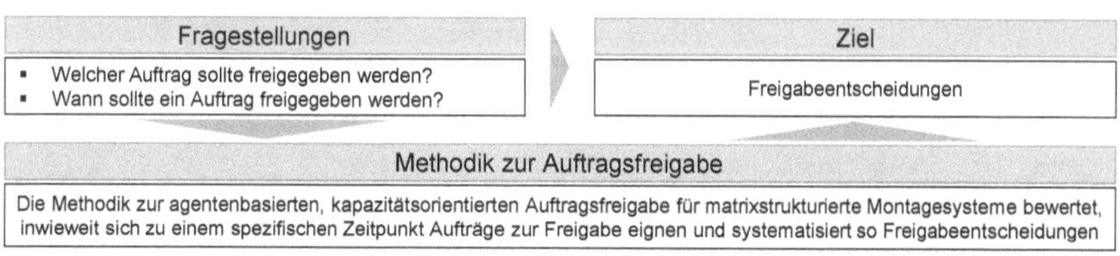

Abbildung 4.1: Einordnung und Definition der Methodik zur Auftragsfreigabe[325]

Ausgangspunkt der Methodik zur Auftragsfreigabe sind die Fragestellungen, welcher Auftrag zu welchem Zeitpunkt freigeben werden sollte. Die systematische Beantwortung erfolgt durch eine Methodik zur agentenbasierten, kapazitätsorientierten Auftragsfreigabe. Das Attribut *agentenbasiert* bezieht sich auf die Steuerungsarchitektur und fordert somit die Verknüpfung zu bestehenden Vorarbeiten, indem die Montagesteuerung als Agentensystem modelliert wird (vgl. Kapitel 2.3.4 und 2.4.4). Das Attribut *kapazitätsorientiert* fordert die Umsetzung einer be-

[324] Vgl. BIBLIOGRAPHISCHES INSTITUT GMBH (Stichwort „Methodik"), 2022.

[325] Eigene Darstellung.

standsregelnden Auftragsfreigabe. Als Kapazität wird dabei einerseits die zur Verfügung stehende Arbeitsleistung des Montagesystems sowie anderseits auch die Nachfrage nach dieser Arbeitsleistung durch die zu bearbeitenden Aufträge verstanden. Der Abgleich von Kapazitätsangebot und -nachfrage wird als Kapazitätsauswertung bezeichnet. Die Kapazitätsauswertung ermöglicht absolute und relative Aussagen bzgl. der Auslastung eines matrixstrukturierten Montagesystems. Unter Berücksichtigung der Kapazitätsauswertung soll die Methodik zur Auftragsfreigabe zu einem *spezifischen Zeitpunkt* Aufträge bewerten sowie über deren Freigabe entscheiden. Entwicklungsziel der Methodik ist es somit, systematisch *Freigabeentscheidungen* zu treffen. Die hierzu notwendigen Abläufe (Methoden, Modelle und Hilfsmittel) sowie Informationsbedarfe sind Betrachtungsgegenstand der vorliegenden Dissertation. Die Methodik zur Auftragsfreigabe bildet damit ein anwendungsorientiertes und zielgerichtetes Vorgehen, um kapazitätsorientierte Freigabeentscheidungen in matrixstrukturierten Montagesystemen zu treffen. Um die Reaktivität des Montagesystems nicht einzuschränken, umfasst das Ergebnis einer Freigabeentscheidung dabei jeweils nur einzelne Aufträge, jedoch keine Pfade, Bearbeitungsreihenfolge oder zukünftige vorterminierte Freigabeentscheidungen. Die Vorgabe einer Bearbeitungsreihenfolge der Montageoperationen eines freizugebenden Auftrags oder der zu belegendenden Montagestationen wird ausdrücklich ausgeschlossen.

4.1.2 Anforderungen an die Methodik

Um die identifizierten Forschungsbedarfe und Herausforderungen zu adressieren, werden nachfolgend zunächst Anforderungen an die Methodik zur Auftragsfreigabe gestellt. Diese Anforderungen lassen sich in inhaltliche und formale Anforderungen unterteilen (siehe Abbildung 4.2).

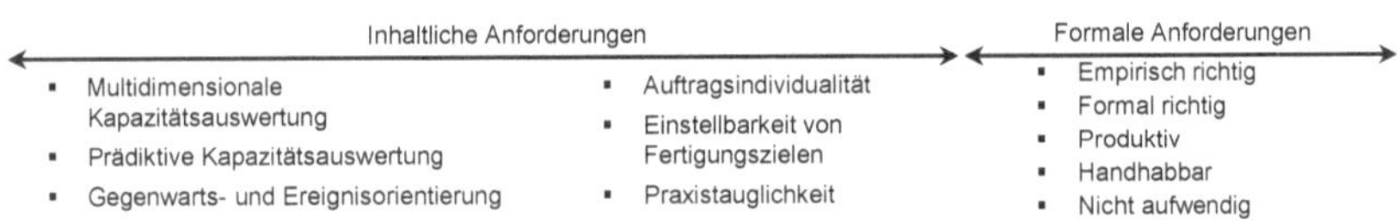

Abbildung 4.2: Übersicht über die inhaltlichen und formalen Anforderungen[326]

In den vorangegangenen Forschungsarbeiten dieser Dissertation wurden die notwendigen Eigenschaften einer Auftragsfreigabe für matrixstrukturierte Montagesysteme hergeleitet. Diese umfassen sechs Anforderungen, welche mit dem Konsortium des Forschungsprojekts AIM-FREE verifiziert wurden. Diese Ergebnisse wurden in ihrer ersten Fassung bereits veröffentlicht, so dass sich die nachfolgenden Ausführungen an der zugehörigen Publikation orientieren.[327]

Multidimensionale Kapazitätsauswertung: Ein wesentliches Merkmal matrixstrukturierter Montagesysteme ist die Multifunktionalität von Montagestationen (vgl. Kapitel 2.2.1). Aus dieser

[326] I. A. a. SCHUKAT et al. (Order release in matrix-structured assembly systems), 2022; PATZAK (Systemtechnik), 1982, S. 309f.

[327] Vgl. SCHUKAT et al. (Order release in matrix-structured assembly systems), 2022.

resultiert, dass selbst ein Auftrag ohne Sequenzflexibilität unterschiedliche Pfade durch ein Montagesystem nehmen kann. Die Multifunktionalität von Montagestationen kann daher dazu führen, dass die Nachfrage nach spezifischen Montageoperationen[328], nachfolgend abgekürzt als Operation (OP), das vorhandene Kapazitätsangebot temporär übersteigt, da eine betrachtete Montagestation durch andere Operationen ausgelastet ist. Dies resultiert in Engpässen und damit Warteschlangen vor den Montagestationen. Folglich ist eine singuläre Bestandsregelung bspw. anhand der Anzahl der freigegebenen Aufträge nicht ausreichend. Eine Methodik zur Auftragsfreigabe muss diese Mehrfachbeplanung antizipieren sowie regulieren. Hierzu gilt es die Kapazitätsauswertung der Methodik derart zu gestalten, dass das Montagesystem als Ganzes ausgelastet wird, ohne spezifische Operationen zu überplanen. Voraussetzung ist somit, dass die Methodik ebenso das Kapazitätsangebot des Montagesystems für die Kapazitätsauswertung multidimensional, d. h. auf Montagestations- und Montageoperationsebene, abbildet.

Prädiktive Kapazitätsauswertung: In matrixstrukturierten Montagesystemen können Aufträge mit den gleichen Montageoperationen bzw. Produkten aufgrund von Sequenz- und Routingflexibilität unterschiedliche Pfade durch das Montagesystem nehmen, während deren Operationen in unterschiedlichen Reihenfolgen durchgeführt werden. Dies führt zu einer zeitlichen Unschärfe der Kapazitätsnachfrage bezogen auf die einzelnen Montagestationen bzw. -operationen. Diese Unschärfe gilt es sowohl für die freizugebenden Aufträge als auch für die bereits freigegebenen Aufträge im Montagesystem vorherzusagen und zu berücksichtigen, ohne dabei in die Koordination der Auftragsbearbeitung einzugreifen.

Gegenwarts- und Ereignisorientierung: Wird die Montage als störungsbehaftetes sowie dynamisches System angesehen, so muss sich auch die Auftragsfreigabe an der Gegenwart orientieren, indem diese Zustandsänderungen berücksichtigt und verarbeitet werden. Diese Zustandsänderungen umfassen den Bearbeitungsfortschritt bereits freigegebener Aufträge sowie Veränderungen des Kapazitätsangebots, bspw. bei Stationsausfällen oder Fertigstellung einer Operation. Bedingt durch variierende Durchlaufzeiten von Aufträgen[329] sind daher ebenso Ereignisse zu definieren, die Freigabeentscheidungen initiieren. Hierbei gilt es einen Trade-off zwischen einer auf Basis definierter Ereignissen sinnvollen sowie technologisch handhabbaren Frequenz an Freigabeentscheidungen zu adressieren. Dies impliziert, dass Freigabeentscheidung negativ ausfallen können, wodurch kein Auftrag freigegeben wird.

Auftragsindividualität: Eine Zusammenfassung von Aufträgen im Rahmen der Auftragsfreigabe zu Fertigungslosen wird durch die vorangegangenen Ausführungen zur Kapazitätsauswertung sowie Reaktivität bereits ausgeschlossen. Eine Freigabeentscheidung sollte daher unter Berücksichtigung individueller Auftragsmerkmale erfolgen. Die Auftragsmerkmale umfassen einerseits das zu fertigende Produkt und damit die zur Montage notwendigen Operationen sowie weiterhin ergänzende Informationen wie den Plan-Fertigstellungszeitpunkt, die

328 Der Begriff fasst mehrere Tätigkeiten eines Arbeitsschritts zusammen, um so eine aggregierte Betrachtung von Montageschritten zu ermöglichen (vgl. Kapitel 2.2.1).

329 Vgl. KÜPPER et al. (Flexible-Cell Manufacturing), 2018.

Marge oder eine vorangegangene Verweilzeit im Eingangspuffer. Die Methodik zur Auftragsfreigabe differenziert damit nicht nur zwischen Produkten, sondern trifft Freigabeentscheidungen unter Berücksichtigung der Individualität von Aufträgen.

Einstellbarbarkeit von Fertigungszielen: Obgleich die Auftragsbearbeitung in matrixstrukturierten Montagesystemen reaktiv durch die Agenten der Montagesteuerung koordiniert wird (vgl. Kapitel 2.4.4), begrenzt die Auftragsfreigabe die Effizienz bzw. Auslastung des Montagesystems. Dabei kann es unter unternehmerischen Gesichtspunkten relevant sein, spezifische Montageoperationen oder -stationen bspw. aufgrund hoher Kapitalbindung bevorzugt auszulasten. Diese Tatsache entspricht der Forderung nach Einstellbarkeit von Fertigungszielen. Sie stellt eine Analogie zur Montagesteuerung dar, wo ebenso die Forderung nach Einstellbarkeit des Entscheidungsverhaltens der Agenten bzw. zur Reduktion von Transportwegen besteht.[330]

Praxistauglichkeit: Entscheidende Anforderung an die Methodik zur Auftragsfreigabe ist deren Praxistauglichkeit. Dies umfasst zunächst die informatische Verknüpfung von Auftragsfreigabe und Montagesteuerung, um so den Austausch relevanter Informationen bspw. zum Bearbeitungsstatus eines bereits freigegeben Auftrags zu befähigen. Entsprechend ist die Verwendung von veralteten Informationen zu minimieren. Dies impliziert, dass eine Freigabeentscheidung in einem angemessenen Zeithorizont zu treffen ist. Um die Erweiterbarkeit matrixstrukturierter Montagesysteme zu gewährleisten, bedeutet dies, dass auch beim Hinzufügen von Montagestationen oder neuen Produkten Freigabeentscheidungen effizient getroffen werden können.

Innerhalb der Methodik zur Auftragsfreigabe können (Teil-)Modelle relevante Funktionen und Zusammenhänge abbilden. Dabei stellen Modelle in der Regel kein exaktes Abbild der Realität dar, sondern vereinfachen die Realität, indem sie nur einen Teil der Wirklichkeit abbilden.[331] Um eine ausreichende Wirksamkeit der Modelle innerhalb der Methodik zu gewährleisten, werden folgende *formale Anforderungen* nach PATZAK berücksichtigt. Nach PATZAK sollte jedes innerhalb der Methodik verwendete (Teil-)Modell:[332]

- *empirisch richtig* sein. Folglich sollte das Modellverhalten der Wirklichkeit ausreichend ähneln.
- *formal richtig* sein, sodass das Modell in sich widerspruchsfrei und formal einwandfrei ist. Die Ergebnisse sollten möglichst quantitativ wiedergegeben werden und getroffene Aussagen wiederholbar und somit nachprüfbar sein.
- *produktiv* sein. Dies steht für ein zweckbezogenes Modell, welches auf spezifisch gestellte Fragen inhaltlich und formal verwertbare Antworten liefert.
- *handhabbar* sein und somit über eine einfache Anwendung und hohe Nutzerfreundlichkeit verfügen. Auch die ausgegebenen Ergebnisse sollen leicht interpretierbar sein.

330 BURGGRÄF et al. (Agentensysteme in der Montage), 2020, S. 170ff.

331 Vgl. HEROLD (Vorgehenskonzept zur Unternehmensstrukturierung), 1991, S. 31.

332 Vgl. PATZAK (Systemtechnik), 1982, S. 309f.

- *nicht aufwendig* sein, sowohl bei seiner Erstellung wie auch seiner Anwendung.

Die ersten drei Anforderungen stehen hierbei im Widerspruch zu den letzten beiden, denn die Richtigkeit und Aussagekraft stehen der Handhabbarkeit und Anwendbarkeit gegenüber. Hier muss in jedem Modell ein Kompromiss zwischen Aufwand und Nutzen gefunden werden.[333]

4.2 Lösungsraum

Vor der eigentlichen Konzeption der Methodik zur Auftragsfreigabe gilt es, den Lösungsraum für zulässige Lösungen aufzubauen. Der Begriff des Lösungsraums stammt ursprünglich aus der Mathematik. In der linearen Algebra beschreibt dieser für ein spezifisches Problem die Menge aller Lösungen. Diese können bspw. durch ein Gleichungssystem beschrieben sein.[334] In anderen Fachdisziplinen hingehen wird der Begriff des Lösungsraums auch als Synonym für alle verfügbaren Lösungen genutzt. Ein Lösungsraum kann damit auch als abstrakte Menge potenzieller Lösungen einer (Entwicklungs-)Aufgabe sowie der zugehörigen Freiheitsgrade angesehen werden.[335] Dieser Zusammenhang ist in Abbildung 4.3 dargestellt.

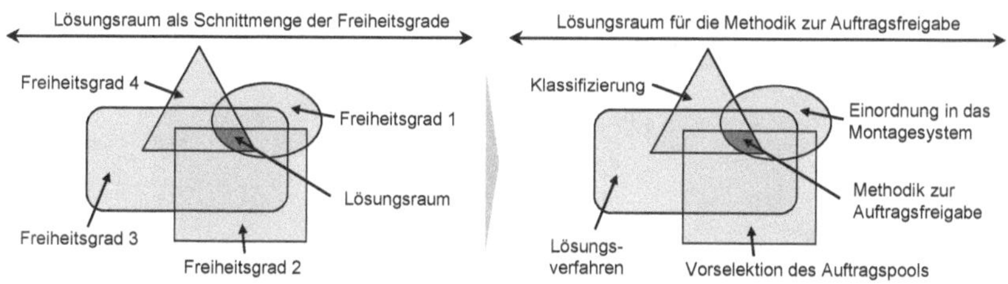

Abbildung 4.3: Lösungsraum[336]

Einzelne Ziele und Randbedingungen erlauben für die Lösung einer (Entwicklungs-)Aufgabe jeweils nur einen begrenzten Freiheitsgrad.[337] Diese Aufgabe stellt in der vorliegenden Dissertation die Methodik zur Auftragsfreigabe dar, während die Ziele und Randbedingungen durch den identifizierten Forschungsbedarf (vgl. Kapitel 3.3) sowie die Anforderungen an die Methodik (vgl. Kapitel 4.1.2) definiert sind. Das Zusammenwirken aller Ziele und Randbedingungen wird durch die Schnittmenge der Freiheitsgrade beschrieben, welche den Lösungsraum repräsentiert. Die Schnittmenge bestimmt damit diejenigen Aspekte, die bei der Ausgestaltung der Lösung erkundet werden.[338] Der Aufbau des Lösungsraums für die Methodik zur Auftragsfreigabe ist Gegenstand der nachfolgten Unterkapitel. Hierzu erfolgt zunächst eine Einordnung

[333] Vgl. PATZAK (Systemtechnik), 1982, S. 310.

[334] Vgl. STRAMPP (Lineare Algebra), 1999, S. 145.

[335] Vgl. LENDERS (Lösungsraum-Management), 2009, S. 24ff.; LOHMEYER (Modellierung von Produktentstehungssystemen), 2013, S. 96ff.

[336] I. A. a. LENDERS (Lösungsraum-Management), 2009, S. 109.

[337] Vgl. KITTEL und VAJNA (Evolutionary based design method), 2009, S. 147ff.

[338] Vgl. CROSS (How designers work), 2013, S. 120.

der Auftragsfreigabe in das Montagesystem und damit die Festlegung der Betrachtungsgrenzen. Des Weiteren wird mit der Vorselektion eines Auftragspools festgelegt, welche Aufträge bei der Auftragsfreigabe Berücksichtigung finden. Ebenso findet eine Eingrenzung der (mathematischen) Lösungsverfahren für die spätere Konzeption der Auftragsfreigabe statt. Abschließend wird eine Klassifizierung der Methodik zur Auftragsfreigabe in Anlehnung an LÖDDING[339] vorgenommen.

4.2.1 Einordnung in das Montagesystem

Wie GRESCHKE bereits festgestellt hat, kann die Auftragsfreigabe für matrixstrukturierten Montagesystemen getrennt von der Steuerung der eigentlich Montage- und Transportoperationen und damit dezentral erfolgen.[340] Aufbauend auf diesem Verständnis wird die Auftragsfreigabe als gekapselte Aufgabe betrachtet, welche in Beziehung zu den Elementen eines matrixstrukturierten Montagesystems steht (siehe Abbildung 4.4).

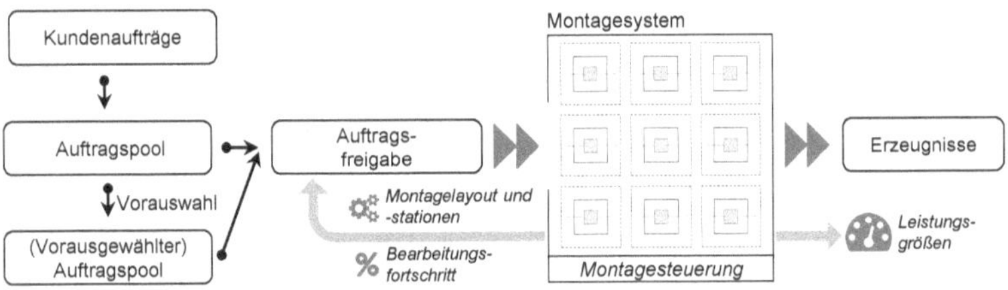

Abbildung 4.4: Einordnung Auftragsfreigabe in Produktionssystem[341]

Ausgangspunkt der Betrachtungen ist ein Auftragspool. Dieser beinhaltet diejenigen Kundenaufträge, welche bei der Freigabeentscheidung Berücksichtigung finden dürfen. Da der Zeithorizont bzw. Auftragsbestand in einem Auftragspool nicht zwangsweise begrenzt ist, kann eine weitere Vorselektion vorgenommen werden. BOCHMANN bezeichnet diesen vorselektierten Auftragspool als Volumentakt, welcher bspw. eine Tages- oder Wochenproduktion beinhalten kann. Weitere Selektionskriterien können allerdings die Materialverfügbarkeit, Dringlichkeit oder auch strategische Vorgaben zum Produktionsprogramm sein (vgl. Kapitel 4.2.2). Die Auftragsfreigabe greift auf den Auftragspool zu und kann gezielt Aufträge zur Bearbeitung bzw. deren Freigabe vorschlagen. Die einer Freigabeentscheidung zugrundeliegende Methodik zur Auftragsfreigabe ist Kernthema der vorliegenden Dissertation. Bei einer positiven Freigabeentscheidung steht ein Auftrag zur Bearbeitung an den Montagestationen des Montagesystems bereit. Dort koordiniert die agentenbasierte Montagesteuerung die eigentlichen Montageabläufe. Die Auftragsfreigabe hat keine Möglichkeit, nach erfolgter Freigabe eines Auftrags Einfluss auf die Zuweisung eines Auftrags zu den jeweiligen Montagestationen zu nehmen. Dadurch wird die Reaktivität des Montagesystems im Störungsfall gewährleistet. Dennoch kann die Auftragsfreigabe Einfluss auf die Auslastung des Montagesystems nehmen, indem sie durch die Berücksichtigung des Bearbeitungsfortschritts der bereits freigegebenen

339 I. A. a. LÖDDING (Fertigungssteuerung), 2016, S. 339ff.

340 Vgl. GRESCHKE (Matrix-Produktion), 2020, S. 240.

341 I. A. a. HERRMANN (Order release), 2000, S. 496.

Aufträge sowie die aktuelle Montagekonfiguration Engpässe antizipiert. Die Auftragsfreigabe stellt somit im Idealfall sicher, dass Montagestationen durch freigegebene Aufträge einerseits nicht überlastet sowie anderseits ihre Auslastungsziele erreicht werden. Damit leistet die Auftragsfreigabe einen essenziellen Beitrag zur Erreichung der Leistungs- und Zielgrößen der Montagesteuerung. Diese sind die nach SCHUH & STICH wie folgt definiert:[342]

- Hohe Termintreue.
- Hohe und gleichmäßige Kapazitätsauslastung.
- Kurze Durchlaufzeiten.
- Hohe Flexibilität.
- Geringe Lagerbestände.

Letztere Zielgröße steht wie die Materialbereitstellung, Ressourcenverfügbarkeit oder auch Personalplanung nicht im Fokus der vorliegenden Dissertation und liegt damit außerhalb der Systemgrenzen des Betrachtungsbereichs. Stattdessen wird diese Zielgröße durch eine Vorselektion des Auftragspools adressiert, welche Gegenstand des nachfolgenden Kapitels ist.

4.2.2 Vorselektion von Aufträgen im Auftragspool

Die Vorselektion von Aufträgen soll die Skalierbarkeit und Material- und Ressourcenverfügbarkeit sowie auch die Möglichkeit der Gewichtung und Priorisierung von Aufträgen zu gewährleisten. Einen ähnlichen Ansatz verfolgen BOCHMANN et al., um diejenigen Aufträge, die in einem gewissen Betrachtungshorizont bearbeitet werden sollen, zu definieren.[343] Die Menge der zu berücksichtigenden Aufträge steht im direkten Zusammenhang mit der Kombinatorik der Kapazitätsauswertung und damit der Praxistauglichkeit. Eine Vorselektion von Aufträgen zur Berücksichtigung im Auftragspool begrenzt somit die Kombinatorik innerhalb der Kapazitätsauswertung.

Für die nachfolgenden Betrachtungen wird angenommen, dass lediglich Aufträge mit sichergestellter Material- und Ressourcenverfügbarkeit für die Auftragsfreigabe betrachtet werden. Zusätzlich ermöglicht die Vorselektion auch eine Priorisierung einzelner Aufträge, ohne dabei direkt in das Kriterium zur Auftragsfreigabe oder die Auslösungslogik einzugreifen. Ergebnis der Vorselektion des Auftragspools ist eine Vorauswahlgruppe J^G, welche relevante und zulässige Kandidaten für die Freigabeentscheidung enthält. Der vorselektierte Auftragspool enthält also die Aufträge der Vorauswahlgruppe J^G. Grundsätzlich können unterschiedliche Vorauswahlgruppen J^G erzeugt und verglichen werden. Hierzu kann bspw. der Ähnlichkeitsscore nach MÜLLER & SCHMITT herangezogen werden. Das zur Bildung einer Vorauswahlgruppe J^G anzuwendende Schema ist in Abbildung 4.5 als Flussdiagramm dargestellt.

[342] Vgl. SCHUH und STICH (Produktionsplanung und -steuerung), 2012, S. 29.

[343] Vgl. BOCHMANN et al. (Towards Decentralized Production), 2015, S. 271.

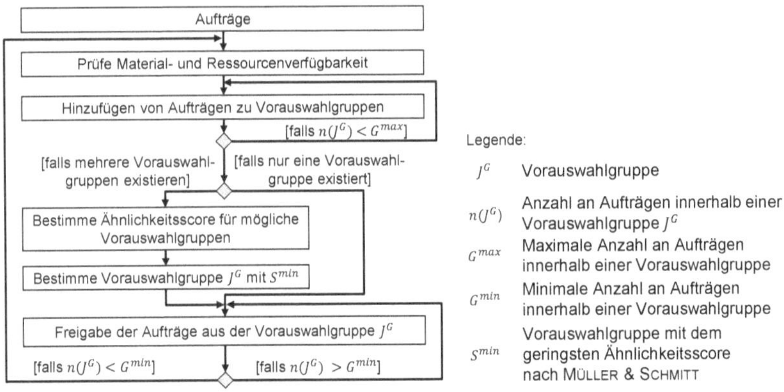

Abbildung 4.5: Schema zur Bildung der Vorauswahlgruppe eines vorselektierten Auftragspools[344]

Zunächst erfolgt eine Filterung der Aufträge des Auftragspools hinsichtlich ihrer Ressourcen- und Materialverfügbarkeit. Lediglich Aufträge, deren Ressourcen- und Materialverfügbarkeit sichergestellt werden kann, dürfen in einer möglichen Vorauswahlgruppe Berücksichtigung finden. Hierzu wird diese zunächst mit strategisch priorisierten Aufträgen sowie Aufträgen mit einem zeitnahen oder bereits überschrittenen Plan-Startdatum gefüllt. Das Plan-Startdatum t_j^b eines Auftrags j aus der Menge J aller Aufträge ergibt sich gemäß Gleichung (1) aus dem Plan-Fertigstellungstermin t_j^{DD} abzüglich der erwarteten Durchlaufzeit d_j.

$$t_j^b = t_j^{DD} - d_j \qquad \forall j \in J \tag{1}$$

t_j^b = Planstartdatum des Auftrages $j \epsilon J$

t_j^{DD} =Planfertigstellungstermin des Auftrages $j \epsilon J$

d_j =Erwartete Durchlaufzeit des Auftrages $j \epsilon J$

Das so berechnete Plan-Startdatum ist darüber hinaus noch abhängig von weiteren Faktoren wie der Anzahl an dringlichen Aufträgen, der Vorhersagbarkeit der Bearbeitungsdauer des Auftrags oder auch der beigemessenen Relevanz der Termintreue der Auftragsfertigstellung. Die maximale Anzahl an Aufträgen in einer Vorauswahlgruppe wird durch eine obere Schranke G^{max} begrenzt. Diese Schranke wirkt sich dahingehend auf die Praxistauglichkeit der Auftragsfreigabe aus, als dass sie die Anzahl zu evaluierender Aufträge für jede Freigabeentscheidung bestimmt. Es ist davon auszugehen, dass eine effiziente Methodik zur Auftragsfreigabe eine vergleichsweise höhere obere Schranke zulässt. Mit steigender Anzahl zu evaluierender Aufträge (in einer Vorauswahlgruppe) nimmt also die Relevanz einer effizienten Entscheidungs-

[344] Eigene Darstellung.

findung zu. Unter der zuvor genannten Voraussetzung der Ressourcen- und Materialverfügbarkeit wird die obere Schranke auch durch die Logistik-, Lager-, Handlings-, und Bereitstellungskapazitäten des Montagesystems begrenzt. Wird die obere Schranke zu groß gewählt, kann sich dies negativ auf die Berücksichtigung priorisierter Aufträge auswirken, da sich nicht-priorisierte Aufträge aus kapazitiver Sicht eher zur Freigabe eignen könnten. Entsprechend ist von einer manuellen Priorisierung von Aufträgen tendenziell abzuraten, da deren Subjektivität sich potenziell negativ auf Durchlaufzeiten auswirken und Kapazitätsglättung erschweren kann. Dennoch kann eine manuelle Priorisierung unter Umständen notwendig sein, bspw. wenn ein Auftrag stark verspätet ist oder strategische Gründe hierfür vorliegen, die sich nicht über Parameter darstellen lassen. In diesen Ausnahmefällen können manuell priorisierte Aufträge mit in die Vorauswahlgruppe aufgenommen werden, um diese möglicherweise im nachfolgenden Betrachtungszeitraum freizugegeben. Der Zeitpunkt der Freigabe sowie die Eignung eines Auftrags sind dennoch situativ durch die zu entwickelnde Methodik zur Auftragsfreigabe zu bestimmen. Eine simulative oder experimentelle Ermittlung der optimalen oberen Schranke G^{max} steht nicht im Fokus der vorliegenden Dissertation und wird daher nicht spezifiziert.

Nachdem Aufträge mit hoher Priorität und Aufträge mit überschrittenem Plan-Startdatum in die Vorauswahl aufgenommen wurden, können bis zum Erreichen der oberen Schranke G^{max} weitere Aufträge aufgenommen werden. Die Auswahl kann nach dem FIFO-Prinzip, gemäß dem Erstellungsdatum des Auftrags, nach Plan-Startdatum oder zufällig erfolgen. Prinzipiell können dabei auch unterschiedliche Vorauswahlgruppen erzeugt werden. Um diese zu vergleichen sowie eine auszuwählen, schlagen MÜLLER & SCHMITT die Verwendung des Jaccard-Koeffizienten vor (vgl. Kapitel 3.2.2). Mit diesem lassen sich mathematisch Ähnlichkeiten zweier beliebiger Mengen (an Aufträgen) bestimmen, die sich als Quotient aus der Anzahl gemeinsamer Elemente und der Größe der Vereinigungsmenge ergibt (2). Je größer der Koeffizient, desto ähnlicher sind sich die beiden Mengen.[345]

$$0 \leq JC_{ij} = \frac{n_{ij}^{o}}{n_i^{o}+n_j^{o}-n_{ij}^{o}} \leq 1 \qquad JC_{i,j} = [0,1],\ i,j \in J^G, i \neq j \tag{2}$$

$J^G \subseteq J$: Mögliche Vorauswahlgruppe an Aufträgen mit sichergestellter Ressourcen- und Materialverfügbarkeit aus der Menge aller Aufträge J

$JC_{i,j}$: Jaccard-Koeffizient der Aufträge $i,j \in J^G, i \neq j$

n_i^o: Anzahl der Operationen eines Auftrags $i \in J^G$

n_j^o: Anzahl der Operationen eines Auftrags $j \in J^G$

$n_{i,j}^o$: Anzahl der gemeinsamen Operationen der Aufträge $i,j \in J^G, i \neq j$

[345] Vgl. MÜLLER und SCHMITT (Production planning in matrix-structured assembly), 2020, S. 1362; MCAULEY (Machine grouping), 1972, S. 54ff.; JACCARD (Gemeinschaftskoeffizient), 1902, S. 72.

Im Fall der Auftragsfreigabe bildet die Anzahl gemeinsamer Elemente in beiden Mengen n_{ij}° die Anzahl an Operationen, die sowohl in Auftrag i als auch in Auftrag j vorkommen. Die Vereinigungsmenge ergibt sich aus der Anzahl an Operationen, die in Auftrag i (n_i°) sowie gleichzeitig in Auftrag j (n_j°) enthalten sind. Der skizzierte Jaccard-Koeffizient JC_{ij} quantifiziert somit die Ähnlichkeit zweier Aufträge. Stehen zum Auffüllen einer möglichen Vorauswahlgruppe bis zur oberen Schranke G^{max} vielzählige Aufträge bereit, so ist ebenso die Bewertung der Ähnlichkeit einer ganzen Vorauswahlgruppe relevant. Dafür kann in Anlehnung an die Darstellungen von MÜLLER & SCHMITT die Summe der Ähnlichkeiten aller Aufträge einer möglichen Vorauswahlgruppe zueinander gebildet werden (3).[346]

$$S = \frac{1}{2} \sum_{i \in J_n^G} \sum_{j \in J_m^G \setminus \{i\}} JC_{ij} \qquad J_m^G \neq J_n^G,\ m, n \in \mathbb{Z}, m \neq n \qquad (3)$$

$J_n^G, J_m^G \subseteq J$: *Mögliche Vorauswahlgruppe* $m, n \in \mathbb{N}, m \neq n$ *mit Aufträgen mit sichergestellter Ressourcen- und Materialverfügbarkeit*

$JC_{i,j}$: *Jaccard-Koeffizient der Aufträge* $i, j \in J_n^G, J_m^G, i \neq j, m \neq n$

S: *Ähnlichkeitsscore nach MÜLLER & SCHMITT*

S^{min}: *Minimaler Ähnlichkeitsscore alle betrachteten Vorausauswahlgruppen*

Da jedes Paar in der Summe doppelt betrachtet wird $(JC_{ij} = JC_{ji})$, wird das Ergebnis nach dem Summieren aus Anschaulichkeits- und Logikgründen halbiert, auch wenn dies mathematisch für den Vergleich der Ähnlichkeitsscores unerheblich ist. Bei Verwendung des errechneten Ähnlichkeitsscore ist die Kombination von Aufträgen innerhalb einer möglichen Vorauswahlgruppe zu präferieren, die zum geringsten Ähnlichkeitsscore S^{min} führt. Die Auswahl einer Gruppe mit geringer Ähnlichkeit hat den Vorteil, dass ein größerer Handlungsspielraum hinsichtlich der freizugebenden Aufträge bzw. Produkte entsteht. [347] Dadurch können Auswirkungen von Stationsausfällen sowie damit verbundene Engpässe reduziert werden. Ebenso wäre die kapazitätsorientierte Betrachtung einer homogenen Gruppe von Aufträgen wenig sinnvoll, da keine Unterschiede im Kapazitätsbedarf der Aufträge bestehen. Unter Umständen kann es daher sinnvoll sein, den Anteil an Aufträgen mit hoher Priorität sowie Aufträge mit bereits überschrittenem Plan-Startdatum, die bereits in der Vorauswahlgruppe sind, zu reduzieren. Dadurch kann eine Vorauswahl basierend auf einem geringen Ähnlichkeitsscore von Aufträgen ermöglicht und die Entstehung einer homogenen Gruppe vermieden werden.

Für den Übergang der Montage zweier aufeinanderfolgender Vorauswahlgruppen existieren zwei Möglichkeiten. Entweder müssen erst alle Aufträge der ersten Vorauswahlgruppe freigegeben sein, bevor Aufträge einer zweiten Vorauswahlgruppe, die nach dem gleichen Schema

[346] Vgl. MÜLLER und SCHMITT (Production planning in matrix-structured assembly), 2020, S. 1360f.
[347] Vgl. MÜLLER und SCHMITT (Production planning in matrix-structured assembly), 2020, S. 1360f.

wie die erste gebildet wurde, freigeben werden dürfen. Alternativ können kontinuierlich Aufträge in die bestehende Vorauswahlgruppe hinzugefügt werden. Das hat den Vorteil, dass ein Schwellenwert G^{min} definiert werden kann, der das Aufnehmen neuer Aufträge auslöst. Dadurch kann potenziell die Heterogenität der Vorauswahlgruppe gewährleistet werden. Je nach Höhe des Schwellenwerts variiert dieser Effekt. Mit einem hohen Schwellenwert besteht eine größere Auswahl, was eine Kapazitätsglättung durch die Auftragsfreigabe erleichtert. Andererseits kann ein zu hoher Schwellenwert dazu führen, dass dringliche oder wichtige Aufträge zu lange in der Vorauswahlgruppe verbleiben, da diese nie komplett abgearbeitet wird. Die Höhe des Schwellenwertes G^{min} stellt somit einen Trade-off dar, der wiederum simulativ eingestellt werden kann. Außerdem besteht die Möglichkeit, das Aufnehmen in die Vorauswahlgruppe neben einem Schwellenwert an spezifische Bedingungen zu knüpfen. Eine solche Bedingung ließe sich bspw. durch die maximale Verspätung der in der Vorauswahlgruppe verbliebenen Aufträge abbilden. Liegen stark verspätete Aufträge vor, müssen diese freigegeben werden, bevor der Vorauswahlgruppe neue Aufträge hinzugefügt werden können.

Zur besseren Lesbarkeit wird nachfolgend lediglich der Auftragspool referenziert. Dieser beinhaltet nach dem zuvor beschriebenen Schema eine Vorauswahlgruppe J^G mit einer begrenzten Anzahl an Aufträgen und unterliegt somit einer Vorselektion aller vorliegenden Aufträge.

4.2.3 Lösungsverfahren

Die Methodik zur Auftragsfreigabe fordert die Verarbeitung diverser Informationen wie dem Bearbeitungsfortschritt der freigegebenen Aufträge. Die Verarbeitung von Informationen im Rahmen einer Freigabeentscheidung kann als Transformation mehrerer Inputobjekte (bspw. Operationsanzahl, Aufträge einer Vorauswahlgruppe usw.) in ein Outputobjekt (Auftrag) angesehen werden. Die Durchführung dieser Transformation bedingt ein Lösungsverfahren, welches den Transformationsprozess systematisiert. Simple Entscheidungsregeln wie bspw. die Freigabe nach Plan-Fertigstellungstermin wurden dabei bereits in Kapitel 3.1.2 ausgeschlossen, obgleich diese eine geringe Komplexität aufweisen. Entsprechend ist für die Transformation der zu berücksichtigenden Informationen ein Lösungsverfahren festzulegen, welches effiziente Freigabeentscheidungen ermöglicht. Die Auswahl eines Lösungsverfahrens basiert dabei auf dem erwarteten Nutzen unter Berücksichtigung des Aufwands.[348] Zur Veranschaulichung und Abgrenzung möglicher Lösungsverfahren für die Methodik zur Auftragsfreigabe sind diese in einem Klassifizierungsbaum in Abbildung 4.6 dargestellt.

[348] Vgl. STREIM (Lösungsverfahren), 1975, S. 145ff.

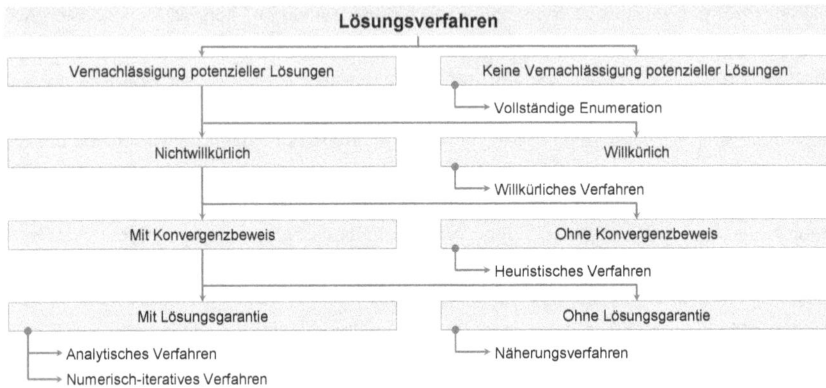

Abbildung 4.6: Lösungsverfahren und Einordnung heuristischer Verfahren[349]

Die vollständige Enumeration vernachlässigt keine potenziellen Lösungen, wodurch bspw. bei Optimierungsproblemen die kombinatorische Komplexität exponentiell zunehmen kann. Durch ein willkürliches Verfahren[350] kann durch eine Vernachlässigung potenzieller Lösungen die Anzahl der betrachteten Lösungen zwar reduziert werden, jedoch nicht systematisch. Eine nicht willkürliche Eingrenzung der zu betrachtenden Lösungen kann nach STREIM durch heuristische Verfahren (auch Heuristik) erreicht werden. Im Gegensatz zu Näherungsverfahren oder numerisch-iterative Verfahren erfolgt bei heuristischen Verfahren jedoch kein Konvergenzbeweis. Eine Heuristik kann folglich zu einem optimalen Ergebnis, also einer Konvergenz der Lösung führen, beweist diese jedoch nicht.[351]

Im Kontext matrixstrukturierter Montagesysteme haben BURGGRÄF et al. die Montagesteuerung gemeinsam mit der Auftragsfreigabe als Optimierungsproblem formuliert sowie mittels des numerisch-iterativen Branch-and-Bound-Verfahrens gelöst. Im Ausblick weisen die Autoren jedoch auf die Grenzen dieses Lösungsverfahrens bezüglich der Praxistauglichkeit hin und betonen die Relevanz heuristischer Lösungsverfahren, um eine Skalierbarkeit auch bei großen Probleminstanzen zu gewährleisten.[352] Für die vorliegende Arbeit ergibt sich daher ein Spannungsfeld für die Auswahl des in der Methodik zur Auftragsfreigabe zu berücksichtigenden Lösungsverfahrens. Dieses Spannungsfeld ist schematisch in Abbildung 4.7 dargestellt.

349 I. A. a. STREIM (Lösungsverfahren), 1975, S. 151.

350 Genau genommen handelt es sich dabei um eine willkürliche Auswahl, da ein Verfahren per Definition spezifizierten Regeln folgt.

351 Vgl. STREIM (Lösungsverfahren), 1975, S. 151.

352 Vgl. BURGGRÄF et al. (Modeling agile assembly systems), 2020, S. 175.

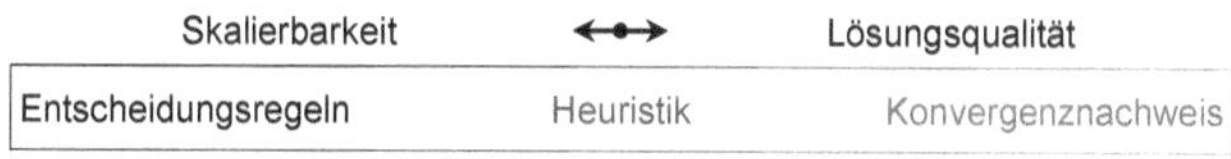

Abbildung 4.7: Gegenüberstellung möglicher Lösungsverfahren[353]

Die Lösung eines (Optimierungs-)Problems mit Konvergenzbeweis führt im Vergleich zu Heuristiken mindestens zu einem gleichwertigen oder sogar besseren Ergebnis. Da Routing- und Sequenzflexibilität in matrixstrukturierten Montagesystemen jedoch eine Vielzahl möglicher Lösungen zulassen, steigt der Aufwand für einen Konvergenzbeweis mit der Größe der jeweiligen Instanzen. Dies wirkt sich negativ auf die Skalierbarkeit und damit Praxistauglichkeit aus. Deshalb stehen nachfolgend heuristische Lösungsverfahren im Fokus. Eine geeignete Heuristik muss bei der Entscheidungsfindung bzw. Bewertung von Alternativen eine große Anzahl von Kriterien wie bspw. die in Kapitel 4.2.1 eingeführten Leistungs- und Zielgrößen der Montagesteuerung[354] berücksichtigen. Entsprechend eignen sich die Methoden der multi-kriteriellen Entscheidungsfindung (engl. Multi-criteria decision making, kurz MCDM), welche vergleichsweise simple Heuristiken beinhalten.[355] Methoden der MCDM ermöglichen durch die Berücksichtigung qualitativer sowie quantitativer Kriterien eine systematische Entscheidungsfindung, indem sie (Lösungs-)Alternativen in eine Rangfolge bringen sowie den Alternativen (Leistungs-)Scores zuordnen.[356] Letztere stellen eine relative sowie numerische Bewertung der jeweiligen Alternativen dar.[357] Ziel von MCDM ist somit die systematische Auswahl einer Alternative. Diese Alternative kann bspw. ein spezifischer Auftrag sein.

Eine Methode zur MCDM ist die *gewichtete Summierung* (engl. Weighted summation).[358] Hierbei werden Kriterien standardisierte Scores und Gewichtungsfaktoren[359] zugeordnet. Jeder Score erhält bei der Bewertung einer Alternative einen Wert, welcher mit einem kriterienabhängigen Gewichtungsfaktor multipliziert wird. Die Summe dieser gewichteten Scores ergibt einen Gesamtscore, welcher eine relative Aussage zur Güte einer Alternative im Vergleich zu einer anderen Alternative ermöglicht.[360] Ein Gesamtscore liefert somit nicht zwangsweise eine

353 Eigene Darstellung.

354 Dies gilt innerhalb der Montagesteuerung sowohl für die Auftragssteuerung, als auch für die Auftragsfreigabe.

355 Vgl. TOMASHEVSKII und TOMASHEVSKII (Multi-criteria decision making), 2021, S. 78f.

356 Vgl. TRIANTAPHYLLOU (Multi-criteria decision making), 2000, S. 2.

357 Vgl. ZARDARI et al. (Multi-criteria decision making), 2015, S. 11.

358 Vgl. TRIANTAPHYLLOU (Multi-criteria decision making), 2000, S. 6; ZARDARI et al. (Multi-criteria decision making), 2015, S. 12.

359 Die meisten MCDM Methoden setzen eine Zuordnung von Gewichtungsfaktoren zu Kriterien voraus, wobei sich deren Summe in der Regel zu eins addiert. Vgl. TRIANTAPHYLLOU (Multi-criteria decision making), 2000, S. 2.

360 Vgl. TRIANTAPHYLLOU (Multi-criteria decision making), 2000, S. 6f.; ZARDARI et al. (Multi-criteria decision making), 2015, S. 16.

Aussage zur Güte einer Alternative, sondern ermöglicht einen direkten relativen Vergleich zwischen Alternativen.[361] Damit ist der Gesamtscore die numerische Grundlage der Entscheidungsfindung mithilfe von MCDM bzw. der gewichteten Summierung.[362] Elementar für die Bewertung von Alternativen ist weiterhin die Identifikation sowie Festlegung der für eine Entscheidung relevanten Kriterien. Die Kriterien sollten daher alle für die Entscheidungsfindung relevanten Aspekte beinhalten.[363] Dabei können Kriterien unterschiedliche Einheiten vorweisen, weshalb der Gesamt-Score dimensionslos ist.[364]

Die nachfolgend entwickelte Methodik zur Auftragsfreigabe folgt der Annahme, dass heuristische Lösungsverfahren zur Umsetzung von Montagesteuerung (vgl. Kapitel 5.2.4) und Auftragsfreigabe dem durch eine Optimierung mit Konvergenzbeweis erreichbaren Ergebnis ausreichend nahekommen. Diese Annahme knüpft an die Vorarbeiten des Autors an, in der die Montagesteuerung jeweils nur reaktiv die nachfolgende Montageoperation eines Auftrags bestimmt, statt den gesamten Pfad eines Auftrags durch das Montagesystem a-priori festzulegen.[365] Hierzu soll die gewichtete Summierung als Methode der MCDM aufgrund ihres vergleichsweise simplen Aufbaus Anwendung finden.

4.2.4 Klassifizierung

Für den weiteren Aufbau des Lösungsraums werden nachfolgend die gestellten Anforderungen und Randbedingungen in die Grundlagen zur Auftragsfreigabe eingeordnet. Diese Einordnung wird als Klassifizierung bezeichnet und befasst sich insbesondere mit der Kapazitätsauswertung der Methodik zur Auftragsfreigabe. Zur Klassifizierung werden vier Merkmale diskutiert sowie deren mögliche Ausprägungen diskutiert (siehe Abbildung 4.8).

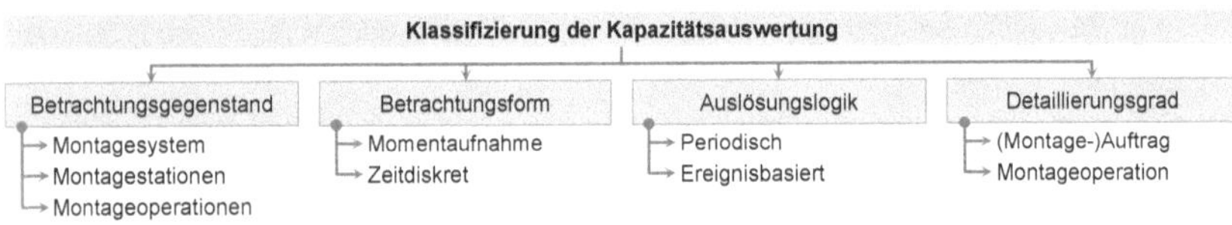

Abbildung 4.8: Merkmale zur Klassifizierung[366]

Die Klassifizierung berücksichtigt die Merkmale *Auslösungslogik* und *Detaillierungsgrad* nach LÖDDING (vgl. Kapitel 3.1.1). Eine Betrachtung des Kriteriums nach LÖDDING (vgl. Kapitel 3.1.1) ist dahingehend obsolet, als dass die Notwendigkeit einer Kapazitätsauswertung zum Belastungsabgleich in Kapitel 3.3 bereits festgestellt wurde. Stattdessen wird zur Erfüllung der Anforderungen an die multidimensionale Kapazitätsauswertung der *Betrachtungsgegenstand* definiert. Mit der *Betrachtungsform* wird festgelegt, auf welchen Zeitpunkt oder -raum sich die

361 Vgl. ZARDARI et al. (Multi-criteria decision making), 2015, S. 11.

362 Vgl. GEIGER (Multikriterielle Ablaufplanung), 2005, S. 9.

363 Vgl. GEIGER (Multikriterielle Ablaufplanung), 2005, S. 9.

364 Vgl. TRIANTAPHYLLOU (Multi-criteria decision making), 2000, S. 2.

365 Vgl. BURGGRÄF et al. (Agentensysteme in der Montage), 2020, S. 171ff.

366 I. A. a. LÖDDING (Fertigungssteuerung), 2016, S. 339ff.

Kapazitätsauswertung beziehen sollte und welche Herausforderungen es dabei zu berücksichtigen gilt.

Der *Betrachtungsgegenstand* bestimmt die (Detaillierungs-)Ebene der Kapazitätsauswertung. Grundsätzlich bestehen hierzu drei Optionen. Die Kapazitätsauswertung kann sich auf das gesamte Montagesystem, auf einzelne Montagestationen oder auch auf spezifische Montageoperationen beziehen. Abbildung 4.9 stellt diese drei Optionen sowie deren jeweilige Vor- und Nachteile gegenüber.

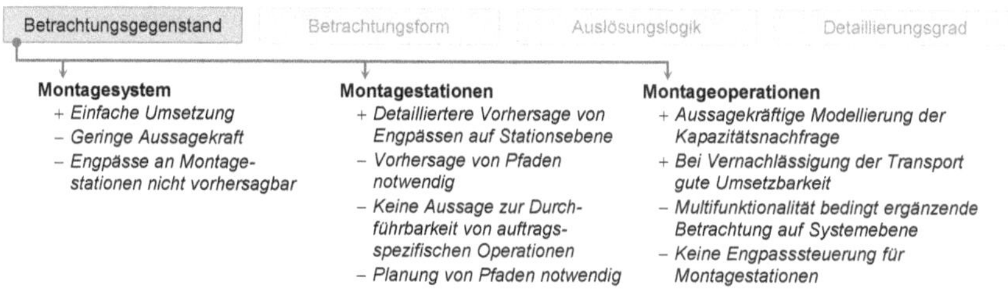

Abbildung 4.9: Gegenüberstellung der Ausprägungen des Merkmals Betrachtungsgegenstand[367]

Eine Kapazitätsauswertung auf Ebene des Montagesystems nutzt Kennzahlen wie bspw. die Anzahl der bereits freigegebenen Aufträge als Entscheidungsgröße zur Auftragsfreigabe. Hierzu eignen sich bspw. ConWIP-Karten. Diese simple Herangehensweise überzeugt allgemein durch ihre gute Skalierbarkeit und einfache Umsetzung. Dem gegenüber stehen allerdings der geringe Informationsgehalt sowie die Vernachlässigung der Montagestationen (Subsysteme). So kann trotz vermeintlicher Unterlastung des Montagesystems eine Überlastung spezifischer Montagestationen auftreten. Diese Überlastungen führen zu höheren Durchlauf- und Liegezeiten. Die Identifikation der für Überlastungen verantwortlichen Engpässe stellt gerade bei komplexen Montagesystemen und -abläufen eine Herausforderung dar. Für matrixstrukturierte Montagesysteme sollte daher die Möglichkeit der Kapazitätsauswertung auf Stationsebene in Betracht gezogen werden. Diese wäre in Analogie zur Auftragsfreigabe mit einem arbeitssystemspezifischen Belastungsabgleich umzusetzen (vgl. Kapitel 3.1.2). Engpässe würden somit auf Stationsebene identifiziert und entsprechend in der Auftragsfreigabe berücksichtigt. Sobald ein Auftrag Kapazitätsbedarf an einer überlasteten Montagestation umfasst, würde dieser zurückgehalten. Die dafür notwendige frühzeitige Zuordnung von Aufträgen zu Montagestationen ist in matrixstrukturierten Montagestationen jedoch nicht gegeben. Diese Herangehensweise würde implizieren, dass derjenige Pfad, den ein Auftrag durch das Montagesystem nimmt, a priori bekannt ist. Durch die Kapselung der Auftragsfreigabe von der Koordination der Auftragsbearbeitung sowie die reaktive Montagesteuerung ist diese Voraussetzung nicht gegeben. Die kalkulatorische Überlastung einer Montagestation führt in matrixstrukturierten Montagesystemen außerdem nicht zwangsweise zu einem Engpass. Möglicherweise existieren weitere Montagestationen, die dieselbe Operation durchführen können und über freie Kapazitäten verfügen. Zugleich kann die Überlastung einer Montagestation Einfluss

[367] Eigene Darstellung.

auf die Durchführbarkeit mehrerer Operationen haben, falls die betroffene Montagestation alleinig spezifische Operationen anbietet. Um die Wechselwirkungen von Montageoperationen und Engpässen abzubilden, wird daher als dritte Ausprägung des Merkmals Betrachtungsgegenstand eine Kapazitätsauswertung auf Operationsebene bewertet. Diese sieht einen unmittelbaren Abgleich der auftragsspezifischen Kapazitätsnachfrage nach Montageoperationen mit dem Kapazitätsangebot des Montagesystems vor. Ein kalkulatorischer Umweg über die Kapazitätsauswertung der Montagestationen könnte somit vernachlässigt werden. Doch auch hier stellt die Multifunktionalität der Montagestationen eine Herausforderung dar, da eine Montagestation zwar mehrere Operationen bedienen, aber nur eine Operation gleichzeitig ausführen kann. Daher kann es dazu kommen, dass das Kapazitätsangebot für eine Operation sinkt, ohne dass ein Auftrag mit einer Nachfrage nach dieser Operation freigegeben wurde.

Um der Anforderung der multidimensionalen Kapazitätsauswertung Rechenschaft zu tragen, bietet sich insbesondere eine Kapazitätsauswertung auf Gesamtsystem- und Operationsebene an. Die Kapazitätsauswertung auf Operationsebene ermöglicht aufgrund des unmittelbaren Auftragsbezugs eine hohe Güte bei Vorhersage etwaiger Engpässe. Um das Bearbeitungsangebot jedoch nicht zu überschätzen, wird diese Betrachtung um eine Kapazitätsauswertung bezogen auf das Gesamtsystem ergänzt. Diese Herangehensweise ermöglicht des Weiteren, auf eine Vorhersage der konkreten Stationsbelegung durch einen Auftrag zu verzichten.

Als weiteres Merkmal zur Klassifizierung der zu entwickelnden, kapazitätsorientierten Auftragsfreigabe wird die ***Betrachtungsform*** herangezogen. Diese beschreibt den Bezugszeitpunkt der Kapazitätsauswertung der Auftragsfreigabe. Die zugehörigen Optionen sind in Abbildung 4.10 mit ihren jeweiligen Vor- und Nachteilen dargestellt und werden nachfolgend diskutiert.

Abbildung 4.10: Gegenüberstellung der Optionen für das Merkmal Betrachtungsform[368]

Eine Momentaufnahme betrachtet Kapazitätsangebot und -nachfrage, ohne diese in einen zeitlichen Verlauf zu setzen. Grundlage sind in diesem Fall Schwell- und Zielwerte bspw. hinsichtlich der gleichzeitig im Montagesystem befindlichen Montageaufträge oder -operationen. Damit bildet sie eine Art Bestandskonto, ohne den Zeitpunkt der Kapazitätsnachfrage zu spezifizieren. Es erfolgt lediglich eine kumulierte Kapazitätsauswertung. Der Kapazitätsbedarf der freizugebenden Aufträge kann so in seiner Gänze berücksichtigt werden. Auch Veränderungen in der Auslastung der Operationen können auf diese Weise Beachtung finden. Entsprechend einfach ist diese Betrachtungsform umzusetzen sowie zu implementieren. Allerdings

[368] Eigene Darstellung.

beanspruchen die Aufträge nicht alle Ressourcen zur gleichen Zeit. Deshalb ist die Momentaufnahme nur bedingt aussagekräftig, wenn es um die Frage geht, ob zu einem zukünftigen Zeitpunkt die freien Kapazitäten des Montagesystems für die Bearbeitung eines freizugebenden Auftrags ausreichen.[369] Eine im ersten Moment kaum ausgelastete Operation oder Station kann so im nächsten Moment überlastet sein. Entsprechend sind bei Umsetzung dieser Betrachtungsform Warteschlangen im Montagesystem zu erwarten. Um dennoch eine Vorhersage von Engpässen zu ermöglichen, bietet sich eine zeitdiskrete Kapazitätsauswertung an. Bezogen auf einen Betrachtungshorizont schlägt diese vor, die Kapazitätsnachfrage zeitdiskret einzuordnen. Dies ermöglicht die Identifikation und Vorhersage von Engpässen. Allerdings stellt die zeitliche Unschärfe der Kapazitätsprognosen eine große Herausforderung dar, je nach Transportdistanz und damit -zeit eines freigegebenen Auftrags variiert die Kapazitätsnachfrage nach einer Operation. Voraussetzung für eine deterministische Prognose der Kapazitätsnachfrage bleibt damit das Bekanntsein des Pfades, den ein Auftrag durch das Montagesystem nimmt. Unter der Annahme, dass die Bearbeitungszeiten einer Operation wesentlich größer als die Transportzeiten zwischen zwei Montagestationen sind, ließe sich jedoch auf eine Betrachtung von Pfaden verzichtet. Diese Annahme bedeutet, dass sich die Kapazitätsnachfrage rein aus der Sequenz der Operationen und damit dem Montagevorranggraphen ergibt. Durch Sequenzflexibilität bedingte, unterschiedliche Pfade (Reihenfolge an Montagestationen, die durch einen Auftrag belegt werden) besitzen somit keinen Einfluss auf die Durchlaufzeit eines Auftrags und bewirken somit auch keine Verschiebung des Zeitpunkts der Kapazitätsnachfrage. Solange ein Montagevorranggraph unterschiedliche Sequenzen zulässt, bedarf es dennoch einem Ansatz zur Berücksichtigung dieser. Hierzu bieten sich prinzipiell drei Varianten an, welchen nachfolgend anhand von Abbildung 4.11 diskutiert werden.

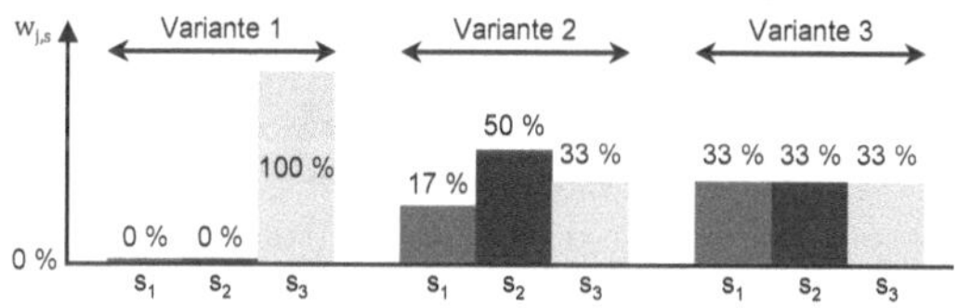

Abbildung 4.11: Berücksichtigung der Sequenzwahrscheinlichkeit in der Kapazitätsauswertung[370]

Beispielhaft sei ein Auftrag j gegeben, welcher für einen gegebenen Montagevorranggraphen drei mögliche Sequenzen $\{s_1, s_2, s_3\}$ besitzt. Dabei beschreibt die Wahrscheinlichkeit $w_{j,s}$, dass der Auftrag j die Sequenz s der möglichen Sequenzen S_j des Auftrags j durchläuft. Für die *Variante 1* tritt mit einer Wahrscheinlichkeit von $100\ \%$ die Sequenz s_3 auf. Diese Sequenz kann daher für die Kapazitätsauswertung genutzt werden, da sie die zukünftige Kapazitätsnachfrage exakt abbildet. *Variante 2* zeigt einen Fall, in dem wie Wahrscheinlichkeiten für die Sequenzen

[369] Grundsätzlich entspricht diese Herangehensweise dem Verfahren der Workload Control oder BOA, wobei letztere ebenso eine Diskontierung zukünftiger Kapazitätsbedarfe vorsieht. Diese Verfahren beziehen sich jedoch auf einen arbeitssystemspezifischen statt einen operationsspezifischen Belastungsabgleich.

[370] Eigene Darstellung.

unterschiedlich verteilt sind. Diese Wahrscheinlichkeiten können genutzt werden, um einen gewichteten Durchschnitt über die für den Auftrag j möglichen Sequenzen S_j bei der operationsspezifischen Kapazitätsauswertung zu bilden (4).

$$C^{d}_{j,o}(t) = \sum_{s \in S_j} w_{j,s} \cdot c^{d}_{j,s,o}(t) \qquad (4)$$

$C^{d}_{j,o}(t)$: Durchschnittlicher Kapazitätsbedarf des Auftrages $j \in J$ für die Operation $o \in OP$ zum Zeitpunkt t

$w_{j,s}$: Wahrscheinlichkeit, dass ein Auftrag $j \in J$ die Sequenz $s \in S_j$ durchläuft

$c^{d}_{j,s,o}(t)$: Kapazitätsbedarf des Auftrages $j \in J$ für die Operationen $o \in OP$ zum Zeitpunkt t, wenn die Sequenz $s \in S_j$ durchlaufen wird

Der durchschnittliche Kapazitätsbedarf $C^{d}_{j,o}(t)$ eines Auftrags j für die Operation o zum Zeitpunkt t ergibt sich aus der Wahrscheinlichkeit $w_{j,s}$ für Sequenz s des Auftrags j sowie dem Kapazitätsbedarf $c^{d}_{j,s,o}(t)$ der Sequenz s des Auftrags j für Operation o zum Zeitpunkt t. Damit ergibt sich für einen Betrachtungshorizont T ein entsprechender stochastischer Kapazitätsbedarf $C^{d}_{j,o}(t)$ für den Auftrag j nach Operation o. Weiterhin gilt für die kumulierte Wahrscheinlichkeit der Sequenzen die Gleichung (5).

$$\sum_{s \in S_j} w_{j,s} = 1 \qquad \forall\, j \in J \qquad (5)$$

Die Bestimmung der Wahrscheinlichkeit stellt allerdings eine wesentliche Herausforderung und damit einen Nachteil dar. Hierfür sind Produktions- oder Simulationsdaten notwendig, welche abhängig vom Anwendungsfall sind. Um diese Herausforderung zu umgehen, bietet sich *Variante 3* an. Sie beinhaltet eine Gleichverteilung der Wahrscheinlichkeiten. Aufgrund der gleichhohen Eintrittswahrscheinlichkeit sollte in diesem Fall jede Sequenz mit ihrer resultierenden Kapazitätsnachfrage in der Kapazitätsauswertung berücksichtigt werden. Diese Herangehensweise ist zwar weniger effizient, dafür aber unabhängig von Produktions- und Simulationsdaten. Im Verglich zur Betrachtungsform einer reinen Momentaufnahme ist eine zeitdiskrete Kapazitätsauswertung zwar bedeutend umfangreicher, vermeidet aber die Festlegung von etwaigen Diskontierungsfaktoren bei gleichzeitiger Betrachtung der charakterisierenden Sequenzflexibilität. Eine zeitdiskrete Kapazitätsauswertung unter gleichberechtigter Kapazitätsauswertung der zulässigen Sequenzen bietet somit einen geeigneten Kompromiss aus Praxistauglichkeit und prädiktiver Kapazitätsauswertung.

Als vorletztes Merkmal wird die *Auslösungslogik* festgelegt. Diese legt fest, wann Kapazitätsauswertungen angestoßen und Freigabeentscheidungen getroffen werden. Eine periodische Auslösungslogik setzt die Definition einer zugehörigen Frequenz voraus. Je höher die Frequenz, desto höher ist trivialerweise die Anzahl der Kapazitätsauswertungen bzw. Freigabeentscheidungen und damit die Berechnungsintensität. Dies kann sich negativ auf die Praxistauglichkeit auswirken. Allerdings ermöglicht eine höhere Frequenz bei ausreichend Kapazitätsangebot ebenso eine frühzeitige Freigabe von Aufträgen und damit höhere Auslastungen. Dem gegenüber steht die ereignisorientierte Auslösungslogik. Statt zu festgelegten Zeitpunkten wird die Kapazitätsauswertung der Auftragsfreigabe durch festgelegte Ereignisse im Montagesystem ausgelöst. Auslösende Ereignisse sind möglicherweise das Hinzufügen eines neuen Auftrags in den Auftragspool, das Fertigstellen eines Auftrags oder auch das Fertigstellen einer Montageoperation. Damit kann die Häufigkeit, in der ein auslösendes Ereignis auftritt, in Analogie zur Frequenz einer periodischen Auslösungslogik angesehen werden. Die Auswahl der Ereignisse bestimmt damit die Güte der ereignisorientierten Auslösungslogik. Grundsätzlich ist mit beiden Herangehensweisen eine echtzeitnahe sowie regelmäßige Kapazitätsauswertung und Auftragsfreigabe möglich. Da diese jedoch nur notwendig ist, wenn sich der Belastungszustand im Montagesystem verändert, ist eine Ereignisorientierung zu priorisieren. Durch eine Ereignisorientierung wird ebenso die Anzahl vermeidbarer Kapazitätsberechnungen bei unveränderter Datenlage und damit die Berechnungsintensität minimiert.

Das letzte Merkmal befasst sich mit dem *Detaillierungsgrad*. Für das betrachtete Montagesystem sollen Aufträge jeweils als Ganzes betrachtet werden. Eine Betrachtung einzelner Montageoperationen, ähnlich einer POLCA-Steuerung, würde den skizzierten Prinzipien der Montagesteuerung widersprechen. Der Montage vor- und nachgelagerte Wertschöpfungsstufen und Bereiche werden in der vorliegenden Dissertation vernachlässigt.

Für die Klassifizierung der Kapazitätsauswertung der Methodik zur Auftragsfreigabe wurden vier Merkmale sowie deren Ausprägungen diskutiert. Als Betrachtungsgegenstand der Kapazitätsauswertung wurden Montageoperationen und Montagesystem festgelegt, um so die a-priori Zuordnung von Montageaufträgen zu Montagestationen im Sinne einer reaktiven Montagesteuerung zu vermeiden. Die Betrachtungsform der Kapazitätsauswertung wurde zeitdiskret gewählt, um so die Kapazitätsnachfrage im Zeitverlauf abzubilden. Um die Anzahl der durchgeführten Kapazitätsauswertungen zu optimieren, soll diese als Bestandteil der Methodik zur Auftragsfreigabe an spezifische Ereignisse gekoppelt werden.

Dabei sollen alle möglichen Sequenzen sowie die resultierenden Kapazitätsnachfragen eines Auftrags im Zeitverlauf betrachtet werden. Die für die Auftragsfreigabe notwendige Kapazitätsauswertung wird ereignisbasiert angestoßen, wobei die Aufträge mitsamt ihren Montageoperationen jeweils als Ganzes ausgewertet werden. Der Detaillierungsgrad beschränkt sich auf das Montagesystem sowie die Freigabe eines Auftrags zur Bearbeitung im Montagesystem.

4.3 Konzeption

Allgemein umfasst Konzeption die Ideendetaillierung, Konkretisierung, Komplettierung von Anforderungen sowie die Festlegung eines Konzepts zur Zielerreichung. Inhalt der Konzeption ist es somit, Lösungsalternativen systematisch auszuwählen sowie deren Struktur und Schnittstellen zu bestimmen. Aus wissenschaftlicher Sicht lassen sich die Erkenntnisse der Konzeption auch zur Eingrenzung des Lösungsraums nutzen, wodurch sowohl Konzeption als auch

Lösungsraum einem iterativen Prozess unterliegen.[371] Damit stellt nicht nur das vorliegende Kapitel, sondern auch das vorangegangenen Kapitel 4.2 einen essentiellen Bestandteil des Design Cycle dar. Dabei wird auf eine detaillierte Darstellung von Zwischenergebnissen des iterativen Prozesses, der sowohl Lösungsraum als auch Konzeption geformt hat, verzichtet. Stattdessen stellt das vorliegende Kapitel ein Konzept zur Umsetzung einer Methodik zur kapazitätsorientierten, agentenbasierten Auftragsfreigabe für matrixstrukturierte Montagesysteme unter Berücksichtigung des Lösungsraums vor. Die skizzierte Lösung beinhaltet dabei Bestandteile bereits publizierter Vorarbeiten des Autors.[372]

Nachfolgend wird zunächst die Kapazitätsauswertung auf Montageoperations- und Montagesystemebene im Zeitverlauf mithilfe von Kapazitätsprofilen modelliert. Anschließend wird die Bewertung von Aufträgen eines Auftragspools unter kapazitiven sowie auftragsspezifischen Gesichtspunkten erläutert. Dies beinhaltet auch die Definition des Betrachtungshorizonts für die Interpretation der Kapazitätsauswertung. Abschließend werden die entworfenen Abläufe als Methodik zur Auftragsfreigabe einem (Auftrags-)Freigabeagenten zugeordnet sowie die Schnittstellen zur Montagesteuerung definiert.

4.3.1 Modellierung von Kapazitätsnachfrage und -angebot

Die von der Methodik zur Auftragsfreigabe geforderte Kapazitätsauswertung zur Prüfung der Bestandsgrenzen setzt eine Modellierung von Kapazitätsnachfrage und -angebot voraus. Die Kapazitätsauswertung wird durch die Sequenzflexibilität erschwert, da dadurch keine deterministische Vorhersage der konkreten (Bearbeitungs-)Sequenzen der Aufträge bzw. für die Produkte notwendigen Montageoperationen möglich ist. Da die Sequenzflexibilität jedoch durch Montagevorranggraphen begrenzt ist, können alle theoretisch möglichen Sequenzen eines Auftrags vorhergesagt werden. Diese Möglichkeit wird nachfolgend genutzt, um für alle möglichen Sequenzen die resultierende Kapazitätsnachfrage auftragsspezifisch zu kalkulieren sowie auftragsübergreifend zu kombinieren. Für eine effiziente Kapazitätsauswertung wird zunächst jeder Auftrag auf das enthaltene Produkt reduziert.[373] Damit folgt die Kapazitätsauswertung dem Prinzip, dass ein Auftrag durch das enthaltene Produkt sowie auftragsspezifische Informationen wie bspw. dem Plan-Fertigstellungstermin beschrieben werden kann. Weiterhin ist die Kapazitätsnachfrage bereits freigegebener, aktiver Aufträge abhängig vom individuellen Bearbeitungsfortschritt.

Zur Modellierung der Kapazitätsnachfrage werden die Begriffe *Kapazitätsprofil*, *Sequenzmatrix*, *Sequenzzeitleiste* und *Auslastungsprofil* definiert. Diese sind wie folgt definiert:

- *Kapazitätsprofil:* Ein Kapazitätsprofil beinhaltet die zeitdiskrete, operationsspezifische Kapazitätsnachfrage von mindestens einem Auftrag unter Berücksichtigung zulässiger

[371] Vgl. GAUSEMEIER et al. (Produktinnovation), 2001, S. 223ff.

[372] Vgl. SCHUKAT et al. (Order release in matrix-structured assembly systems), 2022.

[373] Weitere Informationen wie der auftragsspezifische Plan-Fertigstellungstermin werden zu einem späteren Zeitpunkt berücksichtigt. Eine solche Filterung des Auftragspools nach den enthaltenen Produkten wird auch von weiteren Autoren vorgeschlagen. Vgl. MAYER et al. (Negotiating Agents in Modular Assembly Systems), 2019, S. 124.

Sequenzen zur Auftragsbearbeitung. Kapazitätsprofile werden als Matrizen beschreiben, deren Spalten Zeitschritte sowie deren Zeilen die Nachfrage nach spezifischen Montageoperationen umfassen. Kapazitätsprofile sind addierbar und ermöglichen dadurch die Aggregation der gesamten Kapazitätsnachfrage bspw. von bereits freigegeben Aufträgen in einem Montagesystem.

- *Sequenzmatrix:* Eine Sequenzmatrix beinhaltet alle für die Bearbeitung eines Auftrags bzw. des enthaltenen Produkts zulässigen Sequenzen. Jede Zeile beinhaltet eine zulässige Sequenz, während in der Spalte die jeweilige Operation definiert ist. Dabei kann zwischen Produkt- und Auftragssequenzmatrizen unterschieden werden. Letztere berücksichtigt im Gegensatz zur ersteren den Bearbeitungsfortschritt eines Auftrags
- *Sequenzzeitleiste:* Jede in einer Sequenzmatrix enthaltene Sequenz kann um die operationsspezifische Bearbeitungsdauer ergänzt werden, um so eine zeitdiskrete Beschreibung der operationsspezifischen Kapazitätsnachfrage zu erhalten. Eine Sequenzzeitleiste entspricht damit einem Zeilenvektor, deren Spalten die Zeitschreite ausdrücken. Die Länge des Zeilenvektors entspricht der Bearbeitungsdauer des Auftrags bzw. des enthaltenen Produkts. Analog zur Sequenzmatrix kann zwischen Produkt- und Auftragssequenzleisten unterschieden werden. Letztere bildet erneut den Bearbeitungsfortschritt ab, indem sie nur noch diejenigen Operationen enthält, die zur Fertigstellung eines Auftrags relevant sind.
- *Auslastungsprofil:* Kapazitätsprofile, welche die aggregierte Nachfrage aller aktiven Aufträge in einem Montagesystem beinhalten, werden als Auslastungsprofile bezeichnet. Hierzu müssen die auftragsspezifischen Kapazitätsprofile, welche den Bearbeitungsfortschritt eines Auftrags berücksichtigen können, zwischen den Aufträgen kombiniert werden. Unter Berücksichtigung der Sequenzflexibilität können bei mehreren aktiven Aufträgen i.d.R. mehrere Auslastungsprofile erzeugt werden.

Der erste Schritt in der Erstellung eines auftragsspezifischen Kapazitätsprofils ist die Bestimmung der zulässigen Sequenzen innerhalb der Sequenzmatrix. Dieser Schritt wird nachfolgend exemplarisch anhand zweier fiktiver Aufträge erläutert (siehe Abbildung 4.12).

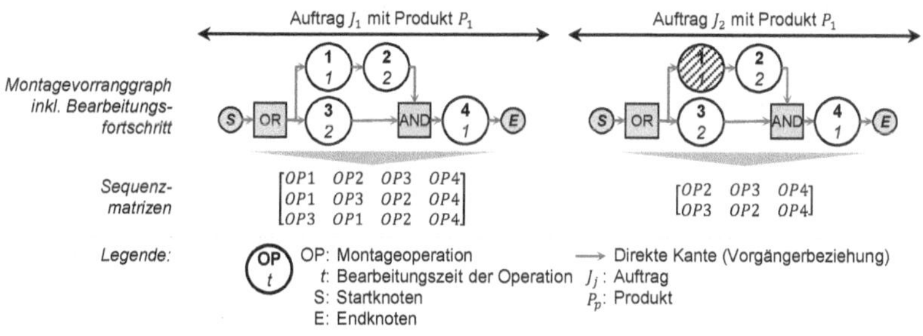

Abbildung 4.12: Definition zulässiger Sequenzen unter Berücksichtigung des Bearbeitungsfortschritts[374]

[374] I. A. a. SCHUKAT et al. (Order release in matrix-structured assembly systems), 2022, S. 657.

Dargestellt sind zwei Aufträge J_1 und J_2, welche beide das Produkt P_1 und damit gleichen Montagevorranggraph beinhalten. Der Montagevorranggraph des Produkts P_1 zeigt, dass zunächst $OP1$ oder $OP3$ ausgeführt werden kann. Bevor $OP4$ ausgeführt werden kann, müssen $OP2$ und $OP3$ jeweils abgeschlossen sein. $OP2$ kann unabhängig von $OP3$ starten, solange $OP1$ abgeschlossen wurde. Entsprechend ergeben sich drei zulässige Sequenzen für die Bearbeitung von Auftrag J_1. Diese werden jeweils als Zeile in der Sequenzmatrix erfasst. Im Gegensatz zu Auftrag J_1 wurde bei Auftrag J_2 bereits die erste Montageoperation $OP1$ abgeschlossen (schraffierte Fläche). Dadurch reduziert sich die Anzahl der zulässigen Sequenzen auf zwei, weshalb die Sequenzmatrix nur noch zwei Zeilen beinhaltet. Für Auftrag J_1 kann die Sequenzmatrix als Produktsequenzmatrix bezeichnet werden, da noch keine Operation abgeschlossen wurde. Auftrag J_2 wird hingegen als Auftragssequenzmatrix bezeichnet.[375]

Ausgehend von den zulässigen Sequenzen in den Sequenzmatrizen können Kapazitätsprofile erzeugt werden. Hierzu wird die Reihenfolge der Operationen um deren Ausführungsdauer ergänzt. Dieses Vorgehen ist exemplarisch in Abbildung 4.13 dargestellt.

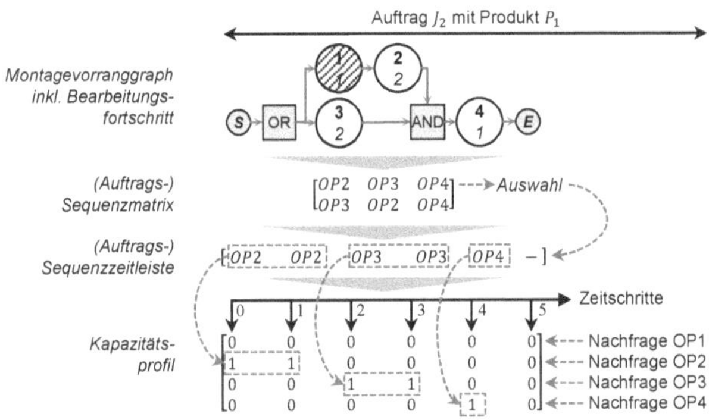

Abbildung 4.13: Überführung einer Sequenz in ein Kapazitätsprofil[376]

Im vorliegenden Beispiel wird erneut der Auftrag J_2 aus Abbildung 4.12 aufgegriffen sowie die erste Zeile der Sequenzmatrix für die Kapazitätsprofilbildung ausgewählt. Die in der Sequenz enthaltenen Operationen werden in der Sequenzzeitleiste um ihre Bearbeitungszeiten spezifiziert, indem diese als Multiplikator dienen. Dauert $OP2$ zwei Zeiteinheiten, wird $OP2$ zwei Mal nacheinander in die Sequenzzeitleiste eingetragen. Analog wird die Bearbeitungsdauer von $OP3$ eingetragen. Da $OP4$ hingehen nur eine Bearbeitungsdauer von einer Zeiteinheit vorweist, wird $OP4$ nur einmal eingetragen. Dieser Sequenzzeitleiste wird anschließend in ein Kapazitätsprofil überführt, welches mindestens so viele Spalten wie die Summe der operationsspezifischen Bearbeitungszeiten sowie so viele Zeilen wie das Montagevorranggraphen Operationen besitzt. Die Zeilen des Kapazitätsprofils beinhalten die zeitspezifische Nachfrage nach einer Operation als Binärvariable. Die Spalten spezifizieren die Zeitschritte. Für jede zulässige

[375] Eine detaillierte Betrachtung folgt in Kapitel 4.4.2.

[376] I. A. a. SCHUKAT et al. (Order release in matrix-structured assembly systems), 2022, S. 657.

Sequenz einer Sequenzmatrix kann ein Kapazitätsprofil erzeugt werden. Im Fall von Auftrag J_2 ließe sich somit ein weiteres Kapazitätsprofil erzeugen.

Eine wichtige Eigenschaft von Kapazitätsprofilen ist, dass diese addierbar sind. Dies ermöglicht eine Aggregation der gesamten Kapazitätsnachfrage bspw. von bereits freigegeben, aktiven Aufträgen in einem Montagesystem. Um die kumulierte Kapazitätsnachfrage bereits freigegebener, aktiver Aufträge in einem Montagesystem zu berechnen, müssen die auftragsspezifischen Kapazitätsprofile auftragsübergreifend kombiniert werden. Das Ergebnis dieser Kombination bzw. Addition sind ***Auslastungsprofile***, welche die aggregierte Nachfrage nach Montageoperationen durch mehrere (alle aktiven) Aufträge beschreiben. Abbildung 4.14 stellt exemplarisch die Erzeugung eines möglichen Auslastungsprofils für die Aufträge J_1 und J_2, welche sich hinsichtlich ihres Bearbeitungsfortschritts unterscheiden.

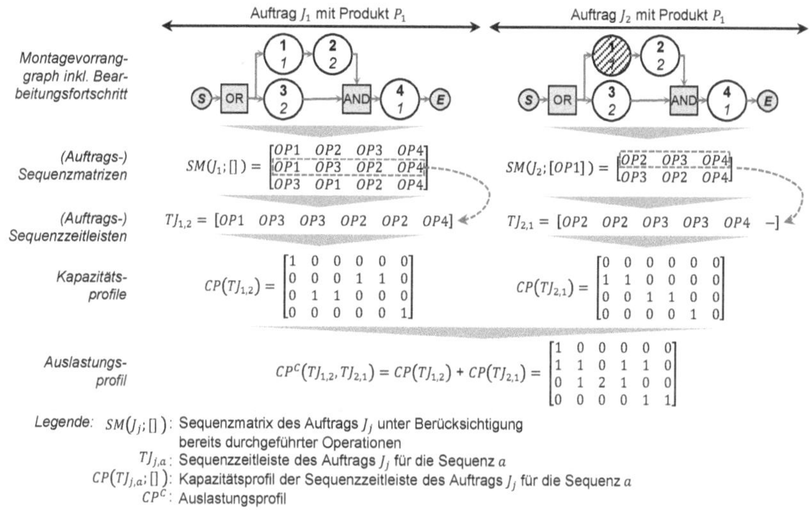

Abbildung 4.14: Erzeugung von Auslastungsprofilen durch Addition von Kapazitätsprofilen[377]

Ausgehend vom Montagevorranggraphen wurden für Auftrag J_1 drei zulässige Sequenzen sowie für Auftrag J_2 zwei zulässige Sequenzen bestimmt sowie in der Sequenzmatrix hinterlegt. Im vorliegenden Beispiel wird die zweite Sequenz der Sequenzmatrix von Auftrag J_1, welche nachfolgend als $SM(J_1;[\,])$ bezeichnet wird, zur Kapazitätsprofilbildung verwendet. Des Weiteren wird die erste Sequenz der Sequenzmatrix von Auftrag J_2, welche nachfolgend als $SM(J_2;[OP1])$ bezeichnet wird, zur Kapazitätsprofilbildung verwendet. Im ersten Schritt werden die ausgewählten Sequenzen in Sequenzzeitleisten überführt. Diese werden für Auftrag J_1 als $TJ_{1,2}$ sowie für Auftrag J_2als $TJ_{2,1}$ bezeichnet, so dass sich der erste tiefgestellte Index auf den Auftrag sowie der zweite tiefgestellte Index auf die gewählte Sequenz bezieht. Die Überführung in Kapazitätsprofile erfolgt gemäß Abbildung 4.13, so dass sich die Kapazitätsprofile

[377] I. A. a. SCHUKAT et al. (Order release in matrix-structured assembly systems), 2022, S. 658.

$CP(TJ_{1,2})$ sowie $CP(TJ_{2,1})$ ergeben. Werden diese addiert, ergibt sich das Auslastungsprofil $CP^C(TJ_{1,2}, TJ_{2,1})$. Dieses Auslastungsprofil beschreibt die aggregierte Nachfrage nach den Operationen $OP1$ bis $OP4$ zu jedem Zeitschritt. Neben dem dargestellten Auslastungsprofil lassen sich fünf weitere Auslastungsprofile CP^C erzeugen, welche in Summe dann alle möglichen Kombinationen der Sequenzen bzw. Sequenzzeitleisten von Auftrag J_1 und Auftrag J_2 abbilden. Würde bspw. die Sequenzmatrix $SM(J_1; [])$ eine zusätzliche zulässige Sequenz beinhalten, so ließen sich insgesamt acht Auslastungsprofile berechnen. Analog würde eine zusätzliche zulässige Sequenz in der Sequenzmatrix $SM(J_2; [OP1])$ zu insgesamt neun Auslastungsprofilen führen. Die Anzahl der möglichen Auslastungsprofile steigt somit exponentiell mit der Anzahl an möglichen Sequenzen der berücksichtigen Aufträge sowie auch mit der Anzahl berücksichtigter Aufträge. Man spricht in der Literatur von einem NP-vollständigen Problem, welches sich unter Umständen nicht effizient lösen lässt. Die Berücksichtigung der Sequenzflexibilität und die dadurch entstehende Anzahl an Sequenzen je Auftrag und Anzahl an Auslastungsprofilen kann damit potenziell der Anforderung der Praxistauglichkeit widersprechen. Um diese Anforderung trotzdem zu erfüllen, kann es daher zu einem späteren Zeitpunkt notwendig sein, die Anzahl der betrachteten Sequenzen bzw. Sequenzzeitleisten bei der Bestimmung der Auslastungsprofile zu begrenzen (vgl. Kapitel 4.2.4).

Während mithilfe der eingeführten Kapazitätsprofile die Kapazitätsnachfrage einzelner Aufträge modelliert werden kann, ermöglichen die Auslastungsprofile die Modellierung der Kapazitätsnachfrage mehrerer Aufträge. Zur späteren Durchführung einer Kapazitätsauswertung gilt es weiterhin das Kapazitätsangebot eines matrixstrukturierten Montagesystems zu beschreiben. Das Kapazitätsangebot ist analog zur zentralen Auftragsfreigabe mit arbeitssystemspezifischen Belastungsabgleich als Bestandsgrenze anzusehen. Anders als bei einer zentralen Auftragsfreigabe mit arbeitssystemspezifischem Belastungsabgleich erfolgt innerhalb der Methodik zur Auftragsfreigabe kein Belastungsabgleich bezogen auf ein Subsystem, d.h. eine Montagestation (vgl. Kapitel 4.2.4). Statt einem montagestationsspezifischen Bestandskonto wird ein operationsspezifisches Bestandskonto eingeführt (siehe Abbildung 4.15).

(Exemplarisches) Bearbeitungsangebot

$$SO = \sum_{as} O_{as} = \sum_{as} \begin{bmatrix} OP1 \\ OP2 \\ OP3 \\ OP4 \end{bmatrix}_{AS} = O_1 + O_2 + O_3 = \begin{bmatrix} 0 \\ 1 \\ 0 \\ 0 \end{bmatrix} + \begin{bmatrix} 0 \\ 0 \\ 1 \\ 0 \end{bmatrix} + \begin{bmatrix} 1 \\ 0 \\ 0 \\ 1 \end{bmatrix} = \begin{bmatrix} 1 \\ 1 \\ 1 \\ 1 \end{bmatrix}$$

Legende

as: Nummer der Montagestation
O_{as}: Fähigkeitsprofil der Montagestation as
NAS: Anzahl aller Montagestationen
SO: Gesamtfähigkeitsprofil des Montagesystems

Abbildung 4.15: Spezifikation des Bearbeitungsangebots eines matrixstrukturierten Montagesystems[378]

Jede Montagestation, engl. assembly station (AS), besitzt ein stationsspezifisches Fähigkeitsprofil o_{AS}, welches als Spaltenvektor mithilfe von Binärvariablen die durchführbaren Operationen beschreibt. Die Spaltenvektoren der Montagestationen können zum Vektor SO aufaddiert werden, wodurch sich ein Gesamtfähigkeitsprofil des Montagesystems ergibt. Dieses gibt an, wie häufig jede Operation je Zeitschritt angeboten wird. Die Anzahl an Montagestationen NAS, engl. number of assembly stations (NAS), stellt ein weiteres, charakterisierendes Merkmal des

[378] I. A. a. SCHUKAT et al. (Order release in matrix-structured assembly systems), 2022, S. 657.

Montagesystems dar. Im dargestellten Beispiel umfasst das Montagesystem drei Montagestationen, welche die Bearbeitung des in Kapitel 4.3.1 eingeführten Produkts P_1 ermöglichen. So ist Montagestation 1 zur Bearbeitung von $OP2$ befähigt. Montagestation 3 ist multifunktional, da diese Montagestation sowohl $OP1$ als auch $OP4$ anbietet. Im Beispiel wird jede Montageoperation genau einmal im Montagesystem je Zeitschritt abgebildet.

4.3.2 Kapazitätsauswertung

Nachdem die Grundlagen zur Modellierung von Kapazitätsnachfrage und -angebot eingeführt wurden, kann diese nun um die Betrachtung der Aufträge des Auftragspools ergänzt werden. Hierzu stellt Abbildung 4.16 anhand eines fiktiven Beispiels dar, wie der Abgleich von Kapazitätsangebot und -nachfrage erfolgt.

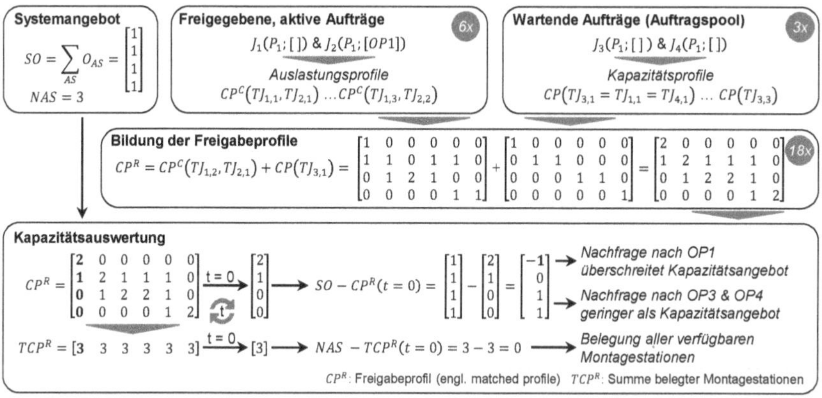

Abbildung 4.16: Kapazitätsauswertung[379]

Das Kapazitätsangebot der drei Montagestationen ermöglicht es, jede Operation zu jedem Zeitschritt einmal durchzuführen (siehe Abbildung 4.15). Die für die Kapazitätsauswertung relevante Kapazitätsnachfrage setzt sich aus zwei Bestandteilen zusammen. Einerseits Aufträge, die bereits freigegeben wurden (aktive Aufträge) und anderseits Aufträge, die im Auftragspool auf ihre Freigabe warten. Im vorliegenden Beispiel wurden bereits zwei Aufträge (J_1 und J_2) freigegeben, deren auftragsspezifische Kapazitätsprofile die Berechnung von sechs unterschiedlichen Auslastungsprofilen ermöglichen. Die zugehörigen Montagevorranggraphen und Bearbeitungsfortschritte können Abbildung 4.14 entnommen werden. Der Auftragspool beinhaltet zwei Aufträge (J_3 und J_4), welche jeweils das Produkt P_1 beinhalten. Damit gleichen sich die Sequenzmatrizen von (J_1, J_3 und J_4), so dass sich je Auftrag im Auftragspool drei zulässige Kapazitätsprofile bilden lassen (siehe Abbildung 4.12). Zur effizienten Auswer-

379 I. A. a. SCHUKAT et al. (Order release in matrix-structured assembly systems), 2022, S. 658.

tung des Auftragspools reicht es somit aus, nur die unterschiedlichen Produkte des Auftragspools ohne Spezifizierung weiterer Auftragsinformationen wie dem Plan-Fertigstellungstermin zu betrachten. Dies ist im vorliegenden Beispiel Produkt P_1.

Die Auslastungsprofile der freigegebenen, aktiven Aufträge werden nun systematisch um die Kapazitätsprofile der freizugebenden Aufträge bzw. deren Produkte erweitert. Daraus ergeben sich Freigabeprofile CP^R, welche mögliche Belastungszustände des Montagesystems bei Freigabe des jeweils in einem Auftrag des Auftragspools enthaltenen Produkts widerspiegeln. Genauso wie Kapazitäts- und Auslastungsprofile beschreiben Freigabeprofile CP^R somit eine zeitspezifische Kapazitätsnachfrage nach Operationen. Der Bildung eines Freigabeprofils liegt je Auftrag eine spezifische Sequenz zugrunde. Da keine deterministische Vorhersage möglich ist, welche Sequenzen die jeweiligen Aufträge bei der Bearbeitung tatsächlich durchlaufen, sind alle möglichen Kombinationen zu prüfen. Im vorliegenden Beispiel ergeben sich so potenziell 18 Freigabeprofile, welche es hinsichtlich der Einhaltung der Bestandsgrenzen auszuwerten gilt. Zu illustrativen Zwecken wurde in Abbildung 4.16 eine zufällige Kombination gewählt. Wären die wartenden Aufträge nicht mit Blick auf die enthaltenen Produkte zusammengefasst worden, hätten insgesamt 36 Freigabeprofile berechnet und ausgewertet werden müssen. Allerdings würde jedes Freigabeprofil in diesem Fall exakt zwei Mal gebildet worden, da die Aufträge J_3 und J_4 die gleichen Sequenzmatrizen und damit Kapazitätsprofile besitzen. Eine Differenzierung hinsichtlich der im Auftragspool enthaltenen Produkte ermöglicht daher im vorliegenden Beispiel eine Reduktion der durchzuführenden Kapazitätsauswertung um den Faktor zwei.

Die eigentliche Kapazitätsauswertung zur Prüfung der Bestandsgrenzen eines jeden erzeugten Freigabeprofils erfolgt mithilfe von zwei Bedingungen. Einerseits wird betrachtet, ob die gleichzeitig zu bearbeitenden Aufträge die Anzahl der verfügbaren Montagestationen überschreiten. Dadurch wird modelliert, dass jede Montagestation nur einen Auftrag zeitgleich bearbeiten kann. Anderseits wird betrachtet, ob die operationsspezifische Kapazitätsnachfrage des Freigabeprofils das Kapazitätsangebot des Montagesystems überschreitet. Hierzu wird die Kapazitätsnachfrage des Freigabeprofils für jeden Zeitschritt vom Gesamtfähigkeitsprofil des Montagesystems SO subtrahiert. Ergibt sich innerhalb des Vektors in einer Zeile ein negativer Wert, so ist die Kapazitätsnachfrage höher als das Kapazitätsangebot. Das skizzierte Beispiel zeigt, dass die Nachfrage nach $OP1$ zum Zeitpunkt $t = 0$ das Bearbeitungsangebot des Montagesystems überschreitet, während die Nachfrage nach $OP2$ exakt gedeckt werden kann. Die Kapazitätsauswertung erfolgt für alle Freigabeprofile sowie Zeitschritte.

Die vorgestellte Kapazitätsauswertung ermöglicht die Bewertung, ob und inwieweit das Kapazitätsangebot bei Freigabe eines spezifischen Produkts überschritten bzw. ausgefüllt wird. Im nächsten Schritt gilt es daher, die Kapazitätsauswertung zu interpretieren sowie mit Blick auf die Freigabeentscheidung auftragsspezifische Informationen zu integrieren.

4.3.3 Auswahl von Aufträgen aus dem Auftragspool

Um einen spezifischen Auftrag aus einem Auftragspool zur Freigabe auszuwählen, ist eine Systematik zur Bewertung dieser zu definieren. Hierzu werden nachfolgend drei Varianten vorgestellt sowie diskutiert. Varianten 1 & 2 orientieren sich an der BOA und sehen vor, Aufträge nur dann freizugeben, wenn dadurch die Bestandsgrenze an keiner der durchlaufenen Montagestationen überschritten wird. Entsprechend sollen diese Varianten Aufträge aus dem Auftragspool herausfiltern, bei denen die Kapazitätsnachfrage das Kapazitätsangebot überschreitet. Abweichend zur BOA wird diese Kapazitätsauslastung jedoch gemäß Kapitel 4.3.2 bezogen auf die Montageoperationen statt -stationen bestimmt. Variante 3 soll eine kontrollierte Verletzung der Bestandsgrenzen zulassen. Dabei können zwar Warteschlangen im Montagesystem entstehen, allerdings Eilaufträge kurzfristig priorisiert werden. Um weiterhin zu bewerten, welche Auslastung durch die Auswahl eines Auftrags erreicht werden kann sowie auch eine Berücksichtigung auftragsspezifische Informationen wie bspw. den Plan-Fertigstellungstermin zu ermöglichen, werden Scores eingeführt (vgl. Kapitel 4.2.3). Diese Scores bilden die Grundlage der Freigabeentscheidung und umfassen den Produktscore, Jobscore sowie Freigabescore. Sie sind wie folgt definiert:

- *Produktscore:* Zur Bewertung der erreichten Kapazitätsauslastung durch die Freigabe eines Auftrags mit einem zulässigen Produkt[380] wird ein Produktscore bestimmt. Hierzu wird die verbleibende Restkapazität auf Operationsebene zu jedem Zeitschritt (siehe Abbildung 4.16) bewertet. Da sich diese zwischen zwei Aufträgen mit demselben Produkt nicht unterscheidet, reicht eine Unterscheidung auf Produktebene. Entsprechend ist diese namensgebend für diesen Score. Produkte, die innerhalb der Bestandsgrenzen zu einer höheren Auslastung führen, erhalten einen höheren Produktscore.
- *Jobscore:* Der Jobscore zielt auf die Bewertung von auftragsspezifischen Informationen wie bspw. dem Plan-Fertigstellungstermin, dem Beauftragungszeitpunkt oder dem erwarteten Gewinn innerhalb der Freigabeentscheidung ab. Er wird genutzt, um die Relevanz von Aufträgen bspw. hinsichtlich der Dringlichkeit untereinander vergleichbar zu machen.
- *Freigabescore:* Anhand Summierung sowie Gewichtung von Auftrags- und Produktscore wird der Freigabescore berechnet. Dieser ist ausschlaggebend für die Freigabeentscheidung.

Alle drei Varianten verwenden neben der in Kapitel 4.3.2 vorgestellten Kapazitätsauswertung eine Entscheidungsfindung mithilfe der genannten Scores. Die Varianten sind in Abbildung 4.17 darstellt und werden nachfolgend detailliert.

[380] Ein zulässiges Produkt besitzt mindestens ein Freigabeprofil, welches zu keinem Zeitpunkt die Bestandsgrenzen des Montagesystems verletzt.

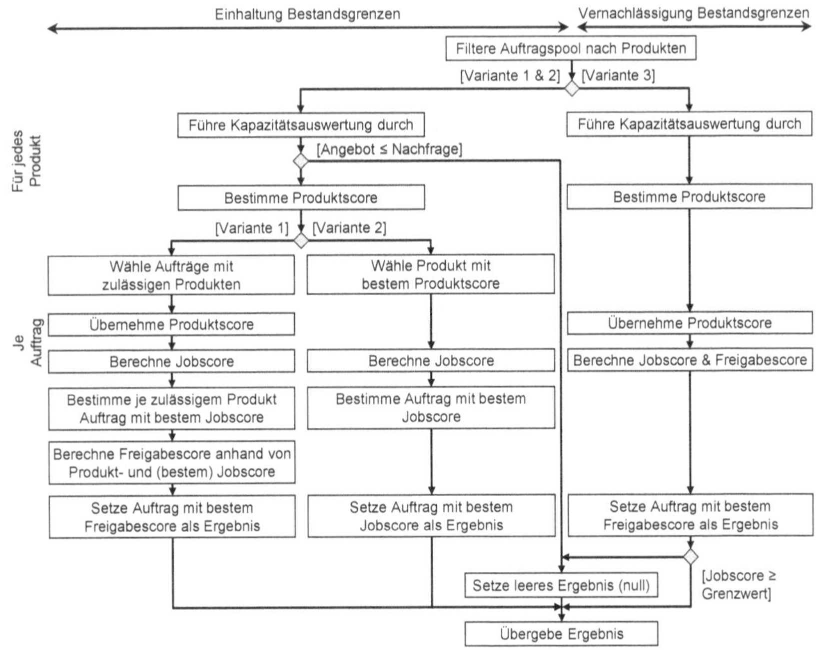

Abbildung 4.17: Auswahl von Aufträgen aus dem Auftragspools[381]

Ausgangspunkt aller Varianten ist die Filterung des Auftragspools nach den enthalten Produkten, um so die initiale Kapazitätsauswertung zur Prüfung der Bestandsgrenzen effizient zu gestalten (siehe Abbildung 4.16). Zunächst werden Variante 1 & 2 erläutert, welche eine Überschreitung der Bestandsgrenzen verbieten. Diese Varianten führen zunächst eine Kapazitätsauswertung für alle Produkte des Auftragspools durch. Produkte, deren Kapazitätsnachfrage das verfügbare Angebot überschreiten, werden als unzulässig erklärt. Die Kapazitätsauswertung erfolgt gemäß Kapitel 4.3.2 bzw. Abbildung 4.16 auf Operations- und Gesamtsystemebene sowie für alle Freigabeprofile der Produkte des Auftragspools. Ein zulässiges Produkt ist dadurch gekennzeichnet, dass es zu keinem Zeitpunkt der Kapazitätsauswertung die Bestandsgrenzen verletzt. Kann kein zulässiges Produkt bestimmt werden, so wird dieses Ergebnis festgehalten und übergeben. Für die zulässigen Produkte wird ein Produktscore bestimmt, welcher die Auslastung des Montagesystems anhand der verbleibenden Kapazitäten auf Operationsebene zu jedem Zeitschritt bewertet. Die Berechnung des Produktscores wird in Kapitel 4.4.6 eingeführt. Die Berücksichtigung des Produktscores unterscheidet sich innerhalb der Varianten 1 & 2. In Variante 1 wird der jeweilige Produktscore an alle Aufträge, die ein zulässiges Produkt beinhalten, übergeben. Die Variante 2 betrachtet hingegen nur noch dasjenige Produkt mit dem besten Produktscore, wobei davon ausgegangen wird, dass dieses zur höchstmöglichen Systemauslastung führt. Anschließend werden in Variante 2 für dieses

381 Eigene Darstellung.

Produkt Jobscores gebildet. Die abschließende Auswahl eines Auftrags erfolgt daher auch nur anhand des Jobscores, welcher bspw. die erwartete Abweichung vom Plan-Fertigstellungstermin beinhaltet. Variante 1 hingehen bildet für alle Aufträge mit zulässigen Produkten ein individuellen Jobscore. Dieser lässt zu, die Relevanz zweier Aufträge mit gleichem Produkt gegeneinander abzuwägen. Die Berechnung des Jobscore wird in Kapitel 4.4.7 detailliert. Entscheidend für die Freigabeentscheidung ist nachfolgend jeweils der Auftrag eines jeden zulässigen Produkts mit dem höchsten Jobscore. Dieser wird zur Berechnung des Freigabescores herangezogen, welcher sich durch Summierung sowie Gewichtung von Auftrags- und Produktscore ergibt. Dadurch ergibt sich die Möglichkeit, dringende Aufträge zulasten einer schwächeren Kapazitätsauslastung freizugeben. Die Berechnung des Freigabescores wird in Kapitel 4.4.5 detailliert.

Dem gegenüber steht die Variante 3, bei der eine Überschreitung der Bestandsgrenzen während der Kapazitätsauswertung nicht zum Ausschluss von Produkten führt. Zwar wird analog zur Variante 1 & 2 ein Produktscore gebildet und dem jeweiligen Produkt zugeordnet, allerdings wird eine über dem Kapazitätsangebot liegende Kapazitätsnachfrage kalkulatorisch im Produktscore bestraft. Dadurch führt eine Überschreitung der Bestandsgrenzen zu einem negativen Produktscore. Zur Bestimmung des besten Produktscores eines Produkts werden weiterhin alle Freigabeprofile berücksichtigt, die zu einem jeweiligen Produkt erzeugt werden können. Eine Fallunterscheidung in Form einer Filterung der Aufträge nach zulässigen Produkten entfällt, so dass jeder Auftrag im Auftragspool einen Produktscore erhält. Der beste Produktscore wird produktspezifisch den Aufträgen vererbt. Anschließend erfolgt eine Berechnung des Jobscores. Wenn der Jobscore für alle Aufträge bestimmt wurde, wird dieser jeweils mit dem Produktscore addiert, um so den Freigabescore zu erzeugen. Eine Übergabe des Auftrags mit dem höcgsten Freigabescore erfolgt allerdings nur, wenn dieser ein Schwellenwert, engl. threshold, überschritten hat. Andernfalls wird das Ergebnis verworfen und kein Auftrag übergeben. Ohne den Schwellenwert würde bei jedem auslösenden Ereignis die Übergabe des Auftrags mit dem höchsten Freigabescore initiiert und damit in jedem Durchlauf ein Auftrag zur Freigabe übergeben werden. In Abbildung 4.18 ist exemplarisch die Zusammensetzung des Freigabescores sowie die Einordnung des skizzierten Grenzwerts dargestellt.

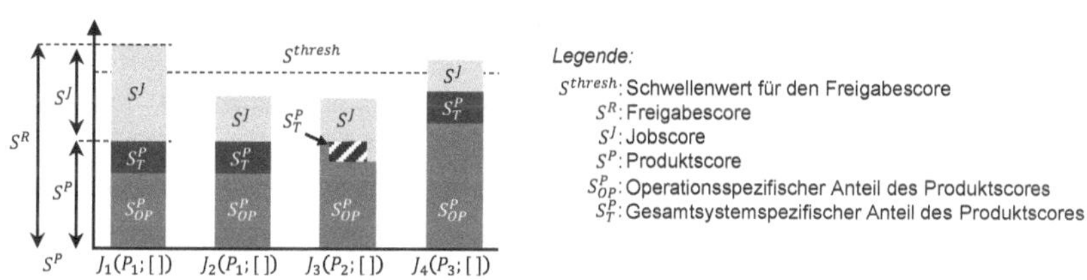

Abbildung 4.18: Zusammensetzung des Freigabescores für Variante 3[382]

Dargestellt sind vier unterschiedliche Aufträge J_1 bis J_4 mit ihren jeweiligen Scores. Auftrag J_1 und Auftrag J_2 enthalten das gleiche Produkt und weisen daher den gleichen Produktscore auf.

382 Eigene Darstellung.

Der Produktscore setzt sich dabei aus einem operationsspezifischen Anteil und einem gesamtsystemspezifischen Anteil zusammen. Dadurch lässt sich die Überlastung von Operationen getrennt von der Überlastung des Montagesystems bewerten. Der produktunabhängige Anteil des Freigabescores berücksichtigt mit dem Jobscore bspw. Informationen bzgl. des Plan-Fertigstellungstermins. Durch letztgenannten Anteil überschreitet Auftrag J_1 im Vergleich zu Auftrag J_2 den zur Freigabe notwendigen Schwellwert. Am Beispiel von Auftrag J_3 ist die Auswirkung eines negativen, gesamtsystemspezifischen Anteils des Produktscores dargestellt. Dieser ist das Resultat einer zeitspezifischen Überlastung des Montagesystems. Entsprechend wird der operationsspezifische Anteil des Produktscores S_{OP}^{P} um den Betrag von S_{T}^{P} reduziert. Nach der Bestimmung der Scores und der Berechnung des Freigabescore S^{R} wird Auftrag J_1 zur Prüfung der Betrachtungsgrenze ausgewählt. In dem Beispiel würde der Auftrag J_1 zur Freigabe übergeben werden, da der Freigabescore S^{R} von Auftrag J_1 über der Betrachtungsgrenze S^{thresh} liegt sowie der Freigabescore S^{R} von Auftrag J_1 größer als der von Auftrag J_4 ist.

Variante 3 erfordert eine experimentelle Festlegung des Schwellenwerts, da die Bestandsgrenzen nicht explizit durch die Bearbeitungskapazitäten formuliert werden. Variante 2 berücksichtigt auftragsspezifische Informationen lediglich innerhalb der Aufträge, deren enthaltene Produkte mit der bestmöglichen Auslastung assoziiert werden. Dadurch werden dringende Aufträge möglicherweise zurückgehalten, falls das jeweilige Produkt zu einer geringeren Auslastung führt, obgleich es zulässig ist. Variante 1 kombiniert beide Varianten, indem sie alle zulässigen Produkte berücksichtigt und gleichzeitig einen Trade-off zwischen Auslastung sowie Dringlichkeit oder ähnlichen auftragsspezifische Informationen erlaubt. Nachfolgend findet daher ausschließlich die Variante 1 Berücksichtigung.

Bevor die exakte Berechnung der Produkt- und Jobscores sowie des Freigabescores in Kapitel 4.4 eingeführt werden können, sind weiterhin die Betrachtungshorizonte der einzelnen Schritte zur Kapazitätsauswertung und Auftragsauswahl zu definieren. Die Betrachtungshorizonte legen bspw. fest, für welche Zeitschritte eine Prüfung der Überschreitung der Bestandsgrenzen notwendig ist.

4.3.4 Betrachtungshorizonte der Kapazitätsauswertung und Auftragsauswahl

Essentiell für die Konzeption der Methodik zur Auftragsfreigabe ist eine Festlegung, welche Zeitschritte in den jeweiligen Auswertungsschritten (siehe Kapitel 4.3.3) Berücksichtigung finden sollen. Die Festlegung der Betrachtungshorizonte bestimmt innerhalb der Auswertungsschritte die Berechnungsintensität und nimmt damit Einfluss auf die Leistungsfähigkeit der Methodik. Gleichzeitig wird die Vergleichbarkeit der eingeführten Scores abgesichert. Konkret werden vier Betrachtungshorizonte für die nachfolgend aufgeführten Auswertungsschritte festgelegt:

- Prüfung der Überschreitung der Bestandsgrenzen auf Operationsebene.
- Prüfung der Überschreitung der Bestandsgrenzen auf Systemebene.
- Berechnung des Produktscores.
- Berechnung des Jobscores.

Die ***Prüfung der Überschreitung der Bestandsgrenzen auf Operationsebene*** stellt als erste Randbedingung sicher, dass durch die Freigabe eines Auftrags die operationsspezifische Bearbeitungskapazität des Montagesystems in keinem Zeitschritt überschritten wird. Somit muss die Prüfung dieser Randbedingung die gesamte Bearbeitungsdauer eines Produkts abdecken. Die Bearbeitungsdauer eines Produkts ist gleichzusetzen mit der Länge der zugehörigen Kapazitätsprofile sowie die Länge mit der Anzahl der Zeitschritte. Somit ist der Betrachtungshorizont zur Auswertung eines Freigabeprofils produktabhängig und umfasst die Länge des aktuell betrachteten Kapazitätsprofils. Diese Aussage liegt der Annahme zugrunde, dass jedes Freigabeprofil ein zulässiges Auslastungsprofil, welches die Bestandsgrenzen des Montagesystems einhält, beinhaltet. Um eine Addition von Kapazitätsprofil sowie Auslastungsprofil zu ermöglichen, muss die Länge des Freigabeprofils an die Länge des Kapazitätsprofils angepasst werden. Die Länge des Freigabeprofils beschreibt damit ebenso den Betrachtungshorizont. Dieser Zusammenhang wird in Abbildung 4.19 exemplarisch dargestellt.

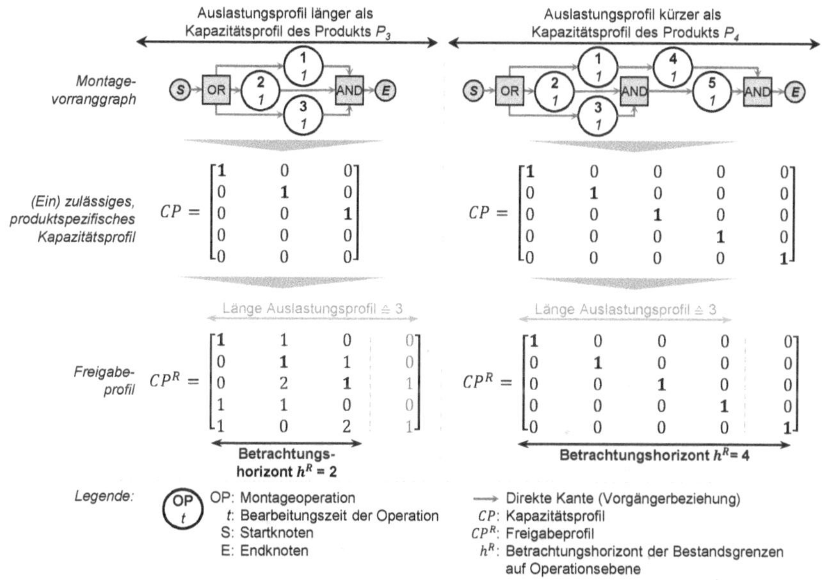

Abbildung 4.19: Betrachtungshorizont bei Prüfung der Operationskapazität[383]

Dargestellt sind zwei unterschiedliche Produkte bzw. deren Montagevorranggraphen, deren Kapazitätsprofil einmal länger und einmal kürzer als das Auslastungsprofil sind. Im Fall von Produkt P_3, dessen Kapazitätsprofil kürzer als das Auslastungsprofil ist, kann ein Teil des Auslastungsprofils bei der Prüfung der Überschreitung der Bestandsgrenzen auf Operationsebene vernachlässigt werden. Entsprechend kann ein Freigabeprofil mit der Länge des Kapazitätsprofils gebildet werden. Dies reduziert weiterhin die Berechnungsintensität während der Kapa-

[383] Eigene Darstellung.

zitätsprüfung. Das Kapazitätsprofil von Produkt P_4 ist hingegen länger als das Auslastungsprofil. Es werden somit Operationen über den Zeithorizont der bereits freigegebenen Aufträge im Auslastungsprofil hinaus verplant. Um trotzdem für alle Zeitschritte zu gewährleisten, dass die Kapazitätsnachfrage das Kapazitätsangebot nicht überschreitet, wird das zugehörige Freigabeprofil mit der Länge des Kapazitätsprofils von Produkt P_4 gebildet. In den Zeitschritten, in denen zuvor keine Operationen entsprechend des zugrundeliegenden Auslastungsprofils ausgelastet waren, werden ausschließlich Bedarfe des Kapazitätsprofils berücksichtigt. Dies betrifft die letzte Spalte des dargestellten Freigabeprofils. Dadurch wird sichergestellt, dass ausreichende Bearbeitungskapazitäten für die gesamte Bearbeitungsdauer eines Auftrags bzw. des enthaltenen Produkts vorhanden sind. Zusammenfassend lässt sich feststellen, dass zur Prüfung der Überschreitung der Bestandsgrenzen auf Operationsebene die Länge des geprüften Kapazitätsprofils maßgebend für den Betrachtungshorizont und damit auch die Länge des zu überprüfenden Freigabeprofils ist.

Die *Prüfung der Überschreitung der Bestandsgrenzen auf Systemebene* stellt als zweite Randbedingung sicher, dass die Anzahl freigegebener, aktiver Aufträge in einem Montagesystem durch die Anzahl der vorhandenen Montagestationen begrenzt wird. Dadurch wird eine zügige Bearbeitung der Aufträge sichergestellt. Entsprechend gilt es festzulegen, für welche Zeitschritte und damit für welchen Betrachtungshorizont diese Randbedingung zu prüfen ist. Die Herleitung der Festlegung des zugehörigen Betrachtungshorizonts erfolgt anhand eines illustrierenden Beispiels in Abbildung 4.20.

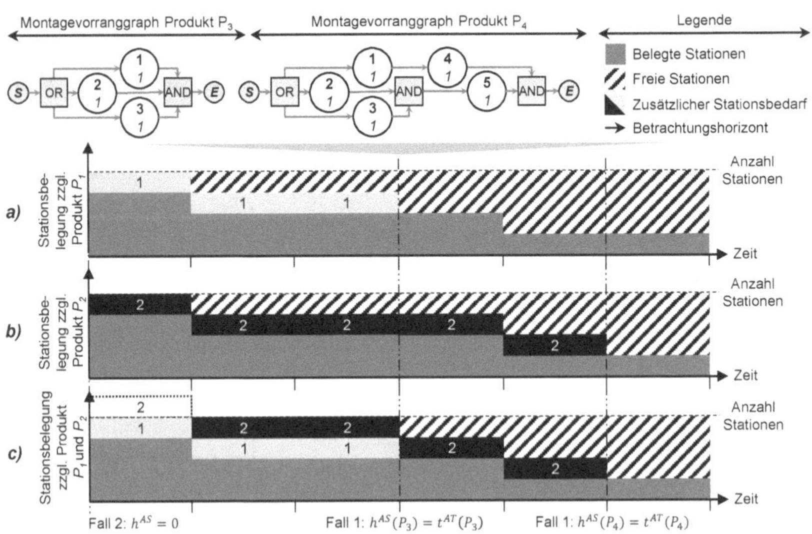

Abbildung 4.20: Betrachtungshorizont bei Prüfung der Systemkapazität[384]

[384] Eigene Darstellung.

Gegeben seien zwei Produkte P_3 und P_4, welche sich in ihrer Bearbeitungsdauer $t^{AT}(P)$ unterscheiden, sowie deren Montagevorranggraphen. Für Fall 1 sei angenommen, dass sich der Betrachtungshorizont analog der ersten Randbedingung immer an der Länge des betrachteten Kapazitätsprofils und damit der Bearbeitungsdauer $t^{AT}(P)$ orientiert. Es wird somit für die Länge des Kapazitätsprofils für jeden Zeitschritt geprüft, ob die Anzahl der im System befindlichen Aufträge die Anzahl an Montagestationen übersteigt (siehe Abbildung 4.20 a & b). Diese Prüfung ist formal richtig und es würden kapazitätskritische Produkte herausgefiltert werden. Die Methodik zur Auftragsfreigabe ist jedoch reaktiv, so dass keine Aufträge mit einem in der Zukunft liegenden Soll-Bearbeitungsbeginn eingeplant werden. Damit fällt im zeitlichen Verlauf ausgehend vom Zeitpunkt der Freigabeentscheidung die Anzahl belegter Montagestationen. Die Anzahl an belegten Montagestationen ist im ersten Zeitschritt am höchsten und sinkt mit der Zeit. Solange keine geplante Reduktion der Anzahl an Montagestationen Berücksichtigung findet, sind zu keinem zukünftigen Zeitschritt mehr Aufträge im Montagesystem als im ersten Zeitschritt. Diese Erkenntnis findet in Fall 2 Berücksichtigung. Gemäß Fall 2 findet die Prüfung der Systemkapazität ausschließlich im ersten Zeitschritt statt. Voraussetzung ist, dass die Anzahl an verfügbaren Montagestationen entlang der Bearbeitungsdauer $t^{AT}(P)$ eines Auftrags nicht variiert (siehe Abbildung 4.20 c). Sollte der Bedarf an Montagestationen die Anzahl an verfügbaren Montagestationen übersteigen, so ist dies dann auch immer im ersten Zeitschritt der Fall. Im dargestellten Beispiel ist im ersten Zeitschritt damit lediglich die Freigabe eines Auftrags möglich. Zusammenfassend lässt sich feststellen, dass die Prüfung der zweiten Randbedingung der Kapazitätsauswertung unabhängig von der Bearbeitungsdauer eines Produkts auf den ersten Zeitschritt zu begrenzen ist. Dies gilt allerdings nur, solange keine geplanten Auftragsfreigaben mit zukünftigem Plan-Starttermin sowie geplante Änderungen in der Anzahl der Montagestationen bspw. durch Wartungen modelliert werden.

Um die Vergleichbarkeit der Bewertung zweier unterschiedlicher Produkte sicherzustellen, ist weiterhin die Festlegung eines Betrachtungshorizonts für die *Berechnung des Produktscores* notwendig. Abbildung 4.21 führt ein illustrierendes Beispiel zur Herleitung der Festlegung dieses Betrachtungshorizontes ein, wobei zur Vereinfachung sämtliche Operationsauslastungen und Bedarfe zusammengefasst sind.

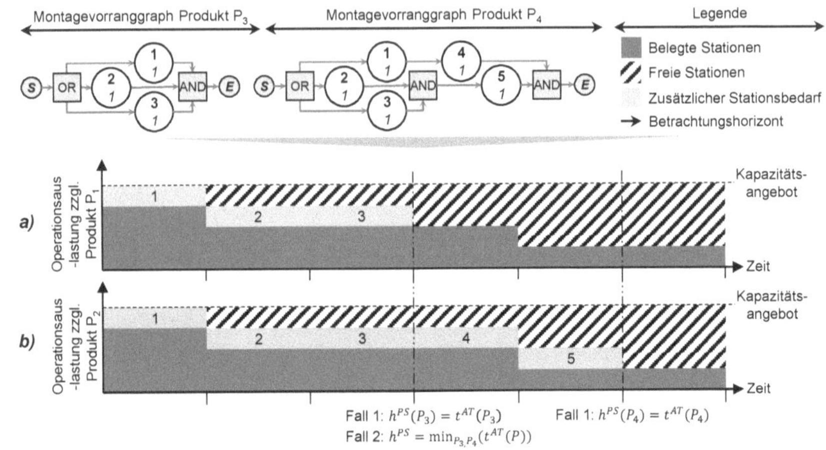

Abbildung 4.21: Betrachtungshorizont bei Berechnung des Produktscores[385]

Gegeben seien zwei Produkte P_3 und P_4, welche sich in ihrer Bearbeitungsdauer $t^{AT}(P)$ unterscheiden, sowie deren Montagevorranggraphen. Dargestellt ist weiterhin eine fiktive Operationsauslastung (Auslastungsprofil), welche jeweils um den zusätzlichen Kapazitätsbedarf von Produkt P_3 (siehe Abbildung 4.21 a) sowie Produkt P_4 (siehe Abbildung 4.21 b) ergänzt wird. Für den Fall 1 sei angenommen, dass für die Berechnung des Produktscores immer die gesamte Bearbeitungsdauer des aktuell betrachteten Produkts herangezogen wird. Aus der Abbildung wird ersichtlich, dass die Auslastung bezogen auf den produktspezifischen Betrachtungshorizont bei Freigabe von Produkt 2 im Vergleich zu Produkt 1 zu einem vergleichsweise höheren Anteil an freier Bearbeitungskapazität (schraffierter Fläche) und damit einer schlechteren kalkulatorischen Auslastung führt. Aufgrund der reaktiven Gestaltung der Methodik nimmt die Auslastung, die sich aus den Auslastungsprofilen ergibt, im Laufe der Zeit ab. Dies ist darin begründet, dass keine Aufträge mit einem in der Zukunft liegenden Soll-Bearbeitungsbeginn eingeplant werden. Produkte mit vergleichsweise längeren Bearbeitungszeiten erfahren somit tendenziell schlechtere Bewertungen innerhalb des Produktscores, was eine Vergleichbarkeit bei unterschiedlichen Bearbeitungsdauern verhindert. Um dennoch eine produktübergreifende Vergleichbarkeit von Produktscores zu erreichen, wird die Länge des kürzesten zulässigen Produkts als Betrachtungshorizont h^{PS} festgelegt (Fall 2). Anzumerken ist, dass durch die vorherige Prüfung der Bestandsgrenzen innerhalb der Kapazitätsauswertung die Bearbeitung des jeweiligen Produkts für die gesamte Bearbeitungsdauer sichergestellt wird (siehe Abbildung 4.17). Zusammenfassend lässt sich somit feststellen, dass für die Berechnung des Produktscores jeweils eine Begrenzung des Betrachtungshorizonts auf die kürzeste Bearbeitungsdauer der Produkte des Auftragspools vorzunehmen ist. Dies ermöglicht die produktübergreifende Vergleichbarkeit der Produktscores. Die Bewertung selbst erfolgt jedoch operationsspezifisch sowie separat für jeden Zeitschritt innerhalb des Betrachtungshorizonts,

[385] Eigene Darstellung.

wodurch ebenso die Möglichkeit einer Diskontierung späterer Zeitschritte besteht (vgl. Kapitel 4.4.6)

Die *Berechnung des Jobscores* beschränkt sich zu Demonstrationszwecken zunächst lediglich auf den Plan-Fertigstellungstermin, obgleich weitere auftragsbezogene Informationen wie bspw. Marge, Verweildauer im Auftragseingang oder Loszugehörigkeit in der Praxis ebenso von Relevanz sind. Für die Berechnung des Jobscores wird der Verzug als Abweichung vom Plan-Fertigstellungstermin herangezogen. Zur Berechnung des auftragsspezifischen Verzugs $t^{D}(j)$ werden der aktuelle Auswertungszeitpunkt der Freigabeentscheidung t^{ST}, die Bearbeitungszeit eines Auftrags bzw. des enthaltenen Produkts $t^{AT}(j)$ sowie der Plan-Fertigstellungstermin $t^{DD}(j)$ eines Auftrags herangezogen.[386] Wenn bspw. die Bearbeitung eines Auftrags mit der Dauer der zugehörigen Bearbeitungszeit zum aktuellen Auswertungszeitpunkt beginnt und die Summe aus Bearbeitungsdauer sowie Auswertungszeitpunkt geringer ist als der Plan-Fertigstellungstermin, so ist der Verzug kleiner als null. Dies bedeutet, dass die Bearbeitung des Auftrags unter Vernachlässigung der Transportzeit sowie etwaigen Störungen rechtzeitig zum Plan-Fertigstellungstermin abgeschlossen wird. Falls die Summe aus aktuellem Zeitpunkt und Bearbeitungsdauer größer ist als der Plan-Fertigstellungstermin, so ist der Verzug größer null und der Auftrag bereits verspätet. Um aus dem Verzug den Jobscore herzuleiten, werden anhand von Abbildung 4.22 zwei Optionen diskutiert.

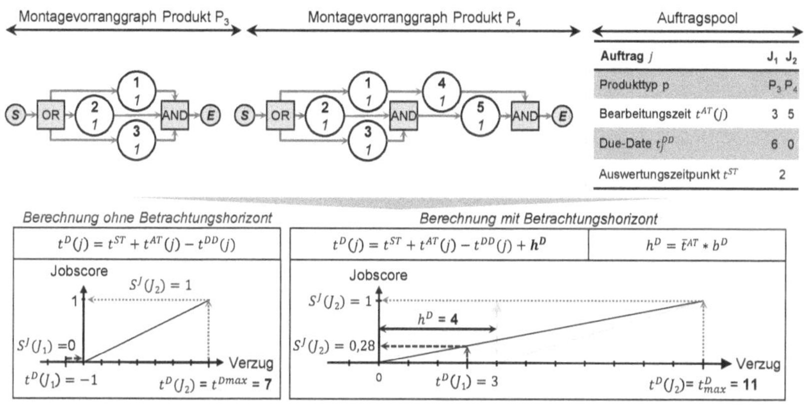

Abbildung 4.22: Betrachtungshorizont bei Berechnung des Jobscores[387]

Um im weiteren Verlauf eine Gewichtung sowie Parametrisierung des Entscheidungsverhaltens der Methodik vorzunehmen, wird für den Jobscore $S^{J}(J)$ ein Wertebereich von 0 bis 1 definiert (vgl. Kapitel 4.2.3). Die erste Option sieht eine Berechnung des Jobscores ohne Betrachtungshorizont vor. Alle Aufträge ohne Verzug erhalten einen Jobscore von 0. Dies ist im dargestellten Beispiel für Auftrag J_1 der Fall, während Auftrag J_2 die maximale Verspätung aller betrachteten Aufträge besitzt und somit den Maximalwert von 1 erhält. Daraus ergibt sich, dass

[386] Für eine umfassende Notationsvereinbarung sei auf Kapitel 4.4.1 verwiesen.

[387] Eigene Darstellung.

Aufträge, deren Verzug größer als 0 ist, bereits verspätet sind und Aufträge deren Verzug kleiner als 0 ist, noch nicht verspätet sind. Diese Herangehensweise führt allerdings dazu, dass keine Differenzierung und Identifikation von Aufträgen, deren Bearbeitung kurzfristig starten sollte, vorgenommen werden kann. Zudem finden stochastische Einflüsse wie bspw. unvorhersehbare Störungen durch Fehlteile, die insbesondere für die Montage von Relevanz sind, keine Berücksichtigung. Daher soll als zweite und präferierte Option eine Berechnung des Jobscores mit einem Betrachtungshorizont erfolgen. Zielsetzung dieser Option ist es, diejenigen Aufträge zu identifizieren, deren Bearbeitung demnächst starten sollte. Hierzu wird der Betrachtungshorizont des Jobscores h^D durch Multiplikation der durchschnittlichen Bearbeitungszeit $\overline{t^{AT}}$ aller Aufträge des Auftragspools sowie dem Gewichtungsfaktor b^D bestimmt. Dieser Betrachtungshorizont kann als kalkulatorischer Aufschlag auf die Bearbeitungsdauer bei der Berechnung des Verzugs berücksichtigt werden. Dadurch können Aufträge bereits früher einen Jobscore größer 0 erhalten, was eine Differenzierung von kurz- bis mittelfristig freizugebenen Aufträgen ermöglicht. Im dargestellten Beispiel würde der Auftrag J_1 somit einen Produktscore von 0,28 erhalten. Zusammenfassend lässt sich feststellen, dass für die Berechnung des Jobscores die Definition eines Betrachtungshorizonts anhand der durchschnittlichen Bearbeitungsdauer der Aufträge des Auftragspools vorzunehmen ist. Dieser Betrachtungshorizont bewirkt, dass Aufträge bereits vor der Entstehung einer tatsächlichen Verspätung einen positiven Jobscore zugeordnet bekommen.

Die mathematische Operationalisierung der Betrachtungshorizonte zur Bewertung von Aufträgen des Auftragspools wird in Kapitel 4.4 detailliert. Zuvor sollen jedoch die dargestellten Abläufe abstrahiert und in Bezug zur agentenbasierten Montagesteuerung gesetzt werden.

4.3.5 Einführung und Einordnung des Auftragsfreigabeagenten

Nachdem die konzeptionellen Abläufe zur Bewertung von Aufträgen zur Freigabeentscheidung beschrieben wurden, werden diese nachfolgend einem eigenständigen Agenten zugeordnet. Dieser Auftragsfreigabeagent (nachfolgend als Freigabeagent abgekürzt) kommuniziert mit seinem Umfeld und tauscht mit der agentenbasierten Montagesteuerung notwendige Informationen aus. Ebenso besitzt er Zugang zum Auftragspool. Da der Auftragspool von einer höheren Planungsebene verwaltet wird und allgemeinhin nicht als unmittelbarer Bestandteil von Montagesystem oder -steuerung gezählt wird, wird dieser nicht im oder vom Freigabeagenten verwaltet. Eine detaillierte Beschreibung, Einführung und Einordnung des Freigabeagenten erfolgt anhand von Abbildung 4.23.

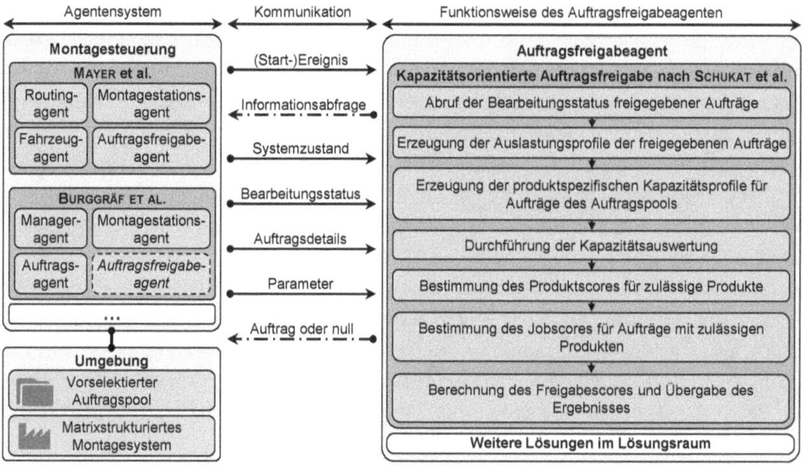

Abbildung 4.23: Einordnung des Auftragsfreigabeagenten in die Methodik zur Auftragsfreigabe[388]

Während MAYER et al. bereits einen separaten Freigabeagenten in ihrer agentenbasierten Montagesteuerung[389] vorgesehen haben (vgl. Kapitel 3.2.2), stellt der Freigabeagent für die von BURGGRÄF et al. konzipierte Montagesteuerung eine Erweiterung dar.[390] Um etwaige Unterschiede der Modellierung der agentenbasierten Montagesteuerung zu können, erfolgt zunächst eine unabhängige Beschreibung der Kommunikation der Agenten, welche Voraussetzung für die Anwendbarkeit der kapazitätsorientierten Auftragsfreigabe ist. Es sei darauf hingewiesen, dass neben der in dieser Dissertation entwickelten Auftragsfreigabe potenziell weitere zulässige Lösungen im Lösungsraum existieren (vgl. Kapitel 4.2).

Der Freigabeagent kann einerseits Informationen aus seiner Umgebung und von der Montagesteuerung abrufen sowie anderseits Informationen bereitstellen. Beinhaltet der Freigabeagent die Methodik zur Auftragsfreigabe, so wird diese durch ein spezifisches Ereignis ausgelöst. Diese Ereignisse sind nachfolgend die Fertigstellung einer Montageoperation eines beliebigen Auftrags sowie die Freigabe eines neuen Auftrags. Das Ereignis kann entweder aktiv übergeben werden oder auch durch das Abhören auftretender Events durch den Freigabeagenten selbst ausgelöst werden. Um die Methodik zur Auftragsfreigabe zu durchlaufen, sind eine Vielzahl von Informationen notwendig, welche der Freigabeagent proaktiv abfragt. Hierzu zählen der Zustand des Montagesystems, die Bearbeitungsstatus, die im Auftragspool hinterlegten Aufträge bzw. Produkte sowie Parameter bspw. zur Einstellung der Fertigungsziele (Gewichtung spezifischer Montageoperationen bei der Berechnung der Produktscores) oder Gewichtung von Job- und Produktscore (vgl. Kapitel 4.4.5). Auf Basis des Zustands des Montagesystems können Anzahl und Fähigkeitsprofile der Montagestationen und damit das

388 I. A. a. SCHUKAT et al. (Order release in matrix-structured assembly systems), 2022, S. 656.

389 Vgl. MAYER et al. (Negotiating Agents in Modular Assembly Systems), 2019, S. 120ff.

390 Vgl. SCHUKAT et al. (Order release in matrix-structured assembly systems), 2022, S. 655ff.

Kapazitätsangebot bestimmt werden. Die Bearbeitungsstatus der bereits freigegebenen Aufträge spezifizieren den Bearbeitungsfortschritt sowie die zur Fertigstellung verbleibenden Operationen. Ebenso kann der Freigabeagent die Produkte im Auftragspool sowie die Aufträge mitsamt ihrer individuellen Informationen wie bspw. Plan- Fertigstellungstermin oder der erwarteten Marge abrufen. Die Informationen werden dabei während der Durchführung spezifischer Aufgaben abgerufen. So werden zunächst Auslastungsprofile der freigegebenen Aufträge sowie die Kapazitätsprofile für alle im Auftragspool enthaltenen Produkte erzeugt (vgl. Kapitel 4.3.2). Die Kapazitätsauswertung erfolgt unter Berücksichtigung des Kapazitätsangebots des Montagesystems (vgl. Kapitel 4.3.3). Anschließend werden Produkt- und Jobscores bestimmt. Anhand dieser erfolgt die Freigabeentscheidung und damit die Auswahl eines spezifischen Auftrags (siehe Abbildung 4.17). Als Freigabeentscheidung wird lediglich ein Auftrag, jedoch keine mit dem Freigabescore im Zusammenhang stehende Sequenz vom Freigabeagenten zurückgegeben. Wenn kein geeigneter Auftrag identifiziert wird, wird auch dieses Ergebnis geteilt. Die Freigabe eines Auftrags triggert die Methodik zur Auftragsfreigabe erneut, sodass der beschriebene Ablauf abermals durchlaufen wird.

4.4 Operationalisierung

Zur Konkretisierung der Methodik zur Auftragsfreigabe werden die in Kapitel 4.3 eingeführten Zusammenhänge mathematisch operationalisiert. Dies umfasst im ersten Schritt die Einführung einer Notationsvereinbarung. Anhand dieser werden in den darauffolgenden Unterkapiteln die notwendigen Gleichungen und Berechnungsfortschriften zur Berechnung des Freigabescores, welcher als zentrale Entscheidungsgröße fungiert, definiert. Die Berechnung eines Freigabescores sowie die vorangehende Prüfung der Bestandsgrenzen wird dabei durch spezifische Ereignisse ausgelöst. Deren Betrachtung ist Gegenstand der späteren Implementierung, für die die nachfolgend vorgestellte Operationalisierung die Grundlage bildet.

4.4.1 Notationsvereinbarung

Zur eindeutigen Beschreibung der entwickelten Methodik zur Auftragsfreigabe wird die in Tabelle 4.1 dargestellte Notationsvereinbarung genutzt. Die Notationsvereinbarung umfasst Indizes, Mengen, Scores, Funktionen sowie Parameter und Variablen. Bei den Indizes kann zwischen tief- und hochgestellten Indizes unterschieden werden. Tiefgestellte Indizes ordnen dabei einem Parameter oder einer Menge ein spezifisches Element bzw. spezifische Elemente einer übergeordneten Menge zu. Hochgestellte Indizes werden dagegen zur Differenzierung sowie zur Kategorisierung der Parameter und Mengen verwendet. Falls folgend keine abweichende Definition eingeführt wird, handelt es sich bei den Indizes um natürliche Zahlen ($\in \mathbb{N}_0$) und bei den Parametern um reelle Zahlen ($\in \mathbb{R}^+$).

Tabelle 4.1: Notationsvereinbarung der Methodik zur Auftragsfreigabe

Indizes	
Tiefgestellt	
p	Produkt $p \in P$
a	Index a einer zulässigen Sequenz $s_{p,a} \in SM_p^P$ eines Produkts $p \in P^{Pool}$
j, k	Auftrag $j, k \in J^{WIP}, j \neq k$
z, u	Indizes z, u der zulässigen Sequenzen $s_{j,z}, s_{j,u} \in SM_{j,p}^J$ eines Auftrags $j \in J^{WIP}$ mit dem

	Produkts $p \in P, z \neq u$
o	Operation $o \in OP$
t	Zeitschritt
as	Montagestation $as \in AS$
v	Index v eines zulässigen Freigabeprofils $CP_{p,v}^{R} \in RP_{p}^{V}$ eines Produkts $p \in P^{V}$
Hochgestellt	
C	Ausgelastete Kapazitäten (engl. capacity)
P	Produktbezogen
R	Freigabebezogen (engl. release)
AS	Montagestation (engl. assembly station)
AT	Bearbeitungsdauer (engl. assembly time für Montagezeit)
DD	Plan-Fertigstellungstermin (engl. due date bzw. delivery date)
D	Verzug (engl. delay)
ST	Betrachtungs- bzw. Auswertungszeitpunkt (stellvertretend für Simulationszeit, engl. simulation time)
PS	Produktscorebezogen
J	Auftragsbezogen (engl. job)
RP	Freigabeprofilbezogen (engl. release profile)
max	Maximaler Wert
$Pmax$	Maximaler Wert bezogen auf die Produkte
$Dmax$	Maximaler Wert bezogen auf den Verzug
$Pool$	Auftragspoolbezogen
V	Zulässige Produkte und Freigabeprofile (engl. valid)
WIP	Freigegebene, noch aktive Aufträge (engl. Work-In-Progress)
Mengen	
P	Alle Produkte
$P^{Pool} \subseteq P$	Produkte aus dem Auftragspool
$P^{V} \subseteq P^{Pool}$	Zulässige Produkte des Auftragspools gemäß der Kapazitätsauswertung
$P^{R} \subseteq P^{V}$	Freizugebendes Produkt
J	Alle Aufträge
$J^{Pool} \subseteq J$	Aufträge aus dem Auftragspool
$J^{WIP} \subseteq J$	Menge bereits freigegebener Aufträge, die sich noch in Bearbeitung befinden
$J_{p}^{Pool} \subseteq J^{Pool}$	Menge an Aufträgen aus dem Auftragspool, welche das Produkt $p \in P^{V}$ beinhalten
$J_{p}^{max} \subseteq J_{p}^{Pool}$	Bester Auftrag im Auftragspool eines Produkts $p \in P^{V}$
$J^{R} \subseteq J^{Pool}$	Freizugebender Auftrag
SM_{p}^{P}	Produktsequenzmatrix des Produkts $p \in P$
$SM_{j,p}^{J}$	Auftragssequenzmatrix des Auftrags $j \in J^{WIP}$ des zugehörigen Produkts $p \in P$
AS	Alle Montagestationen
OP	Alle Operationen
$OP_{j}^{WIP} \subseteq OP$	Durchgeführte oder begonnene Operationen eines Auftrags $j \in J^{WIP}$
O_{as}	Operationsspezifisches Kapazitätsangebot einer Montagestation $as \in AS$
SO	Operationsspezifisches Kapazitätsangebot des gesamten Montagesystems
RP_{p}^{V}	Menge an zulässigen Freigabeprofilen $CP_{p,v}^{R}$ eines Produkts $p \in P^{V}$
Parameter und Variablen	
$s_{p,a}$	Sequenz von Operationen eines Produkts $p \in P^{Pool}$ mit dem Index a
$s_{j,z}$	Sequenz von Operationen eines Auftrags $j \in J^{WIP}$ mit dem Index z
F_{p}	Anzahl zulässiger Sequenzen zur Bearbeitung eines Produkts $p \in P$
$F_{j,p}$	Anzahl zulässiger Sequenzen zur Bearbeitung eines Auftrags $j \in J^{WIP}$ mit dem Produkt $p \in P$ unter Berücksichtigung des auftragsspezifischen Bearbeitungsfortschritts
TP	Produktsequenzzeitleiste

TJ	Auftragssequenzzeitleiste
CP	Kapazitätsprofil
CP^C	Auslastungsprofil
CP^P	Produktprofil
CP^R	Freigabeprofil
$CP^R_{p,v}$	Zulässiges Freigabeprofil eines Produkts $p \in P^V$ mit dem Index v
$cp_{o,t}$	Kapazitätsnachfrage nach einer Operation $o \in OP$ zum Zeitschritt t
$cp_{v,o,t}$	Kapazitätsnachfrage nach einer Operation $o \in OP$ zum Zeitschritt t durch ein zulässiges Freigabeprofil $CP^R_{p,v} \in RP^V_p$ mit dem Index v
$c_{v,o,t} \in [0,1]$	Relative Kapazitätsauslastung einer Operation $o \in OP$ zum Zeitschritt t innerhalb eines zulässigen Freigabeprofils $CP^R_{p,v} \in RP^V_p$ mit dem Index v
$C^{RP}_{p,v}$	Kumuliert-gewichtete Kapazitätsauslastung eines zulässigen Freigabeprofils $CP^R_{p,v} \in RP^V_p$ eines zulässigen Produkts $p \in P^V$
C^P_p	Maximalwert der kumuliert-gewichteten Kapazitätsauslastung aller zulässigen Freigabeprofile $CP^R_{p,v} \in RP^V_p$ eines zulässigen Produkts $p \in P^V$
C^{Pmax}	Maximalwert der kumuliert-gewichteten Kapazitätsauslastung aller zulässigen Freigabeprofile $CP^R_{p,v} \in RP^V_p$ aller zulässigen Produkte $p \in P^V$
$o_{as,o} \in \{0,1\}$	Kapazitätsangebot einer Montagestation $as \in AS$ für eine Operation
so_o	Kapazitätsangebot des Montagesystems für eine Operation
n^{AS}	Anzahl der Montagestationen eines Montagesystems
t^{AT}_p	Gesamte Bearbeitungsdauer eines Produkts $p \in P$ (ohne Transport- und Wartezeit)
t^{DD}_j	Plan-Fertigstellungstermin eines Auftrags $j \in J$
t^D_j	Verzug eines Auftrags $j \in J$
t^{Dmax}	Maximaler Verzug aller zulässigen Produkte $p \in P^V$
t^{ST}	Aktuelle Betrachtungs- und Auswertungszeitpunkt (Simulationszeit)
h^R	Betrachtungshorizont der Bestandsgrenzen auf Operationsebene
h^{AS}	Betrachtungshorizont der Bestandsgrenzen auf Systemebene
h^{PS}	Betrachtungshorizont des Produktscores
h^D	Betrachtungshorizont des Jobscores
b^D	Pufferfaktor (engl. buffer) des Jobscores bezogen auf den Verzug
Scores	
$S^R_p \in [0,1]$	Freigabescore eines Produkts $p \in P^V$
$S^P_p \in [0,1]$	Produktscore eines Produkts $p \in P^V$
$S^J_p \in [0,1]$	Jobscore eines Produkts $p \in P^V$
Gewichtungsfaktoren	
$w^P \in [0,1]$	Gewichtungsfaktor des Produktscores
$w^J \in [0,1]$	Gewichtungsfaktor des Jobscores
$w_t \in [0,1]$	Gewichtungsfaktor eines Zeitschritts t zur Bestimmung der Kapazitätsauslastungen
$w_o \in [0,1]$	Gewichtungsfaktor einer Operation $o \in OP$ zur Bestimmung der Kapazitätsauslastungen
Funktionen	
$KPB(s)$	Kapazitätsprofilbildung zur Überführung einer Sequenz in ein Kapazitätsprofil
$p(j)$	Rückgabe des in einem Auftrag $j \in J$ enthaltenen Produkts $p \in P$

4.4.2 Kapazitätsprofilbildung und Kapazitätsnachfrage

Die sich aus der Sequenzflexibilität ergebenen Sequenzen $s_{p,a}$ werden produktspezifisch in der Produktsequenzmatrix PM_p abgebildet (6). Der Index a bezieht sich dabei auf die jeweilige Zeile bzw. die in der Zeile abgebildete Sequenz, welche die zur Bearbeitung eines Produkts notwendigen Montageoperationen s in zulässiger Reihenfolge enthält. Die Anzahl an Zeilen F_p der Produktsequenzmatrix (7) entspricht der Anzahl zulässiger Sequenzen zur Bearbeitung eines Produkts p.

$$SM_p^P = \begin{bmatrix} s_{p,1} \\ \vdots \\ s_{p,a} \end{bmatrix} \qquad \forall\, p \in P \qquad (6)$$

$$F_p = \sum_{s_{p,a} \in SM_p^P} 1 \qquad \forall\, p \in P \qquad (7)$$

Die Berücksichtigung des Bearbeitungsfortschritts von Aufträgen innerhalb der Auftragsfreigabe bedingt die Berücksichtigung bereits abgeschlossener Operationen bei der Betrachtung der zulässigen Sequenzen. Analog zur Produktsequenzmatrix PM_p wird daher eine Auftragssequenzmatrix $SM_{j,p}^J$ definiert. Die Auftragssequenzmatrix $SM_{j,p}^J$ beinhaltet die für einen Auftrag j verbleibenden Sequenzen unter Berücksichtigung bereits abgeschlossener und begonnen Operationen bei der Sequenzbildung (8). Diejenigen Aufträge aus dem Auftragspool, welche bereits freigegeben wurden, sind in der Menge J^{WIP} enthalten. Bereits abgeschlossene oder begonnene (aktive) Operationen o für einen Auftrag j sind wiederum in der Menge OP_j^{WIP} hinterlegt. Jede Zeile z der Auftragssequenzmatrix $SM_{j,p}^J$ repräsentiert damit eine Sequenz, die ausschließlich noch ausstehende Operationen zur Fertigstellung eines Auftrags enthält. Die Anzahl zulässiger Sequenzen zur Bearbeitung eines Auftrags unter Berücksichtigung der verbleibenden Operationen ist durch $F_{j,p}$ gegebenen (9). Wurde ein Auftrag bereits freigegeben, jedoch noch keine Operation begonnen oder abgeschlossen, so entspricht die Auftragssequenzmatrix $SM_{j,p}^J$ der zugehörigen Produktsequenzmatrix SM_p^P (10).

$$SM_{j,p}^J\left[OP_j^{WIP}\right] = \begin{bmatrix} s_{j,1} \\ \vdots \\ s_{j,z} \end{bmatrix} \qquad \forall\, j \in J^{WIP}, p \in P \qquad (8)$$

$$F_{j,p} = \sum_{i=1}^{z} 1 \leq F_p \qquad \forall\, j \in J^{WIP}, p \in P \qquad (9)$$

$$SM_{j,p}^J\left[OP_j^{WIP} = \{\,\}\right] = SM_p^P \qquad \forall\, j \in J^{WIP}, p \in P \qquad (10)$$

Die Sequenzen der Produktsequenzmatrix sowie der Auftragssequenzmatrix können zur Bildung der Kapazitätsprofile herangezogen werden (siehe Abbildung 4.13). Hierzu werden die Sequenzen zunächst in Produktsequenzzeitleisten $TJ(s)$ bzw. Auftrags-Sequenzzeitleisten $TP(s)$ überführt, welche die operationsspezifischen Bearbeitungszeiten berücksichtigen. Die Bildung eines sequenzspezifischen Kapazitätsprofil $CP(s)$ wird mit Hilfe der Funktion Kapazitätsprofilbildung (KPB) abgekürzt dargestellt (11).

$$s \overset{KPB}{\Longrightarrow} CP(s) \qquad \forall\, s \in SM_p^P \cap SM_{j,p}^J, p \in P^{Pool}, j \in J^{WIP} \qquad (11)$$

Die Methodik zur Auftragsfreigabe unterscheidet drei übergeordnete Arten von (aggregierten) Kapazitätsprofilen: Auslastungsprofile, Produktprofile und Freigabeprofile. Auslastungsprofile werden genutzt, um mögliche Belastungszustände durch bereits freigegebene Aufträge im Montagesystem zu modellieren. Entsprechend werden die möglichen Kapazitätsprofile der Aufträge der Menge J^{WIP} zu Auslastungsprofilen zusammengefasst. Jedes mögliche Auslastungsprofil CP^C stellt einen Belastungszustand des Montagesystems dar, indem es für jeden Auftrag $j \in J^{WIP}$ ein Kapazitätsprofil berücksichtigt sowie diese jeweils auftragsübergreifend kombiniert. Die Menge der möglichen Auslastungsprofile wird durch alle möglichen Kombinationen der Sequenzen der Aufträge der Menge J^{WIP} sowie Mithilfe der Funktion KPB gebildet. Exemplarisch seien die möglichen Kombinationen der Kapazitätsprofile zweier Aufträge j und k sowie deren Sequenzen z und u zur Bildung der zugehörigen Auslastungsprofile durch Gleichung (12) beschrieben.

$$CP^C(s_{j,z}, s_{k,u}) = CP(s_{j,z}) + CP(s_{k,u}) \qquad \forall\, j,k \in J^{WIP}, u,z \in JM_{j,p}, j \neq k, u \neq z \tag{12}$$

Zur Erzeugung von Freigabeprofilen CP^R werden die Auslastungsprofile mit Produktprofilen CP^P kombiniert. Die Produktprofile sind dabei diejenigen Kapazitätsprofile, welche die Kapazitätsbedarfe der Produkte aus dem Auftragspool abbilden. Die Produkte, die ein Auftragspool umfasst, sind in P^{Pool} enthalten. Die Freigabeprofile stellen die Grundlage für die spätere Prüfung der Bestandsgrenzen dar. Gleichung (13) zeigt die Kombination von Auslastungsprofil sowie Produktprofil CP^P (hier am Beispiel von Produkt p sowie der möglichen Sequenz a) zu den Freigabeprofilen CP^R.

$$CP^R = CP^C(s_{j,z}, s_{k,u}) + CP^P(s_{p,a}) \qquad \forall\, j,k \in J^{WIP}, u,z \in JM_{j,p}, p \in P^{Pool}, j \neq k, u \neq z \tag{13}$$

Einem Freigabeprofil CP^R kann damit diejenige Nachfrage $cp_{o,t}$ entnommen werden (14), die eine Operation o in Zeitschritt $t = [0; h^R\,]$ vorweist. Dabei gilt für den Betrachtungshorizont des Freigabeprofils h^R, dass dieser der Bearbeitungsdauer t_p^{AT} des aktuell betrachteten Produkts p bzw. der Länge des Produktprofils CP^P entspricht (vgl. Kapitel 4.3.4). Dem Freigabeprofil bzw. den jeweiligen Einträgen dieser kann die jeweilige Kapazitätsnachfrage nach einer Operation $o \in OP$ zum Zeitschritt t entnommen werden.

$$CP^R = \begin{bmatrix} cp_{1,0} & \cdots & cp_{0,h^R} \\ \vdots & \ddots & \vdots \\ cp_{o,1} & \cdots & cp_{o,h^R} \end{bmatrix} \qquad h^R = t_p^{AT} \tag{14}$$

4.4.3 Kapazitätsangebot

Folgend werden statt Produkten und Aufträgen und der sich daraus ergebenden Kapazitätsnachfrage die Montagestationen und deren Fähigkeitsprofile zur Bestimmung des daraus resultierenden Kapazitätsangebots betrachtet. Das Fähigkeitsprofil einer Montagestation wird durch den Vektor des Kapazitätsangebot O_{as} abgebildet (15). Innerhalb des Vektors gibt die binäre Variable $o_{as,o}$ an, ob eine Montagestation as zur Durchführung der Operation o befähigt ist ($o_{as,o} = 1$) oder nicht ($o_{as,o} = 0$). Die Menge AS umfasst hierbei die Montagestationen des jeweils betrachteten Montagesystems.

$$O_{as} = \begin{bmatrix} o_{as,1} \\ o_{as,2} \\ \vdots \\ o_{as,o} \end{bmatrix} \qquad \forall\, as \in AS \qquad (15)$$

Durch Summierung der montagestationsspezifischen Vektoren O_{as} wird das Fähigkeitsprofil des gesamten Montagesystems auf Operationsebene SO ermittelt (16). In jedem Zeitschritt kann eine Operation o damit so_o-mal durchgeführt werden.

$$SO = \sum_{as \in AS} O_{as} = \begin{bmatrix} so_1 \\ so_2 \\ \vdots \\ so_o \end{bmatrix} \qquad (16)$$

Um weiterhin der Multifunktionalität[391] der Montagestationen in matrixstrukturierten Montagesystemen Rechnung zu tragen, gilt es ebenso die Anzahl parallel bearbeitbarer Aufträge zu bestimmen. Hierzu wird die Anzahl der Montagestationen n^{AS} des Montagesystems herangezogen. Diese legt die obere Schranke für die Anzahl der Aufträge fest, welche gleichzeitig bearbeitet werden können und spiegelt damit das Kapazitätsangebot bzw. die Bestandsgrenzen auf Systemebene wider (17).

$$n^{AS} = \sum_{as \in AS} 1 \qquad (17)$$

4.4.4 Kapazitätsauswertung zur Prüfung der Bestandsgrenzen

Die im Rahmen der Methodik zur Auftragsfreigabe vorgesehene Kapazitätsauswertung dient der Einhaltung der Bestandsgrenzen. Hierzu werden für sämtliche Freigabeprofile CP^R, welche unter Berücksichtigung der Produkte des Auftragspool P^{Pool} gebildet wurden, zwei Randbedingungen überprüft. Die erste Randbedingung legt fest, dass zu jedem Zeitschritt t des Freigabeprofils die Nachfrage nach der Operation $cp_{o,t}$ das operationsspezifische Bearbeitungsangebot so_o nicht überschreiten darf (18).

$$so_o \geq cp_{o,t} \qquad \forall\, o \in OP, 0 \leq t \leq h^R \qquad (18)$$

Die zweite Randbedingung stellt sicher, dass die Anzahl freigegebener bzw. aktiver Aufträge die Anzahl an Montagestationen n^{AS} nicht übersteigt (19). Die Anzahl freigegebener bzw. aktiver Aufträge lässt sich innerhalb eines Freigabeprofile CP^R über die Summe der Einträge der

[391] Wenn für den Betrag des Vektors $|O_{as}| = 1$ gilt, so liegt keine Multifunktionalität vor.

ersten Spalte, also dem Zeitschritt h^{AS}, bestimmen (siehe Kapitel 4.3.4). Die Einträge repräsentieren jeweils die Kapazitätsnachfrage nach einer Operation $o \in OP$ zu einem spezifischen Zeitschritt t.

$$n^{AS} \geq \sum_{o \in OP} cp_{o,t} \qquad \text{für } t = 0 = h^{AS} \tag{19}$$

Erfüllt mindestens ein Freigabeprofil CP^R, welches mithilfe eines Produktprofils $CP^P(s_{p,a})$ des Produkts p gebildet wurde, beide Randbedingungen, so wird das Produkt p der Menge P^V zugeordnet. Für diese Produktmenge erfolgt später eine detaillierte Betrachtung derjenigen Aufträge, die Produkte der Menge P^V enthalten. Zulässige Freigabeprofile, die definitorisch beide Randbedingungen erfüllen, werden weiterhin der Menge RP_p^V zugeordnet und erhalten produktspezifisch den Index v. Dadurch können innerhalb der produktspezifischen Menge der zulässigen Freigabeprofile RP_p^V einzelne Freigabeprofile $CP_{p,v}^R$ beschrieben werden (20).

$$RP_p^V = \{alle\ zulässigen\ CP_{p,v}^R\} \qquad \forall\, p \in P^V \tag{20}$$

4.4.5 Berechnung des Freigabescores

Innerhalb der Kapazitätsauswertung wird durch die Prüfung der Bestandsgrenzen mittels der dargestellten Randbedingungen eine Überlastung des Systems verhindert. Innerhalb der Bestandsgrenzen kann die Auslastung dennoch durch die Auswahl eines zulässigen Produkts p der Menge P^V innerhalb der Freigabeentscheidung beeinflusst bzw. maximiert werden. Weiterhin gilt es auftragsspezifische Informationen bei der Freigabeentscheidung zu berücksichtigen, um so bspw. einen Trade-off zwischen Auslastung und Termintreue abzubilden. Die Freigabeentscheidung für einen konkreten Auftrag erfolgt heuristisch durch die Auswahl des höchsten Freigabescores S_p^R. Dieser setzt sich aus einem produktspezifischen Anteil, dem Produktscore S_p^P, sowie einem auftragsspezifischen Anteil, dem Jobscore S_p^J, zusammen (21). Eine Gewichtung der Anteile untereinander durch die Einführung des Gewichtungsfaktor des Produktscores w^P und des Gewichtungsfaktors des Jobscores w^J ermöglicht eine Parametrisierung des Entscheidungsverhaltens. Die Gewichtungsfaktoren müssen zusätzlich Bedingung (22) erfüllen.

$$S_p^R = w^P * S_p^P + w^J * S_p^J \qquad \forall\, p \in P^V \tag{21}$$

$$w^P + w^J = 1 \tag{22}$$

Wurde für alle zulässigen Produkte $p \in P^V$ der Freigabescore S_p^R bestimmt, wird zunächst dasjenige Produkt ausgewählt und der Menge P^R zugeordnet, welches zum höchsten Freigabescore S_p^R geführt hat (23).

$$P^R = \underset{p \in P^V}{\operatorname{argmax}}\{S_p^R\} \tag{23}$$

Abschließend wird der in J_p^{max} (37) hinterlegte Auftrag des Produkts P^R mit dem höchsten Freigabescore ausgewählt (24). Dieser Auftrag ist gleichzeitig derjenige Auftrag des Produkts P^R, welcher bezogen auf das jeweilige Produkt den höchsten Jobscore S_p^J besitzt.

$$J^R = J_{p \in P^R}^{max} \tag{24}$$

Der identifizierte Auftrag in J^R stellt die Freigabeentscheidung dar, welche vom Freigabeagenten übergeben werden kann. Die produktbezogene Betrachtung des Freigabescores ermöglicht somit im Vergleich zur auftragsspezifischen Betrachtung eine effizientere Freigabeentscheidung. So ist es ausreichend, je Produkt denjenigen Auftrag festzuhalten, der zum höchsten Freigabescore geführt hat. Somit lässt sich anhand des Freigabescores das freizugebende Produkt bestimmen, wobei jedem Produkt ebenso der Auftrag mit dem höchsten Auftragsscore zugeordnet ist. Nachfolgend werden die Berechnung des Produktscores in Kapitel 4.4.6 sowie des Jobscores in Kapitel 4.4.7 detailliert dargestellt.

4.4.6 Berechnung des Produktscores

Mithilfe des Produktscores S_p^P. wird die prognostizierte Kapazitätsauslastung eines Auftrags bewertet. Da sich Aufträge untereinander die gleichen Produkte teilen, ist die namensgebende Betrachtung der Produkte zur Berechnung des Produktscores ausreichend. Eine Differenzierung zwischen Aufträgen erfolgt im Jobscore. Zur Bestimmung des Produktscores werden sämtliche zulässigen Freigabeprofile $CP_{p,v}^R$ der Produkte $p \in P^V$ herangezogen. Zulässige Freigabeprofile sind solche, die beide Randbedingungen zur Einhaltung der Bestandsgrenzen erfüllen. Diese Spezifizierung ist notwendig, da nicht sämtliche Freigabeprofile eines zulässigen Produkts die Randbedingungen erfüllen. Damit ein Produkt zulässig ist, würde es somit bereits ausreichen, wenn ein einziges Freigabeprofil eines Produkts die Bestandsgrenzen einhält. Zur Berechnung des Produktscores werden für die zulässigen Freigabeprofile zunächst zeitschritt- und operationsspezifisch die relativen Kapazitätsauslastung $c_{v,o,t}$ berechnet (25). Die relative Kapazitätsauslastung $c_{v,o,t}$ gibt für das zulässige Freigabeprofil v der produktspezifischen Menge an zulässigen Freigabeprofilen $CP_{p,v}^R$ zum Zeitschritt t sowie die Operation o die prognostizierte Auslastung als Differenz aus Kapazitätsangebot und -nachfrage an.

$$c_{v,o,t} = \frac{cp_{v,o,t}}{so_o} \tag{25}$$

Darauf aufbauend wird für jedes zulässige Freigabeprofil v des aktuell betrachteten Produkts p die kumuliert-gewichtete Kapazitätsauslastung $C_{p,v}^{RP}$ berechnet (26). Hierzu werden die quadrierten[392] relativen Auslastungen $c_{v,o,t}$ einerseits über den Betrachtungshorizont des Produktscores h^{PS} sowie anderseits über jede Operation o aufsummiert. Zudem kann über die Gewichtungsfaktoren w_t eine zeitschrittspezifische Gewichtung im Sinne einer Diskontierung vorgenommen werden. Ebenso kann mithilfe des operationsspezifischen Gewichtungsfaktors w_o die kumuliert-gewichtete Kapazitätsauslastung $C_{p,v}^{RP}$ dahingehend beeinflusst werden, als dass eine Operation o gegenüber einer anderen Operation bei gleicher relativer Auslastung zu unterschiedlichen kumuliert-gewichteten Kapazitätsauslastungen $C_{p,v}^{RP}$ führt. Dadurch kann die Bewertung der Auslastung zugunsten spezifischer Operationen und damit das Entscheidungsverhalten beeinflusst werden. Für die Gewichtungsfaktoren gelten weiterhin (27) und (28). Der Betrachtungshorizont des Produktscores h^{PS} ist entsprechend Kapitel 4.3.4 definiert und besitzt den Wert der kürzesten Bearbeitungsdauer t_p^{AT} aller zulässigen Produkte $p \in P^V$ (29).

$$C_{p,v}^{RP} = \sum_{o \in OP} w_o * \left[\sum_{0 \le t \le h^{PS}} w_t * \left(c_{v,o,t}\right)^2 \right] \qquad \forall\, v \in RP_p^V, p \in P^V \tag{26}$$

$$\sum_{0 \le t \le h^{PS}} w_t = 1 \tag{27}$$

$$\sum_{o \in OP} w_o = 1 \tag{28}$$

$$h^{PS} = \min_{p \in P^V} \{t_p^{AT}\} \tag{29}$$

Nachdem die kumuliert-gewichteten Kapazitätsauslastungen $C_{p,v}^{RP}$ für alle zulässigen Freigabeprofile v berechnet wurden, kann der Maximalwert der kumuliert-gewichteten Kapazitätsauslastung C_p^P bezogen auf ein Produkt p bestimmt werden (30). Eine vergleichsweise höhere kumuliert-gewichtete Kapazitätsauslastung C_p^P sagt aus, dass ein etwaig freigegebenes Produkt zu einer höheren Auslastung des Montagesystems führen kann als ein anderes Produkt.[393] Der Maximalwert der kumuliert-gewichteten Kapazitätsauslastung C_p^P aller zulässigen Produkte ist definiert als C^{Pmax} (31). Dieser wird nachfolgend zur Normierung herangezogen.

$$C_p^P = \max_{v \in RP_p^V} \{C_{p,v}^{RP}\} \qquad \forall\, p \in P^V \tag{30}$$

$$C^{Pmax} = \max_{p \in P^V} \{C_p^P\} \tag{31}$$

[392] Durch die Quadrierung führen besonders gering ausgelastete Operationen zu vergleichsweise geringeren kumuliert-gewichteten Kapazitätsauslastungen.

[393] Es sei wiederholend angemerkt, dass die eigentliche Auftragssteuerung unabhängig von der Auftragsfreigabe erfolgt. Das tatsächliche Systemverhalten kann somit von dem im Freigabeprofil berücksichtigten Sequenzen abweichen.

Der Produktscore S_p^P wird produktspezifisch mithilfe der kumuliert-gewichteten Kapazitätsauslastung C_p^P berechnet, wobei eine Normierung mittels Division durch den produktübergreifenden Maximalwert C^{Pmax} vorgenommen wird (32). Der Produktscore ermöglicht somit eine Optimierung der Auslastung innerhalb der Bestandsgrenzen.

$$0 \leq S_p^P = \frac{C_p^P}{C^{Pmax}} \leq 1 \qquad \forall\, p \in P^V \tag{32}$$

4.4.7 Berechnung des Jobscores

Zur Differenzierung von Aufträgen, welche potenziell das gleiche Produkt beinhalten, wird der Jobscore S_p^J.eingeführt. Für diese Dissertation werden zunächst lediglich Plan-Fertigstellungstermine als auftragsspezifische Information betrachtet, um die generelle Anwendbarkeit zu demonstrieren. Eine Erweiterung, bspw. um Margen, ist jedoch prinzipiell möglich.

Gemäß Kapitel 4.3.4 wird anhand des Plan-Fertigstellungstermin t_j^{DD}, der produktspezifischen Bearbeitungszeit $t_{p(j)}^{AT}$ des Auftrags j, dem aktuellen Betrachtungszeitpunkt t^{ST} der Freigabeentscheidung[394] sowie dem Betrachtungshorizont des Verzugs h^D der auftragsspezifische Verzug t_j^D berechnet (33). Dabei gibt die Funktion $p(j)$ das dem Auftrag j zugehörige Produkt p zurück. Ist der Verzug t_j^D positiv, so hätte der Auftrag bereits vor t_j^D Zeitschritten freigegeben werden müssen, um eine termingerechte Fertigstellung unter Berücksichtigung des durch den Betrachtungshorizont des Verzugs h^D definierten Puffers zu gewährleisten. Im Fall von $t_j^D = 0$ gilt, dass der Auftrag j im aktuellen Zeitschritt t freizugegeben ist, um einen Verzug im nachfolgenden Zeitschritt $(t + 1)$ zu verhindern. Negative Werte werden durch die dargestellte Maximumsfunktion ausgeschlossen. Ohne die Maximumsfunktion könnte sich ein negativer Verzug ergeben. Dieser kann dahingehend interpretiert werden, als dass ein Auftrag in $|\, t_j^D|$ Zeitschritten freizugeben wäre, um einen positiven Verzug und damit eine tatsächliche Verspätung zu verhindern. Der Verzug t_j^D wird für alle Aufträge j bestimmt, welche ein Produkt aus der Menge zulässiger Produkte P^V beinhalten.

$$t_j^D = \max\{0, t^{ST} + t_{p(j)}^{AT} + h^D - t_j^{DD}\} \qquad \forall\, j \in J_p^{Pool}, p \in P^V \tag{33}$$

Der Betrachtungshorizont des Verzugs h^D ergibt sich aus der Multiplikation der durchschnittlichen Bearbeitungsdauer aller betrachteten Aufträge sowie einem Pufferfaktor b^D (34). Dieser ermöglicht eine Differenzierung von Aufträgen, welche zeitnah freigegeben werden müssen, und Aufträgen, welche erst mittel- bis langfristig freigegeben werden müssen, um den Plan-Fertigstellungstermin einzuhalten. Der Betrachtungshorizont des Verzugs h^D sowie der zugehörige Pufferfaktor sind insbesondere relevant, da kein negativer Verzug definiert ist (33). Ein größerer Pufferfaktor führt zu einem höheren (fiktiven) Verzug, sodass ein direkter Zusam-

394 Der Betrachtungszeitpunkt wird in Kapitel 5 als Simulationszeit modelliert und stellt den Zeithorizont seit Beginn des Simulationsstarts dar.

menhang zum Freigabesore und damit der Freigabeentscheidung besteht. Je größer der Betrachtungshorizont des Verzugs h^D, desto eher können Aufträge einen positiven Jobscore erhalten. Der Betrachtungshorizont des Verzugs h^D ist zudem für alle Aufträge gleich, was einem absoluten Zuschlag auf die Bearbeitungsdauer aller Produkte entspricht.

$$h^D = \frac{b^D}{\sum_{j \in J} 1} * \sum_{j \in J} t_{p(j)}^{AT} \tag{34}$$

Wurde der Verzug t_j^D für jeden Auftrag j mit einem zulässigen Produkt $p \in P^V$ ermittelt, so wird analog zum Produktscore zusätzlich der größte Verzug t^{Dmax} bestimmt (35). Dieser dient nachfolgend der Normierung des Jobscores.

$$t^{Dmax} = \max_{j \in J_p^{Pool}, p \in P^V} \{t_j^D\} \tag{35}$$

Da zunächst ausschließlich der Plan-Fertigstellungstermin als auftragsspezifische Information herangezogen wird, wird der Jobscores S_j^J lediglich auf Basis des Verzugs bestimmt (36). Sofern kein Auftrag in Verzug ist ($t^{Dmax} = 0$), wird keinem Auftrag ein positiver Jobscores zugeordnet. Falls mindestens ein Auftrag einen auftragsspezifischen Verzug t_j^D vorweist, so werden diese auf Basis des maximalen Verzugs t^{Dmax} normiert. Innerhalb einer Freigabeentscheidung erhalten Aufträge mit dem größten Verzug t^{Dmax} daher den größtmöglichen Jobscore ($S_j^J = 1$). Alle Aufträge der Menge J_p^{Pool}, welche ein zulässiges Produkt $p \in P^V$ beinhalten, erhalten so über das ihnen zugeordnete Produkt einen Jobscore. Abschließend kann der produktspezifisch dringlichste Auftrag J_p^{max}, welcher für ein zulässiges Produkt den Auftrag mit dem größten Verzug beinhaltet, bestimmt sowie dem jeweiligen Produkt zugeordnet werden. Hierzu ist innerhalb der Aufträge mit dem gleichen Produkt die Betrachtung des Plan-Fälligkeitstermins ausreichend (37).

$$S_p^J = \begin{cases} \max_{j \in J_p^{Pool}} \left\{ \frac{1}{t^{Dmax}} * t_j^D \right\}, & t^{Dmax} > 0 \\ 0, & t^{Dmax} = 0 \end{cases} \qquad \forall\, p \in P^V \tag{36}$$

$$J_p^{max} = \underset{j \in J_p^{Pool}}{\operatorname{argmin}} \{t_j^{DD}\} \qquad \forall\, p \in P^V \tag{37}$$

4.5 Fazit und Limitationen

Matrixstrukturierte Montagesystemen haben bislang noch keinen Einzug in die Praxis gefunden, obgleich vielzählige Forschungsarbeiten deren Potenzial gegenüber Fließmontagen skizzieren. Eine Ursache dafür ist die Umsetzung der Montagesteuerung in matrixstrukturierten Montagesystemen, welche auch die Auftragsfreigabe umfasst. Um matrixstrukturierten Montagesystemen einerseits den Weg in die Praxis zu ebnen sowie anderseits deren realitätsnahe Simulation zu ermöglichen, gilt es einen geeigneten Ansatz zur Auftragsfreigabe für matrixstrukturierte Montagesysteme zu gestalten. Daher wurde in diesem Kapitel eine Methodik zur

Auftragsfreigabe entwickelt, welche einerseits einen Ansatz zur kapazitätsorientierten Auftragsfreigabe sowie anderseits die informatorische Verknüpfung dieses Ansatzes mit einer agentenbasierten Montagesteuerung umfasst. Abbildung 4.24 zeigt das Ziel- und Lösungsbild der Methodik zur Auftragsfreigabe.

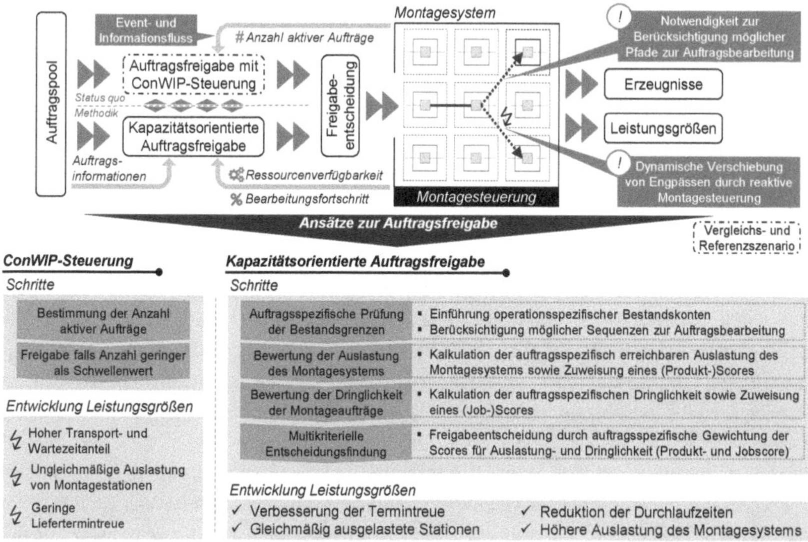

Abbildung 4.24: Ziel- und Lösungsbild der Methodik zur agentenbasierten, kapazitätsorientierten Auftragsfreigabe

Die Auftragsfreigabe verantwortet als Teil der Montagesteuerung Freigabeentscheidungen, d. h. wann, ob und welcher Auftrag freigeben wird. Dadurch nimmt sie wesentlichen Einfluss auf die Leistungsgrößen eines Montagesystems, welche bspw. die Auslastungen der Montagestationen oder die Liefertermintreue umfassen. Anders als in bisherigen Ansätzen zur Auftragsfreigabe im vorliegenden Kontext, wie bspw. die MAYER et al. beschriebene ConWIP-Steuerung[395], soll die kapazitätsorientierte Auftragsfreigabe zusätzlich auftragsspezifische Informationen aus dem Auftragspool sowie Informationen aus dem Betrieb des Montagesystems gezielt verarbeiten, um die Leistungsgrößen des Montagesystems positiv zu beeinflussen. Hierzu ist es notwendig, die dynamische Verschiebung von Engpässen als Folge der reaktiven Montagesteuerung sowie Routing- und Sequenzflexibilität zu antizipieren. Daher bedingt jede Freigabeentscheidung eine erneute sowie auftragsspezifische Prüfung der Bestandsgrenzen. Anders als in der BOA erfolgt die Verwaltung der Bestandskonten auf Operationsebene, wodurch Aufträge keinen spezifischen Montagestationen zugewiesen werden müssen und der Multifunktionalität von Montagestationen begegnet werden kann. Die Prüfung der Bestandsgrenzen berücksichtigt alle möglichen Systemzustände, die sich aus der Kombination der möglichen Sequenzen bei der Bearbeitung der Aufträge des Auftragspools sowie der aktiven

[395] Vgl. MAYER et al. (Negotiating Agents in Modular Assembly Systems), 2019, S. 120ff.

Aufträge ergeben. Aufträge, die die Bestandsgrenzen nicht verletzen, werden vor ihrer Freigabe hinsichtlich der erzielbaren Auslastung des Montagesystems sowie ihrer Dringlichkeit bewertet. Auf Basis der Gewichtung dieser Bewertungen wird eine Freigabeentscheidung festgelegt, welche lediglich den Auftrag, jedoch keine Bearbeitungssequenz o. Ä. umfasst. Dadurch kann das Routing der Aufträge weiterhin situativ auf Basis des jeweils aktuellen Systemzustands durch die Montagesteuerung erfolgen, so dass die Flexibilität der Montagesteuerung nicht eingeschränkt wird. Es wird erwartet, dass durch die skizzierte Herangehensweise die durchschnittliche Liefertermintreue und Durchlaufzeit bei der Auftragsverarbeitung verbessert werden können, während gleichzeitig eine höhere und gleichmäßigere Auslastung der Montagestationen erreicht wird.

Die kapazitätsorientierte Auftragsfreigabe wird als Teil einer agentenbasierten Montagesteuerung in einem Freigabeagenten verortet. Der Freigabeagent ist einerseits reaktiv, da er als Reaktion auf auftretende Events, wie die Fertigstellung eines Auftrags, Freigabeentscheidungen trifft. Anderseits ist der Freigabeagent allerdings auch proaktiv, da er durch die Freigabeentscheidung seine Umgebung mit dem Ziel der Bedarfsglättung innerhalb der Bestandsgrenzen beeinflusst. Diese Proaktivität sowie die informatorische Verknüpfung mit der Montagesteuerung grenzt die Methodik von vorangegangenen Forschungsarbeiten und -ansätzen zur Auftragsfreigabe in matrixstrukturierten Montagesystemen ab. Dadurch können mögliche Engpässe, welche durch die Freigabe eines Auftrags etwaig ausgelöst werden, durch die Methodik frühzeitig antizipiert und vermieden. Die Methodik gibt somit Antwort auf die erste Unterforschungsfrage, indem sie eine bestandsregelnde Auftragsfreigabe für matrixstrukturierte Montagesysteme präsentiert. Die Verwaltung der Bestandskonten erfolgt im Gegensatz zur BOA auf Operationsebene, wobei die Bestandsprüfung weiterhin für aller möglichen Systemzustände durchgeführt wird. Durch die Annahme, dass Transportzeiten sehr viel kürzer als die Bearbeitungszeiten der Montageoperationen sind, können Sequenzen und Pfade gleichgesetzt werden. Eine zusätzliche Führung von Bestandskonten auf Stationsebene ist daher obsolet. Entscheidend für die Anwendbarkeit der Methodik ist die informatorische Verknüpfung mit der agentenbasierten Montagesteuerung, um bspw. den Bearbeitungsfortschritt bereits freigegebener Aufträge sowie die aktuelle Ressourcenverfügbarkeit in Freigabeentscheidungen berücksichtigen zu können.

Der betrachtete Lösungsraum sowie die Methodik selbst implizieren Limitationen. Diese betreffen die maximale Anzahl freigegebener Aufträge, Berücksichtigung von Transportzeiten, den Bearbeitungsfortschritt, die Skalierbarkeit sowie die Effektivität der Vermeidung von Engpässen. So wird das Bearbeitungsangebot des Montagesystems einerseits durch das operationsspezifische Bearbeitungsangebot sowie anderseits durch die Anzahl an Montagestationen begrenzt. Folglich befinden sich maximal so viele Aufträge im System, wie Montagestationen existieren. Dadurch wird potenziell auch die Anzahl an Aufträgen in den stationsspezifischen Warteschlangen und damit auch die Möglichkeit zur Reduktion von Rüstaufwänden durch eine Reihenfolgebildung an den Montagestationen begrenzt. Weiterhin wird durch die Vernachlässigung von Transportzeiten die Routingflexibilität und damit eine prädiktive Zuordnung von Aufträgen zu spezifischen Montagestationen umgangen. Dies stellt zwar einen wesentlichen Vorteil in der Prüfung der Bestandsgrenzen dar, setzt jedoch gleichzeitig voraus, dass die Transportzeiten sehr viel kleiner als die Montagezeiten sind. Dadurch wird die Allgemeingültigkeit der Methodik eingeschränkt. Ferner bezieht sich die tatsächliche Kapazitätsnachfrage Berücksichtigung der Transportzeit auf einen längeren Zeithorizont, so dass die Methodik zur Auftragsfreigabe die Kapazitätsnachfrage tendenziell überschätzt bzw. zur sicheren Seite abschätzt. Dies spiegelt sich auch in der Vernachlässigung des Bearbeitungsfortschritts einzelner Operationen wider. So wird in der Kapazitätsprofil- bzw. Auslastungsprofilbildung nicht unterschieden, ob die Bearbeitung einer Operation zeitnah abgeschlossen wird. Würden hier Operationen während ihrer Bearbeitung bereits als abgeschlossen eingehen, so könnte die Anzahl der auszuwertenden Freigabeprofile signifikant reduziert werden, während gleichzeitig die Kapazitätsnachfrage in Summe unterschätzt würde. Weiterhin sieht die Methodik keine stationsabhängige Individualisierung der Bearbeitungszeiten von denselben Montageoperationen vor. Zuletzt sei die Skalierbarkeit der Methodik angeführt. Da die Methodik alle möglichen Sequenzen zur Bearbeitung von Aufträgen einbezieht, führt eine zusätzliche Montageoperation in einem Auftrag oder auch ein weiterer Freiheitsgrad im Montagevorranggraphen zu einer Vielzahl zusätzlicher Freigabeprofile. Deren Bestimmung und Kombination skaliert exponentiell, wodurch auch die Berechnungsintensität bei der Prüfung der Bestandsgrenzen durch exponentielles Wachstum vorweist. Unter Umständen ist daher eine Begrenzung der betrachten Sequenzen erforderlich. Weiterhin kann die Methodik nicht verhindern, dass sich Warteschlangen an Montagestationen bilden. Da eine positive Freigabeentscheidung lediglich den Auftrag, jedoch keine spezifische Sequenz (oder Pfad) beinhaltet, bestimmt die Montagesteuerung, inwieweit einzelne Montagestationen bzw. deren Warteschlange, bspw. zur Reduktion der Transportdistanzen oder Durchlaufzeit, präferiert belegt werden.

Die Entwicklung von Lösungsräumen, wie im Kapitel 4.2 dargestellt, unterliegt allgemeinhin subjektiven Einflussfaktoren wie Wissen und Erfahrung. Daher ist es durchaus möglich, dass weitere zulässige Lösungen oder gar bessere Lösungen existieren.[396] Dies stellt jedoch keinen Widerspruch zur DSR-Methodik dar. Vielmehr sieht die DSR-Methodik im Design Cycle eine iterative Weiterentwicklung von Artefakten vor, so dass die vorliegenden Ergebnisse auch als Grundlage zukünftiger Forschungsarbeiten dienen können. Bevor die Methodik zur Auftragsfreigabe als Artefakt in die Knowledge Base aufgenommen werden kann, gilt es diese unter Berücksichtigung der aufgestellten Anforderungen zu evaluieren.[397] Eine Evaluation ist weiterhin Voraussetzung für den Relevance Cycle und den Rigor Cycle. Entsprechend führt das nachfolgende Kapitel 5 eine Evaluationsumgebung ein, welche als Plattform die Integration sowie Evaluation der Methodik zur Auftragsfreigabe ermöglicht.

[396] Vgl. LENDERS (Lösungsraum-Management), 2009, S. 36f.

[397] Prinzipiell könnte eine argumentative und systematische Begründung als Evaluation der entwickelten Methodik, wie sie während der Herleitung im vorliegenden Kapitel erfolgt ist, als ausreichend angesehen werden. Da die Methodik jedoch den Anspruch auf Praktikabilität erhebt, wird eine softwaretechnische Umsetzung als essentieller Bestandteil des Artefakts angesehen.

5 Aufbau der Evaluationsumgebung

Die Implementierung und Evaluation der entworfenen Methodik zur Auftragsfreigabe bedingt eine Evaluationsumgebung, welche sowohl die Abläufe eines matrixstrukturierten Montagesystems als Softwaresystem, als auch die Methodik zur Auftragsfreigabe selbst modelliert. Eine isolierte Betrachtung der Auftragsfreigabe ist aufgrund der informatorischen Vernetzung der Auftragsfreigabe mit der Montagesteuerung und damit den komplexen Abläufen innerhalb des Montagesystem selbst auszuschließen. Das vorliegende Kapitel befasst sich daher mit dem Aufbau und der Beschreibung einer Evaluationsumgebung, welche eine agentenbasierte Montagesteuerung sowie die entworfene Methodik zur Auftragsfreigabe softwaretechnisch in Form eines Simulationsmodells abbildet. Da bestehende Forschungsansätze im Anwendungskontext keinen Programmcode teilen, ist eine vollständige Entwicklung und Implementierung der agentenbasierten Montagesteuerung notwendig. Hierzu greift der Autor nachfolgend Vorarbeiten aus vorangegangenen Publikationen sowie seinem wissenschaftlichen Umfeld auf.

Kapitel 5.1 befasst sich mit der Herleitung der einzusetzenden Evaluationsumgebung sowie der prinzipiellen Herangehensweise zur Implementierung dieser. Kapitel 5.2 widmet sich der eigentlichen Implementierung der Evaluationsumgebung und damit der Funktionsweise der agentenbasierten Montagesteuerung sowie der Benutzeroberfläche. Darauf aufbauend erfolgt in Kapitel 5.3 die Erweiterung der Evaluationsumgebung um die Methodik zur Auftragsfreigabe.

5.1 Definition und Herangehensweise

Zur Strukturierung des Aufbaus der Evaluationsumgebung wird zunächst die Vorgehensweise beschrieben. Hierzu wird in Kapitel 5.1.1 der Begriff Evaluationsumgebung eingeführt und in den Kontext der vorliegenden Dissertation eingeordnet. Dabei werden die grundlegenden Funktionalitäten des Softwaresystems, welches als Evaluationsumgebung zur Bewertung der Ergebnisse aus Kapitel 4 herangezogen wird, kurz erläutert. Darauf aufbauend beschreibt Kapitel 5.1.2 das Vorgehensmodell, mit dem das Softwaresystem entwickelt wird.

5.1.1 Konzept

Die DSR-Methodik sieht eine Evaluation der entwickelten Artefakte (vgl. Kapitel 1.3.1) mit Blick auf zuvor formulierte Anforderungen (vgl. Kapitel 4.1) vor.[398] Dabei bezeichnet Evaluation die systematische Untersuchung des Nutzens und/oder der Güte eines Evaluationsgegenstands mithilfe von empirisch gewonnenen Daten. Mögliche Evaluationsgegenstände sind bspw. Projekte, Maßnahmen und andere Interventionen, Programme, Organisationen, Produkte sowie

[398] Vgl. FRANK (Forschung in der Wirtschaftsinformatik), 2010, S. 41.

Evaluationen selbst.[399] Nach HEGNER zählen auch Technologien oder Forschung zu möglichen Evaluationsgegenständen.[400] Dabei beinhaltet der Begriff Evaluation sowohl den Prozess als auch das Ergebnis der Evaluation.[401] Dieser wissenschaftlich weniger verbreitete Begriff wird häufig synonym zu Validierung verwendet, ist jedoch inhaltlich in Bezug auf eine implizite Erwartungshaltung abzugrenzen. Während der Begriff Validierung mit Worten wie Akzeptanz, Zufriedenstellung, oder Bestätigung positiv konnotiert ist, bezieht sich der Begriff Evaluation auf die neutrale Bewertung eines Sachverhaltes anhand von Anforderungen. Dabei kann ein positives Ergebnis ebenso wie eine Modifizierung oder gar Ablehnung auftreten.[402]

Für die Evaluation der im Rahmen von DSR geschaffenen Artefakte bedarf es spezifischer Methoden. Zu diesen zählen die Prüfung durch Expert:innen, Feldexperimente, Pilotierungen (Anwendung von Demonstratoren oder Prototypen) und Simulationen.[403] Im vorliegenden Kontext sind insbesondere Simulationen von Relevanz. Wie in den vorangegangenen Ausführungen jedoch festgestellt wurde, ist eine isolierte Betrachtung der Auftragsfreigabe für matrixstrukturierten Montagesystemen unter Vernachlässigung der Wirkzusammenhänge der Montagesteuerung nicht möglich. Daher bedarf es einer Umgebung, die eine Evaluation der kapazitätsorientierten Auftragsfreigabe ermöglicht. Diese wird nachfolgend als *Evaluationsumgebung* bezeichnet. Folgende Anforderungen werden im vorliegenden Kontext an die Evaluationsumgebung gestellt:[404]

- Modellierung einer agentenbasierten Montagesteuerung als Simulationsmodell.
- Erweiterbarkeit hinsichtlich Auftragsfreigabe.
- Modellierung unterschiedlicher Montagesystemkonfigurationen.
- Strukturierte Eingabe unterschiedlicher Produktionsszenarien.
- Systematische Ausgabe von Simulationsergebnissen.
- Graphische Benutzeroberfläche zur Visualisierung der Montageabläufe, Informationseingaben sowie Simulationsergebnisse.

Zur Umsetzung der Evaluationsumgebung eignen sich einerseits Standardsoftware, welche agentenbasierte Simulationen unterstützen. Exemplarisch sei an dieser Stelle die Software AnyLogic genannt. Anderseits besteht ebenso die Möglichkeit, ein unabhängiges Softwaresystem zu entwickeln. Zu den wesentlichen Vorteilen der Nutzung von Standardsoftware wie bspw. AnyLogic zählen einfach bedienbare, visuelle Programmierumgebungen, vorgefertigte und branchenspezifische 3D-Komponenten oder auch standardisierte Kennzahlensysteme. Dem gegenüber stehen allerdings etwaige Limitationen bei der Gestaltung von individuellen Algorithmen in der Montagesteuerung, Auflösung der 3D-Komponenten, der Gerätekompati-

[399] Vgl. BÖTTCHER et al. (Evaluation), 2016, S. 25.

[400] Vgl. HEGNER (Evaluation von Software), 2003, S. 7.

[401] Vgl. BÖTTCHER et al. (Evaluation), 2016, S. 25.

[402] Vgl. ORESKES (Evaluation of models), 1998, S. 1457.

[403] Vgl. ÖSTERLE et al. (Gestaltungsorientierten Wirtschaftsinformatik), 2010, S. 4f.

[404] Vgl. BURGGRÄF et al. (Evaluation of order release in matrix-structured assembly systems), 2023, S. 897f.; BURGGRÄF et al. (Path Prediction in matrix-structured assembly systems), 2023, S. 504f.

bilität oder auch bei der Kollisionsvermeidung von Objekten im Montagesystem. Die Entwicklung eines unabhängigen Softwaresystems bietet die Vorteile, alle visuelle Komponenten (bspw. Veränderung und Vervollständigung eines Auftrags nach jedem Montageschritt zum Aufzeigen des Fortschritts) individuell auszugestalten. Durch eine Nutzung von vektoriellen Darstellungen lassen sich hohe Auflösungen bei gleichzeitig hoher Performance erreichen. Es besteht die Möglichkeit der modularen Softwareentwicklung, was die Erweiterbarkeit sowie auch Wiederverwendbarkeit von Codebestandteilen verbessert. Im Falle einer Webentwicklung ist ebenso ein browserbasierter Aufruf des Softwaresystems von extern möglich, was weitere Lehr- und Weiterbildungsperspektiven bietet. Zur der Erweiterbarkeit zählt auch die Kommunikation zwischen verschiedenen Browsern, bspw. mittels Webhooks, wodurch (Änderungen der) Eingaben zur Präsentationszwecken auch auf Tablets erfolgen können. Gleichzeitig sind entsprechende Programmierkenntnisse notwendig, um einerseits das Agentensystem sowie anderseits die visuelle Nutzeroberfläche umzusetzen. Eine Anknüpfung an bestehende Simulationstools für matrixstrukturierte Montagesysteme anderer Forschungsgruppen (vgl. Kapitel 2.4.4) war aufgrund der fehlenden Veröffentlichung entsprechender Programmcodes nicht möglich.

Aus Gründen der Flexibilität und Erweiterbarkeit wird von der Nutzung etablierter Standardsoftware abgesehen. Stattdessen wird eine unabhängige dynamische Webapplikation präferiert, welche als Evaluationsumgebung fungiert. Damit dient sie im erweiterten Sinne ebenso der Demonstration der Wirkprinzipien matrixstrukturierter Montagesysteme, während sie gleichzeitig ein Fundament für zukünftige Erweiterungen bspw. hinsichtlich Materialbereitstellung bietet.[405] Zur Entwicklung von dynamischen Webapplikationen eignet sich u.a. die Programmiersprache *JavaScript*. Für die Entwicklung wurde allerdings Programmiersprache *TypeScript* als Superset von JavaScript genutzt, da diese Programmiersprache wesentliche Vorteile bei Typisierung und Strukturierung des Programmcodes bietet. Zur Vereinheitlichung der Frontend und Backendentwicklung wird node.js (Version 14.16.1) als Laufzeitumgebung eingesetzt. Dadurch wird die Verwendung von typischen Programmiersprachen wie Python, welche eine höhere Einstiegshürde hinsichtlich der Programmierkenntnisse darstellen, für das Backend umgangenen. Weiterhin wird der Paketmanager *Node Package Manager* (kurz NPM; Version 6.14.12) genutzt, um Code-Bestandteile aus anderen Programmen aufzurufen. Die Benutzeroberfläche (Frontend) wurde mithilfe des *Frameworks Vue.js* programmiert, welches eine echtzeitnahe, client-seitige Interaktion erlaubt.

5.1.2 Vorgehensmodell

Zur Implementierung der Evaluationsumgebung als Softwaresystem wird für die vorliegende Dissertation ein inkrementelles Vorgehensmodell angewendet, welches eines der am häufigsten verwendeten Vorgehensmodelle zur Entwicklung von Softwaresystemen ist. Das Vorgehensmodell stellt einen grundlegenden Bestandteil agiler Entwicklungsmethoden dar und ist

[405] Entsprechend finden Material- und Personalsteuerung keine Berücksichtigung. Im ersten Schritt wird ebenso kein Störungsmanagement implementiert, da dieses zur Evaluation der Methodik zur Auftragsfreigabe nicht zwingend erforderlich ist.

besonders geeignet, wenn sich Anforderungen wahrscheinlich während der Entwicklung ändern. Dabei spiegelt das Vorgehensmodell die Art und Weise wider, auf die auch der Mensch typischerweise Probleme löst. Nur in den seltensten Fällen arbeiten Menschen eine umfassende Lösung für ein Problem aus. Vielmehr wird schrittweise an einer Lösung gearbeitet und einzelne Schritte wiederholt, falls die Herangehensweisen nicht zielführend waren. Analog dazu sieht auch das inkrementelle Vorgehensmodell die schrittweise Entwicklung eines Softwaresystems vor, wodurch es einfacher wird, Änderungen an den Anforderungen und damit dem Softwaresystem während der Entwicklung vorzunehmen.[406] Das inkrementelle Vorgehensmodell ist in Abbildung 5.1 dargestellt.

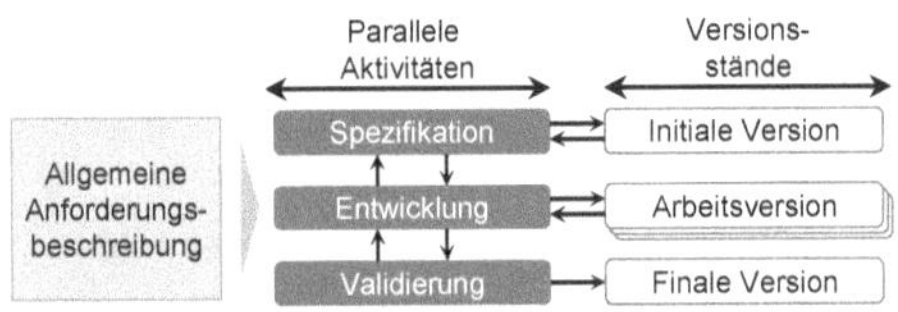

Abbildung 5.1: Inkrementelles Vorgehensmodell zur Softwareentwicklung[407]

Die Entwicklung des Softwaresystems erfolgt beim inkrementellen Vorgehensmodell in einer Reihe von Versionen. Jede neue Version erweitert inkrementell die Funktionalität der vorherigen Version.[408] Hierzu starten ausgehend von einer allgemeinen Anforderungsbeschreibung die Aktivitäten der Spezifikation, Implementierung und Validierung des zu entwickelnden Softwaresystems. Im Gegensatz zu anderen Verfahren werden die Aktivitäten der Spezifikation, Implementierung und Validierung allerdings nicht sequenziell durchlaufen, sondern im Verlauf des Prozesses in Abhängigkeit des Erfahrungs-und Erkenntnisgewinns mehrfach durchlaufen. Auf diese Weise entstehen aus einer initialen Version mehrere Arbeitsversionen, welche stets neue Funktionen enthalten. Diese werden kontinuierlich validiert. Eine Version kann dabei ein oder auch mehrere Inkremente umfassen. Jede Version oder jedes Inkrement umfasst einen Teil der in der Anforderungsbeschreibung erfassten Funktionen. Im Allgemeinen umfassen die ersten Inkremente die zentralsten Funktionen des zu entwickelnden Softwaresystems. Dadurch kann bereits zu einem frühen Zeitpunkt Nutzerfeedback eingeholt werden, um die Anforderungserfüllung zu bewerten. Falls eine neue Version oder zugehörige Inkremente nicht den Anforderungen genügen, können somit nur die betroffenen Inkremente angepasst oder auch neue Anforderungen für spätere Inkremente definiert werden. Arbeitsversionen werden beim inkrementellen Vorgehensmodell nicht detailliert dokumentiert, da es nicht kosteneffizient ist, für jede Arbeitsversion umfassende Dokumentationen zu erstellen. Obgleich sich dies positiv auf den Dokumentationsaufwand auswirkt, ist der Entwicklungsfortschritt dadurch nur bedingt nachvollziehbar. Weiterhin kann das sukzessive Hinzufügen von Inkrementen gerade bei großen Teams zu einer verworrenen Systemstruktur sowie unsauberem Quellcode führen,

[406] SOMMERVILLE (Software engineering), 2016, S. 49ff.
[407] I. A. a. SOMMERVILLE (Software engineering), 2016, S. 50.
[408] Vgl. SOMMERVILLE (Software engineering), 2016, S. 46.

wodurch das Hinzufügen von Inkrementen aufwändiger wird.[409] Dem kann durch eine regelmäßige Refaktorisierung[410] entgegengewirkt werden.[411]

Das inkrementelle Vorgehensmodell ist besonders für die vorliegende Dissertation geeignet, da es den iterativen Forschungsprozess des Design-Cylce der DSR-Methodik (vgl. Kapitel 1.3.1) im Kontext der Softwareentwicklung abbildet. Ebenso ermöglicht das Vorgehen, an bestehende Vorarbeiten des WZL aus den Forschungsprojekten AIMFREE und LoCoMo (siehe Kapitel 1.3.2) anzuknüpfen. In diesen wurde eine agentenbasierte Montagesteuerung als funktionaler Prototyp mitsamt Benutzeroberfläche entwickelt und implementiert. Im Erstellungsprozess dieser Dissertation wurden diese Vorarbeiten systematisch ausgebaut und eine interaktive Evaluationsumgebung entwickelt. Diese wird ohne eine Detaillierung der entstandenen Arbeitsversionen in Kapitel 5.2 vorgestellt. Ausgehend von dieser sowie der Definition zusätzlicher Anforderungen an die Auftragsfreigabe (siehe Kapitel 4.1) können neue Inkremente definiert und sukzessiv implementiert werden. Zu den Inkrementen zählen bspw. die softwaretechnische Bildung der Kapazitätsprofile (siehe Kapitel 4.3.1) oder auch die Modellierung der Bearbeitungskapazitäten eines matrixstrukturierten Montagesystems (siehe Kapitel 4.4.3).

Die vorliegende Dissertation verzichtet aus Gründen der Übersichtlichkeit und des erwarteten Nutzens auf eine detaillierte Dokumentation der Arbeitsversionen bzw. Inkremente. Stattdessen wird im vorliegenden Kapitel das Ergebnis der Implementierung der entworfenen Methodik zur Auftragsfreigabe als aktuelle Arbeitsversion vorgestellt. Diese Arbeitsversion kann in Abhängigkeit der Evaluationsergebnisse in Kapitel 6 als finale Version eingestuft werden, falls diese die gestellten Anforderungen erfüllt. Zur Beschreibung werden in Anlehnung an *Unified Modeling Language* (UML) vereinfachte Sequenz- und Klassendiagramme sowie Teile des Softwarecodes genutzt. Diese Ausschnitte wurden auf das Wesentliche beschränkt, um grundlegende Konzepte und Funktionalitäten zu vermitteln.

5.2 Umsetzung des Agentensystems zur Montagesteuerung

Nachdem die für die vorliegende Dissertation relevanten Grundlagen zur Softwareentwicklung beschrieben wurden, folgt eine Detaillierung der zur späteren Implementierung der Auftragsfreigabe genutzten Evaluationsumgebung. Essentieller Bestandteil dieser ist das Agentensystem zur Montagesteuerung. Dieses wurde in Anlehnung an den vierphasigen Entwicklungsprozess für Agentensysteme nach CHELLA et al. entwickelt und implementiert. Die erste Phase sieht eine Anforderungsanalyse der durchzuführenden Aufgaben des Systems sowie der jeweiligen Komponenten vor (vgl. Kapitel 5.2.1). In der zweiten Phase wird die Interaktion der Agenten innerhalb des Agentensystems sowie mit der Umgebung festgelegt (vgl. Kapitel 5.2.2). Darauf folgt innerhalb der dritten Phase die Implementierung im Programmcode. Die Dokumentation dieser Phase erfolgt in der vorliegenden Dissertation mithilfe von Pseudocode,

---

[409] SOMMERVILLE (Software engineering), 2016, S. 49ff.

[410] Nach SOMMERVILLE wird die Optimierung der Struktur von Programmcodes bei gleichbleibendem Verhalten in der Softwareentwicklung als Refaktorisierung bezeichnet.

[411] Vgl. SOMMERVILLE (Software engineering), 2016, S. 78ff.

welcher gegenüber der verwendeten Programmiersprache eine einfache Interpretation der skizzierten Algorithmen erlaubt, ohne dabei dem Anspruch der Formalität einer wissenschaftlichen Arbeit zu widersprechen (vgl. Kapitel 5.2.3). Die vierte Phase sieht ein Testing von Komponenten und System vor. Somit gilt es bereits innerhalb der dritten Phase geeignete Testverfahren zu berücksichtigen sowie in Abhängigkeit der Testergebnisse die Anforderungen der ersten Phase anzupassen, um so eine Verfeinerung einzelner Komponenten zu erwirken.[412] Da das Testing parallel zur dritten Phase während der Umsetzung des Agentensystems erfolgt ist, wird auf eine Dokumentation verzichtet. Stattdessen erfolgt in Kapitel 6 eine detaillierte Bewertung des um die Methodik zur kapazitätsorientierten Auftragsfreigabe erweiterten Agentensystems zur Montagesteuerung.

Kapitel 5.2.4 detailliert die heuristischen Entscheidungsgrößen, welche zur Entscheidungsfindung innerhalb der Montagesteuerung genutzt werden. Dies umfasst bspw. die Zuordnung von Aufträgen für deren Bearbeitung zu Montagestationen mithilfe eines Montagestationsscores sowie die Auswahl von Aufträgen aus der Warteschlange einer Montagestation mithilfe eines Auftragsscores. Weiterhin wird in Kapitel 5.2.5 die Informationseingabe und -ausgabe sowie in Kapitel 5.2.6 die entwickelte Benutzeroberfläche der Evaluationsumgebung vorgestellt.

Bei der Entwicklung der nachfolgend beschriebenen Evaluationsumgebung fanden insbesondere die in Kapitel 2.3.3 beschriebenen Anforderungen an die Montagesteuerung matrixstrukturierter Montagesysteme Berücksichtigung. Die Konzeption einer solchen Montagesteuerung stellt grundsätzlich keine wegbereitende Neuerung im Forschungsfeld dar (vgl. Kapitel 2.4.4). Vielmehr ist sie Voraussetzung zum Aufbau einer Evaluationsumgebung. Da bestehende Forschungsarbeiten Ihren Programmcode nicht teilen, ist die detaillierte Beschreibung des Agentensystems zur Montagesteuerung essentiell zur Nachvollzierbarkeit und Reproduzierbarkeit der Forschungsergebnisse dieser Dissertation. Somit ist die Evaluationsumgebung sowie das inhärente Agentensystem ein Zwischenergebnis, weshalb auf eine weiterführende und autorenspezifische Diskussion der Unterteilung der Aufgaben der Montagesteuerung in Teilprobleme und -aufgaben verzichtet wird. Stattdessen werden die publizierten Vorarbeiten des Autors als Grundlage der nachfolgenden Betrachtungen herangezogen.[413] Zur besseren Lesbarkeit sowie aufgrund der wissenschaftlichen Beteiligung des Autors in besagten Vorarbeiten wird auf eine Kenntlichmachung in Kapitel 5.2 verzichtet.

5.2.1 Definition der Agenten

Das zur Modellierung entworfene Agentensystem von Burggräf et al. beinhaltet drei verschiedene Arten von Agenten. Aufträge und Montagestationen werden jeweils als Agenten modelliert, welche miteinander kommunizieren. Sie werden als *Montagestationsagent* (MSA) und *Auftragsagenten* (AA) bezeichnet. Zusätzlich wird ein Agent zur Verwaltung und Protokollierung globaler Systemdaten sowie zur Koordination der vorgenannten Agenten eingesetzt.

---

[412] Vgl. Chella et al. (Process for Agent Societies Specification and Implementation), 2004, S. 471ff.

[413] Vgl. Burggräf et al. (Agentensysteme in der Montage), 2020.

Dieser fungiert als Schnittstelle zwischen den Agenten und koordiniert deren Interaktion (vgl. Kapitel 5.2.2).[414] Er wird nachfolgend als ***Manageragent*** (MA) bezeichnet. Der MA verwaltet ebenso den für die Interaktion der Agenten notwendigen Nachrichtentransport zwischen den Agenten, da Agenten in der Regel nicht direkt miteinander in Beziehung stehen.[415] Weiterhin besitzt der MA Informationen bezüglich:

- der im System befindlichen Montagestationen sowie deren Fähigkeitsprofile,
- der Position der Montagestationen im System (x- und y-Koordinate),
- der wartenden, aktiven und fertiggestellten Aufträge,
- Auftragsdetails wie Produkt, Montageoperationen und Plan-Fertigstellungstermin,
- dem verwendeten Verfahren zur Auftragsfreigabe[416] sowie
- der für die Bearbeitung von Montageoperationen benötigten Module (vgl. Kapitel 2.2.1),
- der während eines Simulationslauf auftretenden Ereignisse.

Jeder ***Montagestationsagent*** repräsentiert jeweils eine Montagestation des Montagesystems. Ein MSA besitzt Informationen bezüglich:

- den der Montagestation zugeordneten Modulen,
- des Status der Montagestation (rüsten, bearbeiten, nachlaufen, deaktiviert, leer, außer Betrieb),
- der Größe bzw. den Abmaßen der jeweiligen Montagestation,
- der Aufträge und Operationen, die sich in der Warteschlange der Montagestation befinden,
- der Aufträge und Operationen, die sich auf die Montagestation zu bewegen,
- der aktiven Operation, die gerade an der Montagestation durchgeführt wird.

Um einen Auftrag zur Bearbeitung aus der Warteschlange einer Montagestation auszuwählen, fragt der MSA als Entscheidungsgröße einen sogenannten Auftragsscore as_{ao} bei den sich in der Warteschlange befindlichen Aufträgen an. Die Berechnung dieses Scores wird in Kapitel 5.2.4 beschrieben. Ebenso kann der MSA auf Anfrage des MA Informationen zu seinem aktuellen Zustand oder auch der Warteschlangenlänge teilen. Diese Informationen können vom ***Auftragsagenten*** (AA) verarbeitet werden, um bspw. zu entscheiden, welche Warteschlange bzw. Montagestation als nächstes idealerweise angefahren wird. Damit wird nicht nur jede Montagestation, sondern auch jeder Auftrag mitsamt seines physischen Abbilds durch einen Agenten modelliert. Ein AA beinhaltet Informationen über:

---

[414] Die Einführung eines Agenten zur Verwaltung globaler Systemdaten entspricht dem Stand der Technik. In der Literatur finden sich auch Bezeichnungen wie Netzwerk- oder Koordinationsagent.

[415] Vgl. SIVAKUMAR und VIVEKANANDAN (Testing for an Agent-Based Software), 2012, S. 222.

[416] Die Erweiterung der Evaluationsumgebung um die in Kapitel 4 entwickelte Methodik zur Auftragsfreigabe wird in Kapitel 5.3 detailliert.

- das zu fertigende Produkt sowie zugehörige Operationen und deren Vorgänger-Nachfolger-Beziehungen,
- den aktuellen Bearbeitungszustand (abgeschlossene und verbleibende Operationen),
- den aktuellen Status des Auftrags (wartend, in Bewegung, in Bearbeitung, fertiggestellt),
- den Zeitpunkt der Freigabe und anvisierten Plan-Fertigstellungtermin sowie
- die aktuelle Position des Auftrags.

Analog zur Auswahl eines wartenden Auftrags aus der Warteschlange an einer Montagestation nutzt der AA als Entscheidungsgröße den Montagestationsscore ms_{m}. Die Berechnung des Montagestationsscores ms_{m}, welcher ebenso auf weitergeleiteten Informationen vom MA sowie MSA basiert, wird in Kapitel 5.2.4 detailliert.

5.2.2 Kommunikation und Interaktion der Agenten

Nach erfolgter Definition der Agenten detailliert dieses Kapitel die Kommunikation und Interaktion zwischen den Agenten. Die Darstellung der Dynamik eines Agentensystems unterscheidet sich deutlich von der Beschreibung eines objektorientierten Systems. Obwohl die Agenten selbst, die aus mehreren Klassen bestehen können, bereits eine sehr komplexe innere Struktur haben, interagieren sie zusätzlich mit dem übrigen System als Ganzes. Statt einer Beschreibung der einzelnen Klassen der eingeführten Agenten bieten sich zur Darstellung der Interaktion und Kommunikation der Agenten Sequenzdiagramme in Anlehnung an die Unified Modeling Language an.[417] Für das Agentensystem zur Montagesteuerung findet sich das entsprechende Diagramm in Abbildung 5.2.

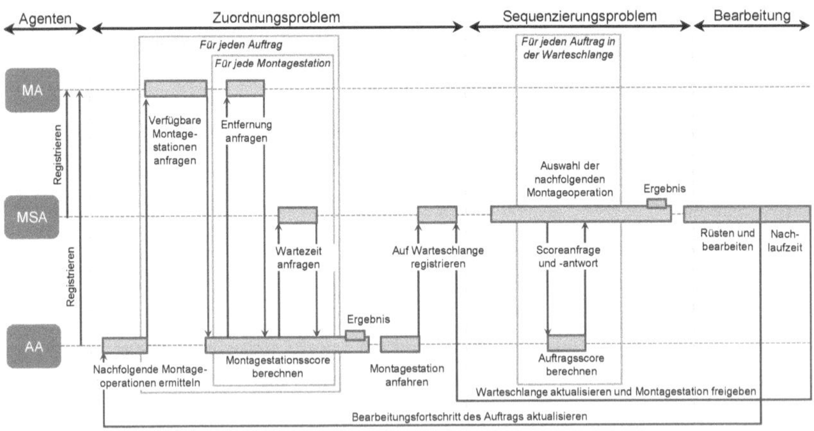

Abbildung 5.2: Kommunikationsverlauf zwischen den Agenten als Sequenzdiagramm[418]

---

[417] CAIRE et al. (MAS implementation), 2004, S. 3; ROUFF (Testing agents and their communities), 2002, S. 2633.

[418] Modifizierte Darstellung i. A. a. BURGGRÄF et al. (Agentensysteme in der Montage), 2020, S. 174.

Bei der Initialisierung des Systems werden zunächst alle Auftrags- und Montagestationsagenten beim Manageragenten registriert. Die Montagesteuerung sieht die Lösung zweier Kernprobleme vor: des Zuordnungs- und des Sequenzierungsproblems. Hinter ersterem steht die Frage, an welcher Montagestation ein Auftrag bearbeitet werden soll, während beim Sequenzierungsproblem die Bearbeitungsreihenfolge der Aufträge an einer Montagestation entschieden wird. Erst nach diesen beiden Zuteilungen folgt die Bearbeitung eines Auftrags, wobei die Bearbeitung die Durchführung der zur Fertigstellung notwendigen Montageoperationen beschreibt.

Der erste Schritt zur Lösung des *Zuordnungsproblems* ist die Ermittlung der möglichen Nachfolgeoperationen durch die AA. Dabei sendet der AA die möglichen Montageoperationen, welche als nächstes durchgeführt werden können, an den MA und bekommt als Antwort die funktionsbereiten Montagestationen übermittelt, welche diese durchführen können. Da der AA keine Kenntnis über das Layout des Montagesystems besitzt, fragt dieser die Distanz zu den funktionsbereiten Montagestationen beim MA ab. Ebenso erfolgt eine Abfrage der aktuellen Wartezeit an der verfügbaren bzw. infrage kommenden Montagestation bzw. bei dessen MSA. Die Wartezeit umfasst sowohl laufende Operationen an einer Montagestation als auch auf der Warteschlänge registrierte Aufträge. Anhand der abgefragten Informationen bildet der AA den Montagestationsscore und wählt anschließend die Montagestation mit dem höchsten Montagestationsscore aus (vgl. Kapitel 5.2.4). Es folgt der Transport des Auftrags zur Montagestation und die Registrierung des Auftrags mit der auszuführenden Operation auf der Warteschlange des MSA.

Sobald die Bearbeitung eines Auftrags einer Montagestation fertiggestellt bzw. die Montagestation zur Bearbeitung eines neuen Auftrags bereit ist, wird die Lösung des *Sequenzierungsproblems* initiiert. Hierfür fragt der MSA für alle in seiner Warteschlange registrierten Aufträge von den AA den Auftragsscore as_{ao} ab und wählt erneut denjenigen Auftrag mit dem höchsten Auftragsscore aus (vgl. Kapitel 5.2.4). In Abhängigkeit des ausgewählten Auftrags und der durchzuführenden Operation wird die Montagestation zunächst gerüstet, bevor die eigentliche Bearbeitung der ausgewählten Operation erfolgt. Ist die Bearbeitung abgeschlossen, wird der Bearbeitungsfortschritt des Auftrags aktualisiert und der AA löst erneut das Sequenzierungsproblem – vorausgesetzt, der Auftrag ist noch nicht fertiggestellt. Während sich der Auftrag unmittelbar aus der Montagestationen bewegen kann, ist die Montagestation gegebenenfalls noch für eine spezifische Nachlaufzeit blockiert. Diese Nachlaufzeit wird durch die zuvor durchgeführte Operation ausgelöst und damit dem Produkt ab. Innerhalb dieser Nachlaufzeit können bspw. Handhabungsvorrichtungen in ihre Ausgangsposition zurückgefahren werden. Abschließend wird die Warteschlange aktualisiert und die Montagestation für die Auswahl und Bearbeitung des nächsten Auftrags freigegeben, was die erneute Lösung des Sequenzierungsproblems umfasst.

5.2.3 Detaillierung der Funktionsweise als Pseudocode

Die Umsetzung der in Kapitel 5.2.1 und 5.2.2 dargestellten Zusammenhänge und Wirkmechanismen in ein funktionales Softwaresystem bedingt deren Überführung in Programmcode. Da eine detaillierte Darstellung des Programmcodes zu umfangreich und unübersichtlich wäre, werden nachfolgend die wesentlichen Methoden und Abläufe des Agentensystems sowie zugehörige Events als Pseudocode dargestellt. Die Darstellung als Pseudocode in natürlicher Sprache trägt gegenüber der Darstellung als Programmcode zur verständlichen Beschreibung des Agentensystems sowie der enthaltenen Algorithmen bei.

Bei Initialisierung der Evaluationsumgebung werden zunächst die Reaktionen der Agenten (Koordinationsregeln) auf spezifische Events durch den Aufruf der Methode *startEventListeners*() durch den MA festgelegt. Die Interaktion der Agenten kann sowohl direkt zwischen den MSA und AA oder auch unter Mitwirken des MA (siehe Abbildung 5.2) erfolgen. Algorithmus 1 gibt einen Überblick über die zum Verständnis essentiellen Events sowie den jeweilig resultierenden Reaktionen.

Algorithmus 1: Methode des Manageragenten

```
function startEventListeners()
        Event DATA_PARSED
                manager.registerAssemblyStations()
                manager.registerOperation()
                manager.addJob()
        Event JOB_COMPLETED
                if waiting Job exists
                        evaluate job release[419]
                if all Jobs are completed
                        stop simulation
        Event JOB_RELEASED
                job.prepareNextOperation()
        Event STARTED_MOVING // job moving to station
                station.registerMovingJob()
        Event JOB_ARRIVED_AT_STATION
                station.handleJobArrival()
        Event JOB_IN_STATION
                station.setupTime() // setup of station
                station.processingAndFollowUpTime()
                job.prepareNextOperation() // job selects next station
        Event FOLLOW_UP_COMPLETED
                station.evaluateQueue()
                if waiting Job exists
                        evaluate job release
```

[419] Die Implementierung der in Kapitel 4 entwickelten Methodik zur Auftragsfreigabe wird in Kapitel 5.3 detailliert.

Nach Eingabe der notwendigen Eingabeparameter (vgl. Kapitel 5.2.5) in die Evaluationsumgebung werden die MSA, AA sowie auch die Operationen der AA beim MA registriert. Letzteres ist Voraussetzung, damit ein AA beim MA mithilfe der nächstmöglichen Operationen die zulässigen Montagestationen zur weiteren Auftragsbearbeitung anfragen kann. Die Registrierung der MSA beim MA wird in Algorithmus 2 dargestellt.

Algorithmus 2: Methode des Manageragenten

```
function registerAssemblyStation()
    station exists
    if station does not exist
        add new station
    add selected modules to every station
```

Bei der Registrierung wird zunächst geprüft, ob der MSA dem MA bereits bekannt ist. Ist dies nicht der Fall, wird ein MSA sowie die zugeordneten Module dem Datensatz des MA hinzugefügt. Anschließend werden die möglichen Operationen beim MA registriert (siehe Algorithmus 3).

Algorithmus 3: Methode des Manageragenten

```
function registerOperation()
    operation exists
    if operation does not exist
        add new operation
```

Das Vorgehen ist analog zu der Registrierung der Montagestationen gestaltet. Zunächst wird in den bereits registrierten Operationen gesucht, ob die betrachtete Operation bereits angelegt wurde. Ist dies nicht der Fall, so ist die Operation neu und wird hinzugefügt. Schließlich werden die AA der Aufträge entsprechend des Auftragspools (vgl. Kapitel 4.2.2 und Kapitel 5.2.5) beim MA registriert (siehe Algorithmus 4).

Algorithmus 4: Methode des Manageragenten

```
function addJob()
    if product exists
        add job with due date
    else
        add product
        for every operation of product
            if operation does not exist
                add operation
        add job with due date
```

Zunächst wird geprüft, ob das Produkt des betrachteten AA bekannt ist, und wenn nicht, wird dieses angelegt. Analog dazu wird jede Operation zur Bearbeitung des Auftrags geprüft. Falls

Operationen nicht im MA angelegt sind, werden diese ebenfalls hinzugefügt (Redundanz zur Absicherung von Fehlern bei der Informationseingabe analog zu Algorithmus 3).

Das Event *JOB_COMPLETED* (siehe Algorithmus 1) tritt bei Fertigstellung eines Auftrags bzw. der letzten Operation eines Auftrags auf. Es initiiert die Bewertung der Freigabe eines neuen Auftrags (Freigabeentscheidung) oder beendet die Simulation, falls bereits Aufträge bearbeitet wurden. Details zur Auftragsfreigabe folgen in Kapitel 5.3. Unmittelbar nach der Freigabe eines Auftrags gilt es, die anzufahrende Montagestation sowie die durchzuführende Operation festzulegen. Zu diesem Zweck wird die Methode *prepareNextOperation()* durch den Auftragsagenten aufgerufen (Algorithmus 5). Die Methode wird weiterhin nach Abschluss einer Operation (Event *PROCESSING_COMPLETED*) aufgerufen (siehe Algorithmus 11).[420]

Algorithmus 5: Methode des Auftragsagenten

```
function prepareNextOperation()
    // find next station
        for each possible operation
            get capable stations
        for each possible station and operation tuple
            calculate score
            push score
        select JobOperation = JobOperation with Max Score
    if JobOperation is planned
        station.registerMovingJob() // See algorithm 6
        await moveTo() move to station
        dispatch event JOB_ARRIVED_AT_STATION
```

Zuerst werden die nächstmöglichen Montagestationen bestimmt. Hierzu fragt der AA mithilfe der gemäß Montagevorranggraph nächstmöglichen Operationen beim MA an, welche Montagestationen geeignet sind. Für die möglichen Montagestationen sowie die durchführbaren Operationen werden dann vom AA die Montagestationsscores berechnet. Die Auswahl erfolgt anhand des höchsten Montagestationsscores, wobei die Auswahl als *JobOperation*[421] gespeichert wird. Die Berechnung des Montagestationsscores wird in Kapitel 5.2.4 erörtert. Sind die nachfolgende Montagestation und -operation aus Sicht des Auftrags festgelegt, bewegt[422] sich der AA auf die Montagestation zu und wird vom MSA in die Liste der sich auf die Montagestation zubewegenden Aufträge aufgenommen (siehe Algorithmus 6).

[420] Wird eine Montagestation in der Evaluationsumgebung deaktiviert, so wird ebenso die Methode *prepareNextOperation()* aufgerufen. Dadurch können Aufträge eine neue Montagestation zur weiteren Bearbeitung auswählen und müssen nicht auf die Reaktivierung der jeweiligen Montagestation warten.

[421] Das Array JobOperation speichert für einen Auftrag Tupel mit Montagestation und -operation.

[422] Die Bewegung wird in der Funktion moveTo() beschrieben. Diese beinhaltet die Trajektorienplanung und kalkuliert die Transportdauer zwischen zwei Montagestationen bzw. Punkten im Layout.

Algorithmus 6: Methode des Montagestationsagenten

```
function registerMovingJob()
        moving JobOperation exists
                return Job ID
        if moving Job does not exist
                add JobOperation to moving Jobs
```

Der MSA prüft, ob sich ein Auftrag auf die Montagestationen zubewegt. Ist dieser bereits angelegt, wird lediglich die Job ID des Auftrags zurückgegeben. Andernfalls wird der Auftrag auf die Liste der Aufträge aufgenommen, die sich aktuell auf dem Weg zur Montagestation befinden. Sobald der Auftrag an der Montagestation ankommt, wird das Event *JOB_ARRIVED_AT_STATION* ausgelöst. Hierauf reagiert der MSA mit dem Aufruf der Methode *handleJobArrival*() (siehe Algorithmus 7).

Algorithmus 7: Methode des Montagestationsagenten

```
function handleJobArrival()
        if station is disabled
                job.prepareNextOperation()
        if job is registered as moving job
                remove JobOperation from list with moving
        queue JobOperation
        if station is free and no job is pulled into the station at the moment
                evaluateQueue()
```

Falls die Montagestation in der Transportzeit bspw. störungsbedingt deaktiviert wurde, so wird die Methode *prepareNextOperation*() für den angekommenen Auftrag erneut aufgerufen (Algorithmus 5). Andernfalls wird der Auftrag, solange er als *MovingJob* gelistet ist, aus der Liste der sich auf die Montagestation zubewegenden Aufträge entfernt und in der Warteschlange der Montagestation registriert. Ist die Montagestation nicht belegt und ebenso kein Auftrag zur Bearbeitung an der Montagestation ausgewählt, so wird zwecks Auswahl eines Auftrags zur Bearbeitung die Warteschlange ausgewertet (siehe Algorithmus 8).

Algorithmus 8: Methode des Montagestationsagenten

```
function evaluateQueue()
        for each queued JobOperation // get best JobOperation
                job.getScoreforJobOperation()
        get max Score
        select queued JobOperation with max Score
        if best JobOperation exists
                if former Job is still in station
                        await formerJob.moveTo()
                await selectJobOperation()
```

Die Auswertung der Warteschlange basiert auf der Lösung des Sequenzierungsproblems (vgl. Kapitel 5.2.2), welches die Auswahl eines Auftrags (*JobOperation*) aus der Warteschlange systematisiert. Der zugehörige Auftragsscore wird in Kapitel 5.2.4 vertieft. Vor der Bearbeitung des ausgewählten Auftrags wird zunächst geprüft, ob die Montagestation noch besetzt ist. Ist dies der Fall, wird abgewartet, bis die Montagestation frei ist. Es folgt die Vereinnahmung des ausgewählten Auftrags von der Montagestation durch die Methode *selectJobOperation*() (siehe Algorithmus 9).

Algorithmus 9: Methode des Montagestationsagenten

```
function selectJobOperation()
    if activeJobOperation still in station
        return
    await job.moveTo()
    dispatch event JOB_IN_STATION
    update activeJobOperation
```

Der MSA prüft erneut, ob die Montagestation frei ist, indem der ausgewählte Auftrag mit dem in der Montagestation befindlichen Auftrag verglichen wird. Anschließend wird der Auftrag von der Warteschlange in die Montagestation eingefahren und das Event JOB_IN_STATION geteilt. Der MA aktualisiert daraufhin den Auftrags- sowie Montagestationsstatus, setzt den ausgewählten Auftrag auf aktiv und initiiert das Rüsten der Montagestation durch den MSA (siehe Algorithmus 10).

Algorithmus 10: Methode des Montagestationsagenten

```
function setupTime()
    // start Setup
        expectedFinishTime = simulation time + operation setUpTime
        activeActionDuration = operation setUpTime
        status = SETUP
    await complete Setup
        setupTime += setUpTime of active operation
        ProcessingAndFollowUpTime()
```

Das Rüsten erfolgt auf Basis der in den Eingabeparameter spezifizierten Dauer in Abhängigkeit der Montageoperation (vgl. Kapitel 5.2.5). Nach dem Rüsten der Montagestation startet die Bearbeitung des Auftrages bzw. der jeweiligen Operation an der Montagestation (siehe Algorithmus 11).

Algorithmus 11: Methode des Montagestationsagenten

```
function processingAndFollowUpTime()
        // start processing
                active Action Duration = Processing Time of active Operation
                expected Finish Time = simulation Time + active Action Duration
                status = Processing
        // complete Processing
                ProcessTime += active Action Duration
                job.prepareNextOperation()
        // start FollowUp
                active Action Duration = FollowUp Time of Active Operation
                Expected Finish Time = simulation Time + active Action Duration
                status = FollowUp
        // complete FollowUp
                FollowUpTime += followUpTime of active Operation
                reset station
                await evaluateQueue()
```

Sobald ein Auftrag an einer Montagestation bearbeitet wird, wird der Status der Montagestation aktualisiert. Ebenso wird der Zeitpunkt der erwarteten Fertigstellung der jeweiligen Montageoperation des Auftrags berechnet. Nach Ablauf der Bearbeitungszeit bestimmt der AA die nächste Montagestation mittels *prepareNextOperation*(). Die Montagestation ist zunächst für die Dauer der Nachlaufzeit blockiert und wählt anschließend den nächsten zu bearbeitenden Auftrag mittels der Methode *evaluateQueue*() aus.

5.2.4 Kalkulation des Montagestations- und Auftragsscore

Analog zur Auftragsfreigabe werden auch für die Montagesteuerung Scores als heuristische Entscheidungsgrößen genutzt (vgl. Kapitel 4.2.3). Entsprechend Kapitel 5.2.2 wurden zwei Entscheidungen formuliert, welche als Zuordnungsproblem und Sequenzierungsproblem bezeichnet werden. Hinter ersterem steht die Frage, an welcher Montagestation ein Auftrag bearbeitet werden soll, während beim Sequenzierungsproblem die Bearbeitungsreihenfolge der Aufträge an einer Montagestation entschieden wird. Die Montagesteuerung sieht als Entscheidungsgröße zur Lösung des Zuordnungsproblems und damit der Zuordnung der Aufträge zu Montagestationen den sogenannten Montagestationsscore vor. Als weitere Entscheidungsgröße wird ein Auftragsscore definiert, welcher das Sequenzierungsproblem adressiert, indem dieser die Auswahl eines wartenden Auftrags an einer Montagestation zur Bearbeitung ermöglicht (vgl. Kapitel 5.2.2). Die mathematischen Zusammenhänge zur Bildung der Scores werden nachfolgend detailliert. Hierzu werden je Score die Kriterien und deren Normierung beschrieben sowie die Gewichtung der Kriterien als Möglichkeit zur Einstellung des Entscheidungsverhaltens bspw. zur Rüstzeitoptimierung diskutiert.

Zur Lösung des Zuordnungsproblems wird der *Montagestationsscore* berechnet. Dessen Eingangsgrößen sind in Abbildung 5.3 dargestellt.

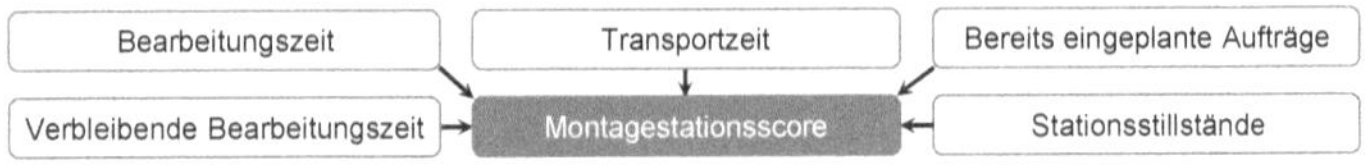

Abbildung 5.3: Kriterien des Montagestationsscores[423]

Aus der Menge der bereits an einer Montagestation eingeplanten Aufträge Q_{as} wird über jedes an der Montagestation as wartende Auftrags-Operations-Tupel (j, o) die summierte Bearbeitungszeit $q_{\mathrm{m}} = \sum_{(j,o)\in Q_{as}} p_{\mathrm{o},as}$ berechnet. Gemeinsam mit der verbleibenden Bearbeitungszeit v_{as} des an der jeweiligen Montagestation aktuell bearbeiteten Auftrags wird so die aktuelle Auslastung der Montagestation modelliert. Durch das Einbeziehen der Bearbeitungszeit $p_{\mathrm{o,as}}$ des betrachteten Auftrags an der jeweiliges Montagestation sowie seiner Transportzeit zu der entsprechenden Montagestation t_{as} wird eine zügige Bearbeitung sichergestellt. Für den Fall eines geplanten Stationsstillstands kann v_{as} als diejenige Dauer angenommen werden, die es benötigt, bis eine Montagestation wieder verfügbar ist.[424]

Der ***Auftragsscore*** dient der Sequenzierung der wartenden Auftrags-Operations-Tupel (j, o) der bereits eingeplanten Aufträge J_{as} an einer Montagestation. Dies stellt sicher, dass Aufträge mit höherer Priorität, bspw. aufgrund eines dringendem Plan-Fertigstellungstermins, früher bearbeitet werden. Die Kriterien des Auftragsscores sind in Abbildung 5.4 dargestellt.

Abbildung 5.4: Kriterien des Auftragsscores[425]

Das Einbeziehen der Rüstzeit $r_{o,as}$ ermöglicht es, die Häufigkeit der Umrüstvorgänge und damit den Rüstzeitanteil zu senken, während über den Plan- Fertigstellungstermin t_j^{PD} des Auftrags j die Summe der Verspätungen minimiert wird. Dieser Plan-Fertigstellungstermin wird nicht als Datum, sondern als Zahlenwert bezogen auf die *Simulation Time* (vgl. Kapitel 4.4.7) ausgedrückt.

Um die Eingangsgrößen mit ihren unterschiedlichen Einheiten und Bezugspunkten im jeweiligen Score zu verrechnen, ist eine *Normierung* notwendig. Das Ziel der Normierung ist die Angleichung der Eingangsgrößen aneinander, so dass derselbe Gewichtungseffekt für die Eingangsgrößen erreicht werden kann. Hierzu wird der Einfluss der unterschiedlichen Dimensionen der Eingangsgrößen ausgeglichen und deren Einheiten eliminiert. Dadurch wird eine Vergleichbarkeit erreicht und gleichzeitig verhindert, dass zufällig eine stärkere Gewichtung einzelner Eingangsgrößen entsteht. Zur Normierung existiert eine Vielzahl von Methoden, welche

---

[423] Modifizierte Darstellung i. A. a. BURGGRÄF et al. (Agentensysteme in der Montage), 2020, S. 173.

[424] Prinzipiell könnte die erwartete Rüstzeit auch im Montagestationsscore berücksichtigt werden. Diese ist allerdings nur relevant, wenn Montagestationen Multifunktionalität aufweisen. Des Weiteren hängt die Relevanz der Rüstzeit davon ab, wie die Auswahl eines zu bearbeitenden Auftrags aus der Warteschlange der jeweiligen Montagestation erfolgt. Daher wurde die Rüstzeit dem nachfolgenden Auftragsscore vorbehalten.

[425] Modifizierte Darstellung i. A. a. BURGGRÄF et al. (Agentensysteme in der Montage), 2020, S. 174.

sich für unterschiedliche Anwendungsfälle eignen. Sie unterscheiden sich hinsichtlich der Verteilung der Eingangsgrößen sowie den Anforderungen an den normierten Wert. Abhängig von der weiteren Verwendung der Werte dürfen diese bspw. nur in einem bestimmten Wertebereich liegen oder müssen einer vorgegebenen Verteilung folgen.[426] Im vorliegenden Anwendungsfall ist relevant, dass einerseits die Verteilung der Eingangsgrößen im normierten Wert berücksichtigt wird sowie anderseits das Vorzeichen der Eingangsgrößen erhalten bleibt, so dass keine negativen Werte verwendet werden. Entsprechend werden für den Montagestationsscore eine summenbasierte Normierungsmethode sowie für den Auftragsscore eine maximalwertbasierte Normierungsmethode angewendet. Dieser Zusammenhang ist in Gleichung (38) dargestellt und wird nachfolgend begründet:

$$n(x_{j,e}) = \begin{cases} n = \frac{x_{j,e}}{\sum_{i=1}^{as} x_{j,e}}, & x_{j,e} \in X_{ms} \\ n = \frac{x_{j,e}}{maks_j \; x_{j,e}}, & x_{j,e} \in X_{as}; \end{cases} \tag{38}$$

$x_{j,e}$: Wert der Eingangsgröße e für Auftrag j

j: Auftrag in der Warteschlange

e: Eingangsgröße bzw. Kriterium

$n(x_{j,e})$: Normierter Wert von $x_{j,e}$

X_{ms}: Eingangsgrößen bzw. Kriterien des Montagestationsscores ms

X_{as}: Eingangsgrößen bzw. Kriterien des Auftragsscores' as

$maks_j \; x_{j,e}$: Maximalwert der Eingangsgröße e über alle betrachteten Aufträge j

Die summenbasierte Normierungsmethode setzt den Wert der Eingangsgröße in Relation zu den anderen Werten derselben Eingangsgröße. Auf diese Weise wird verglichen, wie „gut“ die Werte verhältnismäßig zum Durchschnitt der Werte sind, unabhängig von der Verteilung der Eingangsgröße. Je genauer diese Einschätzung jedoch vonstattengehen soll, desto mehr Werte und folglich auch Abfragen der Werte im System werden benötigt. Die Normierung mithilfe des Maximalwertes ermöglicht das einmalige Abspeichern des absoluten Maximalwertes und daher eine schnellere Berechnung des Scores, da die Summe der Rechenoperation reduziert wird. Hierbei werden allerdings nicht die Verteilungen der Eingangsgrößen berücksichtigt, im vorliegenden Anwendungsfall gleicht dies der Annahme gleicher Verteilungen der Eingangsgrößen. Dies ist beim Auftragsscore der Fall, weshalb diese weniger aufwendige Methode für diesen verwendet wird. Beim Montagestationsscore ist allerdings die verbleibende Bearbeitungszeit im Gegensatz bspw. zur Transportzeit rechtsschief verteilt, d.h. dass ein geringerer Wert mit einer höheren Wahrscheinlichkeit auftritt. Aus diesem Grund wird der Montagestationsscore summenbasiert normiert.

426 Vgl. AYTEKIN (Normalization Techniques), 2021, S. 2.

Zur strategischen Anpassung der Montagesteuerung an individuelle Fertigungsziele kann eine ***Gewichtung der normierten Eingangsgrößen*** im jeweiligen Score erfolgen. Auf diese Weise sind verschiedene Fertigungsziele, wie die Priorisierung kürzerer Durchlaufzeiten oder eine Priorisierung der Termintreue, verfolgbar. Die Scores werden jeweils als Kehrwert der Summe der Einflussgrößen gebildet. Werden Gewichtungsfaktoren und Normierungsmethoden ergänzt, ergeben sich folgende Gleichungen für den Montagestationsscore (39) und den Auftragsscore (40):

$$ms_{as} = \frac{1}{\alpha * n(t_{as}) + \beta * n(p_{o,as}) + \gamma * n(q_{as}) + \delta * n(v_{as})} \quad \forall o \in O, as \in AS \tag{39}$$

α: Gewichtungsfaktor der normierten Transportzeit $n(t_{as})$

β: Gewichtungsfaktor der normierten Bearbeitungszeit $n(p_{o,as})$

γ: Gewichtungsfaktor der normierten Bearbeitungszeit der wartenden Aufträge $n(q_{as})$

δ: Gewichtungsfaktor der normierten verbleibenden Bearbeitungszeit $n(v_{as})$

$$as_{j,o} = \frac{1}{\varepsilon * n(r_{o,as}) + \theta * n(t_j^{DD})} \quad \forall (j,o) \in Q_{as} \tag{40}$$

ε: Gewichtungsfaktor der normierten der Rüstzeit $n(r_{o,as})$

θ: Gewichtungsfaktor des normierten Plan-Fertigstellungstermin $n(t_j^{DD})$

Die Normierung der Eingangsgrößen stellt die Voraussetzung für die Gewichtung und Priorisierung der zu definierenden Fertigungsziele ab. Exemplarisch sei für schwierig handhabbare Montageobjekte die Notwendigkeit zur Reduktion der Transportzeit bzw. -strecke angeführt. Die Gewichtungsfaktoren können entweder mittels eines paarweisen Vergleichs, bezogen auf eine zu definierende Skala bei Initialisierung der Evaluationsumgebung, oder experimentell bestimmt werden. Hierbei ist es ebenfalls möglich, einzelne Eingangsgrößen auszuschließen, falls diese keine Relevanz für die Erreichung der definierten Fertigungsziele besitzen.

5.2.5 Informationseingabe und -ausgabe

Die vorangegangenen Ausführungen haben bereits eine Vielzahl an Informationen aufgegriffen, die das Agentensystem zur Simulation der Montageabläufe verarbeitet. Die Informationsbedarfe werden nachfolgend strukturiert aufgeführt und vervollständigt. Ebenso werden die Ergebnisse der Informationsverarbeitung dargestellt. Abbildung 5.5 visualisiert die Informationseingabe und -ausgabe der Evaluationsumgebung.

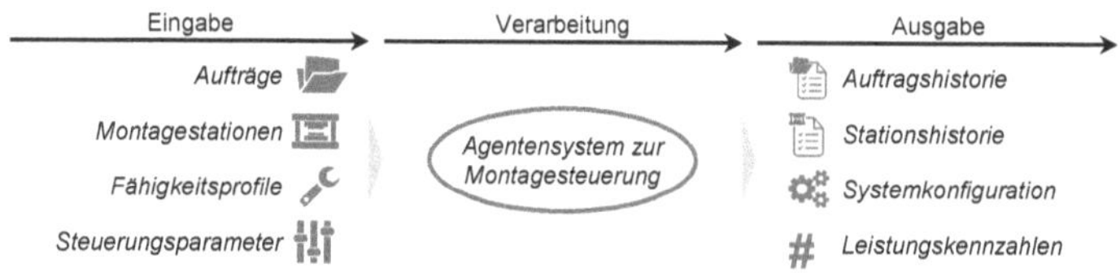

Abbildung 5.5: Informationseingabe und -ausgabe der Evaluationsumgebung[427]

Die Informationseingabe umfasst Details zu den Aufträgen, Montagestationen, den zugehörigen Fähigkeitsprofilen sowie den Steuerungsparameter der Montagesteuerung. Aufträge bestehen dabei aus einem Produkt sowie auftragsspezifischen Informationen (bspw. Plan-Fertigstellungstermin). Die Produkte werden mithilfe einer Menge von Montageoperationen sowie deren Vorrangbeziehungen definiert. Diese Beschreibung der Montageoperationen umfasst eine Bezeichnung des Montageschritts, die Bearbeitungszeit sowie etwaige Rüst- und Nachlaufzeiten zur Durchführung der Montageoperation. Ebenso sind operationsspezifisch (Montageprozess-)Module (vgl. Kapitel 2.2.1) als montagestationsseitige Voraussetzungen zur Durchführung einer Montageoperation zuzuordnen. Die Summe der an einer Montagestation vorhandenen Module bilden dessen Fähigkeitsprofil. Die Module können eine Montagestation zur Durchführung einer oder mehrerer Operationen befähigen. Das Layout des Montagesystems wird durch die Anordnung der Montagestationen bestimmt. Hierzu können Montagestationen unter Angabe der Koordinaten im Layout sowie der zugeordneten Module in der Evaluationsumgebung angelegt werden. Letztere legen damit das Fähigkeitsprofil der Montagestationen fest. Je Montagestation kann eine maximale Warteschlangenlänge gewählt werden. Die Informationseingabe erfolgt mithilfe einer standardisierten Eingabemaske in Tabellenform direkt in der Benutzeroberfläche (siehe Kapitel 5.2.6) oder im Programmcode. Die Benutzeroberfläche beinhaltet bei Initiierung eine exemplarische Konfiguration mit Aufträgen, Fähigkeitsprofilen und Montagestationen, welche im Programmcode hinterlegt ist. Ebenso kann in der Benutzeroberfläche der jeweilige Plan-Fertigstellungstermin der Aufträge bestimmt werden, wobei jeweils automatisch Werte bei Initiierung geniert werden. Abschließend können konkrete Steuerungsparameter festgelegt werden, die das Entscheidungsverhalten des Agentensystems beeinflussen. Dies beinhaltet Produktionsstrategien, welche die in Kapitel 5.2.4 Entscheidungsgrößen parametrisieren, so dass lange Transportwege oder häufiges Rüsten vermieden werden. Die Eingabe der Steuerungsparameter erfolgt über vordefinierte Produktionsstrategien (bspw. Durchlaufzeitoptimierung und Rüstzeitoptimierung) in der Benutzeroberfläche. Für diese Produktionsstrategien ist eine konkrete Gewichtung (vgl. Kapitel 5.2.4) der Entscheidungsgrößen hinterlegt. Auf diese Weise wird sichergestellt, dass nur sinnvolle und zielführende Parameterkonstellationen verwendet werden. Eine Manipulation im Code selber ist jedoch ebenso möglich. Ebenso ist die Auswahl eines Verfahrens bzw. einer Methodik zur Auftragsfreigabe möglich (vgl. Kapitel 5.3).

Die Verarbeitung der eingegebenen Informationen ist über das zuvor beschriebene Agentenverhalten definiert. Dabei werden alle Statusinformationen und Ereignisse als Logs erfasst und

[427] I. A. a. ZAWISZA (Agentensysteme zur dezentralen PPS), 2018, S. 175.

kontinuierlich in einem Eventlog gespeichert. Der Eventlog kann in aggregierter Form bereits während der Simulation überwacht werden, indem stations- und auftragsspezifische Informationen visualisiert werden. Zu den stationsspezifischen Informationen zählen der aktuelle Zustand einer Montagestationen (vgl. Kapitel 5.2.1), die Rüst-, Produktiv- und Leerlaufzeiten sowie die Auslastung der Montagestationen bezogen auf ein spezifisches Zeitintervall. Ebenso wird die aktuelle Auslastung der Warteschlangenlangen der Montagestationen ausgegeben. Zu den auftragsspezifischen Informationen zählen Freigabezeitpunkt, Plan-Fertigstellungstermin, Bearbeitungs- und Transportzeitanteile, eine Historie der durch einen Auftrag belegten Montagestationen, die bereits bearbeitenden Montageoperationen sowie auch die Job-ID.

Nach Fertigstellung der hinterlegten Aufträge sind alle zuvor genannten Informationen in der Benutzeroberfläche einsehbar. Diese lassen sich weiterhin als Excel-Tabelle exportieren. Dieser Export beinhaltet für eine einfache Zuordnung und den Vergleich verschiedener Montagesystemkonfigurationen sowie Simulationsläufe ebenfalls die eingegebenen Informationen. Weiterhin werden weitere Leistungskennzahlen wie bspw. die durchschnittliche Anzahl aktiver Aufträge, diverse Mittel und Grenzwerte oder auch die Gesamtauslastung des Montagesystems ausgegeben.

5.2.6 Benutzeroberfläche der Evaluationsumgebung

Die Evaluationsumgebung besitzt zur Eingabe der Informationen eine interaktive Benutzeroberfläche. Diese umfasst drei Registerkarten: Simulation, Report & Monitoring sowie Data Table. Diese Registerkarten und ihre Funktionen werden im Folgenden erläutert.

Bei Initialisierung der Evaluationsumgebung öffnet sich die Registerkarte *Simulation*. Diese Registerkarte visualisiert die Montageabläufe als 2D-Ansicht des Montagesystems und fungiert als Schnittstelle zur Eingabe der wesentlichen Steuerungsparameter. Die Ansicht der Registerkarte lässt sich in drei Bereiche unterteilen, welche in Abbildung 5.6 dargestellt sind.

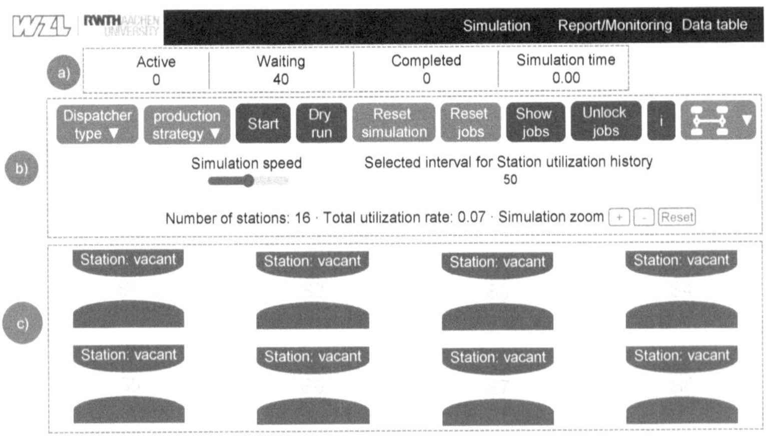

Abbildung 5.6: Registerkarte Simulation der Evaluationsumgebung

Abbildung 5.6 a) beinhaltet die Statusanzeige zum aktuellen Bearbeitungsfortschritt der hinterlegten Aufträge. Die Statusanzeige gibt Aufschluss über die Anzahl der aktuell in Bearbeitung befindlichen Aufträge, die Anzahl der Aufträge im (selektierten) Auftragspool sowie die Anzahl der bereits erfolgreich bearbeiteten Aufträge. Weiterhin wird die Simulationszeit, welche die Zeit ab dem Start der ersten Auftragsbearbeitung hochzählt, als mitlaufender Zahlenwert angezeigt. Abbildung 5.6 b) visualisiert die Schaltfläche zur Eingabe der Steuerungsparameter (vgl. Kapitel 5.2.5) und bietet Bedienelemente bspw. zum Starten der Auftragsbearbeitung und Zurücksetzen der Informationseingabe. Dieser Bereich wird in Abbildung 5.7 detailliert. Der dritte Bereich (Abbildung 5.6 c) visualisiert die Montagestationen sowie die einzelnen Aufträge mit ihrer Bewegung durch das Montagesystem.

Die Schaltfläche für die Bedienung der Evaluationsumgebung besteht aus einer Vielzahl von Bedienelementen. Hier werden verschiedene Funktionen und Parameter-Voreinstellungen aus dem Programmcode abgerufen, welche die Bedienung und Konfiguration der Evaluationsumgebung ermöglichen. Abbildung 5.7 zeigt den zur Bedienung relevanten Ausschnitt der Registerkarte Simulation aus der Oberfläche der Evaluationsumgebung.

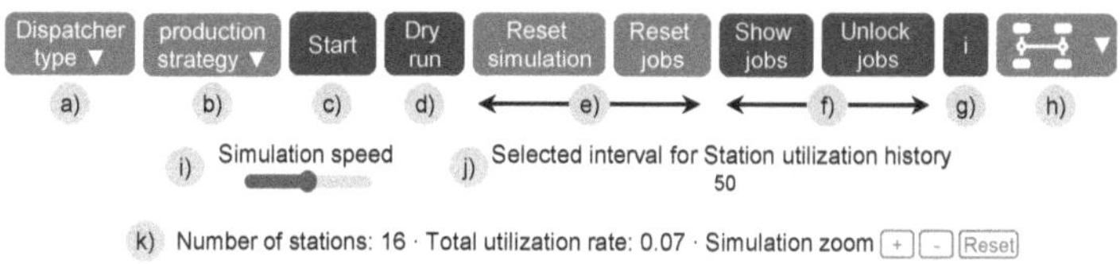

Abbildung 5.7: Schaltflächen der Registerkarte Simulation zur Bedienung der Evaluationsumgebung

Zunächst sind unter Abbildung 5.7 a) und b) die Auftragsfreigabe sowie die Produktionsstrategie auswählbar. Die Auftragsbearbeitung kann mit einer Live-Visualisierung der Bewegungen der Aufträge durch das Montagesystem (Abbildung 5.7 c) oder im Dry Run ohne Visualisierung (Abbildung 5.7 d) gestartet werden. Das für die Live-Visualisierung verwendete Symbol ist über Abbildung 5.7 h) an das herzustellende Produkt anpassbar. Während matrixstrukturierte Montagesysteme zwar häufig mit der Automobilindustrie in Verbindung gebracht werden, ist ihre Anwendung nicht darauf beschränkt. Entsprechend können zur Live-Visualisierung der Montageobjekte nicht nur Fahrzeuge oder Chassis ausgewählt werde, sondern bspw. auch Werkzeugmaschinen und Haushaltsgeräte. Die zugehörigen Industriezweige zeichnen sich teilweise ebenso durch eine hohe Variantenvielfalt und Herausforderungen in der Austaktung von linienstrukturierten Montagesystemen aus, welche eine Betrachtung matrixstrukturierter Montagesysteme motiviert. Die Geschwindigkeit der Live-Visualisierung ist ebenso einstellbar (Abbildung 5.7 i), wobei die Simulationszeit entsprechend schneller oder langsamer läuft. Blockaden, bei denen sich zwei oder mehr Aufträge gegenseitig blockieren (vgl. Kapitel 3.2.3), können mithilfe eines Bedienelements (Abbildung 5.7 f) aufgelöst werden. Dabei werden die als nächstes festgelegten Montagestationen und Operationen der Aufträge gelöscht, neu ermittelt und Montagestationen wieder freigegeben (vgl. Kapitel 5.2.3 Algorithmus 5). Aufträge des eingegebenen Auftragspools, welche zur Freigabe zur Verfügung stehen, können jederzeit über Abbildung 5.7 g) als Liste aufgerufen werden. Diese Liste bietet dann ebenso die Möglichkeit zur Eingabe individueller Plan-Fertigstellungstermine. Diese beziehen sich auf die Simulationszeit. Weiterhin kann ein zeitbezogenes Intervall für die Berechnung Stationsauslastung eingestellt werden (Abbildung 5.7 j). Abbildung 5.7 k) zeigt die Anzahl der Montagestationen und die durchschnittliche Auslastung dieser bezogen auf die Simulationszeit. Ebenso kann ein Vergrößerungsfaktor für die Visualisierung der Montagestationen (Abbildung 5.6 c) eingestellt werden. Die Visualisierungselemente aus (Abbildung 5.6 c) sind in Abbildung 5.8 detailliert dargestellt. Über sie kann im Verlauf der Simulation die Position und der Status der Montagestationen und Aufträge beobachtet werden. Zudem ist es möglich, mit einem Klick auf eine Montagestation diese abzuschalten und somit einen Stationsausfall auszulösen.

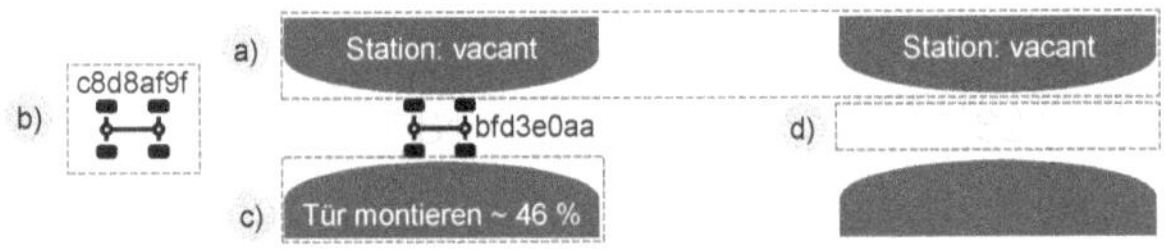

Abbildung 5.8: Elemente der Live-Visualisierung der Registerkarte Simulation

Jede Montagestation ist als Kästchen dargestellt, wobei in Abbildung 5.8 a) der aktuelle Status und in Abbildung 5.8 d) der Stationsname abzulesen ist. Aufträge werden gemäß dem ausgewählten Symbol (Bedienelement Abbildung 5.7 h) mit ihrer Auftragsnummer dargestellt (Abbildung 5.8 b). Befindet sich ein Auftrag in einer Montagestation und wird bearbeitet, so kann die aktuell durchgeführte Montageoperation und der zugehörige Bearbeitungsfortschritt abgelesen werden (Abbildung 5.8 c).

Bei Initiierung der Evaluationsumgebung wird zunächst eine im Programmcode festgelegte Basiskonfiguration des Montagesystems in der Registerkarte Simulation visualisiert. Diese lässt sich gemäß der in Kapitel 5.2.5 spezifizierten Informationseingabe verändern. In der Benutzeroberfläche der Evaluationsumgebung erfolgt dies über die *Registerkarte Data Table*, deren Aufbau in Abbildung 5.9 dargestellt ist.

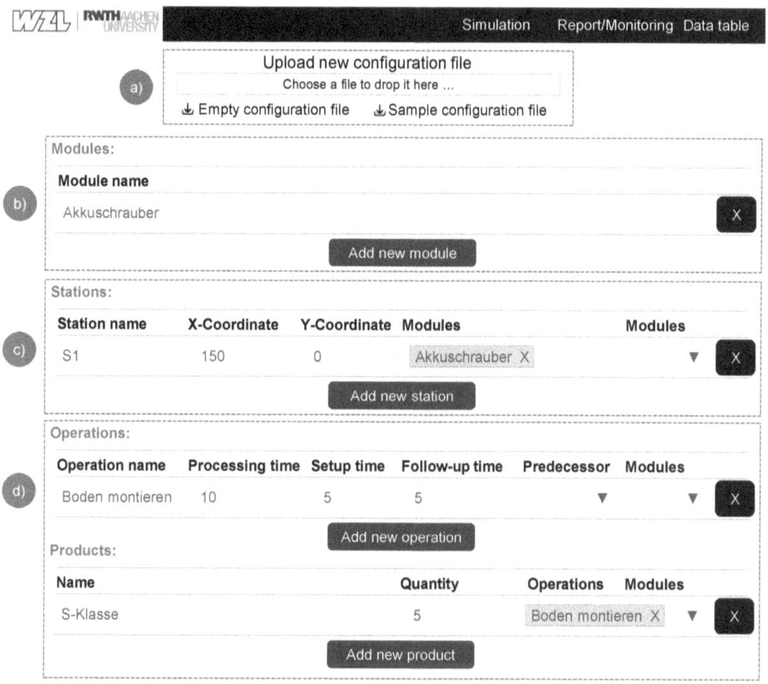

Abbildung 5.9: Registerkarte Data Table der Evaluationsumgebung

Die Informationseingabe kann über eine standardisierte Excel-Datei per Drag & Drop erfolgen (Abbildung 5.9 a). Diese Informationseingabe wird daraufhin visualisiert und kann ebenso unmittelbar in der Benutzeroberfläche bearbeitet werden (Abbildung 5.9 b-d). Alternativ kann eine manuelle Eingabe unmittelbar in die Benutzeroberfläche erfolgen. Dies umfasst das Hinzufügen und Entfernen von Modulen (Abbildung 5.9 b). Ebenso können Montagestationen hinzugefügt und entfernt sowie hinsichtlich ihrer Koordinaten (Position im Layout) und maximalen Warteschlangelängen bzw. -plätzen spezifiziert werden (Abbildung 5.9 c). Des Weiteren lassen sich Montageoperationen einschließlich der Rüst-, Bearbeitungs-, und Nachlaufzeiten, Vorrangbeziehungen sowie notwendigen Module einfügen. Produkte können anschließend anhand der Montageoperationen angelegt sowie hinsichtlich ihrer notwendigen Montageoperationen und zu produzierenden Menge beschrieben werden (Abbildung 5.9 d). Ein Produkt wird durch die Ergänzung auftragsspezifischer Informationen wie dem Plan-Fertigstellungstermin zu einem Auftrag. Diese Eingabe und manuelle Anpassung erfolgt mithilfe der zuvor beschrieben Schaltfläche in Abbildung 5.7 g)

Nach dem Befüllen der Registerkarte *Data Table* und Festlegung der Steuerungsparameter in der Registerkarte *Simulation*, kann die Auftragsbearbeitung in der Evaluationsumgebung gestartet werden. Die erzeugten Entscheidungen werden dabei permanent als Logs mitgeschrieben und sind bereits während der Simulation in Registerkarte *Monitoring & Reporting* einsehbar. Dies umfasst während der Simulation auftragsspezifische und stationsspezifische Informationen. Nach Bearbeitung aller Aufträge können diese einschließlich der in der Registerkarte *Data Table* hinterlegten Informationen als Excel-Datei exportiert werden. Die ausgegebenen Informationen und berechneten Leistungskennzahlen sind in der Registerkarte *Monitoring & Reporting* in Tabellenform abgebildet (siehe Abbildung 5.10).

Jobs information:

Job ID	Status	Current station	Station history	Operation history	Product	DueDate	Number operations	Start time	End time	Lead time	Transport time	Waiting time	Working time
ea0514ba	Pro-cessing	S2	S2, S2	Assemble wiring harness, Assemble floor	S-Class	110	4	21.40	---	Not finished yet	17.80	36.60	32.80
eca6dda9	queued	S6	S1	Assemble left door	S-Class	130	4	41.80	---	Not finished yet	20.00	39.80	2.80
43b14491	Pro-cessing	S6			S-Class	150	4	80.60	---	Not finished yet	21.80	0.00	10.80

Jobs information:

Station ID	Live Setup time	Live Process time	Live Follow-up time	Total working time	Total time	Utilization history (Interval: 50)	Current queue length	Max. queue length	Current Operation	Utilization rate
S1	0.00	40.00	0.00	40.00	115.60	0.00, 80.00	0	1	none	34.6%
S2	0.00	44.20	11.00	73.20	115.60	0.80, 89.20	0	1	Assemble right door	34.6%
S3	0.00	0.00	0.00	0.00	115.60	0.00, 0.00	0	0	none	0,0%

Abbildung 5.10: Registerkarte Monitoring & Reporting der Evaluationsumgebung

Die *auftragsspezifischen Informationen* werden in der Tabelle *Jobs Information* festgehalten (Abbildung 5.10 oben). Sie bestehen neben der Auftragsnummer aus dem Produkttypen, dem Plan-Fertigstellungstermin und der Anzahl durchzuführender Operationen. Im Verlauf der Bearbeitung werden der aktuelle Status des Auftrags, also ob sich dieser bspw. aktuell in der Warteschlange befindet, als auch die aktuelle Montagestation nachverfolgt und in der Montagestations- und Operationshistorie aufgelistet. Aus der Differenz der Start- und der Endzeit der Bearbeitung wird die Durchlaufzeit berechnet und sollte der Plan-Fertigstellungstermin nicht eingehalten worden sein, wird die Endzeit in roter Farbe hervorgehoben. Zusätzliche Informationen über die Zusammensetzung der Durchlaufzeit können aus den Transport-, Bearbeitungs- und Wartezeiten gewonnen werden.

Nach demselben Prinzip werden *stationsspezifische Informationen* in der Tabelle Stations Information festgehalten (Abbildung 5.10 unten). Es werden die montagestationsspezifischen Rüst-, Bearbeitungs- und Nachbearbeitungszeiten berechnet und der aktuelle Status einer Montagestation farblich hervorgehoben. Ebenso werden bspw. die Summe der Rüstzeiten an einer Montagstation über den Zeitverlauf kumuliert. Die Summe aus Rüst-, Bearbeitungs- und Nachbearbeitungszeiten beschreibt als *Total Working Time*, wie lange die Montagestation seit Start der ersten Auftragsbearbeitung bis zum Ende der letzten Auftragsbearbeitung, bezogen auf das gesamte Montagesystem, belegt war. Ebenfalls ist die aktuelle Warteschlangenlänge sowie der stationsbezogene erreichte Maximalwert der Belegung der Warteschlangenplätze ablesbar. Aus den zuvor genannten Werten berechnen sich weitere Leistungskennzahlen. Hierzu zählen die Auslastung der Montagestationen, welche das Verhältnis der *Total Working Time* sowie der verfügbaren Arbeitszeit der Montagestation (*Total Time*) beinhaltet.

Für einen Überblick über den zeitlichen Verlauf der Auslastung der Montagestationen erfolgt weiterhin eine Ausgabe bezogen auf die in Abbildung 5.7 j) definierten Intervalle. Der erste Wert in der Spalte steht hierbei für die Auslastung im ersten Intervall, also nach Freigabe des ersten Auftrags bis zur 50. Zeiteinheit, der zweite Wert für das darauffolgende Intervall bis zur 100. Zeiteinheit. Dies ermöglicht eine differenziertere Auswertung bspw. im Hinblick auf die Erkennung von Engpässen.

5.3 Erweiterung um die kapazitätsorientierte Auftragsfreigabe

Das vorliegende Kapitel befasst sich mit der Implementierung der entwickelten Methodik zur Auftragsfreigabe als Erweiterung der Evaluationsumgebung. Hierzu wird in Kapitel 5.3.1 zunächst die Erweiterung der Benutzeroberfläche der Evaluationsumgebung beschrieben. In Kapitel 5.3.2 wird anschließend das dem Programmcode des Freigabeagenten zugrunde liegende Klassendiagramm eingeführt. Die enthaltenen Klassen SequentialCapacityDispatcher und DecisionConstraints bilden den Kern der Methodik ab. Daher werden die Methoden dieser Klassen im Kapitel 5.3.3 sowie respektive Kapitel 5.3.4 analog zu Kapitel 5.2.3 mithilfe von Pseudocode detailliert.

5.3.1 Erweiterung der Benutzeroberfläche

Die Methodik zur Auftragsfreigabe kann über eine Dropdown-Liste in der Registerkarte Simulation ausgewählt werden (siehe Abbildung 5.7 a). Als Alternative sowie Vergleichsverfahren steht u.a. eine randomisierte Auftragsfreigabe als ConWIP-Steuerung zur Verfügung, welche in Kapitel 6 näher beschrieben wird. Bei Auswahl der Methodik zur Auftragsfreigabe, welche in der Benutzeroberfläche als *Sequential Capacity Dispatcher* bezeichnet ist, werden weitere Eingabemöglichkeiten eingeblendet. Diese sind in Abbildung 5.11 dargestellt.

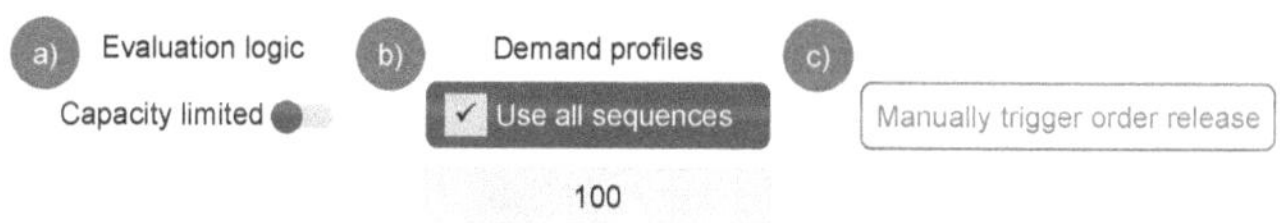

Abbildung 5.11: Benutzeroberfläche des Auftragsfreigabeagenten in der Evaluationsumgebung

Die Steuerung des Freigabeagenten erfolgt in drei Bereichen (Abbildung 5.11 a - c). Im Bereich Abbildung 5.11 a) kann mithilfe eines Schalters die Variante der Auswertung ausgewählt werden (siehe Abbildung 4.17: Variante 1 und 3). Die in Kapitel 4.4 operationalisierte Methodik zur Auftragsfreigabe als Variante 1 besitzt in der Evaluationsumgebung die Bezeichnung *Limited constraints*. Weiterhin kann durch Setzen eines Hakens entschieden werden, ob bei der Berechnung der Auslastungsprofile alle möglichen Sequenzen sowie zugehörigen Kapazitätsprofile berücksichtigt werden sollen (Abbildung 5.11 b). Diese Option wird nachfolgend näher betrachtet und bietet die Möglichkeit, den Berechnungsaufwand und damit die Skalierbarkeit der Methodik zu verbessern. Sollen nicht alle Sequenzen berücksichtigt werden, so ist eine maximale Anzahl an Auslastungsprofilen anzugeben, welche anhand zufälliger Sequenzen je Auftrag über die Kapazitätsprofilbildung sowie -addition erzeugt werden. Schließlich kann im Bereich Abbildung 5.11 c) die Freigabe eines Auftrags unabhängig von der Methodik zur Auftragsfreigabe manuell ausgelöst werden.

5.3.2 Klassendiagramm des Freigabeagenten

In der Softwareentwicklung werden unterschiedliche Objekte benötigt, welche sich dabei jedoch sehr ähnlich verhalten. Um den Aufwand bei der Programmierung zu minimieren, werden diese Objekte zu Klassen zusammengefasst, wobei das Verhalten und die Eigenschaften nur einmal definiert wird und dann von allen Objekten der Klasse genutzt werden kann.[428] In diesem Zusammenhang stellen Klassendiagramme eine Möglichkeit dar, die Funktionsweise eines Softwaresystems, die Verknüpfung verschiedener Klassen sowie auch die Methoden und Attribute der Klassen zu visualisieren. Eine gängige Modellierungssprache für Klassendiagramme ist dabei die Unified Modeling Language[429], welche auch bereits zur Vorstellung des Agentensystems zur Montagesteuerung herangezogen wurde.[430] In Klassendiagrammen werden Klassen als Rechtecke abgebildet und besitzen neben ihrem Namen Attribute und Methoden.[431] Die Attribute sind Eigenschaften bzw. gespeicherte Werte, welche ein Objekt der Klasse besitzen kann.[432] Methoden umfassen Funktionen, welche eine Klasse ausführen kann.[433] Klassen sind über Schnittstellen verbunden, welche als Interfaces bezeichnet werden.[434] Eine angebotene Schnittstelle wird als Vollkreis und eine benötigte Schnittstelle als Halbkreis dargestellt. Letzteres Symbol sagt hierbei aus, dass eine spezifische Klasse die Attribute einer anderen Klasse benötigt, um ihre Methoden auszuführen.[435] Zur Beschreibung der Implementierung der Methodik zur Auftragsfreigabe in der Evaluationsumgebung wird daher zunächst ein Klassendiagramm herangezogen. Dieses in Abbildung 5.12 dargestellt.

---

[428] WITT (Objektorientierte Programmierung), 2019, S. 82ff.

[429] Vgl. ENGELS et al. (Unified Modeling Language), 1998, S. 26ff.

[430] Mithilfe der UML können auch Diagramme erstellt werden, welche das Verhalten und die Interaktionen von Softwaresystemen in Form von Ablauf- und Sequenzdiagrammen beschreiben (vgl. Kapitel 5.2.2).

[431] Vgl. SCHATTEN et al. (Methoden der Modellierung), 2010, S. 172.

[432] Vgl. WITT (Objektorientierte Programmierung), 2019, S. 140; SCHATTEN et al. (Methoden der Modellierung), 2010, S. 172.

[433] Vgl. WITT (Objektorientierte Programmierung), 2019, S. 151.

[434] Vgl. SCHATTEN et al. (Methoden der Modellierung), 2010, S. 173.

[435] Vgl. KLEUKER (Klassendiagramm), 2011, S. 144; SCHATTEN et al. (Methoden der Modellierung), 2010, S. 178f.

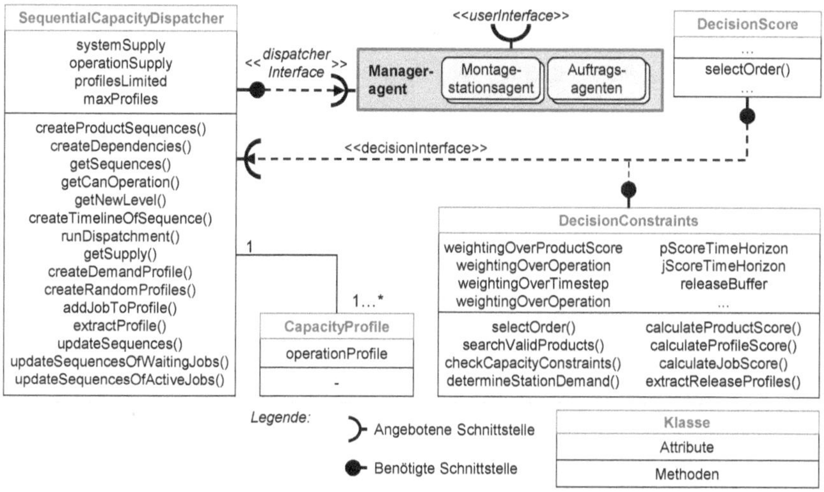

Abbildung 5.12: Klassendiagramm des implementierten Freigabeagenten[436]

Der Auftragsfreigabeagent ist mithilfe von fünf verschiedenen Klassen umgesetzt. Die *Klasse SequentialCapacityDispatcher* ist übergeordnet für die Abbildung des aktuellen Systemzustands zuständig, was die Bestandsgrenzen sowie Auslastungsprofile umfasst. Sie bietet dem Manageragenten eine Schnittstelle, so dass dieser den in Abbildung 4.17 dargestellten sowie in Kapitel 4.4 operationalisierten Ablauf zur Bewertung der Aufträge aus dem Auftragspool initiieren[437] kann. Da Bestandsgrenzen sowie Auslastungsprofile theoretisch auf unterschiedliche Arten interpretiert werden können, obgleich im Rahmen dieser Dissertation lediglich eine betrachtet wird, ist eine Implementierung innerhalb der übergeordneten Klasse *Sequential-CapacityDispatcher* sinnvoll. Entsprechend kann die anschließende Kapazitätsauswertung in separaten Klassen umgesetzt werden und dabei auf die Ergebnisse der Klasse *Sequential-CapacityDispatcher* zugreifen. Die Klasse *decisionInterface* dient hier als Schnittstelle, so dass entweder die Klasse *DecisionScore*, oder die Klasse *DecisionConstraints* ausgewählt werden kann, die jeweils einen Freigabeansatz repräsentieren. Die Klasse *Decision-Score* setzt die Variante 1 gemäß Abbildung 4.17 sowie der in Kapitel 4.4 dargestellten Operationalisierung um. Die Klasse *DecisionScore* setzt hingegen die Variante 3 aus Kapitel 4.3.3 bzw. gemäß Abbildung 4.17 um, wird jedoch nicht weiter betrachtet. Die Klasse *decisionInterface* ist so definiert, dass die Methode *selectOrder()* benötigt wird und als Ergebnis entweder *null* oder ein freizugebender Auftrag zurückgegeben wird. Diese Methode ist wiederum in der Klasse *DecisionConstraints* als initiale Methode vorhanden und kann auf die in der Klasse *SequentialCapacityDispatcher* gespeicherten Attribute zugreifen. Somit lässt die Klasse *decisionInter-*

---

[436] Eigene Darstellung. Die weiteren Attribute (Parameter) der Klasse DecisionContraints sind der Notationsvereinbarung zu entnehmen (Kapitel 4.4.1).

[437] Die Initiierung entspricht der geforderten Ereignisorientierung.

face sowie die Klasse *SequentialCapacityDispatcher* (Abbildung des Systemzustands hinsichtlich Bestandsgrenzen und Auslastungsprofilen) alternative Kapazitätsauswertungen zu. Die Klasse *CapacityProfile* ist für die Verwaltung der erzeugten Kapazitätsprofile zuständig, weshalb diese ausschließlich das Attribut operationProfile enthält. Die Formulierung als eigene Klasse befähigt zur klassenübergreifenden Verarbeitung der enthaltenen Attribute, was sich wiederum positiv auf die Effizienz der Agentenkommunikation auswirkt.

Im Folgenden werden die Klassen *SequentialCapacityDispatcher* sowie *DecisionConstraints*[438] eingehendend erläutert. Hierzu wird analog zu Kapitel 5.2.3 Pseudocode genutzt, um die wesentlichen Methoden verständlich abzubilden.

5.3.3 Klasse SequentialCapacityDispatcher

Die Klasse *SequentialCapacityDispatcher* enthält die Attribute *systemSupply, operationSupply, profilesLimited* und *maxProfiles*. Die Attribute *profilesLimited* und *maxProfiles* dienen dem Zweck, im Falle großer Probleminstanzen durch eine Begrenzung der erzeugten Auslastungsprofile dennoch Freigabeentscheidungen in Polynomialzeit zu treffen.

Sobald eine Instanz der Klasse *SequentialCapacityDispatcher* erstellt wird, findet eine Initialisierung der aktuellen Auftrags- und Produktdaten statt. Diese Initialisierung umfasst neben einer Ermittlung der produkt- und operationsspezifischen Bearbeitungszeiten mehrere Methoden. Hierzu zählt zunächst die Methode *createProductSequences()*, welche für alle in der Evaluationsumgebung hinterlegten Produkte die möglichen Sequenzen anhand der Vorrangbeziehungen ermittelt. Die Methode *createTimelineOfSequence()* wandelt jede dieser Sequenzen unter Berücksichtigung der entsprechenden Bearbeitungsdauer der Operationen in Produktsequenzzeitleisten um. Sowohl die Sequenzen als auch die Produktsequenzzeitleisten werden in der Klasse[439] des jeweiligen Produkts hinterlegt. Um diese weiterhin den jeweiligen Aufträgen[440] im Auftragspool zuzuordnen, wird für alle Aufträge aus dem Auftragspool die Methode *updateSequences()* aufgerufen. Sie sind dadurch im weiteren Verlauf des Freigabeprozesses und damit zur Auswertung des Auftragspools abrufbar.

Im Folgenden wird zunächst die Erstellung der produktbezogenen Sequenzen und deren Produktsequenzzeitleisten anhand der dafür implementierten Methoden erläutert, für welche die Methode *createProductSequences()* zuständig ist. Diese ruft für alle Produkte die Methoden *createDependecies()* und *getSequence()* auf. Die Methode *createDependecies()* analysiert dabei die sich aus dem Vorranggraphen ergebenen Vorrangbeziehungen der verschiedenen

[438] Die Klasse *DecisionScore* bzw. die Umsetzung der zugehörigen Heuristik, welche als Variante 3 in Kapitel 4.3.3 sowie anhand von Abbildung 4.17 beschrieben wurde, ist nicht Betrachtungsgegenstand dieser Dissertation. Sie bietet allerdings Potenzial für zukünftige Forschungsarbeiten.

[439] Diese Klassen sind außerhalb der Architektur des Freigabeagenten verortet und werden für jedes vorhandene Produkt erzeugt. Sie enthalten als Attribute produktspezifische Informationen.

[440] Jeder Auftrag besitzt eine eigene Klasse, welche dessen Informationen in der Evaluationsumgebung verwaltet. Die Erstellung und Verwaltung dieser auftragsbezogenen Klassen obliegt dem Manageragenten.

Operationen und überführt diese für jedes Produkt in eine Abhängigkeitsmatrix. In der Abhängigkeitsmatrix werden die notwendigen Vorgängeroperationen für alle Operationen, die zur Fertigstellung des Produkts notwendig sind, gespeichert. Dabei ist jeder Operation eine Zeile der Matrix (*row*) zugeordnet sowie jeder Vorgängeroperation eine Spalte der Matrix (*column*). Sofern es sich bei der Operation in einer Spalte um einen Vorgänger der Operation der aktuell betrachteten Zeile handelt, erhält der Wert der Matrix einen Wahrheitswert (*true*). Zum Abschluss der Methode wird die Abhängigkeitsmatrix der Klasse Produkt (verwaltet von Manageragenten) als Attribut übergeben, sodass sie jederzeit abgerufen werden kann (siehe Algorithmus 12).

Algorithmus 12: Methode der Klasse SequentialCapacityDispatcher

```
function createDependencies(product):
        create dependencyMatrice with all values as false
        for each operation (row) of product
                for each operation (column) of product
                        if operation (column) is predecessor of operation (row)
                                set dependencyMatrice[row][column] = true
        assign product.dependencyMatrice = dependencyMatrice
```

Die Methode *getSequences()* verantwortet die Erzeugung der möglichen Sequenzen für ein Produkt (siehe Algorithmus 13). Hierzu wird zunächst eine leere Produktsequenzmatrix (*currentSeqMatrix*) erstellt. Anschließend werden sämtliche zu Beginn der Bearbeitung eines Produkts durchführbare Operationen ermittelt. Dafür wird die Methode *getCanOperation()* verwendet (siehe Algorithmus 14). Diese benötigt das aktuell betrachtete Produkt sowie eine leere Produktsequenzmatrix (*currentSeqMatrix*), um die möglichen Anfangsoperationen einer Sequenz zu bestimmen. Da die leere Produktsequenzmatrix initial keine Sequenzen beinhaltet, gibt die Methode *getCanOperation()* zunächst die möglichen Start-Operationen des Produkts zurück. Diese werden anschließend zur Initialisierung des Sequenzbaums als begonnene Sequenzen in der (unvollständigen) Produktsequenzmatrix gespeichert. Anschließend können auf Basis dieser unvollständigen Sequenzen mithilfe der Methode *getCanOperation()* erneut weitere Folgeoperationen bestimmt werden. Zum Abschluss der Methode wird zur Fortführung der Sequenzbildung die Methode *getNewLevel()* aufgerufen. Dieser wird sowohl die (unvollständige) Produktsequenzmatrix (*currentSeqMatrix*) als auch das betrachtete Produkt als Eingabeparameter übergeben. Eine Sequenz gilt als vollständig, sofern sämtliche zur Bearbeitung eines Produkts notwendigen Operationen enthalten sowie die Vorrangbeziehungen nicht verletzt sind. Vollständige Sequenzen werden als Attribut in der jeweiligen Klasse des Produktes (*product.seqMatrix*) gespeichert, so dass jederzeit über das jeweilige Produkt auf diese zugegriffen werden kann.

Algorithmus 13: Methode der Klasse SequentialCapacityDispatcher

```
function getSequences(product)
        create currentSeqMatrix
        create canOperation = getCanOperation(currentSeqMatrix)
        for each operation in canOperation
                add operation to currentSeqMatrix
        call function getNewLevel(currentSeqMatrix, product, product.seqMatrix)
```

Die Methode *getCanOperation()* ermittelt auf Basis der bereits in einer (unvollständigen) Sequenz enthaltenen Operationen die zulässigen Folgeoperationen (siehe Algorithmus 14). Die zulässigen Folgeoperationen können genutzt werden, um unvollständige Sequenzen zu vervollständigen. Jede mögliche Nachfolgeroperation erweitert die Produktsequenzmatrix dadurch um eine weitere Zeile bzw. unvollständige Sequenz. Die Bestimmung zulässiger Folgeoperationen bedingt die Übergabe einer unvollständigen Sequenz sowie des Produkts, wobei letzteres den Vorranggraphen als Abhängigkeitsmatrix beinhaltet. Bereits durchgeführte Operation bzw. deren Indizes der unvollständigen Sequenz werden im Array *donePosition* gespeichert. Die Methode *getCanOperation()* prüft als mögliche Nachfolgeoperationen ausschließlich diejenigen Operationen, welche nicht im Array *donePosition* einer (unvollständigen) Sequenz enthalten sind. Für diese Operationen erfolgt eine Betrachtung der Abhängigkeitsmatrix, welche zeilenweise durchlaufen wird. Jeder Zeile der Abhängigkeitsmatrix ist dabei eine mögliche Nachfolgeroperation zugeordnet und den jeweiligen Spaltenwerten dieser Zeile können sämtliche Vorgängeroperationen der aktuell betrachteten Nachfolgeroperation entnommen werden (siehe Algorithmus 12). Sämtliche dieser (Vorgänger-)Operationen, die zur Durchführung der aktuell betrachteten Nachfolgeroperation abgeschlossen sein müssen, werden im Array *neededPosition* gespeichert. Für sämtliche möglichen Nachfolgeroperationen erfolgt anschließend ein Abgleich, inwieweit alle notwendige Vorgängeroperationen (*neededPosition*) in der Sequenz als *donePosition* erfasst wurden. Alle Operationen, die diese Bedingungen erfüllen, werden im Array *canOperation* gespeichert sowie zurückgegeben. Das Array *canOperation* enthält somit für die jeweilig betrachtete (unvollständige) Sequenz alle zulässigen Folgeoperationen, solange die Sequenz noch nicht alle zur Bearbeitung notwendigen Operationen beinhaltet. Wenn keine Folgeoperationen mehr vorhanden sind, wird ein leeres Array übergeben.

Algorithmus 14: Methode der Klasse SequentialCapacityDispatcher

```
function getCanOperation(sequence, product)
    create canOperation
    for each operation of sequence
        add index of operation into donePosition
    for each operation (row) in product.dependencyMatrice
        if operation (row) is included in donePosition
            continue with next operation (row)
        for each operation (column) in product.dependencyMatrice
            if current value is true
                add operation (column) into neededPosition
        if all operations of neededPosition are included in donePosition
            add operation (row) into canOperation
    return canOperation
```

Die Methode *getNewLevel()* wird ebenso durch *getSequences()* aufgerufen. Sie wird solange aufgerufen, bis alle zulässigen Sequenzen eines Produkts gebildet wurden (siehe Algorithmus 15). Hierzu werden der Methode drei Eingabeparameter übergeben:

1. *currrentSeqMatrix* beinhaltet eine Menge an unvollständigen Sequenzen,
2. *product* definiert das aktuell betrachtete Produkt zur Berücksichtigung der produktspezifischen Vorrangbeziehungen,
3. *targetSeqMatrix* fungiert als Platzhalter für den Speicherort vollständiger Sequenzen (z. B. werden alle vollständigen Sequenzen eines Produkts in der jeweiligen Klasse als Attribut gespeichert, so dass sich targetSeqMatrix = product.seqMatrix ergibt).

Zur Sequenzbildung werden ausgehend von der Menge an Sequenzen in currrentSeqMatrix die möglichen Nachfolgeoperationen bestimmt. Dazu wird für jede unvollständige Sequenz (sequence in currentSeqMatrix) die Methode *getCanOperation()* abgerufen. Sollten für eine Sequenz keine weiteren durchführbaren Operationen vorhanden sein, wird sie als vollständige Sequenz an targetSeqMatrix übergeben, da sie somit alle zur Fertigstellung des Produkts benötigten Operationen enthält. Sofern für die jeweils betrachte (unvollständige) Sequenz Folgeoperationen existieren, wird eine Matrix (helpSeqMatrix) initialisiert. In dieser werden alle die jeweils betrachteten (unvollständige) Sequenzen um die zulässigen Folgeoperationen als Ergebnis der Methode *getCanOperation()* ergänzt. Jede zulässige Folgeoperationen erzeugt somit eine neue (unvollständige) Sequenz. Die (unvollständigen) Sequenzen der Matrix (*helpSeqMatrix*) werden dann erneut mit der Methode *getNewLevel()* durchlaufen, um so iterativ alle Sequenzen zu vervollständigen. Eine Sequenz gilt als vollständig, wenn keine Folgeoperationen durch die Methode *getCanOperation()* mehr bestimmt werden können.

Algorithmus 15: Methode der Klasse SequentialCapacityDispatcher

```
function getNewLevel(currentSeqMatrix, product, targetSeqMatrix)
    for each sequence in currentSeqMatrix
        canOperation = getCanOperation(sequence, product)
        if canOperation is empty
            add sequence to targetSeqMatrix
            continue with next sequence
        create helpSeqMatrix to store all new sequences
        for each operation in canOperation
            add operation to sequence
            add new sequence into helpSeqMatrix
    call getNewLevel(helpSeqMatrix, product, targetSeqMatrix)
```

Um die erzeugten Sequenzen hinsichtlich der Bearbeitungsdauer der enthaltenen Operationen zu spezifizieren, wird die Methode *createTimelineOfSequence()* eingeführt (siehe Algorithmus 16). Als Ergebnis erzeugt diese sowohl Produkt- als auch Auftragssequenzzeitleisten (seqTimeline), welche Voraussetzung für die Bildung von Kapazitätsprofilen sind. Hierzu wird eine leere Zeitleiste mit Länge der gesamten Bearbeitungsdauer der in einer Sequenz enthaltenen Operation erzeugt (*productAssemblyTime*) sowie anschließend jedem Zeitschritt die entsprechende Operation gemäß der übergebenen Sequenz (*sequence*) zugeordnet.

Algorithmus 16: Methode der Klasse SequentialCapacityDispatcher

```
function createTimelineOfSequence(sequence, productAssemblyTime):
    create seqTimeline
    set seqTime = 0
    for each operation of sequence
        for each timestep of operation
            seqTimeline[seqTime + 1] = operation
            calculate seqTime = seqTime+1
        if seqTime = productAssemblyTime
            break
    return seqTimeline
```

Die zuvor vorgestellten Methoden werden bei der Initiierung der Simulationsumgebung aufgerufen, um die Produktsequenzzeitleisten zu berechnen (siehe Algorithmus 12 bis Algorithmus 16). Im weiteren Verlauf werden diese allerdings ebenso genutzt, um die Auftragssequenzzeitleisten aktiver Aufträge unter Berücksichtigung des Bearbeitungsfortschritts und damit die Auslastungsprofile zu bestimmen. Um eine Auftragssequenzzeitleiste zu erzeugen, muss der zugehörigen Methode eine aktualisierte Sequenz übergeben werden, welche um den Bearbeitungsfortschritt bereinigt wurde (siehe Algorithmus 16). Hierzu bestehen grundsätzlich drei Optionen:

1. *Realer Bearbeitungsfortschritt:* Der Bearbeitungsfortschritt kann anhand der benötigten sowie seit Bearbeitungsbeginn einer Operation vergangenen Zeitschritte erfasst und anschließend in der Auftragssequenzleiste berücksichtigt werden.
2. *Bearbeitungsende einer Operation:* Als Abschätzung zur sicheren Seite können Operationen erst dann mit reduzierter Kapazitätsnachfrage in der Bildung der Auslastungsprofile erfasst sowie in einer Sequenz vernachlässigt werden, wenn die jeweilige Operation tatsächlich fertiggestellt wurde.
3. *Bearbeitungsbeginn einer Operation:* Gegenteilig zur zweiten Option können Operationen auch bereits mit Bearbeitungsbeginn als abgeschlossen eingestuft und damit deren Kapazitätsnachfrage in der Bildung der Auslastungsprofile vernachlässigt werden.

Die erste Option stellt die akkurateste, obgleich auch aufwändigste Option hinsichtlich der Implementierung dar. Die zweite Option kann im Falle von Störungen und Verzögerungen bei der Auftragsbearbeitung zwar verhindern, dass frühzeitig weitere Aufträge freigegeben werden, überschätzt aber tendenziell die Kapazitätsnachfrage. Dies kann zu einer geringen Auslastung des Montagesystems führen. Im Gegensatz dazu unterschätzt die dritte Option tendenziell die Kapazitätsnachfrage. Folglich könnten im weiteren Verlauf erzeugte Freigabeprofile beide Kapazitätsbedingungen im Rahmen der Kapazitätsauswertung erfüllen und bei Freigabe des jeweiligen Produkts trotzdem zu einer Überlastung des Montagesystems führen. Diese Überlastung könnte sich in Form von Warteschlangen an Montagestationen oder auch Deadlocks äußern. Dies kann jedoch in Kauf genommen werden, da die Methodik zur Auftragsfreigabe bisher Transportzeiten vernachlässigt. Eine Berücksichtigung von Transportzeiten würde die Kapazitätsnachfrage auf einen längeren Zeithorizont strecken, wodurch die Kapazitätsnachfrage je Zeitschritt abnimmt. Es ist daher davon auszugehen, dass diese Effekte sich gegenseitig kompensieren. Weiterhin führen weniger Operationen je Sequenz zu einer geringeren Kombinatorik, was sich positiv auf die Berechnungsintensität zur Bildung der Auslastungsprofile sowie deren Anzahl auswirkt. Dasselbe gilt für die Auftragssequenzleisten und somit für die Gesamtzahl und Länge der ermittelten Auslastungsprofile.

Entsprechend der skizzieren Vorteile wurde die dritte Option mit der Methode *updateSequences()* implementiert (siehe Algorithmus 17). Die Methode ordnet unter Berücksichtigung des Bearbeitungsfortschritts Sequenzen sowie Auftrags- und Produktsequenzzeitleisten einem Auftrag zu. Hierzu aktualisiert sie für einen übergebenen Auftrag die verbleibenden[441] Sequenzen unter der Berücksichtigung abgeschlossener sowie begonnener Operationen. Diese Operationen werden in dem auftragsspezifischen Array (*completedOperations*) erfasst. Zusätzlich werden ebenso diejenigen Operationen erfasst, mit denen sich ein Auftrag an der Warteschlange einer Montagestation registriert (vgl. Kapitel 5.2.3). Sofern das Array *completedOperations* leer ist, können die Sequenzen und die Produktsequenzzeitleisten eines Produkts im jeweiligen Auftrag übernommen werden. Dies ist bspw. bei der Initialisierung der Evaluationsumgebung für alle Aufträge der Fall. Andernfalls wird das Array *completedOperations*

[441] Bei Initialisierung der Evaluationsumgebung werden somit zunächst alle Produktsequenzzeitleisten sowie zugrundeliegende Sequenzen an die Aufträge des Auftragspools übergeben.

bei der Aktualisierung der Sequenzen berücksichtigt. Hierzu werden der Methode *getNewLevel()* die Eingangssequenz (*currentSeqMatrix*), welche die im Array completedOperations enthaltenen Operationen enthält, der jeweilig zu aktualisierende Auftrag sowie eine Hilfsmatrix für die verbleibenden Sequenzen (*helpSeqMatrix*) übergeben. Ausgehend von der Eingangssequenz bildet die Methode *getNewLevel()* alle vollständigen Sequenzen. Diese werden anschließend um die Eingangssequenz gekürzt, in Auftragssequenzzeitleisten überführt und dem jeweiligen Auftrag zugeordnet.

Algorithmus 17: Methode der Klasse SequentialCapacityDispatcher

```
function updateSequences(job)
    if completedOperations is empty
        for each sequences of job.product.seqMatrix
            add sequence into job.seqMatrix
        for each seqTimeline of job.product.seqTimelines
            add seqTimeline into job.seqTimelines
    else
        create currentSeqMatrix = completedOperations
        create helpSeqMatrix
        getNewLevel(currentSeqMatrix, job.product, helpSeqMatrix)
        for each sequence in helpSeqMatrix
            remove currentSeqMatrix
            add sequence into job.seqMatrix
        for each sequence in job.seqMatrix
            createTimelineOfSequence(sequence, length of remaining operations)
            add seqTimeline into job.seqTimelines
```

Die Auftragssequenzzeitleisten bilden die Basis zur Erzeugung der Auslastungsprofile. Deren Erzeugung wird innerhalb der Methode *runDispatchement()*, welche die gesamte Freigabeentscheidung koordiniert, initiiert (Algorithmus 18).[442] Die Methode *runDispatchement()* prüft bei jedem Aufruf[443], ob Aufträge im Auftragspool vorhanden sind. Ist dies der Fall, werden über die Methoden *getSupply()* und *createDemandProfiles()* das Kapazitätsangebot des Montagesystems sowie die Kapazitätsnachfrage der bereits freigegebenen Aufträge als Auslastungsprofile bestimmt. Über die in Kapitel 5.3.2 angeführte Klasse *decisionInterface*, welche als Schnittstelle fungiert, kann nachfolgend die Methode *selectOrder()* der Klasse *decisionConstraints* aufgerufen werden. Die Methode *selectOrder()* gibt als Ergebnis entweder einen Auftrag oder eine *null* zurück, wobei in letzterem Fall kein geeigneter Auftrag zur Freigabe identifiziert

[442] Die Produktsequenzzeitleisten werden nur bei Initialisierung der Evaluationsumgebung erstellt.

[443] Entsprechend der geforderten Gegenwarts- und Ereignisorientierung der Methodik wird diese Methodik in Abhängigkeit eines auslösenden Ereignisses durchgeführt. Hierzu zählen die Freigabe eines Auftrags, der Start einer Operation, der Abschluss einer Operation sowie die Fertigstellung eines Auftrags.

werden konnte. Die Methode *selectOrder()* wird im nachfolgenden Kapitel behandelt (siehe Algorithmus 24).

Algorithmus 18: Methode der Klasse SequentialCapacityDispatcher

```
function runDispatchment()
    if order pool contains jobs
        getSupply()
        createDemandProfile()
        if decisionInterface.decision is not null
            return the result of decisionInterface.selectOrder()
        else
            return null
    else
        return null
```

Die Bestandsgrenzen werden mithilfe der Methode *getSupply()* bestimmt (siehe Algorithmus 19). Hierfür wird zunächst die Anzahl aktiver Montagestationen innerhalb des Montagesystems aufsummiert sowie in dem Attribut *systemSupply* festgehalten. Anschließend wird für jede Operation und Montagestation bestimmt, ob die zur Durchführung einer Operation notwendigen Module (vgl. Kapitel 2.2.1) an der jeweiligen Montagestationen vorhanden sind. Für jede Montagestation, die zur Durchführung einer jeweilig betrachteten Operation befähigt ist, wird das operationsspezifische Kapazitätsangebots dieser Montagestation um den Wert 1 erhöht. Das stationsübergreifende, operationsspezifische Kapazitätsangebot wird im Attribut *operationSupply* gespeichert.

Algorithmus 19: Methode der Klasse SequentialCapacityDispatcher

```
function getSupply():
    for each station
        if station is not disabled:
            calculate systemSupply += 1
    for each operation
        for each station
            if station is not disabled
                for each module in operation.requiredModules
                    if module is not in station.modules
                        set station to not relevant
                if station is relevant
                    operationSupply[operation] += 1
```

Zur Erzeugung der Kapazitätsprofile wird die Methode *createDemandProfile()* eingeführt (siehe Algorithmus 20). In dieser werden zu Beginn die Sequenzen bzw. Auftragssequenzzeitleisten der bereits freigegebenen, aktiven Aufträge aktualisiert, um den Bearbeitungsfortschritt seit der letzten Überprüfung zu berücksichtigen. Dazu werden zu Beginn die Sequenzen der aktiven Aufträge über die Methode *updateSequences()* aktualisiert (siehe Algorithmus 17). Anhand der auftragsspezifischen Anzahl der zulässigen sowie verbleibenden Sequenzen lässt sich weiterhin die maximale Anzahl erzeugbarer Auslastungsprofile (*numberOfProfiles*) bestimmen. Für die Berechnung der Auslastungsprofile stehen zwei Möglichkeiten zur Verfügung (vgl. Kapitel 5.3.1):

1. Attribut *profilesLimited = false*: In diesem Fall werden alle kombinatorisch möglichen Auslastungsprofile berechnet. Hierzu wird die Methode *addJobToProfile()* genutzt. Der Methode *addJobToProfile()* wird ein initialer Auftrag (*first job*) und ein leeres Kapazitätsprofil (*emptyProfile*) als Eingabeparameter übergeben.
2. Attribut *profilesLimited = true*: In diesem Fall werden lediglich so viele Auslastungsprofile berechnet, wie in der Benutzeroberfläche angegeben. Die Anzahl wird durch das Attribut *maxProfiles* definiert. Je Auftrag wird dabei eine zufällige Auftragssequenzzeitleiste genutzt. Dieser Fall ist in der *createRandomProfiles()* umgesetzt.

Eine Begrenzung der Anzahl zu berechnender Auslastungsprofile ist insbesondere bei großen Probleminstanzen sowie hoher Sequenzflexibilität sinnvoll, um die Berechnungsintensität bei der Erstellung der Auslastungsprofile zu begrenzen. Sollte sich aktuell kein Auftrag im System befinden, wird ein leeres Kapazitätsprofil als Auslastungsprofil gespeichert.

Algorithmus 20: Methode der Klasse SequentialCapacityDispatcher

```
function createDemandProfile()
        if at least one active job exists
                for each active job
                        updateSequences(job)
                        calculate numberOfProfiles =
                        numberOfProfiles * job.numberOfSequences
                if profiles are not limited (profilesLimited = false)
                        addJobToProfile(emptyProfile, first job)
                if profiles are limited (profilesLimited = true & maxProfiles < numberOfProfiles)
                        addJobToProfile(emptyProfile, first job)
                else
                        createRandomProfiles(maxProfiles)
        else
                create emptyProfile
                add emptyProfile to list of demandProfiles
```

Sofern die Anzahl der zu berechnenden Auslastungsprofile nicht begrenzt ist, wird die Methode *addJobToProfile()* genutzt (siehe Algorithmus 21). Dieser wird eingangs ein leeres Kapazitätsprofil (*profile*) und der erste Auftrag aus der Liste der aktiven Aufträge als Eingabeparameter übergeben. Für diesen initial betrachten Auftrag sowie auch jeden nachfolgenden Auftrag wird iterativ jede Sequenzzeitleiste (*seqTimeline*) des betrachteten, aktiven Auftrags über die Methode *extractProfile()* als Kapazitätsprofil dem aktuellen (unvollständigen) Auslastungsprofil hinzugefügt (siehe Algorithmus 23). Da dies im ersten Schritt leer ist, ergeben sich exakt so viele (unvollständige) Auslastungsprofile, wie der erste betrachte Auftrag Sequenzen besitzt. Für jedes der daraus entstandenen (unvollständigen) Auslastungsprofile wird im Anschluss die Methode *addJobToProfile()* erneut abgerufen, jedoch für den nächsten aktiven Auftrag. Im zweiten Schritt ergeben sich daher so viele (unvollständige) Auslastungsprofile, wie durch Multiplikation der Anzahl der Sequenzzeitleisten der beiden zuerst betrachteten Aufträge entstehen. So wird nach und nach jeder Auftrag berücksichtigt und insgesamt alle Kombinationen der verbleibenden Sequenzzeitleiste zur Bearbeitung der aktiven Aufträge herangezogen. Dabei gilt, je höher die Sequenzflexibilität eines Auftrags ist, desto mehr Sequenzzeitleisten existieren, welche als Kapazitätsprofil den (unvollständigen) Auslastungsprofilen hinzuzufügen sind. Eine höhere Sequenzflexibilität führt daher zu exponentiellem Wachstum der Anzahl der Auslastungsprofile. Wurden alle aktiven Aufträge durchlaufen und somit für jeden Auftrag eine Sequenzzeitleiste herangezogen, wird das Auslastungsprofil als fertiges Auslastungsprofil (*demandProfile*) in der Klasse *CapacityProfile* gespeichert.

Algorithmus 21: Methode der Klasse SequentialCapacityDispatcher

```
function addJobToProfile(profile, job)
    for each seqTimeline in job.seqTimelines
        create newProfile
        newProfile = extractProfile(profile, seqTimeline)
        if job is last active job
            add newProfile to list of demandProfiles
        else
            addJobtoProfile(newProfile, job+1)
```

Sofern die Anzahl der zu berechnenden Auslastungsprofile begrenzt ist, wird die Methode *createRandomProfiles()* genutzt (siehe Algorithmus 22). Diese erstellt so viele Auslastungsprofile, wie in der Benutzeroberfläche festgelegt (*maxProfiles*). Für jeden aktiven Auftrag wird ein Kapazitätsprofil mithilfe einer dem jeweiligen Auftrag zugehörigen, jedoch zufällig gewählten, Sequenzzeitleiste gebildet sowie sukzessiv einem initial leeren Kapazitätsprofil hinzugefügt. Auch in diesem Fall wird hierzu die Methode *extractProfile()* verwendet (siehe Algorithmus 23). Ein Auslastungsprofil ist dann vollständig, wenn alle aktiven Aufträge bzw. jeweils exakt ein Kapazitätsprofil je aktivem Auftrag im Auslastungsprofil erfasst wurden. Dieser Vorgang wird entsprechend der definierten Anzahl (*maxProfiles*) wiederholt, wobei alle erzeugten Auslastungsprofile zur späteren Auswertung zwischengespeichert werden.

Algorithmus 22: Methode der Klasse SequentialCapacityDispatcher

```
function createRandomProfiles(maxProfiles)
        for each number smaller maxProfiles
                create newProfile
                        for each active job
                                pick random seqTimeline of job
                                newProfile = extractProfile(newProfile, random seqTimeline)
                        add newProfile to list of demandProfiles
```

Zur Bildung der Auslastungsprofile wird die Methode *extractProfile()* verwendet (siehe Algorithmus 23). Dieser werden als Eingabeparameter ein unvollständiges Auslastungsprofil (*profile*) sowie eine Sequenzzeitleiste (*seqTimeline*) übergeben. Um sicherzustellen, dass die Länge des (unvollständigen) Auslastungsprofils mit der Länge der Sequenzzeitleiste übereinstimmt, wird zu Beginn eine Initialisierung durchgeführt. Dabei wird das übergebene (unvollständige) Auslastungsprofil auf die Länge des Produkts mit der maximalen Bearbeitungsdauer erweitert, so dass sich erneut ein (unvollständiges) Auslastungsprofil (*partialDemandProfile*) ergibt. Für jeden Zeitschritt sowie jede Operation wird der Kapazitätsbedarf aus der Sequenzzeitleiste (operationDemand) im (unvollständigen) Auslastungsprofil (*partialDemandProfile*) ergänzt. Letzteres wird als Ergebnis zurückgegeben.

Algorithmus 23: Methode der Klasse SequentialCapacityDispatcher

```
function extractProfile(profile, seqTimeline)
        set partialDemandProfile length to max product length
        for each time step of seqTimeline
                add operationDemand into partialDemandProfile
        return partialDemandProfile
```

5.3.4 Klasse DecisionConstraints

Die Auswertung der Auslastungsprofile erfolgt in der Klasse *DecisionConstraints*. Diese bedient über die Schnittstelle der Klasse *DecisionInterface* die Methode *selectOrder()*. Innerhalb der Methode *selectOrder()* erfolgt die Prüfung der produktspezifischen Bestandsgrenzen sowie die Freigabeentscheidung (siehe Algorithmus 24). Zur Prüfung der Bestandsgrenzen wird die Methode *searchValidProducts()* abgerufen. Diese ermittelt diejenigen Produkte im Auftragspool, welche zulässig sind bzw. die Bestandsgrenzen einhalten. Für diese erfolgt anschließend die Berechnung des Produktscores sowie Jobscores. Hierzu werden die Methoden *calculateProductScore()* und *calculateJobScore()* eingeführt (siehe Algorithmus 29 und Algorithmus 30). Darauf aufbauend wird der Freigabescore (*releaseScore*) berechnet, welche eine Gewichtung der beiden Bestandteile vorsieht. Das Produkt mit dem höchsten Freigabescore wird ausgewählt und derjenige Auftrag, der dieses Produkt beinhaltet und gleichzeitig den höchsten Jobscore besitzt, zur Freigabe an den Manageragenten übergeben. Sollte kein zulässiges Produkt existieren wird stattdessen als Ergebnis *null* übergeben.

Algorithmus 24: Methode der Klasse DecisionConstraints

```
function selectOrder()
        get valid products with searchValidProducts()
        calculateProductScore()
        calculateJobScore()
        for each valid product
                calculate releaseScore =
                productScore * weightingOverProductScore
                + jobScore * (1 - weightingOverProductScore)
        get product with max releaseScore
        if there are no valid products
                return null
        else
                return bestJob of product // based on max releaseScore
```

Die Methode *searchValidProducts()* bestimmt für die im Auftragspool enthaltenen Produkte die Freigabeprofile und überprüft, ob diese die Bestandsgrenzen einhalten. Des Weiteren legt sie die Betrachtungshorizonte des Produkt- und Jobscores fest (siehe Algorithmus 25). Zur Bildung der Freigabeprofile wird die Methode *extractReleaseProfile()* verwendet, welche die Auslastungsprofile (*demandProfile*) um die von Produktsequenzzeitleiste (seqTimeline) der im Auftragspool enthaltenen Produkte erweitert (siehe Algorithmus 26). Die Länge der Freigabeprofile wird dabei produktspezifisch auf die Länge der jeweiligen Produktsequenzzeitleiste gekürzt (vgl. Kapitel 4.3.4). Die Prüfung der Bestandsgrenzen erfolgt mithilfe der Methode *checkCapacityConstraints()* (siehe Algorithmus 27). Zulässige Freigabeprofile werden produktspezifisch unter product.validProfiles gespeichert. Ist mindestens ein Freigabeprofil eines Produkts zulässig, so ist auch das betrachtete Produkt zulässig. Nachdem alle zulässigen Produkte bestimmt wurden, wird der Betrachtungshorizont des Produktscores (*pScoreTimeHorizon*) anhand der kürzesten Bearbeitungsdauer der zulässigen Produkte festgelegt. Die durchschnittliche Bearbeitungsdauer eines Auftrags aus dem Auftragspool wird als Betrachtungshorizonts des Jobscore (*jScoreTimeHorizon*) definiert (vgl. Kapitel 4.3.4).

Algorithmus 25: Methode der Klasse DecisionConstraints

```
function searchValidProducts()
    for each product
        if no waiting jobs for the current product exists
            continue to the next product
        for each seqTimeline of product.timeline and each demandProfile
            create releaseProfile =
            extractReleaseProfile(demandProfile ,seqTimeline,
            seqTimelineLength)
            checkCapacityConstraints(releaseProfile)
            if releaseProfile is valid
                add releaseProfile to product.validProfiles
        if current product has at least one valid releaseProfile
            set product to valid
    set pScoreTimeHorizon to min totalTime of all valid products
    set jScoreTimeHorizon to average totalTime of all waiting jobs
```

Die Methode *extractReleaseProfile()* fügt einem eingegebenen Auslastungsprofil die eingegebene Produktsequenzzeitleiste als Kapazitätsprofil hinzu, so dass als Ergebnis ein Freigabeprofil entsteht (siehe Algorithmus 26).[444] Hierbei werden jedoch ausschließlich Freigabeprofile mit einem kontextspezifischen Betrachtungshorizont gebildet. Daher umfassen die Eingabeparameter neben einem Auslastungsprofil (*demandProfile*) sowie einer Produktsequenzzeitleiste (*seqTimeline*) zusätzlich den jeweiligen Betrachtungshorizont (*timeHorizon*). Dieser Betrachtungshorizont (*timeHorizon*) entspricht während der Prüfung der Bestandsgrenzen der Länge der jeweiligen Produktsequenzzeitleiste (siehe Algorithmus 25) sowie bei der Bestimmung des Produktscores die kürzeste Bearbeitungsdauer innerhalb aller zulässigen Produkte (siehe Algorithmus 29).

Algorithmus 26: Methode der Klasse DecisionConstraints

```
function extractReleaseProfile(demandprofile, seqTimeline, timeHorizon)
    create releaseProfile out of demandProfile
    set releaseProfile length to timeHorizon
    for each step of seqTimeline smaller timeHorizon
        add operationDemand into releaseProfile
    return releaseProfile
```

[444] Die Methode *extractReleaseProfile()* weist eine ähnliche Funktionalität wie die Methode *extractProfile()* vor (siehe Algorithmus 23), berücksichtigt allerdings einen anderen Betrachtungshorizont. Die Methode extrahiert die Freigabeprofile ohne den Umweg über separat bestimmte sowie verwaltete Produktprofile (vgl. Kapitel 4.4) unmittelbar aus den zulässigen Sequenzen eines Produkts.

Die Kapazitätsauswertung erfolgt innerhalb der Methode *checkCapacityConstraints()* in zwei Schritten, wobei dieser als Eingabeparameter ein Freigabeprofil übergeben wird (siehe Algorithmus 27). Im ersten Schritt wird der Stationsbedarf für ein Freigabeprofil mit der Methode *determineStationDemand()* bestimmt sowie der Anzahl Montagestationen im Montagesystem (*systemSupply*) gegenübergestellt (siehe Algorithmus 28). Im zweiten Schritt wird für das jeweilige Freigabeprofil operations- und zeitschrittspezifisch geprüft, ob die Kapazitätsnachfrage das operationsspezifische Kapazitätsangebot (*operationSupply*) überschreitet.[445] Sofern mindestens eine der Randbedingungen nicht erfüllt ist, wird als Ergebnis *false* (engl. für falsch) zurückgegeben. Wenn beide Randbedingungen erfüllt werden, wird als Ergebnis *true* (engl. für wahr) zurückgegeben.

Algorithmus 27: Methode der Klasse DecisionConstraints

```
function checkCapacityConstraints(releaseProfile)
        determineStationDemand(releaseProfile)
        if stationDemand exceeds systemSupply
                return false
        else if demand[operation][timestep] exceeds operationSupply[operation]
        in any timestep or any operation
                return false
        else
                return true
```

Die Berechnung des Stationsbedarfs erfolgt mithilfe der Methode *determineStationDemand()*, welche für einen definierten Zeitschritt jeweils zeilenweise die Einträge der Spalte eines übergebenen Freigabeprofils aufsummiert (siehe Algorithmus 28). Gemäß Kapitel 4.3.4 reicht dabei die Betrachtung des ersten Zeitschritts und damit der ersten Spalte des Freigabeprofils aus.

Algorithmus 28: Methode der Klasse DecisionConstraints

```
function determineStationDemand(releaseProfile)
        for each operation of releaseProfile
                calculate stationDemand += op[0]
        return stationDemand
```

Die Bestimmung des Produktscores erfolgt innerhalb der Methode *calculateProductScore()*, welche für alle zulässigen Freigabeprofile eines zulässigen Produkts (*product.validProfiles*) die Kapazitätsauslastung bewertet und die produktspezifisch bestmögliche Kapazitätsauslastung dem jeweiligen Produkt als normierten Produktscore zuweist (siehe Algorithmus 29). Zur Nor-

[445] Die Attribute systemSupply und operationSupply werden mithilfe der Methode getSupply() bestimmt und hängen von der Konfiguration des Montagesystems ab (s. Algorithmus 19).

mierung werden die jeweiligen Kapazitätsauslastungen auf die maximal erreichte Kapazitätsauslastung aller zulässigen Freigabeprofile bezogen. Die Freigabeprofile werden erneut[446] mit der Funktion *extractReleaseProfile()* berechnet (siehe Algorithmus 26), wobei zur Bestimmung des Produktscores die Freigabeprofile auf den ermittelten Betrachtungshorizont des Produktscores (*pScoreTimeHorizon*) gekürzt werden. Für jedes dieser Freigabeprofile (*releaseProfile*) wird die operations- und zeitschrittspezifische quadrierte Differenz von Kapazitätsangebot und -nachfrage aufsummiert. Dabei ist es möglich, spezifische Operationen (*weight[operation]*) höher zu gewichten, so dass Produkte, die eben diese Operationen auslasten, eine bessere Bewertung erhalten. Ebenso können Zeitschritte (*weight[timestep]*) gewichtet werden, um eine Diskontierung zukünftiger Kapazitätsauslastungen abzubilden. Die Ergebnisse werden zunächst als Zwischenergebnis (*helpUtilization*) produktspezifisch festgehalten sowie anschließend der erreichte Maximalwert dieses Zwischenergebnisses dem Produkt als Attribut übergeben (*product.accUtilization*). Der produktübergreifende Maximalwert dieses übergebenen Attributs (*maxUtilization*) wird anschließend zur Normierung der übergebenen Werte (*product.accUtilization*) verwendet. Das Ergebnis der Normierung stellt der Produktscore (*productScore*) dar, welcher in der Klasse des jeweiligen Produkts gespeichert wird.

Algorithmus 29: Methode der Klasse DecisionConstraints

```
function calculateProductScore()
    for each valid product
        for each combination of seqTimeline and demandProfile in product.validProfiles
            create releaseProfile =
            extractReleaseProfile(demandProfile ,seqTimeline,
            pScoreTimeHorizon)
            for each operation of releaseProfile
                for each timestep of releaseProfile
                    calculate helpUtilization +=
                    weight[operation] * weight[timestep]
                    * Math.pow((operationDemand/operationSupply), 2)
        set product.accUtilization to max helpUtilization of all valid releaseProfiles
    set maxUtilization to max product.accUtilization of all valid products
    for each valid product
        calculate productScore = (product.accUtilization / maxUtilization)
```

Die Bestimmung des Jobscores wird durch die Methode *calculateJobScore()* abgebildet (siehe Algorithmus 30). Diese bestimmt die aktuell vorliegende Verspätung (*delay*) aller Aufträge im Auftragspool, welche ein zulässiges Produkt beinhalten. Die hierzu herangezogene, produktspezifische Bearbeitungsdauer wird dabei um den Betrachtungshorizont des Jobscores (*jScoreTimeHorizon*), welcher den Pufferfaktor (*releaseBuffer*) beinhaltet, erweitert. Der so be-

[446] Es werden nur die zulässigen Freigabeprofile erneut erzeugt, da deren zugrundeliegenden Auslastungsprofile sowie Produktsequenzzeitleisten zuvor gespeichert wurden.

stimmte Verzug ist maßgebend für den Jobscore, wobei ausschließlich positive Werte innerhalb der Freigabeentscheidung relevant sind bzw. einen positiven Jobscore erhalten. Für jedes zulässige Produkt wird weiterhin ermittelt, welcher Auftrag den frühesten Plan-Fertigstellungstermin (*job.dueDate*) aufweist. Dieser Auftrag wird in der jeweiligen Klasse des aktuell betrachteten Produkts als Attribut hinterlegt (*product.bestJob*). Der produkt- und auftragsübergreifend größte Verzug (*maxDelay*) wird anschließend ermittelt. Ist dieser positiv, also mindestens ein Auftrag aus dem Auftragspool in Verzug, wird der Jobscore (*jobScore*) über eine Normierung des produktspezifischen Verzugs mit dem produktübergreifend größten Verzug (*maxDelay*) ermittelt. Das Ergebnis wird der Klasse des jeweiligen Produkts zugeordnet. Dies betrifft sowohl den Jobscore als auch den besten Auftrag eines Produkts, wobei letzterer derjenige mit dem größten Verzug ist. Sollte kein Auftrag des Auftragspools in Verzug sein, kann dieses Ergebnis direkt als Jobscore gespeichert werden.

Algorithmus 30: Methode der Klasse DecisionConstraints

```
function calculateJobScore()
        for each valid product
                for all waiting job of valid product
                        calculate delay = max(0,
                        simulation.time + product.totalTime
                        + jScoreTimeHorizon - job.dueDate)
                set product.bestJob to job with earliest job.dueDate
        set maxDelay to maximum delay of all valid products
        for each valid product
                if maxDelay is greater 0
                        calculate jobScore = (delay / maxDelay)
                else
                        calculate jobScore = delay
```

5.4 Zwischenfazit zur Evaluationsumgebung

Ziel des vorliegendes Kapitels war es, eine geeignete Umgebung zur Evaluation der in Kapitel 4 entwickelten Methodik zur Auftragsfreigabe zu entwickeln. Hierzu wurde eine Evaluationsumgebung[447] eingeführt, welche einerseits eine visuelle Benutzeroberfläche sowie anderseits eine agentenbasierte Montagesteuerung für matrixstrukturierte Montagesysteme beinhaltet. Diese Evaluationsumgebung diente als Anknüpfungspunkt für die Implementierung der Methodik zur Auftragsfreigabe. Sie kann ebenso als eigenständiges Artefakt angesehen werden, da diese auch ohne die Methodik zur Auftragsfreigabe ein funktionales Softwaresystem darstellt.

[447] Die Evaluationsumgebung wurde im Forschungsprojekt AIMFREE (vgl. Kapitel 1.3.2) umfangreich getestet.

Die Evaluationsumgebung besitzt einige Limitationen und Optimierungspotenziale. So vernachlässigt diese bspw. die Materialbereitstellungen an den Montagestationen oder auch montagestationsspezifische Bearbeitungszeiten von Operationen. Warteplätze werden lediglich an den jeweiligen Montagestationen vorgesehen, jedoch nicht außerhalb der Montagestationen. Es wird davon ausgegangen, dass keine Störungen in der Auftragsbearbeitung oder an den Montagestationen auftreten. Hinsichtlich der softwareseitigen Implementierung ist anzumerken, dass diese durch die Expertise des Autors sowie das wissenschaftliche Umfeld begrenzt ist. Die Evaluationsumgebung erhebt keinen Anspruch auf eine effiziente Programmierung, so dass diese vielmehr eine prototypische Demonstration abbildet. Ebenso weißt die Methodik zur Auftragsfreigabe Limitationen und Optimierungspotenziale vor, welche im Rahmen des entwicklungsbegleitenden Testing teilweise adressiert wurden. So wurde entsprechend dem in Kapitel 4.5 erwarteten exponentiellem Wachstum der Anzahl der Auslastungsprofile eine Möglichkeit vorgesehen, diese zu begrenzen. Hierzu wurde eine randomisierte Auswahl von Auftragssequenzzeitleisten zur Bildung der Auslastungsprofile ergänzt sowie implementiert. Alternativ ist ebenso eine Auswahl wahrscheinlicher Sequenzen möglich (siehe Abbildung 4.11). Diese Möglichkeit wurde vom Autor bereits betrachtet und zeigt unter der Voraussetzung der Korrelation von Transportzeit und gewählter Sequenz während der Auftragsbearbeitung vielversprechende Ergebnisse.[448] Die dargestellten Limitationen sind jedoch unumgänglich, da jedes Modell, wie auch die Evaluationsumgebung eines ist, einen Kompromiss zwischen Aufwand und Nutzen darstellt (vgl. Kapitel 4.1.2). Die Evaluationsumgebung bildet die wesentlichste Funktion der Montagesteuerung (die Auftragssteuerung) ab und ist so aufgebaut, dass weitere Teilaufgaben der Montagesteuerung wie die Logistik- und Personalsteuerung ergänzt werden können.

Aufbauend auf diese Erkenntnisse kann die zweite Unterforschungsfrage UF-2 beantwortet werden. Aufgrund der informatorischen Verknüpfung der Auftragsfreigabe mit der Montagesteuerung ist keine isolierte Betrachtung der Auftragsfreigabe möglich. Vielmehr sind Konfiguration des Montagesystems, konkrete Algorithmen sowie auch die simulationsbasierte Auswertung von Leistungskennzahlen essentiell, um Funktionalität und Mehrwert der Methodik zur Auftragsfreigabe zu evaluieren. Dabei muss die Evaluationsumgebung auftrags- und stationsspezifische Logs zur Bearbeitungshistorie ausgeben können, um Transparenz über die Verarbeitung von Eingangsinformationen sicherzustellen.

Obgleich die Evaluationsumgebung[449] als eigenes Artefakt angesehen werden kann, stellt das eigentliche Artefakt dieser Dissertation die implementierte Methodik zur Auftragsfreigabe dar. Aufgrund der Endlichkeitsbedingung dieser Dissertation sowie der Notwendigkeit zur Linearisierung der Ergebnisdarstellung stellt dieses Artefakt diejenige Arbeitsversion dar, welche

[448] Vgl. BURGGRÄF et al. (Path Prediction in matrix-structured assembly systems), 2023, S. 499ff.

[449] Auf verschiedenen Veranstaltungen wie bspw. dem Aachener Werkzeugmaschinen-Kolloquium (AWK) wurde die Evaluationsumgebung bereits als „Open innovation platform for matrix-structrured assembly systems" der Öffentlichkeit präsentiert und mit Expert:innen aus der Industrie diskutiert. Sie kann im Internet über nachstehenden Link abgerufen werden: *https://www.produktionssysteme.rwth-aachen.de/agile-montage/.*

nach vielzähligen Iterationen entstanden ist. Die grundlegende Funktionalität wurde durch das entwicklungsbegleitende Testing kontinuierlich geprüft, so dass die in diesem Kapitel vorgestellte Arbeitsversion als finale Version gilt. Die detaillierte Evaluation (vgl. Kapitel 6) ist Bestandteil des *Design Cycle* der DSR-Methodik und Voraussetzung für eine Erweiterung der *Knowledge Base* um das Artefakt der Methodik zur Auftragsfreigabe.

6 Evaluation der Methodik zur Auftragsfreigabe

Das vorliegende Kapitel widmet sich der Evaluation der entwickelten Methodik zur Auftragsfreigabe. Das zugrundeliegende Vorgehen zur Evaluation, welches ein funktionales sowie nicht-funktionales Testing beinhaltet, wird in Kapitel 6.1 eingeführt. Dieses umfasst weiterhin die Einführung einer Batteriemontage als praxisnahem Anwendungsbeispiel. Anschließend wird in Kapitel 6.2 anhand von dedizierten Testfällen im Rahmen des funktionalen Testings überprüft, ob die Methodik zur Auftragsfreigabe korrekt in die Evaluationsumgebung implementiert wurde. Darauf aufbauend erfolgt in Kapitel 6.3 mit dem nicht-funktionalen Testing ein Vergleich zwischen der konzipierten Methodik sowie einer ConWIP-Steuerung[450]. Im abschließenden Kapitel 6.4 werden die Ergebnisse dieses Kapitels mit Blick auf das verwendete Vorgehen sowie das übergeordnete Forschungsziel dieser Dissertation diskutiert. Dies umfasst ebenso die Reflexion des Beitrags zur Knowledge Base sowie die Relevanz für die Application Environment im Sinne der DSR-Methodik.

6.1 Vorgehen zur Evaluation

Ausgangspunkt für die Evaluation ist eine Begriffseinführung und -abgrenzung sowie die Festlegung eines systematischen Vorgehens. Hierzu werden zunächst die wesentlichen Begriffe, welche mit der nachfolgenden Evaluation im Zusammenhang stehen, definiert sowie im Kontext der vorliegenden Dissertation eingeordnet. Anschließend wird das Anwendungsbeispiel einer Batteriemontage vorgestellt, welches im weiteren Verlauf der Evaluation innerhalb der Evaluationsumgebung genutzt wird.

6.1.1 Grundlagen und Einführung

Der Duden definiert *Evaluation* als sach- und fachgerechte Bewertung.[451] Eine Evaluation dient u. a. der Erfolgs- und Effizienzkontrolle.[452] Darüber hinaus kann Evaluation auch den Prozess zur Ermittlung des (Mehr-)Werts oder das Ergebnis in Form eines Werturteils umfassen.[453] Ebenso sieht Evaluation den systematischen Einsatz von Methoden vor.[454] Der Begriff Evaluation wird oft synonym zu *Validierung* verwendet, ist jedoch inhaltlich in Bezug auf eine impli-

---

450 Die ConWIP-Steuerung wurde bereits in diversen Forschungsarbeiten zur Simulation und Modellierung der Auftragsfreigabe in matrixstrukturierten Montagesysteme verwendet (vgl. Kapitel 3.1.3). Außer dem in Kapitel 3.2.2 vorgestellten Ansatz von MÜLLER & SCHMITT, welcher jedoch die als notwendig erachtete Kapazitätsauswertung vernachlässigt, konnten keine unmittelbar anwendbaren Ansätze zur Auftragsfreigabe in matrixstrukturierten Montagesysteme identifiziert werden. Daher wird für den Vergleich eine ConWIP-Steuerung, wie sie bspw. von SCHÖNEMANN et al. oder MAYER et al. umgesetzt wurde (vgl. Kapitel 3.1.3), als Referenz herangezogen.

451 Vgl. DUDEN (Stichwort „Evaluation"), 2023.

452 MEYERHOFF und BRÜHL (Evaluation), 2016, S. 77f.

453 Vgl. SCRIVEN (Evaluation), 2007, S. 1; WERNER (Methoden der Evaluation), 2018, S. 5.

454 Vgl. MAIER und NISSEN (Stichwort „Evaluation").

zite Erwartungshaltung abzugrenzen. Während der Begriff Validierung mit Worten wie Akzeptanz, Zufriedenstellung, Bestätigung positiv konnotiert ist, bezieht sich der Begriff Evaluation auf die neutrale Bewertung eines Sachverhaltes. Dabei kann ein positives Ergebnis ebenso wie eine Modifizierung oder gar Ablehnung auftreten.[455] Für das vorliegende Kapitel, welches die objektive und ergebnisoffene Bewertung der Methodik zur Auftragsfreigabe sowie des in Kapitel 5 skizzierten Softwaresystems zum Ziel hat, wird daher der Begriff Evaluation präferiert. Im Kontext von Softwaresystemen wird der Prozess der Evaluation auch als *Testing*[456] bezeichnet.[457] Laut AMMANN et al. ist Testing die Evaluation von Software durch Beobachtung ihrer Ausführung. Dabei wird darauf hingewiesen, dass Testing nur das Vorhandensein von Fehlern, nicht jedoch deren Abwesenheit zeigen kann.[458] Somit ermöglicht Testing die Identifikation von Fehlern, Mängeln und Schwachstellen in Softwaresystemen und stellt sicher, dass ein Softwaresystem die vorgesehenen Eigenschaften und Funktionen erfüllt.

In Abhängigkeit der zu testenden Aspekte eines Softwaresystems lassen sich unterschiedliche Testarten anwenden. Eine gängige Unterscheidung besteht hinsichtlich funktionalem und nicht-funktionalem Testing. Funktionales Testing zielt vereinfacht darauf ab, sicherzustellen, dass der Code wie vorgesehen arbeitet. Es konzentriert sich auf die Überprüfung der ordnungsgemäßen Funktionsweise eines Softwaresystems. Hierzu werden Testfälle entwickelt, um die spezifischen Funktionen des Softwaresystems systematisch zu prüfen. Das nicht-funktionale Testing hingegen befasst sich mit der Bewertung der Leistungsfähigkeit eines Softwaresystems. Dabei werden Aspekte wie Skalierbarkeit, Zuverlässigkeit, Benutzerfreundlichkeit, Sicherheit und Wartbarkeit untersucht. Das nicht-funktionale Testing untersucht, wie gut die Software ihre Aufgaben erfüllt und ob sie den erwarteten Standards in Bezug auf Leistung und Qualität entspricht. Hierbei wird das Softwaresystem unter verschiedenen Bedingungen überprüft, um potenzielle Schwachstellen oder Engpässe zu identifizieren.[459] Als Grundlage der Evaluation der Methodik zur Auftragsfreigabe erfolgt daher ein funktionales sowie ein nicht-funktionales Testing. Gemeinsam ermöglichen die beiden Testarten die Evaluation der Funktionsweise und Leistungsfähigkeit des Softwaresystems und damit eine Aussage über die Erfüllung der initial formulierten Anforderungen (vgl. Kapitel 4.1.2).

Zur Strukturierung des funktionalen sowie nicht-funktionale Testings sollen nachfolgend Testfälle definiert und herangezogen werden. Diese bilden die Grundlage der Durchführung des Testings.[460] Ein Testfall ist eine Kombination von Eingabedaten, Bedingungen und erwarteten

[455] Vgl. ORESKES (Evaluation of models), 1998, S. 1457.

[456] Der Begriff *Test* bezeichnet eine[n] „nach einer genau durchdachten Methode vorgenommener Versuch, Prüfung zur Feststellung der Eignung, der Eigenschaften, der Leistung o. Ä. einer Person oder Sache“. Vgl. DUDEN (Stichwort „Test“), 2023.

[457] JAMIL et al. (Software Testing), 2016, S. 177.

[458] Vgl. AMMANN und OFFUTT (Software testing), 2017, S. 20.

[459] Vgl. VIJAYAKUMAR und SNEHA (Non-Functional Testing), 2021, S. 278ff.; SIDDIQUI und SIDDIQUI (Non-functional testing), 2020, S. 858; RICARDO et al. (Functional and nonfunctional testing), 1995, S. 163; CAMACHO et al. (Non-functional testing), 2016, S. 583.

[460] WITTE (Test Processes), 2022, S. 76; EBEL (Modellierung von Zielsystemen), 2015, S. 136.

Ergebnissen, die einem bestimmten Zweck dienen.[461] Dieser Zweck kann bspw. das Testing einzelner Funktionen bzw. logischen Einheiten eines Softwaresystems sein.[462] Ein Testfall sollte die folgenden Informationen umfassen:[463]

- *Identifikator* (engl. Identifier, kurz: ID): Eine einmalige Kennzeichnung ermöglicht die eindeutige Zuordnung eines Testfalls bspw. innerhalb eines Projekts.
- *Kurzbezeichnung:* Eine beschreibende Kurzbezeichnung sollte bereits aus der Überschrift des Testfalls hervorgehen.
- *Beschreibung der Testobjekte:* Testfälle sind mit Testobjekten verknüpft, welche den Inhalt der jeweiligen Testaktivität festlegen. Testobjekte definieren somit den Testinhalt und legen fest, was getestet wird. Zu testende Funktionen oder Systeme werden somit in den Testobjekten beschrieben.[464]
- *Eingangsgrößen:* Für die Ausführung des Testfalls sind erforderliche Eingabedaten bspw. in Form einer Konfiguration zu definieren.
- *Erwartetes Systemverhalten:* Für einen Testfall ist eine explizite Erwartungshaltung an das Systemverhalten zu formulieren.
- *Testumgebung:* Für einen Testfall ist die einzusetzende Software und Hardware zu spezifizieren. Dies umfasst weiterhin Parameter der Testumgebung oder auch vorbereitende Maßnahmen. Diese Informationen können auch testfallübergreifend dokumentiert werden.
- *Einzel- und Besonderheiten:* Die Beschreibung eines Testfalls umfasst des Weiteren Einzelschritte zur Bearbeitung.
- *Abhängigkeiten*: Zwischen Testfällen können Abhängigkeiten existieren, welche aufzuzeigen sind.

Das Testing umfasst weiterhin eine Testinterpretation.[465] Die Testinterpretation dient der Überführung des tatsächlich beobachteten Systemverhaltens in zugrundeliegende Systemeigenschaften. Damit liefert die Testinterpretation Erkenntnisse über das System bzw. einzelne Funktionen und ermöglicht des Weiteren Rückschlüsse, ob das erwartete Systemverhalten bzw. an das System gestellte Anforderungen ganz, teilweise oder nicht erfüllt werden.[466]

Die Einführung und Herleitung der Testfälle für das funktionale sowie nicht-funktionale Testing der Methodik zur Auftragsfreigabe erfolgt in den nachfolgenden Kapiteln. Für alle Testfälle wird als Testumgebung die in Kapitel 5 eingeführte Evaluationsumgebung genutzt. Die Softwareversionen sind Kapitel 5.1.2 zu entnehmen. Für das Testing wird ein leistungsstarker Standrechner mit einem Intel® Core™ i9-10920X Prozessor eingesetzt. Der Prozessor besitzt eine

---

[461] Vgl. WITTE (Test Processes), 2022, S. 138.

[462] Vgl. NICOLA et al. (Functional Testing), 2005, S. 308f.

[463] Vgl. WITTE (Test Processes), 2022, S. 138; SOMMERVILLE (Software engineering), 2016, S. 226ff.; IEEE (Software test), 2008, S. 53ff.

[464] Vgl. WITTE (Test Processes), 2022, S. 67f.

[465] WITTE (Test Processes), 2022, S. 76; EBEL (Modellierung von Zielsystemen), 2015, S. 136.

[466] Vgl. EBEL (Modellierung von Zielsystemen), 2015, S. 136.

Taktrate von 3,5 Gigahertz. Der Arbeitsspeicher des Systems beträgt 128 Gigabyte. Als Betriebssystem wird Windows 10 Enterprise in der 64-Bit-Version 20H2 verwendet.

6.1.2 Batteriemontage als Anwendungsbeispiel

Bei der Evaluation steht die Untersuchung von Funktionalität und Mehrwert im Vordergrund. Daher ist es essentiell, ein eingängiges Anwendungsbeispiel zu betrachten, um das Systemverhalten im Testing vorhersagbar und interpretierbar zu machen. Die Batteriemontage aus dem Forschungsprojekts AIMFREE bietet ein solch eingängiges Anwendungsbeispiel und besitzt gleichzeitig den Vorteil, dass Informationen wie Arbeitsschritte, Prozesszeiten oder auch notwendige Werkzeuge ohne Geheimhaltungsrestriktionen veröffentlicht werden können. Die Batteriemontage wurde in einem praxisnahen Demonstrator für das Forschungsprojekt AIMFREE realisiert.[467] Sie soll in den Testfällen als Anwendungsbeispiel bzw. Eingangsgröße dienen. Der grundlegende Aufbau des zugehörigen Batteriesystems[468] des Anwendungsbeispiels ist in Abbildung 6.1 dargestellt.

Abbildung 6.1: Kernkomponenten des Batteriesystems[469]

In dem Gehäuse befindet sich das Batteriepack, welches aus drei Batteriemodulen besteht. Ein Batteriemodul umfasst jeweils sechs prismatische Zellen. Das Batteriepack wird mithilfe einer Spannplatte fixiert. Links von Batteriepack findet das Batteriemanagement- und Kühlsystem Platz. Unter dem Batteriepack befindet sich eine Kühlplatte. Der Deckel sowie die Verkabelung sind nicht dargestellt, allerdings ebenso Bestandteil der Batteriemontage. Zur Differenzierung von Aufträgen innerhalb der Auftragsfreigabe werden drei Produktvarianten des Batteriesystems eingeführt, welche sich hinsichtlich ihrer Montageoperationen sowie Produktkomponenten unterscheiden: Budgetbatterie (BB), Standardbatterie (SB) und Leistungsbatterie (LB). Die für die Batteriemontage notwendigen Montageoperationen umfassen bspw. die Vorbereitung des Gehäuses, das Verbinden der Batteriemodule mit Spannplatten und Leiterplatten, das Anschließen des Hochvolt-Steckers und das Anbauen des Deckels. Diese sind in Tabelle 6.1 variantenspezifisch dargestellt.

---

467 Vgl. RACHNER et al. (Agile Montage), 2023, S. 165f.

468 Es handelt sich um einen Dummy, welcher zu demonstrativen Forschungszwecken konzipiert und gefertigt wurde.

469 I. A. a. RACHNER et al. (Agile Montage), 2023, S. 166.

Tabelle 6.1: Beschreibung der Montageoperationen der Batteriemontage[470]

OP	Variante BB	SB	LB	Beschreibung	Module	Rüst-/Prozess-/ Nachlaufzeit [ZE]
1	x			Kühlsystem in Gehäuse einbringen: ▪ Gehäuse vorbereiten ▪ Kühlplatte einbauen ▪ Pumpe (klein) einbauen ▪ Schläuche an Kühlplatte und Pumpe montieren	▪ Etikettiergerät ▪ Innensechskantschlüssel 9 mm ▪ Maulschlüssel SW10 & SW17 ▪ Ratsche	0 / 18 / 0
2		x		Kühlsystem in Gehäuse einbringen: ▪ Gehäuse vorbereiten ▪ Kühlplatte einbauen ▪ Pumpe (mittel) einbauen ▪ Schläuche an Kühlplatte und Pumpe montieren	▪ Etikettiergerät ▪ Innensechskantschlüssel 9 mm ▪ Maulschlüssel SW10 & SW17 ▪ Ratsche	0 / 19 / 0
3			x	Kühlsystem in Gehäuse einbringen: ▪ Gehäuse vorbereiten ▪ Kühlplatte einbauen ▪ Pumpe (groß) einbauen ▪ Schläuche an Kühlplatte und Pumpe montieren	▪ Etikettiergerät ▪ Innensechskantschlüssel 9 mm ▪ Maulschlüssel SW10 & SW17 ▪ Ratsche	0 / 20 / 0
4	x	x	x	Dicke der Leiterplatten prüfen: ▪ Leiterplatten der Batteriemodule mit Messschieber prüfen ▪ Dokumentation der Ergebnisse	▪ Digitaler Messschieber	0 / 5 / 0
5	x	x	x	Batteriezellen mit Leiterplatten verbinden: ▪ Batteriezellen zu Batteriemodul aneinandersetzen ▪ Leiterplatten in Position bringen und verschrauben	▪ Innensechskantschlüssel 4 mm	0 / 6 / 0
6	x	x	x	Batteriemodul verbauen und sichern: ▪ Batteriemodule in Gehäuse einlegen ▪ Spannplatte auflegen und mit Gehäuse verschrauben	▪ Innensechskantschlüssel 4 mm & 9 mm	0 / 10 / 0
7	x	x	x	Hochvoltstecker verbauen: ▪ Staubschutzkappe entfernen ▪ Stecker mit Clip montieren	▪ Hochvolt-Equipment	0 / 1 / 0
8	x	x	x	Batteriemodule verbinden: ▪ Kabel einbringen und kontaktieren ▪ Kabelverschraubung anbringen und schließen	▪ Innensechskantschlüssel 6 mm	0 / 10 / 0
9			x	Qualitätssichernde Maßnahme durchführen: ▪ Spannungsprüfung vornehmen	▪ Multimeter	0 / 2 / 0
10	x	x	x	Steuergerät verbauen: ▪ Steuergerät einsetzen ▪ Batteriemodule mit HV-Stecker verbinden ▪ Offenes Batteriemodul fotografieren ▪ HV-Abdeckung auflegen und verschrauben	▪ Innensechskantschlüssel 6 mm & 9 mm ▪ Kamera	0 / 3 / 0
11	x	x	x	Batteriepack verschließen: ▪ Deckel anlegen und verschrauben ▪ Drehmoment-/ Drehwinkel des Deckels prüfen ▪ Dokumentation der Ergebnisse	▪ Drehmomentprüfer ▪ Drehwinkelprüfer	0 / 5 / 0

Eine Vielzahl der skizzierten Montageoperationen ist für alle Varianten gleich bzw. ähnlich. Lediglich bei der Einbringung des Kühlsystems weisen die Varianten unterschiedliche Prozesszeiten vor. Dies betrifft die Montageoperationen $OP1$, $OP2$ und $OP3$. Ursache hierfür sind Unterscheidungsmerkmale in den zu verbauenden (Fluid-)Pumpen. Die LB erhält die leistungsstärkste Pumpe, während SB und BB jeweils weniger starke und kleinere Pumpen erhalten. Des Weiteren sieht die Montage der LB mit $OP9$ eine zusätzliche Spannungsprüfung vor. Die für die Batteriemontage notwendigen Module umfassen bspw. Innensechskantschlüssel,

[470] Alle Zeitangaben zur besseren Lesbarkeit in Zeiteinheiten (ZE). Eine ZE entspricht 30 Sekunden.

Maulschlüssel, Ratschen, Prüfequipment, Etikettiergeräte und Hochvolt-Equipment. Jede Variante besitzt ebenso einen Montagevorranggraphen, welcher sich aus den realen Zusammenbaurestriktionen ergibt. Aus den Montagevorranggraphen ergeben sich für die BB und SB sechs sowie die LB neun zulässige Sequenzen (vgl. Abbildung 6.2).

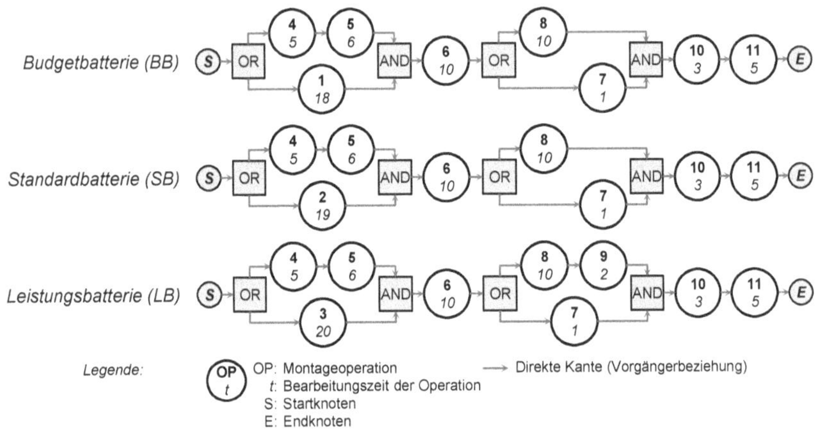

Abbildung 6.2: Montagevorranggraphen der Batterievarianten

Das Montagesystem wird weiterhin durch die Montagestationen, deren Anordnung sowie die jeweilig zugeordneten Module definiert. Diese Informationen sind in Tabelle 6.2 gegeben.

Tabelle 6.2: Module und Koordinaten der Montagestationen

	AS 1	AS 2	AS3	AS 4	AS 5	AS 6	AS 7	AS 8	AS 9	AS 10
Koordinaten / Module	X: 150 Y: 200	X: 550 Y: 0	X: 550 Y: 200	X: 550 Y: 400	X: 950 Y: 0	X: 950 Y: 200	X: 950 Y: 400	X: 1350 Y: 0	X: 1350 Y: 200	X: 1350 Y: 400
Etikettiergerät	x	x								
Innensechskantschlüssel 4 mm			x	x	x	x				
Innensechskantschlüssel 6 mm			x			x			x	
Innensechskantschlüssel 9 mm	x	x	x	x	x	x			x	
Maulschlüssel SW10	x	x								
Maulschlüssel SW17	x	x								
Ratsche	x	x								
Digitaler Messschieber							x			
Hochvolt-Equipment					x	x				
Multimeter										x
Kamera					x				x	
Drehmomentprüfer								x		
Drehwinkelprüfer								x		

Durch die zugeordneten Module ergibt sich, dass die Montagestationen AS1 und AS2 die Montageoperationen $OP1$, $OP2$ und $OP3$ durchführen können. Die Montagestationen AS3 bis

AS6 können die Montageoperationen $OP5$ und $OP6$ bedienen. Montageoperation $OP7$ kann an den Montagestationen AS5 und AS6 durchgeführt werden. Die Montagestationen AS3, AS6 und AS9 sind zur Durchführung von $OP8$ befähigt. Montageoperation $OP7$ kann lediglich von Montagestation AS7 durchgeführt werden. Ebenso besitzt ausschließlich Montagestation AS10 die Module zur Durchführung von Montageoperation $OP9$ sowie Montagestation AS8 ausschließlich die Module zur Bearbeitung der Montageoperation $OP11$. Entsprechend der Zuordnung lässt sich feststellen, dass bspw. die Montagestationen AS3 bis AS6 multifunktional sind und mehrere Operationen ausführen können, während bspw. Montagestation AS10 ausschließlich eine Montageoperation ausführen kann, welche zudem ausschließlich für die Montage der LB benötigt wird. Jede Montagestation besitzt weiterhin Koordinaten, die deren Position im Layout bestimmt.[471] Aus diesen ergibt sich ein Abstand von acht Metern in der x-Achse sowie vier Metern in der y-Achse zwischen den Montagestationen.[472]

6.1.3 Konfiguration der Evaluationsumgebung

Als Testumgebung für die Methodik zur Auftragsfreigabe dient die Evaluationsumgebung, welche in Kapitel 5 detailliert vorgestellt wurde. Um den Testaufwand zu reduzieren, soll für das Testing eine weitgehend einheitliche Konfiguration genutzt werden, welche die Eingangsgrößen festlegt. Diese Konfiguration wird als *Basis* bezeichnet und umfasst folgende Spezifikationen:

- *Produkte*: Die Operationen, Varianten und Montagevorranggraphen sind Kapitel 6.1.2 zu entnehmen.
- *Aufträge*: Je Produkt werden 30 Aufträge erzeugt, so dass sich in Summe 90 Aufträge im Auftragsspool befinden.
- *Plan-Fertigstellungstermine*: Für die Aufträge wird ausgehend von einem Startwert (Zeitpunkt $t^{ST} = 85$) der Plan-Fertigstellungstermin festgelegt sowie alternierend über die Produkte um ein Inkrement von 20 ZE erhöht. So erhält der erste Auftrag mit Produkt BB einen Plan-Fertigstellungstermin von 85, der zweite Auftrag mit Produkt SB einen Plan-Fertigstellungstermin von 105 ZE und der dritte Auftrag mit Produkt LB einen Plan-Fertigstellungstermin von 125 ZE. Der vierte Auftrag enthält erneut Produkt BB mit einem Plan-Fertigstellungstermin von 145 ZE usw.

[471] Die Koordinaten der Montagestationen werden in der Klasse *usecase* des Manageragenten definiert.

[472] In der Evaluationsumgebung werden die Koordinaten in Pixeln angeben. 50 Pixel entsprechen einem Meter, so dass bspw. ein Abstand von 400 Pixeln einem Abstand von acht Metern entspricht. Alle Aufträge entspringen einer Quelle (Koordinaten X: -200; & Y: -200), von der sie sich zur ersten Station bewegen. Nach der letzten Operation bewegen sich die Aufträge zu einer Senke (Koordinaten X: 1000; & Y: -200), wobei sie mit Erreichen der Senke als fertiggestellt eingestuft werden. Diese Einstellungen werden in der Klasse *config* des Manageragenten der Evaluationsumgebung vorgenommen.

- *Montagesystem*: Montagestationen, Layout, Module und Zuordnung der Module sind Kapitel 6.1.2 zu entnehmen. Jede Montagestation besitzt einen Pufferplatz für einen wartenden Auftrag.[473]
- *Transportgeschwindigkeit*: Aufträge bewegen sich im Montagesystem mit einer konstanten Transportgeschwindigkeit. Diese beträgt mit 1 m/s (3,6 km/h) in etwa Schrittgeschwindigkeit.[474]
- *Auftrags- und Montagestationsscore*: Innerhalb der Montagesteuerung kann das Entscheidungsverhalten bspw. zu Gunsten einer Rüst- oder Durchlaufzeitoptimierung beeinflusst werden. Dies wurde zuvor auch als Produktionsstrategie bezeichnet (vgl. Kapitel 5.2.4 und 5.2.5). Sie wird durch die Gewichtungsfaktoren innerhalb des Auftrags- und Montagestationsscores definiert. Für die Konfiguration *Basis* wurden die Gewichtungsfaktoren zu $\alpha = 0{,}38$, $\beta = 0{,}12$, $\gamma = 0{,}12$ und $\delta = 0{,}38$ sowie für den Auftragsscore zu $\varepsilon = 0{,}4$, und $\theta = 0{,}6$ bestimmt. Diese entsprechen der Produktionsstrategie *Durchlaufzeitoptimierung*.
- *Freigabescore:* Die Gewichtungsfaktoren in der Berechnung des Freigabescores betragen für den Produktscore $w^P = 0{,}6$ sowie für den Jobscore $w^J = 0{,}4$.
- *Jobscore:* Der Betrachtungshorizont des Verzugs im Jobscore beträgt $b^D = 1$. Dadurch gilt ein Auftrag bereits als verspätet, wenn dieser in einem Zeithorizont von 100 Prozent der durchschnittlichen Bearbeitungsdauer der Aufträge des Auftragspools vor seinem tatsächlich letztmöglichen Freigabezeitpunkt (zur termingerechten Fertigstellung) nicht freigeben wurde.
- *Produktscore:* Die für die Berechnung der kumuliert-gewichteten Kapazitätsauslastung benötigten Gewichtungsfaktoren betragen für alle elf Operationen jeweils $w_o = \frac{1}{11}$ und sind damit gleichgewichtet.

6.2 Funktionales Testing

Zunächst wird mit dem funktionalen Testing sichergestellt, dass die Methodik zur Auftragsfreigabe innerhalb der Evaluationsumgebung korrekt funktioniert. Hierzu werden acht Testfälle geprüft, welche sich an den einzelnen Schritten der Methodik zur Auftragsfreigabe (vgl. Abbildung 4.23) orientieren. Die Testfälle lassen sich in die Kategorien Freigabeentscheidung, Kapazitätsauswertung sowie Scorebildung einordnen. Sie umfassen weiterhin eine ID, eine Benennung der jeweils zu testeten Funktion sowie eine Kurzbeschreibung des Tests, die Benennung einer Konfiguration sowie ein erwartetes Systemverhalten. In Tabelle 6.3 sind die Testfälle für das funktionale Testing dargestellt.

[473] Die Einstellung der Pufferplätze kann in der Klasse AssemblyStation.ts des Montagestationsagenten der Evaluationsumgebung vorgenommen werden.

[474] Bei der Festlegung der Transportgeschwindigkeit ist zu berücksichtigen, dass die Methodik zur Auftragsfreigabe Transportzeiten vernachlässigt. Daher ist es wichtig zu gewährleisten, dass die Transportzeiten deutlich kleiner als die Bearbeitungszeiten sind. Die Einstellung in der Evaluationsumgebung wird in der Klasse config.ts mit 30 m/ZE definiert.

Tabelle 6.3: *Testfälle des funktionalen Testings*

Einordnung	ID	Funktion und Beschreibung	Konfiguration	Erwartetes Systemverhalten
Freigabe-entscheidung	TF-1	*Freigabe von Aufträgen* ▪ Durchführung und Auswertung eines Simulationslaufs ▪ Analyse des Systemverhaltens sowie Prüfung der Bearbeitung des Auftragspools	▪ Basis	▪ Nach Simulationsstart werden sukzessiv Aufträge freigegeben ▪ Alle Aufträge werden im Simulationsverlauf bearbeitet ▪ Anzahl aktiver Aufträge ist begrenzt
Kapazitäts-auswertung	TF-2	*Prüfung der Ressourcenverfügbarkeit* ▪ Durchführung und Auswertung eines Simulationslaufs ▪ Vorherige Deaktivierung einer Station mit variantenspezifischem Modul	▪ Adaption von Basis mit deaktivierter Station	▪ Produkte, deren benötigte Module nicht im Montagesystem vorhanden sind, werden nicht freigegeben
Kapazitäts-auswertung	TF-3	*Berechnung der Auslastungsprofile* ▪ Durchführung und Auswertung eines Simulationslaufs ▪ Analytisch Prüfung der berechneten Anzahl von Auslastungsprofilen durch Abgleich mit Kontrollausgaben in der Konsole	▪ Basis	▪ Die Anzahl der tatsächlich berechneten Auslastungsprofile entspricht der analytisch vorhersagbaren
Kapazitäts-auswertung	TF-4	*Prüfung der Bestandsgrenzen* ▪ Durchführung und Auswertung eines Simulationslaufs ▪ Prüfung der zulässigen Produkte sowie Freigabeentscheidungen anhand von Kontrollausgaben in der Konsole	▪ Basis	▪ Zulässige Produkte variieren im Zeitverlauf ▪ Es existieren negative Freigabeentscheidung
Score-bildung	TF-5	*Berechnung des Produktscores* ▪ Durchführung und Auswertung eines Simulationslaufs ▪ Prüfung der Plausibilität von Zwischenergebnissen anhand von Kontrollausgaben in der Konsole	▪ Basis	▪ Die Berechnung des Produktscores eines Produkts basiert auf demjenigen Freigabeprofil, welches zur höchsten kumuliert-gewichteten Kapazitätsauslastung führt
Score-bildung	TF-6	*Parametrisierung des Produktscores* ▪ Vergleich und Auswertung von zwei Simulationsläufen mit unterschiedlichen Gewichtungen der Operationen im Produktscore	▪ Adaption von Basis mit angepassten Gewichtungs-faktoren	▪ Der Anteil der Produkte mit höhergewichteten Operationen ist zu Beginn des Simulationslaufs höher
Score-bildung	TF-7	*Berechnung des Jobscores* ▪ Durchführung und Auswertung eines Simulationslaufs ▪ Prüfung der Plausibilität von Zwischenergebnissen anhand von Kontrollausgaben in der Konsole	▪ Basis	▪ Derjenige Auftrag eines zulässigen Produkts mit dem niedrigsten Due-Date definiert dessen Jobscore
Score-bildung	TF-8	*Berechnung des Freigabescores* ▪ Durchführung und Auswertung eines Simulationslaufs ▪ Prüfung der Plausibilität von Zwischenergebnissen anhand von Kontrollausgaben in der Konsole	▪ Basis	▪ Nur zulässige Produkte erhalten einen Freigabescore ▪ Produkt mit höchstem Freigabescore bestimmt Freigabeentscheidung

Testfall TF-1 prüft, ob Aufträge in der Evaluationsumgebung freigegeben werden und ob alle Aufträge des Auftragspools bearbeitet werden. Die Testfälle TF-2 bis TF-4 befassen sich mit der Kapazitätsauswertung. So dient Testfall TF-2 der Prüfung, ob nur Aufträge mit gegebener Ressourcenverfügbarkeit, d.h. im Montagesystem verfügbaren Modulen, freigegeben werden. Mithilfe von Testfall TF-3 soll die Anzahl der gebildeten Auslastungsprofile verifiziert werden. Dies bedingt die Programmierung von Kontrollausgaben für die Konsole, welche im weiteren Verlauf auch für andere Testfälle genutzt werden. Testfall TF-4 prüft, ob Menge und Variante der zulässigen Produkte im Simulationsverlauf tatsächlich variieren. Die Testfälle TF-5 bis TF-8 befassen sich mit der an die Kapazitätsauswertung anschließenden Scorebildung. Dabei adressiert Testfall TF-5 die Berechnung des Produktscores, indem jeweils die freigabeprofilspezifischen kumuliert-gewichteten Kapazitätsauslastungen eines zulässigen Produkts analysiert werden. Testfall TF-6 knüpft an die Berechnung des Jobscores bzw. der nicht normierten kumuliert-gewichteten Kapazitätsauslastung an. Durch eine Veränderung der zugehörigen Gewichtungsfaktoren soll untersucht werden, ob das Entscheidungsverhalten beeinflusst werden kann. Testfall TF-7 prüft, ob gemäß Kapitel 4.4.7 derjenige Auftrag eines zulässigen Produkts den Jobscore bestimmt, welcher den dringendsten Plan-Fertigstellungstermin vorweist. Abschließend wird mit Testfall TF-8 getestet, ob zulässige Produkte einen Freigabescore im zulässigen Wertebereich erhalten und ob der höchste Freigabescore die Freigabeentscheidung bestimmt.

Aufgrund von Ähnlichkeiten zwischen den Testfällen ist die Anzahl der Testfälle nicht mit der Anzahl der für das Testing notwendigen Simulationsläufe gleichzusetzen. Für die Testfälle TF-1, TF-3, TF-4, TF-5, TF-7 und TF-8 kann jeweils der gleiche Simulationslauf ausgewertet werden, obgleich sich das Testobjekt bspw. in Form der betrachteten Konsolausgaben oder Kennzahlen unterscheidet. Da Testfall TF-2 durch die Deaktivierung einer Montagestation eine Variation von der Konfiguration *Basis* dargestellt, wird für diesen Testfall ein separater Simulationslauf durchgeführt. Testfall TF-6 berücksichtigt den Simulationslauf, welcher bereits für die Testfälle TF-1, TF-3, TF-4, TF-5, TF-7 und TF-8 untersucht wurde. Ergänzend wird jedoch ein Simulationslauf mit angepassten Gewichtungsfaktoren zwecks Vergleich mit dem zuvor genannten Simulationslauf (Gewichtungsfaktoren gemäß der Konfiguration *Basis)* durchgeführt und ausgewertet.[475]

6.2.1 Testfall TF-1

Testfall TF-1 dient zunächst der Überprüfung, ob alle Aufträge eines Auftragspools in der Evaluationsumgebung freigegeben werden. Hierzu wird ein Simulationslauf mit der Konfiguration *Basis* durchgeführt. Es wird betrachtet, wie sich die Anzahl der noch nicht freigegebenen (wartenden) Aufträge im Auftragspool, die Anzahl aktiver Aufträge sowie die Anzahl fertiggestellter Aufträge verhält. Die Ergebnisse von Testfall TF-1 sind in Tabelle 6.4 dargestellt.

Tabelle 6.4: Ergebnisse Testfall TF-1[476]

Auftrags-zustand	Zeitpunkte in ZE								
	0	**200**	**400**	**600**	**800**	**1.000**	**1.200**	**1.400**	**1.600**
Wartend	90	78	65	55	42	29	15	2	0
Aktiv	0	4	4	3	6	5	6	6	0
Fertiggestellt	0	8	21	32	42	56	69	82	90

Vor Simulationsstart besitzen alle Aufträge den Status *wartend*. Unmittelbar nach Simulationsstart sind drei Aufträge aktiv, wobei diese Anzahl bis zum Zeitpunkt $t^{ST} = 200$ auf vier aktive Aufträge ansteigt. Im Simulationsverlauf schwankt dieser Wert in Abhängigkeit der jeweilig

[475] Tabelle 9.1 des Anhangs beinhaltet einen Testplan, welcher eine Übersicht über die im jeweiligen Testfall verwendeten Simulationsläufe bietet.

[476] Eine detaillierte Darstellung der Bearbeitungs- und Freigabehistorie des Simulationslaufs ist dem Anhang (Tabelle 9.2) zu entnehmen.

aktiven Aufträge bzw. der enthaltenen Produkte. Sobald der Auftragspool keine Aufträge mehr beinhaltet, sinkt die Anzahl der aktiven Aufträge. Zum Ende des Simulationslaufs sind alle Aufträge des Auftragspools fertiggestellt. Damit kann gezeigt werden, dass die Methodik positive Freigabeentscheidungen trifft und die Bearbeitung aller Aufträge des Auftragspools im zeitlichen Verlauf gewährleistet werden kann.

6.2.2 Testfall TF-2

Ergänzend zum Testfall TF-1 soll innerhalb von Testfall TF-2 untersucht werden, ob lediglich Aufträge mit gesicherter Ressourcenverfügbarkeit bearbeitet werden. Hierzu soll das Bearbeitungsangebot des Montagesystems verändert werden, indem die Montagestation AS10, welche exklusiv das für Montageoperation op_9 benötige Modul anbietet, temporär deaktiviert wird. Da Montageoperation op_9 ausschließlich vom Produkt LB nachgefragt wird, wird erwartet, dass während der temporären Deaktivierung keine LB freigeben werden. Die Ergebnisse von Testfall TF-1 sind in Tabelle 6.5 dargestellt.

Tabelle 6.5: Ergebnisse Testfall TF-2[477]

Freigegebene Produkte	Intervall in ZE				
	0 - 50	51 - 500	501 - 800	801 - 1.200	1.201 - 1.500
	AS 10 aktiviert	*AS 10 deaktiviert*	*AS 10 aktiviert*		
LB	1	0	12	7	10
SB & BB	3	26	5	17	9

Zu Beginn des Simulationslaufs werden sukzessiv Aufträge freigegeben, welche auch das Produkt LB beinhalten. Nachdem die Montagestation AS10 zum Zeitpunkt $t^{ST} = 51$ deaktiviert wurde, werden keine Aufträge mit dem Produkt LB mehr freigegeben. Die Freigabe und Bearbeitung derjenigen Aufträge, die nicht das Produkt LB beinhalten, erfolgt dennoch. Sobald die Montagestation im Zeitpunkt $t^{ST} = 500$ wieder aktiviert wird, werden zunächst vergleichsweise viele Aufträge mit dem Produkt LB freigegeben. Es wird unterstellt, dass dieser Effekt auf die Plan-Fertigstellungstermine bzw. den Produktscore zurückzuführen ist.[478] Im weiteren Verlauf werden ebenso wieder Aufträge mit den Produkten SB und BB freigegeben. Damit kann das erwartete Systemverhalten bestätigt und die Prüfung der Ressourcenverfügbarkeit als funktional eingestuft werden.

6.2.3 Testfall TF-3

Mithilfe von Testfall TF-3 soll die Anzahl der gebildeten Auslastungsprofile verifiziert werden. Hierzu wird geprüft, ob die Anzahl der kalkulatorisch vorhergesagten Auslastungsprofile auch derjenigen Anzahl an Auslastungsprofilen entspricht, die tatsächlich berechnet werden. Es wird erwartet, dass sich innerhalb einer Freigabeentscheidung die gleiche Anzahl an vorhergesagten sowie schlussendlich berechneten Auslastungsprofilen ergibt. Die Ergebnisse von Testfall TF-3 sind in Tabelle 6.6 dargestellt.

[477] Eine detaillierte Darstellung der Bearbeitungs- und Freigabehistorie des Simulationslaufs ist dem Anhang (Tabelle 9.4) zu entnehmen.

[478] Eine detaillierte Betrachtung erfolgt in Testfall TF-7.

Tabelle 6.6: Ergebnisse Testfall TF-3[479]

Zeitpunkt t^{ST} [ZE]	Freigabeent-scheidung Nr.	Anzahl Auslastungsprofile		Überein-stimmung
		Vorhergesagt	Berechnet	
0,02	2	2	2	ja
0,04	3	4	4	ja
27,06	7	12	12	ja
24,45	8	24	24	ja
259,50	134	36	36	ja
947,07	564	24	24	ja
1.363,98	836	54	54	ja
1.380,75	850	243	243	ja
1.419,36	877	162	162	ja

Zur Untersuchung des Testfalls wurden Freigabeentscheidungen zu verschiedenen Zeitpunkten ausgewertet, wobei die in Tabelle 6.6 dargestellten Ergebnisse lediglich eine begrenzte Menge zu illustrativen Zwecken beinhaltet. Diese Menge bildet die Gesamtheit der Daten repräsentativ ab. Die Vorhersage der kalkulatorisch möglichen Auslastungsprofile erfolgt bereits vor deren eigentlichen Berechnung (vgl. Kapitel 5.3.3 Algorithmus 20).[480] Dieses Zwischenergebnis kann in der Konsole als *expectedDemandProfiles* ausgegebenen sowie mit der Anzahl der innerhalb einer Freigabeentscheidung tatsächlich berechneten Anzahl an Auslastungsprofilen (*actualDemandProfiles*) vergleichen werden. Die Ergebnisse zeigen eine Übereinstimmung der erwarteten Anzahl sowie tatsächlich berechneten Anzahl an Auslastungsprofilen, woraus die korrekte Berechnung dieser geschlussfolgert wird.

6.2.4 Testfall TF-4

Testfall TF-1 konnte bereits zeigen, dass sukzessiv Aufträge freigeben werden. Mit Testfall TF-4 wird ergänzend geprüft, ob Menge und Variante der zulässigen Produkte im Simulationsverlauf variieren. Hierzu wird erneut der Simulationslauf mit Konfiguration *Basis* mitsamt den zugehörigen Konsolenausgaben ausgewertet. Letztere umfassen den Index der Freigabeentscheidungen als fortlaufende Nummer, den Zeitpunkt einer Freigabeentscheidung sowie auch die zulässigen Produkte und die schlussendliche Freigabeentscheidung. Zulässige Produkte sind das Ergebnis der Kapazitätsauswertung und damit der Prüfung der Bestandsgrenzen. Es wird erwartet, dass sowohl positive wie auch negative Freigabeentscheidungen auftreten. Negative Freigabeentscheidungen werden als Maßnahme zur Einhaltung der Bestandsgrenzen interpretiert. Positive Freigabeentscheidungen müssen ebenso Auftrag und Produkt umfassen. Die Ergebnisse von Testfall TF-4 sind in Tabelle 6.7 dargestellt, wobei zu illustrativen Zwecken nur eine begrenzte Anzahl an denjenigen Freigabeentscheidungen abgebildet ist,

---

479 Dem Anhang sind detaillierte Darstellungen der Bearbeitungs- und Freigabehistorie des Simulationslaufs (Tabelle 9.2) sowie die verwendeten Kontrollausgaben (Tabelle 9.3) zu entnehmen.

480 Die Berechnung erfolgt anhand der Sequenzen der aktiven Aufträge unter Berücksichtigung des auftragsspezifischen Bearbeitungsfortschritts. Existieren bspw. zwei aktive Aufträge mit jeweils drei möglichen Sequenzen, so ergeben sich durch systematische Kombination sechs Auslastungsprofile. Ebenso kann die maximale Anzahl an Auslastungsprofilen durch die Anzahl der aktiven Aufträge sowie die Anzahl der produktspezifisch zulässigen Sequenzen berechnet werden.

die zur Untersuchung des Testfalls ausgewertet wurden. Die begrenzte Anzahl bildet die Gesamtheit der Daten repräsentativ ab.

Tabelle 6.7: Ergebnisse Testfall TF-4[481]

Zeitpunkt t^{ST} [ZE]	Freigabeentscheidung Nr.	Zulässige Produkte	Auftragsfreigabe	Freigabeentscheidung	
				Produkt	Auftrag
0,00	1	LB, SB, BB	ja	BB	d98587c1
0,02	2	LB, SB, BB	ja	SB	90e1ff86
0,04	3	(kein zulässiges Produkt)	nein	-	-
19,26	4	LB, SB, BB	ja	LB	341d5942
1.112,43	677	LB, SB	ja	SB	822b5d69
1.344,87	824	LB	ja	LB	2641b9c7

Die Ergebnisse belegen, dass negative Freigabeentscheidungen auftreten. Dies ist bspw. für die Freigabeentscheidung Nr. 3 der Fall, deren Kapazitätsauswertung keine zulässigen Produkte identifiziert. Die übrigen Freigabeentscheidungen zeigen, dass die Existenz eines zulässigen Produkts mit einer positiven Freigabeentscheidung einhergeht. Diese umfasst ein zulässiges Produkt sowie einen spezifischen Auftrag, der das zulässige Produkt beinhaltet.

6.2.5 Testfall TF-5

TF-5 untersucht, ob die Berechnung des Produktscores für ein zulässiges Produkt auf den zulässigen Freigabeprofilen sowie der höchsten kumuliert-gewichteten Kapazitätsauslastung beruht. Hierzu werden zu einem zufälligen Simulationszeitpunkt die Zwischenergebnisse der Berechnung des Produktscores mithilfe der Konsole ausgegeben sowie analysiert. Dies umfasst die zulässigen Produkte, deren zugrundeliegende Freigabeprofile sowie die freigabeprofilspezifischen kumuliert-gewichteten Kapazitätsauslastungen eines zulässigen Produkts. Die Ergebnisse von Testfall TF-5 sind in Tabelle 6.8 dargestellt.

Tabelle 6.8: Ergebnisse Testfall TF-5[482]

Zeitpunkt t^{ST} [ZE]	Freigabeentscheidung Nr.	Zulässige Produkte	Freigabeprofile (Indizes)	Kumuliert-gewichtete Kapazitätsauslastungen $C^{RP}_{p,v}$ (Gerundet auf vier Nachkommastellen)	Zur Berechnung des Produktscores verwendeter Maximalwert C^{P}_{p}	Produktscore S^{P}_{p}
601,14	340	BB	1/12	0,0775	***0,0778***	***1***
			2/12	0,0772		
			3/12	0,0778		
			...	...		
		SB	1/12	0,0763	***0,0767***	***0,98***
			...	...		
			12/12	0,0763		
		LB	1/18	0,0751	***0,0755***	***0,97***
			...	...		
			18/18	0,0751		
1.155,65	699	SB	1/24	0,1141	***0,1141***	***1***
			...	...		
			24/24	0,1141		
		LB	1/36	0,1130	***0,1133***	***0,99***
			...	...		
			36/36	0,1133		

[481] Dem Anhang sind detaillierte Darstellungen der Bearbeitungs- und Freigabehistorie des Simulationslaufs (Tabelle 9.2) sowie die verwendeten Kontrollausgaben (Tabelle 9.3) zu entnehmen.

[482] Dem Anhang sind detaillierte Darstellungen der Bearbeitungs- und Freigabehistorie des Simulationslaufs (Tabelle 9.2) sowie die verwendeten Kontrollausgaben (Tabelle 9.3) zu entnehmen.

Exemplarisch wird die zum Zeitpunkt $t^{ST} = 601{,}14$ angestoßene Freigabeentscheidung herangezogen. Die zugehörige Kapazitätswertung hat drei zulässige Produkte ergeben. Während die BB und die SB jeweils zwölf Freigabeprofile vorweisen, existieren 18 Freigabeprofile für die LB. Zum Zeitpunkt $t^{ST} = 1.155{,}65$ ist zudem erkennbar, dass für unzulässige Freigabeprofile keine kumuliert-gewichteten Kapazitätsauslastungen bestimmt werden (hier für das Produkt BB), da die theoretische Anzahl der Freigabeprofile deutlich höher anzusetzen ist (vgl. Kapitel 4.4.4). Lediglich zulässige Freigabeprofile erhalten einen Wert, wobei der produktspezifische Maximalwert die kumuliert-gewichtete Kapazitätsauslastung des jeweiligen Produkts bestimmt. Der produktübergreifende Höchstwert wird für die Normierung des Produktscores herangezogen (zum Zeitpunkt $t^{ST} = 1.155{,}65$ das Freigabeprofil mit dem Index 1 des Produkts SB). Damit kann festgehalten werden, dass zur Bestimmung des Produktscores eines zulässigen Produkts die höchste kumulierte Kapazitätsauslastung eines zulässigen Freigabeprofils desjenigen Produkts herangezogen wird. Ebenso kann die korrekte Normierung bestätigt werden.

6.2.6 Testfall TF-6

Testfall TF-6 knüpft an die vorherige Berechnung des Jobscores bzw. der zugrundeliegenden kumuliert-gewichteten Kapazitätsauslastung an. Es soll getestet werden, ob durch eine Veränderung der Gewichtungsfaktoren das Entscheidungsverhalten der Methodik zugunsten einer spezifischen Operation beeinflusst werden kann (vgl. Kapitel 4.4.6). Mit Blick auf die skizzierte Batteriemontage eignet sich hierzu Operation $OP9$, welche lediglich von Montagestation AS10 angeboten sowie zur Montage der LB benötigt wird. Es wird erwartet, dass eine vergleichsweise höhere Gewichtung von Operation $OP9$ bei einem Simulationslauf dazu führt, dass Aufträge mit LB früher freigegeben werden. Entsprechend gilt es zwei Simulationsläufe zu vergleichen, die sich hinsichtlich der gewählten Gewichtungsfaktoren unterscheiden. Der erste Simulationslauf umfasst die Konfiguration *Basis*, welche bereits für die vorangegangenen Testfälle genutzt wurde. Für den zweiten Simulationslauf werden die operationsspezifischen Gewichtungsfaktoren angepasst. Für $o\ OP, o \neq 9$ gilt $w_o = 0{,}01$, während für $o = 9$ der Gewichtungsfaktor zu $w_9 = 0{,}9$.[483] Der Vergleich bezieht sich insbesondere auf zwei Kennzahlen: Einerseits die Veränderung des Anteils freigegebener Aufträge, welche die höhergewichtete Operation beinhalten, sowie anderseits die Veränderung der Auslastung der Montagestation, welche die höhergewichtete Operation alleinig durchführt. Des Weiteren wird erwartet, dass dieser Effekt im zeitlichen Verlauf abnimmt. Dies ist dadurch begründet, dass nur so viele Aufträge mit dem Produkt LB freigegeben werden können, wie Aufträge mit diesem Produkt im Auftragspool vorhanden sind. Spätestens wenn alle Aufträge mit dem Produkt LB freigegeben wurden, werden auch andere Produkte freigegeben. Daher muss der Auftragspool eine ausreichend große Anzahl an Aufträgen umfassen, um eine differenzierte Betrachtung im zeitlichen Verlauf zu ermöglichen. Die Ergebnisse des Testfalls sind in Tabelle 6.9 dargestellt.

483 Die Definition der Gewichtungsfaktoren erfüllt Gleichung (28), so dass die Summe dieser 1 ergibt. Zur besseren Lesbarkeit hat Operation $OP9$ an dieser Stelle den Index neun erhalten, obgleich innerhalb der Evaluationsumgebung der Index null für die erste Operation und damit der Index acht für Operation $OP9$ vergeben wird.

Tabelle 6.9: Ergebnisse Testfall TF-6[484]

Intervall [ZE]	Produkt	Anzahl freigegebener Aufträge		Relative Veränderungen	
		Gleichgewichtung	Höhergewichtung von *OP9*	Anteil der LB	Auslastung AS 10
0 - 400	LB	6	11	+ 19,25 %	+ 3,14 %
	SB	6	6		
	BB	9	6		
	Gesamt	***21***	***23***		
0 - 800	LB	12	22	+ 18,24 %	+ 2,62 %
	SB	12	12		
	BB	18	13		
	Gesamt	***42***	***47***		
0 – 1.200	LB	19	30	+ 13,56 %	+ 1,83 %
	SB	20	19		
	BB	30	24		
	Gesamt	**69**	**73**		

Betrachtet wurden drei Zeitintervalle, welche jeweils mit Beginn einem Simulationslauf starten und verschiedene Längen vorweisen. Die Ergebnisse belegen, dass die Höhergewichtung von Operation $OP9$ in allen dargestellten Intervallen im Vergleich zur Gleichgewichtung zu einem höheren Anteil an Aufträgen mit dem Produkt LB führt. Ebenso ist eine höhere Auslastung der Montagestation AS 10 erkennbar. Damit weist die Methodik das für Testfall TF-6 erwartete Verhalten vor.

6.2.7 Testfall TF-7

Testfall TF-7 prüft, ob derjenige Auftrag eines zulässigen Produkts den Jobscore bestimmt, welcher den dringendsten Plan-Fertigstellungstermin vorweist (vgl. Kapitel 4.4.7). Die Prüfung erfolgt anhand der Zwischenergebnisse der Freigabeentscheidung, welche über die Konsole ausgegeben werden. Die Ergebnisse des Testfalls sind in Tabelle 6.10 dargestellt.

Tabelle 6.10: Ergebnisse Testfall TF-7[485]

Zeitpunkt t^{ST} [ZE]	Freigabeent-scheidung Nr.	Zulässiges Produkt	Aufträge (Indizes)	Plan-Fertigstellungs-termin t_j^{DD}	Verzug t_j^D	Größter Verzug t^{Dmax} zur Berechnung des Jobscores	Jobscore S_p^J
1.090,20	663	SB	0	1.185	24,7	24,7	1
			2	1.245	0		
			4	1.305	0		
			...	...	...		
			22	1.865	0		
		LB	1	1.205	70,4	7,7	0,31
			3	1.265	0		
			5	1.325	0		
			...	...	0		
			23	1.865	0		

Zum Zeitpunkt $t^{ST} = 1090{,}20$, an dem eine Freigabeentscheidung angestoßen wird, befinden sich zwölf Aufträge des Produkts SB und zwölf Aufträge des Produktes LB im Auftragspool. Diese Anzahl lässt sich an den Indizes der Aufträge, die von 0 bis 23 alternierend die Aufträge mit den Produkten LB und BB nummerieren, ableiten. Es ist ersichtlich, dass keiner der Auf-

[484] Dem Anhang ist eine detaillierte Darstellung der Bearbeitungs- und Freigabehistorie des Simulationslaufs mit angepassten Gewichtungsfaktoren (Tabelle 9.5) zu entnehmen.

[485] Dem Anhang sind detaillierte Darstellungen der Bearbeitungs- und Freigabehistorie des Simulationslaufs (Tabelle 9.2) sowie die Kontrollausgaben (Tabelle 9.3) zu entnehmen.

träge seinen Plan-Fertigstellungtermin überschritten hat. Unter Berücksichtigung der Bearbeitungsdauer sowie des Betrachtungshorizonts (vgl. Kapitel 4.3.4 und 4.4.7) ergibt sich jedoch ein Verzug für den Auftrag mit den Index 0 (Produkt SB) sowie den Auftrag mit Index 1 (Produkt LB). Somit lässt sich einerseits die korrekte Berechnung des Verzugs, welcher den Jobscore bestimmt, bestätigen. Andererseits kann bestätigt werden, dass der höchste Verzug in einer Freigabeentscheidung zu einem Jobscore von eins führt. Ebenso wird nachgewiesen, dass sämtliche Aufträge des jeweiligen (zulässigen) Produkts aus dem Auftragspool zur Bestimmung des Jobscores herangezogen werden.

6.2.8 Testfall TF-8

Abschließend wird mit Testfall TF-8 getestet, ob zulässige Produkte einen Freigabescore im zulässigen Wertebereich erhalten und ob der höchste Freigabescore die Freigabeentscheidung bestimmt. Hierzu werden zu spezifischen Zeitpunkten die berechneten Scores mithilfe der Konsole analysiert. Die Ergebnisse des Testfalls sind in Tabelle 6.11 dargestellt.

Tabelle 6.11: Ergebnisse Testfall TF-8[486]

Zeitpunkt t^{ST} [ZE]	Freigabeentscheidung Nr.	Produkt	Produktscore	Jobscore	Freigabescore	Freigegebenes Produkt
19,26	4	LB	0,969	1	0,987	LB
		SB	0,984	0	0,394	
		BB	1	0	0,400	
1.174,26	712	LB	0,989	0	0,989	BB
		SB	*Unzulässiges Produkt*			
		BB	1	0	1	
1.344,56	844	LB	1	0	1	LB
		SB	*Unzulässiges Produkt*			
		BB	*Unzulässiges Produkt*			

Die Auswertung zeigt die produktspezifischen Produkt-, Job-, und Freigabescores, welche im Rahmen von Freigabeentscheidungen zu den Zeitpunkten $t^{ST} = 19{,}26$, $t^{ST} = 1174{,}26$ sowie $t^{ST} = 1344{,}56$ berechnet wurden. Im erstgenannten Zeitpunkt sind alle drei Produkte zulässig. Folglich finden mehrere zulässige Produkte in einer Freigabeentscheidung Berücksichtigung. In diesem Fall hat das Produkt BB einen vergleichsweise höheren Produktscore. Unter Berücksichtigung des Jobscores wird dennoch das Produkt LB als Freigabeentscheidung übergeben. Folglich kann die höhere Dringlichkeit eines Auftrags dazu führen, dass ein dringender Auftrag einem anderen Auftrag mit einer etwaig höheren Kapazitätsauslastung (Produktscore) vorgezogen wird. Zum zweitgenannten Zeitpunkt sind nur die Produkte LB und BB zulässig, wobei der Produktscore der BB höher ist. Da keine verspäteten Aufträge mit diesen Produkten existieren, wird ein Auftrag mit dem Produkt BB freigegeben. Zum letztaufgeführten Zeitpunkt der Tabelle 6.11 ist ausschließlich das Produkt LB zulässig, sodass auch ausschließlich für dieses Produkt die jeweiligen Produkt-, Job-, und Freigabescores berechnet werden. Folglich wird dieses Produkt zur Freigabe ausgewählt.[487] Es konnte erfolgreich gezeigt werden, dass

486 Dem Anhang sind detaillierte Darstellungen der Bearbeitungs- und Freigabehistorie des Simulationslaufs (Tabelle 9.2) sowie die Kontrollausgaben (Tabelle 9.3) zu entnehmen.

487 Da in der Klasse des Produkts der beste Auftrag hinterlegt wird, ist eine Spezifizierung des freizugebenden bzw. freigegebenen Produkts ausreichend (vgl. Kapitel 5.3.4).

ausschließlich für zulässige Produkte eine Bestimmung der Scores erfolgt. Dabei wurde ebenso die korrekte Berechnung sowie Interpretation des Freigabescores nachgewiesen.

6.2.9 Zwischenfazit

Das vorliegende Kapitel hatte zum Ziel, die grundsätzliche Funktionalität der Methodik zur Auftragsfreigabe innerhalb der Evaluationsumgebung nachzuweisen. Hierzu wurden acht Testfälle definiert und durchlaufen. Da die Evaluationsumgebung für jeden Testfall das erwartete Systemverhalten vorweist, wird die korrekte Funktionsweise unterstellt. Anzumerken ist, dass das in diesem Kapitel dargestellte Testing eine Ergänzung zum entwicklungsbegleitenden Testing darstellt. Dieses war bereits fortlaufender Bestandteil des Aufbaus sowie der Programmierung der Evaluationsumgebung. Aufbauend auf die positiven Ergebnisse des funktionalen Testing wird nachfolgend das nicht-funktionale Testing behandelt.

6.3 Nicht-funktionales Testings

Das nicht-funktionale Testing befasst sich mit der Bewertung der Leistungsfähigkeit der Methodik zur Auftragsfreigabe. Hierzu werden zwei Testfälle definiert, die sich mit der Performanz und Praxistauglichkeit befassen. Weitere Aspekte wie die Benutzerfreundlichkeit oder Wartbarkeit stehen nicht im Fokus dieser Dissertation. In Tabelle 6.12 sind die Testfälle für das nicht-funktionale Testing dargestellt.

Tabelle 6.12: Testfälle des nicht-funktionalen Testings

Einordnung	ID	Beschreibung	Konfiguration	Erwartetes Systemverhalten
Performanz	TF-9	*Vergleich zur ConWIP-Steuerung* ▪ Durchführung und Vergleich von zwei vollständigen Simulationsläufen ▪ Auswertung von Effizienz- und Produktivitätskennzahlen	▪ Basis	▪ Bessere Liefertermintreue und geringere Wartezeiten bei gleicher Ausbringungsmenge
Praxistauglichkeit	TF-10	*Prüfung der vertikalen Skalierbarkeit* ▪ Durchführung und Auswertung eines vollständigen Simulationslaufs unter Variation von Belastungsmetriken ▪ Überwachung der Reaktionszeit	▪ Adaption von Basis	▪ Uneingeschränkte Lösbarkeit von größeren Probleminstanzen (Aufträge, Sequenzflexibilität, Montagestationen)

Testfall TF-9 sieht einen Vergleich zwischen der Methodik zur Auftragsfreigabe und einer ConWIP-Steuerung (vgl. Kapitel 3.1.2) vor, um darauf aufbauend eine Aussage über den Mehrwert der Methodik im Vergleich zur im Forschungsfeld häufig genutzten ConWIP-Steuerung treffen zu können. Testfall TF-10 prüft weiterhin, inwieweit eine vertikale Integration (bspw. durch Hinzufügen zusätzlicher Aufträge zur Konfiguration *Basis*) das Lösungsverhalten beeinflusst. Die Testfälle werden nachfolgend detailliert sowie durchgeführt und ausgewertet.

6.3.1 Testfall TF-9

Die ConWIP-Steuerung zur Auftragsfreigabe war bereits Bestandsteil diverser Forschungsarbeiten zur Simulation matrixstrukturierter Montagesysteme (vgl. Kapitel 3.1.3). Um den Mehrwert der entwickelten Methodik zu überprüfen, wurde die Evaluationsumgebung um eine ConWIP-Steuerung zur Auftragsfreigabe ergänzt. Diese wird nachfolgend der Methodik zur Auftragsfreigabe simulativ gegenübergestellt. Die implementierte ConWIP-Steuerung wählt entsprechend der Häufigkeit eines Produkts im Aufragspool zufällig ein Produkt aus und gibt im

Anschluss denjenigen Auftrag mit dem bestimmten Produkt frei, welches das niedrigste Due-Date hat. Sie kann über die Benutzeroberfläche der Evaluationsumgebung ausgewählt werden (Abbildung 5.7 a).[488] Für den Vergleich bzw. die Bewertung des Mehrwerts der Methodik werden zwei Simulationsläufe, jeweils einer unter Verwendung der entwickelten Methodik sowie einer unter Verwendung der ConWIP-Steuerung herangezogen. Der erste Simulationslauf umfasst die Konfiguration *Basis* und damit die gleichen Ergebnisse, die bereits für die Testfälle TF-1, TF-3, TF-4, TF-5, TF-7 und TF-8 genutzt wurden. Der zweite Simulationslauf verwendet die ConWIP-Steuerung zur Auftragsfreigabe. Als Eingangsgröße benötigt die ConWIP-Steuerung zusätzlich die Anzahl gleichzeitig aktiver Aufträge. Diese wurde so gewählt, dass die durchschnittliche Anzahl der aktiven Aufträge zwischen den beiden Simulationsläufen nahezu gleich ist.[489] Die beiden Simulationsläufe werden hinsichtlich Durchlaufzeit, Transportzeit, Wartezeit und Termintreue der Aufträge sowie der durchschnittlichen Auslastung der Montagestation (vgl. Kapitel 4.2.1) und der Dauer des Simulationslaufs verglichen. Es wird erwartet, dass die Methodik zur Auftragsfreigabe im Vergleich zur ConWIP-Steuerung hinsichtlich der zuvor aufgezählten Metriken bessere Ergebnisse aufweist. Dies umfasst sowohl die Verbesserung der Durchschnittswerte als auch der Maximalwerte. Die Ergebnisse des Testfalls sind in Tabelle 6.13 dargestellt.

Tabelle 6.13: Ergebnisse Testfall TF-9[490]

Kennzahlen	Relative Veränderung gegenüber ConWIP-Steuerung	
	Maximalwert	**Durchschnittswert**
Durchlaufzeit der Aufträge	- 12,70 %	- 3,98 %
Transportzeit der Aufträge	- 5,56 %	- 8,05 %
Wartezeit der Aufträge	- 29,11 %	- 13,40 %
Verspätung der Aufträge	- 98,45 %	- 96,95%
Durchschnittliche Stationsauslastung	- 5,45 %P	+ 5,58 %P
Standardabweichung der Stationsauslastung	- 21,32 %	- 16,26 %
Anteil verspätete Jobs	- 16,78 %P	
Dauer des gesamten Simulationslaufs	- 4,10 %	

Die Ergebnisse zeigen, dass die Verwendung der Methodik zur Auftragsfreigabe zu einer signifikanten Verbesserung aller betrachten Kennzahlen führt. Die durchschnittliche Wartezeit der Aufträge an den Montagestationen sinkt um 3,98 %. Ebenso sinkt die maximale Wartezeit des am längsten wartenden Auftrags um 12,7 %. Dieses Verhalten entspricht auch dahingehend der Motivation der Methodik, als dass nur dann Aufträge freigegeben werden sollten, wenn das System über ausreichend Kapazitäten zur Auftragsbearbeitung verfügt. Ähnliches lässt sich für die Transportzeiten beobachten. In der Folge verbessert sich auch die Durchlaufzeit

488 In der Evaluationsumgebung wird die ConWIP-Steuerung der Auftragsfreigabe als *Random Pull Dispatcher* (RPD) bezeichnet, da sie zufällig Produkte auswählt sowie anhand einer Bestandsgrenze (Anzahl aktiver Aufträge) Freigabeentscheidungen durchführt. Hierzu musst die Höchstzahl der aktiven Aufträge als Zahlenwert festgelegt werden.

489 Die durchschnittliche Anzahl aktiver Aufträge betrug beim Simulationslauf mit der Konfiguration *Basis* 4,7 Aufträge sowie für den Simulationslauf mit ConWIP-Steuerung 4,74 Aufträge.

490 Dem Anhang sind detaillierte Darstellungen der Bearbeitungs- und Freigabehistorie des Simulationslaufs mit ConWIP-Steuerung zu entnehmen (Tabelle 9.6). Diese Ergebnisse dienen als Basis für den Vergleich mit den Simulationsergebnissen der Konfiguration *Basis* (Tabelle 9.2).

der Aufträge, die sich aus Transportzeit, Wartezeit und Bearbeitungszeit zusammensetzt, wobei letztere unabhängig vom Verfahren der Auftragsfreigabe ist. Die kumulierte Verspätung aller Aufträge kann unter Verwendung der Methodik zur Auftragsfreigabe gegenüber der ConWIP-Steuerung ebenso deutlich reduziert werden. Die größte Verspätung sinkt in ihrer Dauer um 98,45 %. Die durchschnittliche Verspätung der Aufträge sinkt um 96,95 %. Die durchschnittliche Auslastung über alle Montagestationen steigt um 5,58 %P. Bei den zugrundeliegenden Auslastungen der einzelnen Montagestation zeigt sich jedoch, dass der Maximalwert um 5,45 %P sinkt. Folglich führt die Verwendung der Methodik zur Auftragsfreigabe zu einer gleichmäßigeren Auslastung der Montagestationen. Dies zeigt sich in den Standardabweichungen. Die Standardabweichung der Auslastung der Montagestationen ist sowohl bezogen auf die einzelnen Montagestationen wie auch im Durchschnitt geringer. Der Anteil der verspäteten Aufträge bezogen auf alle Aufträge des Auftragspools sinkt im Vergleich zur ConWIP-Steuerung um 16,78 %P. Die Dauer des Simulationslaufs sinkt um 4,1 %, was einer zügigeren Bearbeitung entspricht. In Summe deuten die Ergebnisse darauf hin, dass die Methodik zur Auftragsfreigabe zu einer Verbesserung der Liefertermintreuen, stabileren Durchlaufzeiten sowie auch gleichmäßigeren Stationsauslastungen führt.

6.3.2 Testfall TF-10

Der Testfall TF-10 zielt darauf ab, die Fähigkeit der Methodik zur Auftragsfreigabe zur Verarbeitung von größeren Probleminstanzen als diejenige der Basis-Konfiguration zu überprüfen. Dazu sollen die Belastungsmetriken angepasst werden, die einen signifikanten Einfluss auf die Anzahl der Berechnungen bei der Freigabeentscheidung haben. Hierzu zählen die Anzahl aktiver sowie freizugebender Aufträge, da diese die Anzahl der Auslastungs- und Freigabeprofile bestimmen. Dabei umfassen die Aufträge weiterhin die Varianten der enthaltenen Produkte, die das Produkt festlegenden Operationen und deren Anzahl sowie die sich aus den Vorranggraphen ergebende Sequenzflexibilität. Die Anzahl der Montagestationen ist nicht unmittelbar entscheidend für die Auftragsfreigabe, da die Kapazitätsauswertung lediglich die Gesamtzahl der Montagestationen und der angebotenen Operationen addiert. Es wäre grundsätzlich möglich, den Einfluss jeder Belastungsmetrik einzeln zu überprüfen, beispielsweise durch eine Sensitivitätsanalyse. Jedoch wird in dieser Dissertation aus Effizienzgründen eine argumentative Herleitung einer geeigneten Konfiguration mit angepassten Belastungsmetriken für die zuvor eingeführte Batteriemontage angestrebt. Diese Konfiguration soll folgende Anpassungen umfassen:

- *Auftragsanzahl:* Unter der Annahme, dass jede der sieben Montagestation der Konfiguration *Basis* jede Operation durchführen könnte sowie dass die Bearbeitung eines Produkts durchschnittlich 60 ZE (30 min) benötigt, könnten in einer Schicht von 7,5 h maximal 105 Aufträge bearbeitet werden. Daher wird für den vorliegenden Testfall die Anzahl der Aufträge je Produkt im Vergleich zur Konfiguration *Basis* auf 35 Aufträge je Produkt erhöht, so dass insgesamt 105 Aufträge bzw. eine Schichtlänge simuliert wird.
- *Produkte:* Da die Anzahl der Sequenzen sowie Auslastungs- und Freigabeprofile exponentiell mit der Sequenzflexibilität und der Anzahl der in einem Produkt enthaltenen Operation steigt, sollen die Produkte BB und SB zusätzlich die bisher ausschließlich für die LB vorgesehene Qualitätsprüfung umfassen. Die Vorrangbeziehungen sollen

ebenso übernommen werden, so dass nun die Produkte BB und SB jeweils neun mögliche Sequenzen bei Bearbeitungsbeginn vorweisen.

Es wird erwartet, dass trotz der skalierten Konfiguration störungsfreie Simulationsläufe durchgeführt und dokumentiert werden können. Eine Störung wäre bspw. der Abbruch eines Simulationslaufs durch einen Laufzeitfehler der Evaluationsumgebung im Browser. Die Ergebnisse des Testfalls sind in Tabelle 6.14 dargestellt.

Tabelle 6.14: Ergebnisse Testfall TF-10[491]

Auftrags-zustand	Zeitpunkte in ZE						
	0	300	600	900	1200	1500	1800
Wartend	105	82	62	41	23	3	0
Aktiv	0	7	5	5	6	6	0
Fertiggestellt	0	16	38	59	76	96	105

Während des Simulationslaufs wurden keine Laufzeitfehler, inkonsistenten Ergebnisse oder Instabilitäten beobachtet. Der letzte der 105 Aufträge wurde zum Zeitpunkt $t^{ST} = 1620{,}92$ fertiggestellt, was einem proportional Anstieg der Dauer des Simulationslauf bezogen auf die Anzahl der berücksichtigen Aufträge im Vergleich zur Konfiguration *Basis* entspricht. Für das skizzierte Anwendungsbeispiel wird somit die Praxistauglichkeit als gegebenen angesehen.

6.4 Diskussion und kritische Reflexion

Das vorliegende Kapitel hatte zum Ziel, Funktionalität und Mehrwert der implementierten Methodik systematisch nachzuweisen und zu quantifizieren. Hierzu wurde eine Evaluationsumgebung entwickelt sowie die Methodik zur Auftragsfreigabe eingebettet. Mithilfe von acht Testfällen sowie zugehörigen Simulationsläufen wurde gezeigt, dass die Methodik die beabsichtigten Funktionen bspw. zur Kapazitätsauswertung und Scorebildung vollständig abbildet. Der Vergleich zur Auftragsfreigabe mittels ConWIP-Steuerung zeigte ebenso eine Verbesserung hinsichtlich Auslastung der Montagestationen und der Durchlaufzeit der Aufträge bei gleichzeitiger Verbesserung der Termintreue. Das vorgestellte Vorgehen zur Evaluation sowie die inhärenten Testfälle, die zu diesen Erkenntnissen geführt haben, beantworten somit die dritte Unterforschungsfrage, indem sie Funktionalität und Mehrwert der implementierten Methodik systematisch nachweisen und quantifizieren. Das dieser Aussage zugrundeliegende Testing unterliegt jedoch Limitationen, welche in Kapitel 6.4.1 diskutiert werden. Darauf aufbauend wird in Kapitel 6.4.2 erläutert, inwieweit die Methodik die an sie gestellten Anforderungen erfüllt. Abschließend wird in Kapitel 6.4.3 die Methodik der Auftragsfreigabe mit Blick auf das eingangs formulierte Forschungsziel sowie ihren Beitrag zur Wissensbasis gemäß der DSR-Methodik reflektiert.

[491] Eine detaillierte Darstellung der Bearbeitungs- und Freigabehistorie des Simulationslaufs ist dem Anhang (Tabelle 9.7) zu entnehmen.

6.4.1 Limitationen des Testings

Die Betrachtung der Limitationen ist ein wichtiger abschließender Schritt des Testings, um auf potenzielle Einschränkungen oder Schwächen des Prozesses oder der Ergebnisse hinzuweisen. Die Limitationen des vorangegangenen Tests werden im Folgenden anhand der *Wahl des Anwendungsbeispiels*, des *Umfangs und der Auswahl der Testfälle* sowie der *Repräsentativität der Testumgebung* erörtert.

Das ausgewählte Anwendungsbeispiel stellt keine reale Batteriemontage dar, sondern basiert auf einem Demonstrator, welcher im Forschungsprojekt AIMFREE entstanden ist. Es wurden einige Anpassungen vorgenommen, wie beispielsweise die Erhöhung der Anzahl der Montagestationen, um das Anwendungsbeispiel realitätsnah zu gestalten. Dies beinhaltet auch die gewählte Aggregation der Montageschritte zu Operationen. Eine detailliertere Betrachtung der Montageoperationen wäre grundsätzlich möglich. Die skizzierten Produkte weisen zudem umfangreiche Ähnlichkeiten und eine geringe Komplexität auf. Bei der Herleitung des Anwendungsbeispiels wurde keine systematische Montageplanung durchgeführt, weshalb einzelne Montagestationen eine vergleichsweise geringe Auslastung aufweisen. Zudem wurde lediglich ein Anwendungsbeispiel getestet. Ein erweitertes Testing sollte daher Anwendungsbeispiele mit größerer Varianz der betrachteten Produkte sowie Operationen umfassen.

Die Testfälle wurden anhand der einzelnen Kernfunktionalitäten und Anforderungen der Methodik zur Auftragsfreigabe abgeleitet. Aufgrund von Zeit- und Ressourcenbeschränkungen umfasst das Testing nur eine begrenzte Anzahl von Testfällen. Für jeden Testfall wurde die minimal notwendige Anzahl an Simulationsläufen durchgeführt und ausgewertet. Daher decken die gewählten Testfälle und dazugehörigen Simulationsläufe nicht alle möglichen Szenarien und Parameterkombinationen ab. Mit entsprechendem Aufwand wäre es möglich, ein detaillierteres Testing mit dem Ziel einer Parameteroptimierung durchzuführen. Für die Auswertung der Testfälle wurden teilweise randomisierte Zeitpunkte und Freigabeentscheidungen verwendet, was die Allgemeingültigkeit der Testergebnisse möglicherweise einschränkt.

Neben diesen übergeordneten Limitationen besitzen einige Testfälle spezifische Limitationen. Testfall TF-1 wurde beispielsweise nicht hinsichtlich möglicher Randfälle oder anderer Auftragsverteilungen getestet. Bei Testfall TF-2 wurde lediglich eine Montagestation für einen begrenzten Zeitraum deaktiviert. Eine weiterführende Untersuchung könnte einen permanenten Ausfall dieser oder weiterer Montagestationen einschließen. Testfall TF-3 überprüfte zwar die Anzahl der gebildeten Auslastungsprofile, jedoch nicht deren Inhalt. In Testfall TF-4 wurden lediglich eine begrenzte Anzahl von ca. 1.000 Freigabeentscheidungen untersucht. Für Testfall TF-5 wurde lediglich eine begrenzte Anzahl an Zeitpunkten detailliert betrachtet. In Testfall TF-6 werden zwei Simulationsläufe verglichen. Durch zusätzliche Simulationsläufe könnte die Robustheit der getroffenen Aussagen erhöht werden. Gleiches gilt für die Testfälle TF-7 und TF-8, für die keine (systematische) Variation der Gewichtungsfaktoren von Job- und Produktscore sowie des Pufferfaktors des Jobscores vorgenommen wurde. Die Testfälle TF-9 und TF-10 des nicht-funktionalen Testings basieren ebenfalls auf einer begrenzten Anzahl von Simulationsläufen, weshalb die Ergebnisse keine Allgemeingültigkeit besitzen. Insbesondere für

Testfall TF-10 könnte sich das Systemverhalten je nach Anwendungsbeispiel und Größe der Probleminstanz ändern.

Als Testumgebung diente die in Kapitel 5 vorgestellte Evaluationsumgebung. Diese ermöglicht die quantitative Evaluation der Methodik zur Auftragsfreigabe. Es kann jedoch nicht ausgeschlossen werden, dass Fehler in der Programmierung der Evaluationsumgebung aufgetreten sind. Außerdem bedingt der Entwicklungsstand der Evaluationsumgebung, dass beispielsweise die Bearbeitungszeiten derselben Operation an allen Montagestationen gleich sind und keine Störungen im Montagebetrieb auftreten. Die Evaluationsumgebung berücksichtigt vernachlässigt bisher die Materialbereitstellung.

Zusammenfassend lässt sich feststellen, dass das Testing für das skizzierte Anwendungsbeispiel erfolgreich war, da keine Fehler auftraten und das erwartete Systemverhalten in den Ergebnissen widerspiegelt wurde. Die Ergebnisse des Testings liefern daher Evidenz für die Funktionalität und den Mehrwert der Methodik zur Auftragsfreigabe. Es ist jedoch zu beachten, dass diese Evidenz den zuvor genannten Limitationen unterliegt, weshalb Funktionalität und der Mehrwert der Methodik zur Auftragsfreigabe nicht als allgemeingültig bzw. anwendungsfallunabhängig deklariert werden können.

6.4.2 Bewertung der Anforderungserfüllung

In Kapitel 4.1.2 wurden inhaltliche und formale Anforderungen an die Methodik gestellt. Nachfolgend wird die Erfüllung dieser Anforderungen diskutiert. Die Ergebnisse der kritischen Reflexion der Anforderungserfüllung sind Tabelle 6.15 zu entnehmen.

Tabelle 6.15: Bewertung der Anforderungserfüllung der Methodik zur Auftragsfreigabe

Inhaltliche Anforderungen	***Erfüllt?***
Multidimensionale Kapazitätsauswertung	Ja
Prädiktive Kapazitätsauswertung	Ja
Gegenwarts- und Ereignisorientierung	Ja
Auftragsindividualität	Teilweise
Einstellbarkeit von Fertigungszielen	Ja
Praxistauglichkeit	Teilweise
Formale Anforderungen	***Erfüllt?***
Empirisch richtig	Ja
Formal richtig	Ja
Produktiv	Ja
Handhabbar	Ja
Nicht aufwendig	Teilweise

Die Methodik bewertet die Bestandsgrenzen des Montagesystems anhand der Anzahl der Montagestationen sowie der jeweiligen Bearbeitungskapazitäten in Bezug auf Montageoperationen. Damit erfolgt die Kapazitätsauswertung auf zwei Arten, so dass die Anforderung der multidimensionalen Kapazitätsauswertung erfüllt ist. Anzumerken ist, dass die Begrenzung der Anzahl aktiver Aufträge im Montagesystem den Handlungsspielraum der Montagesteuerung einschränkt. Dies spiegelt sich bspw. in Testfall TF-1 wider, in welchem die Anzahl der aktiven Aufträge durch die Anzahl der Montagestationen begrenzt ist. Daher könnte eine zukünftige

Erweiterung die Berücksichtigung der Anzahl der Pufferplätze in der Auftragsfreigabe umfassen. Die Anforderung der prädiktiven Kapazitätsauswertung wird durch die Bildung von Kapazitäts-, Auslastungs-, und Freigabeprofilen adressiert. Diese ermöglichen, das zukünftige Systemverhalten zu antizipieren, um darauf aufbauend diejenigen Aufträge zu identifizieren, die die Bestandsgrenzen des Montagesystems durch ihre Freigabe nicht verletzen. Dieses Verhalten lässt sich bspw. in den Testfällen TF-2 und TF-4 beobachten, in denen die Anzahl der zulässigen Produkte im zeitlichen Verlauf variiert. Testfall TF-2 bestätigt ebenso, dass die geforderte Gegenwarts- und Ereignisorientierung erfüllt ist. So wurde gezeigt, dass die Methodik zur Auftragsfreigabe die Veränderungen im Bearbeitungsangebot in den Freigabeentscheidungen berücksichtigt. Ebenso lässt sich anhand der Logs der Konsole nachweisen, dass auftretende Ereignisse wie bspw. die Fertigstellung eines Auftrags oder auch die Freigabe eines Auftrags selbst die Methodik anstoßen. Die Anforderung der Auftragsindividualität wird als teilweise erfüllt eingestuft. Dies ist dadurch begründet, dass bisher lediglich die Plan-Fertigstellungstermine in der Freigabeentscheidung Berücksichtigung finden. Weitere Informationen wie bspw. die Marge oder auch Verweildauer eines Auftrags im Auftragspool sind mögliche Gegenstände zukünftiger Erweiterungen der Methodik. Dennoch konnte mithilfe von Testfall TF-8 gezeigt werden, dass dringende Aufträge, die die Bestandsgrenzen nicht verletzen, weniger dringenden Aufträgen mit einer potenziell höheren Kapazitätsauslastung vorgezogen werden. Die Einstellbarkeit von Fertigungszielen wurde in Testfall TF-6 nachgewiesen und wird somit als vollständig erfüllt bewertet. Die letzte inhaltliche Anforderung befasst sich mit der Praxistauglichkeit der Methodik. Hierzu wurde mit Testfall TF-10 eine Konfiguration getestet, welche auf praxisnahen Annahmen basiert. Da es sich beim betrachteten Anwendungsbeispiel der Batteriemontage jedoch um kein reales Beispiel handelt, kann die Praxistauglich nicht vollumfänglich bestätigt werden. Hinsichtlich der Praxistauglichkeit besteht somit Forschungsbedarf zum Testing von realen Probleminstanzen.

Zuletzt werden die formalen Anforderungen diskutiert. Die entwickelte Methodik betrachtet die Auftragsfreigabe als Bestandteil der Montagesteuerung und trifft systematische Freigabeentscheidungen. Hierzu berücksichtigt sie Informationen, die üblicherweise auch in der industriellen Praxis zur Entscheidungsfindung genutzt werden. Damit kann die Methodik als empirisch richtig eingestuft werden. Die Anforderung der formalen Richtigkeit wird durch die Implementierung der Methodik in der Evaluationsumgebung gewährleistet. Anzumerken ist dennoch, dass Agentensysteme stochastischen Einflüssen unterliegen, was somit ebenso das Verhalten der Auftragssteuerung und die Freigabeentscheidungen betrifft. Die entwickelte Methodik wird weiterhin als produktiv bewertet, da es die an sie gestellten (Forschungs-)Fragen vollständig beantworten kann sowie verwertbare Antworten liefert. Die Handhabbarkeit ist grundsätzlich als gegeben anzusehen. Begründet ist dies durch die intuitive Anwendung der Methodik in einer browserbasierten Evaluationsumgebung, welche auch für zukünftige Forschungsarbeiten verwendet werden kann. Anzumerken ist, dass während die Plan-Fertigstellungstermine in der Benutzeroberfläche eingestellt werden können, eine Manipulation der Fertigungsziele bisher nur im Quellcode möglich ist. Da dieses Optimierungspotenzial die Funktion der Methodik nicht einschränkt, wird die Handhabbarkeit der Methodik dennoch als erfüllt angesehen. Die letzte formale Anforderung fordert, dass die Methodik hinsichtlich ihrer Erstellung sowie auch der Anwendung nicht aufwendig ist. Diese Anforderung kann nur teilweise erfüllt werden. Zwar ist die Bedienung der Evaluationsumgebung, welche die Methodik zur Auftragsfreigabe beinhaltet, intuitiv, allerdings war die Programmierung mit erheblichen Aufwand verbunden. Der Mehraufwand in der Erstellung wurde jedoch zu Gunsten der Bedienbarkeit, Verwertbarkeit sowie auch empirischen und formalen Richtigkeit akzeptiert.

6.4.3 Methodik zur Auftragsfreigabe und Beitrag zur Wissensbasis

Ziel der vorliegenden Dissertation war die Entwicklung einer Methodik zur agentenbasierten, kapazitätsorientierten Auftragsfreigabe für matrixstrukturierte Montagesysteme. Hierzu wurde folgende handleitende Forschungsfrage formuliert:

> Wie können kapazitätsorientierte Freigabeentscheidungen in matrixstrukturierten Montagesystemen operationalisiert werden?

Diese Forschungsfrage kann auf Basis der in diesem Kapitel durchgeführten Evaluation sowie der entwickelten Methodik selbst beantwortet werden. Die Methodik zur Auftragsfreigabe antizipiert alle möglichen Belastungszustände, die durch die Freigabe eines Auftrags auftreten können. Zur Komplexitätsreduktion erfolgt diese Bestandsprüfung anhand des kumulierten Bearbeitungsangebots aller Montagestationen bezogen auf Montageoperationen sowie anhand der Anzahl der Montagestationen. Somit werden beziehen sich Bestandskonten anders als bei der BOA auf Montageoperationen. Dadurch kann vermieden werden, dass konkrete, montagestationsbezogene Belastungszustände bestimmt werden müssen. Nachdem mithilfe der Bestandsprüfung zulässige Aufträge identifiziert wurden, erfolgt mit einem heuristischen Lösungsverfahren eine multi-kriterielle Bewertung des am besten geeignetsten Auftrags, welche folglich die Freigabeentscheidung bestimmt. Die Grundlage der Operationalisierung der Methodik stellte deren mathematische Beschreibung sowie eine Evaluationsumgebung dar. Letztere ist notwendig, um die logische Verknüpfung von Montagesteuerung und Auftragsfreigabe systematisch zu modellieren. Das durchgeführte Testing konnte die korrekte Funktionsweise der Methodik bestätigen sowie auch den Mehrwert der Methodik quantifizieren. Für das skizzierte Anwendungsbeispiel konnte insbesondere eine Bedarfsglättung an den Montagestationen bei gleichzeitiger Reduktion der Durchlaufzeit und Verspätung erreicht werden. Somit wurde die in Kapitel 4.5 erwartete Entwicklung des Leistungsgrößen bei Anwendung der Methodik zur Auftragsfreigabe bestätigt. Zudem hat das vorliegende Kapitel verdeutlicht, dass die aufgestellten Anforderungen an die Methodik vollständig erfüllt oder teilweise erfüllt wurden. Damit kann abschließend bestätigt werden, dass die Forschungsfrage gelöst und das Ziel dieser Dissertation erreicht wurde.

Mit Blick auf die verwendete Forschungsmethodik gilt es weiterhin, den Beitrag der Methodik zur Wissensbasis zu erörtern. Hierzu werden drei Aspekte herangezogen sowie unter Berücksichtigung der in Kapitel 6.4.1 dokumentierten Limitationen reflektiert. Die Aspekte umfassen die *Originalität*, den *wissenschaftlichen Beitrag* sowie den *praktischen Nutzen* der Methodik zur Auftragsfreigabe.[492]

---

[492] Vgl. GREGOR und HEVNER (Design Science Research), 2013, S. 345.

Originalität: Die Bestandsprüfung der Methodik zur Auftragsfreigabe erfolgt anders als die skizzierten Grundlagen zur Auftragsfreigabe anhand von Montageoperationen, anstatt die Belastung auf spezifische Montagestationen zu beziehen. Diese Führung von Bestandskonten bezogen auf Montageoperationen bestimmt maßgeblich die Originalität der Methodik. Durch sie kann die Multifunktionalität von Montagestationen, welche neben Sequenzflexibilität als Herausforderung in der Operationalisierung der Auftragsfreigabe für matrixstrukturierten Montagesystemen identifiziert wurde, adressiert werden. Die Auswahl eines Auftrags zur Freigabe erfolgt nach der Bestandsprüfung mithilfe einer multi-kriteriellen Bewertung. Die verwendete Heuristik stellt als Lösungsverfahren per se keine Neuerung da, kombiniert jedoch im Anwendungskontext kapazitive und wirtschaftliche Faktoren in Freigabeentscheidungen, was im weiteren Sinne ebenso zur Originalität der Methodik beiträgt.

Wissenschaftlicher Beitrag: Aus wissenschaftlicher Sicht stellt die Methodik eine eingängige Grundlage dar, um bestehende Modellierungen der Montagesteuerung sowie auch Simulationen von matrixstrukturierten Montagesystemen praxisnah zu gestalten. Insbesondere der postulierten Reaktionsfähigkeit matrixstrukturierter Montagesysteme kann so Rechenschaft getragen werden. Die Simulation sowie kennzahlenbasierte Evaluation der Methodik trägt weiterhin zur übergeordneten Zielsetzung bei, matrixstrukturierte und linienstrukturierte Montagesysteme wirtschaftlich vergleichbar zu machen. Als weiteres Artefakt ist zudem eine Evaluationsumgebung entstanden, welche eine Forschungsplattform für zukünftige wissenschaftliche Arbeiten bietet.

Praktischer Nutzen: Die Methodik leistet einen wesentlichen Beitrag zu Technologiereife matrixstrukturierter Montagesysteme, indem es eines der Forschungsdefizite zur Montagesteuerung adressiert. Anzumerken ist, dass die verwendete Evaluationsumgebung eine manuelle Dateneingabe bedingt. Alle vorgestellten Algorithmen wurden bisher lediglich zur Simulation genutzt, so dass etwaiger industrieller Einsatz sich ebenso auf diese beschränkt. Dennoch bietet die Einbettung der Methodik in die Evaluationsumgebung jetzt schon Anwendungsmöglichkeiten in der Montageplanung. So lassen sich bspw. durch die Kapazitätsorientierung der Methodik ineffiziente Montagelayouts anhand von unausgelasteten Montagestationen identifizieren.

Zusammenfassend lässt sich feststellen, dass das Forschungsziel erreicht wurde. Damit leistet die Methodik zur agentenbasierten, kapazitätsorientierten Auftragsfreigabe für matrixstrukturierte Montagesysteme entsprechend des *Rigor Cycle* der DSR-Methodik einen Beitrag zur Wissensbasis. Hinsichtlich des *Relevance Cycle* sei darauf hingewiesen, dass die Anwendung der Methodik zur Auftragsfreigabe lediglich anhand eines forschungsnahen Anwendungsfalls erfolgt ist. Im Hinblick darauf, dass matrixstrukturierte Montagesysteme aktuell noch Forschungsgegenstand sind, wird dennoch geschlussfolgert, dass die Methodik zur Auftragsfreigabe die Anforderungen der *Application Environment* adressiert.

7 Zusammenfassung und Ausblick

Matrixstrukturierte Montagesysteme zielen als flexible Organisationsform darauf ab, den Herausforderungen kürzerer Innovationszyklen und volatiler Marktbedingungen in der Montage zu begegnen. Anders als in der klassischen Fließmontage werden Montagestationen entkoppelt und zweidimensional angeordnet, so dass Montageaufträge sich bidirektional bewegen können. Montagestationen können in Abhängigkeit der Ressourcenverfügbarkeit sowie auch der erforderlichen Montageoperationen übersprungen und umgangen werden. Kennzeichnend ist weiterhin die Abschaffung einer einheitlichen Taktzeit. Durch diese Merkmale sollen matrixstrukturierte Montagesysteme besonders robust gegenüber Störungen sowie kurzfristigen Änderungen im Produktportfolio und Produktionsprogramm sein. Gleichzeitig steigt die Komplexität der Montagesteuerung. Diese koordiniert u. a. die reaktive Zuordnung von Aufträgen zu Montagestationen sowie die Durchführung von Montageoperation an diesen. Wesentliche Herausforderungen der Montagesteuerung sind dabei Routing- und Sequenzflexibilität, welche zu einer hohen Anzahl an möglichen Bearbeitungsreihenfolgen und -orten führen und damit überhaupt die Reaktionsfähigkeit dieser Organisationsform ermöglichen. Die resultierende Komplexitätssteigerung in der Montagesteuerung ist maßgeblich verantwortlich dafür, dass matrixstrukturierte Montagesysteme bisher noch keinen umfassenden Einzug in die Praxis gefunden haben. Entsprechend gilt es, Lösungen für die ganzheitliche Umsetzung der Montagesteuerung dieser flexiblen Organisationsform zu gestalten. Dies umfasst auch die Auftragsfreigabe als Teilaufgabe der Montagesteuerung, welche den Anwendungs- und Betrachtungsbereich der vorliegenden Dissertation darstellt.

Den forschungsmethodischen Rahmen dieser Dissertation stellte die DSR-Methodik dar. Somit wurde aufbauend auf dem zuvor genannten Anwendungs- und Betrachtungsbereich die Wissensbasis erarbeitet. Sie umfasst die Grundlagen zu matrixstrukturierten Montagesystemen und Agentensystemen als relevante Steuerungsarchitektur sowie zur Montagesteuerung und Auftragsfreigabe in der Montage. Zur Identifikation bestehender Anknüpfungspunkte und Ansätze für die Auftragsfreigabe in matrixstrukturierten Montagesystemen wurde eine systematische Literaturrecherche durchgeführt. Diese ergab, dass insbesondere hinsichtlich der Prüfung der Bestandsgrenzen sowie der integrierten Betrachtung von Auftragsfreigabe und Montagesteuerung Forschungsbedarf besteht. Um diesen zu adressieren, war das Ziel der vorliegenden Dissertation, eine Methodik zur Auftragsfreigabe für matrixstrukturierte Montagesysteme zu entwerfen sowie zu operationalisieren.

Zur Entwicklung der Methodik wurden spezifische Anforderungen definiert, die den Forschungsbedarf aufgreifen und zur abschließenden Evaluation herangezogen werden können. Des Weiteren wurde ein Lösungsraum aufgespannt, welcher die Betrachtungsgrenzen, die Klassifizierung der Kapazitätsauswertung zur Bestandsprüfung sowie die angestrebten Lösungsverfahren festlegt. Auf dieser Grundlage wurde die Methodik konzeptionell ausgestaltet. Besonderheit der Methodik ist, dass die möglichen Belastungszustände in der Bestandsprüfung statt auf Montagestationen auf Montageoperationen bezogen werden. Somit werden Bestandskonten für Montageoperationen geführt, während Montagestationen mehrere Montageoperationen bedienen können. Dies ermöglicht es, Überschreitungen der Bestandsgrenzen auch bei redundanten sowie multifunktionalen Montagestationen effizient zu identifizieren, ohne die Belastungen spezifischen Montagestationen zuzuordnen. Gleichzeitig antizipiert die Methodik alle möglichen Belastungszustände, die sich aus den zulässigen Bearbeitungsreihenfolgen der Montageoperationen gemäß den auftragsindividuellen Montagevorranggraphen aktiver sowie freizugebender Aufträge ergeben können. Ergibt die Bestandsprüfung mehrere zulässige Aufträge, kann mithilfe einer Heuristik der bestmögliche Auftrag als Freigabeentscheidung bestimmt werden. Die Heuristik basiert auf einer multi-kriteriellen Entscheidungsfindung, bei der sowohl auftragsspezifische Informationen wie der Plan-Fertigstellungstermin als auch die erwartete Auslastung des Montagesystems durch die Freigabe eines kapazitiv zulässigen Auftrags berücksichtigt werden. Die erfolgte Beschreibung der mathematischen Zusammenhänge der Methodik sowie der informatischen Abhängigkeiten zur Montagesteuerung bieten weiterhin die Möglichkeit zur plattformunabhängigen Anwendung der Methodik.

Um die Methodik zu evaluieren, wurde eigens eine Evaluationsumgebung programmiert. Diese ermöglicht eine agentenbasierte Simulation matrixstrukturierter Montagesysteme und bietet die notwendigen Schnittstellen, um die Methodik zur Auftragsfreigabe oder auch andere Verfahren zur Auftragsfreigabe zu implementieren und evaluieren. Nach der Erweiterung der Evaluationsumgebung um die Methodik zur Auftragsfreigabe wurde zunächst deren einwandfreie Funktion mithilfe eines funktionalen Testings sichergestellt. Der Mehrwert der Methodik wurde im Anschluss durch einen Vergleich zur Auftragsfreigabe mit ConWIP-Steuerung untersucht. Die Ergebnisse zeigen für das Anwendungsbeispiel einer Batteriemontage, dass die Methodik zur Auftragsfreigabe sich positiv auf die Durchlaufzeit und Termintreue von Aufträgen sowie positiv auf die Auslastung von Montagestationen auswirkt. Des Weiteren wurde festgestellt, dass die Methodik die an sie gestellten Anforderungen nahezu vollständig erfüllt. Limitationen bestehen lediglich hinsichtlich des Umfangs des Anwendungsbeispiels sowie des Aufwands zur Implementierung der Evaluationsumgebung. Damit kann die Methodik zur Auftragsfreigabe als Artefakt dieser Dissertation die Wissensbasis ergänzen und als Grundlage zukünftiger Forschungsarbeiten fungieren. Dies impliziert, dass das Forschungsziel erreicht worden ist.

Weiterer Forschungsbedarf besteht insbesondere in der ganzheitlichen Betrachtung der Montagesteuerung matrixstrukturierter Montagesysteme. Konkret betrifft dies die Personal- und Logistiksteuerung, welche für die ganzheitliche Auslegung und den Betrieb matrixstrukturierter Montagesysteme unabdinglich sind. Darauf aufbauend können fundierte Potenzialanalysen zum wirtschaftlichen Mehrwert matrixstrukturierter Montagesysteme bspw. im Vergleich zur Linienmontage die argumentative Grundlage für die Realisierung matrixstrukturierter Montagesysteme in der Praxis bilden.

8 Literaturverzeichnis

Ahlström, P. (Research process):
Research process. In: Karlsson, C. (Hrsg.) Research methods. For operations management. Second edition. New York: Routledge, 2016, S. 46-77.

Ammann, P.; Offutt, J. (Software testing):
Introduction to software testing. Second edition. Cambridge, United Kingdom: Cambridge University Press, 2017.

Aytekin, A. (Normalization Techniques):
Comparative Analysis of the Normalization Techniques in the Context of MCDM Problems. In: Decis. Mak. Appl. Manag. Eng. 4. Jg., 2021, Nr. 2, S. 1-25.

Baskerville, R.; Pries-Heje, J. (Designtheorie):
Erklärende Designtheorie. In: WIRTSCHAFTSINFORMATIK. 52. Jg., 2010, Nr. 5, S. 259-271.

Bauernhansl, T. (Fahrzeugforschungsproduktion):
Entwicklung, Aufbau und Demonstration einer Wandlungsfähigen (Fahrzeug-) Forschungsproduktion. (Reihe: ARENA2036). Berlin, Heidelberg: Springer Berlin / Heidelberg, 2020.

Bibliographisches Institut GmbH (Stichwort „Methodik"):
Definition Methodik, 2022. https://www.duden.de/rechtschreibung/Methodik, Stand: 10.07.2022

Binder, V. A.; Kantowsky, J. (Technologiepotentiale):
Technologiepotentiale: Neuausrichtung der Gestaltungsfelder des Strategischen Technologiemanagements. (Reihe: Springer eBook Collection Business and Economics). Wiesbaden: Deutscher Universitätsverlag, 1996.

Bochmann, L.; Gehrke, L.; Böckenkamp, A.; Weichert, F.; Albersmann, R.; Prasse, C.; Mertens, C.; Motta, M.; Wegener, K. (Towards Decentralized Production):
Towards Decentralized Production: A Novel Method to Identify Flexibility Potentials in Production Sequences Based on Flexibility Graphs. In: Int. J. Automation Technol. 9. Jg., 2015, Nr. 3, S. 270-282.

Bochmann, L. S. (Dezentral gesteuerte Fertigungssysteme):
Entwicklung und Bewertung eines flexiblen und dezentral gesteuerten Fertigungssystems für variantenreiche Produkte. ETH Zurich, 2018.

Bogon, T. (Agentenbasierte Schwarmintelligenz):
Agentenbasierte Schwarmintelligenz. Wiesbaden: Springer Fachmedien Wiesbaden, 2013.

Böttcher, W.; Caspari, A.; Hense, J.; Kalman, M.; Meyer, W. (Evaluation):
Standards für Evaluation, 2016, S. 1-66.

Botti, V.; Giret, A. (Mulit-agent Methodology):
ANEMONA: A Mulit-agent Methodology for Holonic Manufacturing Systems. (Reihe: Springer eBook Collection Engineering). London: Springer London, 2008.

Brankamp, K.; Reents, H. (Montage):
Die Montage als Teil der Produktion. In: Brankamp, K.; Achenbach, W. (Hrsg.) Handbuch der modernen Fertigung und Montage. Handbuch. München: Verl. Moderne Industrie, 1975, S. 418-436.

Bullinger, H.-J.; Ammer, D. (Systematische Montageplanung):
Handbuch für die Praxis. München: Hanser, 1986.

Burggräf, P.; Adlon, T.; Schukat, E.; Bluvstein, G. (Path Prediction in matrix-structured assembly systems):
Path Prediction For Efficient Order Release In Matrix-Structured Assembly Systems. In: Proceedings of the Conference on Production Systems and Logistics: CPSL 2023, 2023, S. 499-508.

Burggräf, P.; Adlon, T.; Schukat, E.; Weber, N. K. (Evaluation of order release in matrix-structured assembly systems):
Evaluation Of An Capacity-oriented, Agent-based Order Release For Matrix-structured Assembly Systems. In: Proceedings of the Conference on Production Systems and Logistics: CPSL 2023, 2023, S. 894-904.

Burggräf, P.; Dannapfel, M.; Adlon, T.; Kahmann, H.; Schukat, E.; Holtwiesche, L. (Agentensysteme in der Montage):
Multiagentensysteme in der Agilen Montage/Multi-agent systems in agile assembly – Real-time scheduling of flexible operation sequences on multifunctional assembly stations. In: wt. 110. Jg., 2020, Nr. 04, S. 170-176.

Burggräf, P.; Dannapfel, M.; Adlon, T.; Kahmann, H.; Schukat, E.; Keens, J. (Capability-based assembly design:):
Capability-based assembly design: An approach for planning an agile assembly system in automotive industry. In: Procedia CIRP. 93. Jg., 2020, S. 1206-1211.

Burggräf, P.; Dannapfel, M.; Adlon, T.; Riegauf, A.; Müller, K. M.; Fölling, C. (Agile Montage):
Agile Montage: Montageplanung und -system als integrale Bestandteile der Fabrikplanung. In: wt Werkstattstechnik online. 109. Jg., 2019, Nr. 9, S. 622-627.

Burggräf, P.; Dannapfel, M.; Adlon, T.; Riegauf, A.; Schukat, E.; Schuster, F. (Planning and control of an agile assembly system):
Optimization approach for the combined planning and control of an agile assembly system for electric vehicles. In: Proceedings of the Conference on Production Systems and Logistics: CPSL 2020, 2020, S. 137-147.

Burggräf, P.; Dannapfel, M.; Adlon, T.; Schukat, E.; Kahmann, H.; Holtwiesche, L. (Modeling agile assembly systems):
Modeling and evaluating agile assembly systems using mixed-integer linear programming. In: Procedia CIRP. 93. Jg., 2020, S. 1073-1078.

Caire, G.; Cossentino, M.; Negri, A.; Poggi, A.; Turci, P. (MAS implementation):
Multiagent systems implementation and testing. In: Trapp, R. (Hrsg.) Cybernetics and systems 2004. Proceedings of the Seventeenth European Meeting on Cybernetics and Systems Research, held at the University of Vienna, Austria, 13 - 16 April 2004. Vienna: Austrian Society for Cybernetic Studies, 2004.

Camacho, C. R.; Marczak, S.; Cruzes, D. S. (Non-functional testing):
Agile Team Members Perceptions on Non-functional Testing: Influencing Factors from an Empirical Study. In: Tagungsband zum 2016 11th International Conference on Availability, Reliability and Security (ARES). Salzburg, Austria, 31.08.2016 - 02.09.2016: IEEE, 2016, S. 582-589.

Carmo-Silva, S.; Fernandes, N.; Thürer, M.; Ferreira, L. P. (POLCA production control system with centralized job release):
Extending the POLCA production control system with centralized job release. In: Prod. 30. Jg., 2020.

Castelfranchi, C. (Agent architecture):
Guarantees for autonomy in cognitive agent architecture. In: Wooldridge, M. J.; Jennings, N. (Hrsg.) Intelligent Agents. Agent Theories, Architectures, and Languages. (Reihe: SpringerLink Bücher, Bd. 890). Berlin, Heidelberg: Springer Berlin Heidelberg, 1995, S. 56-70.

Chella, A.; Cossentino, M.; Sabatucci, L.; Seidita, V. (Process for Agent Societies Specification and Implementation):
From PASSI to agile PASSI: Tailoring a design process to meet new needs. In: Proceedings of Proceedings. IEEE/WIC/ACM International Conference on Intelligent Agent Technology, 2004. (IAT 2004). Beijing, China, Sept. 20-24, 2004. Los Alamitos, Calif.: IEEE Computer Society, 2004, S. 471-474.

Cross, N. (How designers work):
Design thinking: Understanding how designers think and work. Reprinted. London: Bloomsbury Academic, 2013.

Deutsches Institut für Normung e.V. (DIN 19226-1):
Regelungstechnik und Steuerungstechnik, 1994.

Dilts, D. M.; Boyd, N. P.; Whorms, H. H. (control architectures):
The evolution of control architectures for automated manufacturing systems. In: Journal of Manufacturing Systems. 10. Jg., 1991, Nr. 1, S. 79-93.

Dispan, J. (Maschinen- und Anlagenbau):
Modulare Bauweise im Maschinen- und Anlagenbau: Wirkungen von Baukastensystemen auf Beschäftigung. Kurzstudie für die IG Metall. (Reihe: Informationsdienst des IMU Instituts, Bd. Heft 2016/2). Stuttgart: IMU Institut, 2016.

Duden (Stichwort „Evaluation"):
Stichwort „Evaluation", 2023. https://www.duden.de/rechtschreibung/Evaluation, Stand: 23.05.2023

Duden (Stichwort „Test"):
Stichwort „Test", 2023. https://www.duden.de/rechtschreibung/Test, Stand: 23.05.2023

Duffie, N. A.; Piper, R. S. (Nonhierarchical control of manufacturing systems):
Nonhierarchical control of manufacturing systems. In: Journal of Manufacturing Systems. 5. Jg., 1986, Nr. 2, S. 137-139.

Duffie, N. A.; Prabhu, V. V. (Scheduling of heterarchical manufacturing systems):
Real-time distributed scheduling of heterarchical manufacturing systems. In: Journal of Manufacturing Systems. 13. Jg., 1994, Nr. 2, S. 94-107.

Durfee, E. H. (Distributed Problem Solving):
Distributed Problem Solving and Planning. In: Luck, M.; Mařík, V.; Štěpánková, O.; Trappl, R. (Hrsg.) Multi-Agent Systems and Applications. 9th ECCAI Advanced Course, ACAI 2001 and Agent Link's 3rd European Agent Systems Summer School, EASSS 2001 Prague, Czech Republic, July 2–13, 2001 Selected Tutorial Papers. (Reihe: SpringerLink Bücher, Bd. 2086). Berlin, Heidelberg: Springer Berlin Heidelberg, 2006, S. 118-149.

Ebel, B. (Modellierung von Zielsystemen):
Modellierung von Zielsystemen in der interdisziplinären Produktentstehung: Karlsruhe, 2015.

Elger, J.; Haußner, C.; Hofmeister, M.; Baier, G. (Dezentral gesteuerten Flughafen-Gepäckförderanlagen):
Chancen und Herausforderungen von dezentral gesteuerten Flughafen-Gepäckförderanlagen. In: Günthner, W.; Hompel, M. (Hrsg.) Internet der Dinge in der Intralogistik. Internet der Dinge in der Intralogistik. Berlin, Heidelberg: Springer Berlin Heidelberg, 2010, S. 275-294.

Engels, G.; Heckel, R.; Sauer, S. (Unified Modeling Language):
UML — A Universal Modeling Language? In: Goos, G. (Hrsg.) Application and Theory of Petri Nets 2000. 21st International Conference, ICATPN 2000 Aarhus, Denmark, June 26-30, 2000 Proceedings. (Reihe: Lecture Notes in Computer Science). 1st ed. Berlin/Heidelberg: Springer Berlin Heidelberg, 1998, S. 24-38.

Eversheim, W. (Organisation in der Produktionstechnik):
Organisation in der Produktionstechnik: Fertigung und Montage. (Reihe: VDI-Buch, Bd. 4). 2. Aufl. Berlin: Springer, 1989.

Eversheim, W. (Produktionstechnik):
Organisation in der Produktionstechnik: Springer Berlin Heidelberg, 1996.

Eversheim, W. (Organisation in der Produktionstechnik):
Organisation in der Produktionstechnik 3: Arbeitsvorbereitung. (Reihe: VDI-Buch). 4. Auflage. Berlin: Springer, 2002.

Fandel, G.; François, P.; Gubitz, K.-M. (Methoden der Auftragsfreigabe):
Implementierte Methoden der Auftragsfreigabe. In: Fandel, G.; François, P.; Gubitz, K.-M. (Hrsg.) PPS-Systeme. Grundlagen, Methoden, Software, Marktanalyse. (Reihe: Springer eBook Collection Business and Economics). Berlin, Heidelberg, s.l.: Springer Berlin Heidelberg, 1994, S. 266-291.

Fechter, M.; Dietz, T. (Ausblick Arena2036):
Zusammenfassung und Ausblick. In: Bauernhansl, T. (Hrsg.) Fahrzeugforschungsproduktion. Entwicklung, Aufbau und Demonstration einer Wandlungsfähigen (Fahrzeug-) Forschungsproduktion. (Reihe: ARENA2036). Berlin, Heidelberg: Springer Berlin / Heidelberg, 2020, S. 145-158.

Feldhorst, S.; Libert Sergey (Software-Methoden):
Software-Methoden für die Automatisierung. In: Günthner, W.; Hompel, M. (Hrsg.) Internet der Dinge in der Intralogistik. Internet der Dinge in der Intralogistik. Berlin, Heidelberg: Springer Berlin Heidelberg, 2010, S. 29-40.

Fernandes, N. O.; Thürer, M.; Pinho, T. M.; Torres, P.; Carmo-Silva, S. (Workload control and optimised order release):
Workload control and optimised order release: An assessment by simulation. In: International Journal of Production Research. 58. Jg., 2020, Nr. 10, S. 3180-3193.

Filz, M.-A.; Gerberding, J.; Herrmann, C.; Thiede, S. (Material supply strategies):
Analyzing different material supply strategies in matrix-structured manufacturing systems. In: Procedia CIRP. 81. Jg., 2019, S. 1004-1009.

Frank, U. (Forschung in der Wirtschaftsinformatik):
Zur methodischen Fundierung der Forschung in der Wirtschaftsinformatik. In: Österle, H.; Winter, R.; Brenner, W. (Hrsg.) Gestaltungsorientierte Wirtschaftsinformatik. Ein Plädoyer für Rigor und Relevanz. Nürnberg: Infowerk, 2010, S. 35-44.

Franke, J.; Merhof, J.; Hopfensitz, S. (Dezentrale Multiagentensysteme):
Einsatz von dezentralen Multiagentensystemen. In: Zeitschrift für wirtschaftlichen Fabrikbetrieb. 105. Jg., 2010, Nr. 12, S. 1075-1078.

Fries, C.; Wiendahl, H.-H.; Assadi, A. A. (Intralogistics material supply in matrix productions):
Design concept for the intralogistics material supply in matrix productions. In: Procedia CIRP. 91. Jg., 2020, S. 33-38.

Gausemeier, J.; Ebbesmeyer, P.; Kallmeyer, F. (Produktinnovation):
Produktinnovation: Strategische Planung und Entwicklung der Produkte von morgen. [Elektronische Ressource]. München: Hanser, 2001.

Geiger, M. J. (Multikriterielle Ablaufplanung):
Multikriterielle Ablaufplanung. Wiesbaden: Deutscher Universitätsverlag, 2005.

Genesereth, M. R.; Ketchpel, S. P. (Software agents):
Software agents. In: Commun. ACM. 37. Jg., 1994, Nr. 7, S. 48-53.

Göppert, A. (Scheduling of Dynamically Interconnected Assembly Systems):
Artificial Intelligence in Online Scheduling of Dynamically Interconnected Assembly Systems, 2022.

Göppert, A.; Hüttemann, G.; Jung, S.; Grunert, D.; Schmitt, R. (Frei verkettete Montagesysteme):
Frei verkettete Montagesysteme. In: Zeitschrift für wirtschaftlichen Fabrikbetrieb. 113. Jg., 2018, Nr. 3, S. 151-155.

Göppert, A.; Rachner, J.; Schmitt, R. H. (Reinforcement learning controlled line-less assembly systems):
Automated scenario analysis of reinforcement learning controlled line-less assembly systems. In: Procedia CIRP. 93. Jg., 2020, S. 1091-1096.

Göppert, A.; Schukat, E.; Burggräf, P.; Schmitt, R. H. (Bridging the Gap Between Line and Matrix Configurations):
Agile Hybrid Assembly Systems: Bridging the Gap Between Line and Matrix Configurations. In: Weißgraeber, P. (Hrsg.) Advances in Automotive Production Technology - Theory and Application. Stuttgart Conference on Automotive Production (SCAP2020). (Reihe: Arena2036 Ser). Berlin, Heidelberg: Springer Berlin / Heidelberg, 2021, S. 3-11.

Grahn, L.; Rachner, J.; Göppert, A.; Saeed, S.; Schmitt, R. H. (Potential Analysis by Approximating Line-Less Assembly Systems):
Framework for Potential Analysis by Approximating Line-Less Assembly Systems with AutoML. In: Andersen, A.-L.; Andersen, R.; Brunoe, T. D.; Larsen, M. S. S.; Nielsen, K.; Napoleone, A.; Kjeldgaard, S. (Hrsg.) Towards Sustainable Customization. Bridging Smart Products and Manufacturing Systems. (Reihe: Lecture Notes in Mechanical Engineering). Cham: Springer International Publishing, 2022, S. 423-430.

Gregor, S.; Hevner, A. R. (Design Science Research):
Positioning and Presenting Design Science Research for Maximum Impact. In: MIS Quarterly. 37. Jg., 2013, Nr. 2, S. 337-355.

Greschke, P. (Matrix-Produktion):
Matrix-Produktion als Konzept einer taktunabhängigen Fließfertigung. Dissertation. Technische Universität Braunschweig, 2016.

Greschke, P. (Matrix-Produktion):
Matrix-Produktion: Konzept einer taktunabhängigen Fließfertigung. Norderstedt: Books on Demand, 2020.

Greschke, P.; Schönemann, M.; Thiede, S.; Herrmann, C. (Matrix Structures in Production Systems):
Matrix Structures for High Volumes and Flexibility in Production Systems. In: Procedia CIRP. 17. Jg., 2014, S. 160-165.

Grundig, C.-G. (Fabrikplanung):
Fabrikplanung: Planungssystematik - Methoden - Anwendungen. 3., neu bearb. Aufl. München: Hanser, 2009.

Günther, H.-O.; Tempelmeier, H. (Produktion und Logistik):
Produktion und Logistik. (Reihe: ProQuest Ebook Central). 9., aktualisierte und erweiterte Auflage. Heidelberg: Springer, 2012.

Hegner, M. (Evaluation von Software):
Methoden zur Evaluation von Software. (Reihe: IZ-Arbeitsbericht, Bd. 29). Bonn: IZ InformationsZentrum Sozialwiss, 2003.

Hellmich, A.; Zumpe, F.; Zumpe, M.; Münnich, M.; Wiese, T.; Büttner, T.; Ihlenfeldt, S.; Foith-Förster, P.; Trierweiler, M.; Ranke, D.; Berkhan, P.; Rzesnitzek, S.; Bauernhansl, T. (Matrixproduktionssysteme):
Umsetzung von cyber-physischen Matrixproduktionssystemen: Expertise des Forschungsbeirats der Plattform Industrie 4.0, 2022.

Herold, C. (Vorgehenskonzept zur Unternehmensstrukturierung):
Ein Vorgehenskonzept zur Unternehmensstrukturierung: Eine heuristische Anwendung des Modells lebensfähiger Systeme. St. Gallen, 1991.

Herrmann, J. W. (Order release):
Order release. In: Swamidass, P. M. (Hrsg.) Encyclopedia of Production and Manufacturing Management. (Reihe: Springer eBook Collection). Boston, MA: Kluwer Academic Publishers, 2000, S. 495-500.

Hesse, S. (Automatische Montagemaschinen):
Automatische Montagemaschinen. In: Lotter, B. (Hrsg.) Montage in der industriellen Produktion. Ein Handbuch für die Praxis. (Reihe: VDI). Berlin, Heidelberg: Springer, 2006, S. 219-308.

Hevner, A. (Design Science Research):
A Three Cycle View of Design Science Research. In: Müller, S. D. (Hrsg.) Scandinavian Journal of Information Systems. Volume 19 (2), 2007, S. 87-92.

Hevner, A.; March, S.; Park, J.; Ram, S. (Design Science):
Design Science in Information Systems Research. In: MIS Quarterly. 28. Jg., 2004, Nr. 1, S. 75-105.

Huck, M. (Produktorientierte Montageablauf- und Layoutplanung):
Produktorientierte Montageablauf- und Layoutplanung für die Robotermontage. Zugl.: Karlsruhe, Univ., Diss. : 1990. Düsseldorf: VDI-Verl., 1990.

Huhns, M. N.; Stephens, L. M. (Multiagent Systems):
Multiagent Systems and Societies of Agents. In: Weiss, G. (Hrsg.) Multiagent systems. A modern approach to distributed artificial intelligence. 2. print. Cambridge, Mass.: MIT Press, 1999, S. 79-121.

Hutchinson, G. K.; Plughoeft, K. A. (Flexible process plans):
Flexible process plans: their value in flexible automation systems. In: International Journal of Production Research. 32. Jg., 1994, Nr. 3, S. 707-719.

Hüttemann, G. (Line-less mobile assembly systems):
Model-based a priori analysis of line-less mobile assembly systems. Dissertation. RWTH Aachen; IIF - Institut für Industriekommunikation und Fachmedien GmbH, 2021.

IEEE (Software test):
Standard for software and system test documentation: IEEE Std 829-2008. New York: Institute of Electrical and Electronics Engineers, 2008.

Irastorza, J. C.; Deane, R. H. (Job Shop Control):
A Loading and Balancing Methodology for Job Shop Control. In: A I I E Transactions. 6. Jg., 1974, Nr. 4, S. 302-307.

Jaccard, P. (Gemeinschaftskoeffizient):
Lois de distribution florale dans la zone alpine, 1902.

Jamil, M. A.; Arif, M.; Abubakar, N. S. A.; Ahmad, A. (Software Testing):
Software Testing Techniques: A Literature Review. In: Tagungsband zum 2016 6th International Conference on Information and Communication Technology for The Muslim World (ICT4M), 2016, S. 177-182.

Jansen, M. (Montageorientierte Produktionsplanung und -steuerung):
Montageorientierte Produktionsplanung und -steuerung):
Ein Beitrag zur integrierten Auftragsabwicklung in Unternehmen mit variantenreicher SerienfertigungEin Beitrag zur integrierten Auftragsabwicklung in Unternehmen mit variantenreicher Serienfertigung. Dissertation. RWTH Aachen, Aachen, 1985.

Jennings, N. R. (Cooperative problem solving in industrial multi-agent systems):
Controlling cooperative problem solving in industrial multi-agent systems using joint intentions. In: Artificial Intelligence. 75. Jg., 1995, Nr. 2, S. 195-240.

Jennings, N. R. (Agent-based approach):
An agent-based approach for building complex software systems. In: Commun. ACM. 44. Jg., 2001, Nr. 4, S. 35-41.

Jennings, N. R.; Bussmann, S. (Agent-based control systems):
Agent-based control systems: Why are they suited to engineering complex systems? In: IEEE Control Syst. 23. Jg., 2003, Nr. 3, S. 61-73.

Kampker, A.; Kreisköther, K. D.; Burggräf, P.; Dannapfel, M.; Bertram, S.; Wagner, J.; Fischer, A.; Knau, J.; Grams, J.; Bartl, M. (Agile Low-Cost Montage):
Agile Low-Cost Montage. In: Brecher, C.; Klocke, F.; Schmitt, R.; Schuh, G. (Hrsg.) Internet of Production für agile Unternehmen. AWK Aachener Werkzeugmaschinen-Kolloquium 2017, 18. bis 19. Mai. 1. Auflage. Aachen: Apprimus Verlag, 2017, S. 231-259.

Kern, W. (Modulare Produktion):
Modulare Produktion: Methodik zur Gestaltung eines modularen Montagesystems für die variantenreiche Serienmontage im Automobilbau. Dissertation. (Reihe: Springer eBook Collection). Wiesbaden: Springer Fachmedien Wiesbaden, 2021.

Kern, W.; Lämmermann, H.; Bauernhansl, T. (Logistics Concept for a Modular Assembly System):
An Integrated Logistics Concept for a Modular Assembly System. In: Procedia Manufacturing. 11. Jg., 2017, S. 957-964.

Kern, W.; Rusitschka, F.; Bauernhansl, T. (Modular Automotive Assembly System):
Planning of Workstations in a Modular Automotive Assembly System. In: Procedia CIRP. 57. Jg., 2016, S. 327-332.

Kern, W.; Rusitschka, F.; Kopytynski, W.; Keckl, S.; Bauernhansl, T. (Alternatives to assembly line):
Alternatives to assembly line production in the automotive industry. In: 23rd International Conference on Production Research, 2015.

Kiener, S.; Maier-Scheubeck, N.; Obermaier, R.; Weiss, M. (Produktionsmanagement):
Produktionsmanagement: Grundlagen der Produktionsplanung und -steuerung. (Reihe: De Gruyter Studium). 11., verbesserte und erweiterte Auflage. Berlin: De Gruyter Oldenbourg, 2018.

Kirn, S. (Softwareagenten):
Kooperierende intelligente Softwareagenten. In: Wirtschaftsinf. 44. Jg., 2002, Nr. 1, S. 53-63.

Kittel, K.; Vajna, S. (Evolutionary based design method):
Development of an evolutionary based design method. In: Bergendahl, M. N.; Grimheden, M.; Leifer, L. (Hrsg.) Design has never been this cool. Design methods and tools. [Glasgow]: Design Society, 2009, 2009.

Kleuker, S. (Klassendiagramm):
Vom Klassendiagramm zum Programm. In: Kleuker, S. (Hrsg.) Software-Engineering mit UML. Grundkurs. Wiesbaden: Vieweg+Teubner, 2011, S. 119-148.

Kluge, S. (Planung modularer Montagesysteme):
Methodik zur fähigkeitsbasierten Planung modularer Montagesysteme. Zugl.: Stuttgart, Univ., Diss., 2011. (Reihe: IPA-IAO Forschung und Praxis, Bd. 510). Heimsheim: Jost-Jetter, 2011.

Kolberg, D. (Referenzarchitektur mittels digitaler Technologien):
Entwicklung einer Referenzarchitektur zur Realisierung von Methoden der Lean Production mittels digitaler Technologien. Dissertation. TU Kaiserslautern, Kaiserslautern, 2018.

Konold, P.; Reger, H. (Praxis der Montagetechnik):
Praxis der Montagetechnik: Produktdesign, Planung, Systemgestaltung. (Reihe: Vieweg Praxiswissen). 2., überarbeitete und erweiterte Auflage. Wiesbaden: Vieweg+Teubner Verlag, 2009.

Kubicek, H. (Heuristische Bezugsrahmen):
Heuristische Bezugsrahmen und heuristisch angelegte Forschungsdesign als Elemente einer Konstruktionsstrategie empirischer Forschung. (Reihe: Institut für Unternehmungsführung im Fachbereich Wirtschaftswissenschaft der Freien Universität Berlin, Bd. 16). Berlin, 1976.

Küpper, D.; Sieben, C.; Kuhlmann, K.; Ahmad, J. (Flexible-Cell Manufacturing):
Will Flexible-Cell Manufacturing Revolutionize Carmaking? Hg. v. The Boston Consulting Group. https://www.bcg.com/de-de/publications/2018/flexible-cell-manufacturing-revolutionize-carmaking, 2018, Stand: 19.06.2022

Küpper, H.-U.; Helber, S. (Ablauforganisation in Produktion und Logistik):
Ablauforganisation in Produktion und Logistik. 3., überarb. und erw. Aufl. Stuttgart: Schäffer-Poeschel, 2004.

Leitão, P. (Distributed manufacturing control):
Agent-based distributed manufacturing control: A state-of-the-art survey. In: Engineering Applications of Artificial Intelligence. 22. Jg., 2009, Nr. 7, S. 979-991.

Leitão, P.; Marik, V.; Vrba, P. (Industrial Agent Applications):
Industrial Agent Applications):
Past, Present, and Future. In: IEEE Trans. Ind. Inf. 9. Jg., 2013, Nr. 4, S. 2360-2372.

Leitão, P.; Restivo, F. J. (Control System in a Flexible Manufacturing System):
Implementation of a Holonic Control System in a Flexible Manufacturing System. In: IEEE Trans. Syst., Man, Cybern. C. 38. Jg., 2008, Nr. 5, S. 699-709.

Lenders, M. (Lösungsraum-Management):
Beschleunigung der Produktentwicklung durch Lösungsraum-Management. Zugl.: Aachen, Techn. Hochsch., Diss., 2009. (Reihe: Ergebnisse aus der Produktionstechnik Produktionssystematik, Bd. 2009,1). Aachen: Apprimus-Verl., 2009.

Leusin, M. E.; Kück, M.; Frazzon, E. M.; Maldonado, M. U.; Freitag, M. (Multi-Agent System Approach for Production Control):

Potential of a Multi-Agent System Approach for Production Control in Smart Factories. In: IFAC-PapersOnLine. 51. Jg., 2018, Nr. 11, S. 1459-1464.

Libert, S.; Chisu, R.; Luft, A. (Agentenbasierte Materialflusssteuerung):
Softwarearchitektur für eine agentenbasierte Materialflusssteuerung. In: Günthner, W.; Hompel, M. (Hrsg.) Internet der Dinge in der Intralogistik. Internet der Dinge in der Intralogistik. Berlin, Heidelberg: Springer Berlin Heidelberg, 2010, S. 95-106.

Lödding, H. (Fertigungssteuerung):
Verfahren der Fertigungssteuerung: Grundlagen, Beschreibung, Konfiguration. (Reihe: VDI-Buch). 3. Aufl. 2016. Berlin, Heidelberg: Springer Berlin Heidelberg, 2016.

Lohmeyer, Q. (Modellierung von Produktentstehungssystemen):
Menschzentrierte Modellierung von Produktentstehungssystemen unter besonderer Berücksichtigung der Synthese und Analyse dynamischer Zielsysteme: Karlsruhe, 2013.

Lotter, B. (Wirtschaftliche Montage):
Wirtschaftliche Montage: Grundlagen, Beschreibung, Konfiguration. 2., erw. Aufl. Düsseldorf: VDI-Verlag, 1992.

Lotter, B. (Montage):
Einführung in die Montage. In: Lotter, B.; Wiendahl, H.-P. (Hrsg.) Montage in der industriellen Produktion. Ein Handbuch für die Praxis. Berlin, Heidelberg: Springer Berlin Heidelberg, 2012, S. 1-8.

Lotter, B.; Schilling, W. (Manuelle Montage):
Manuelle Montage: Planung - Rationalisierung - Wirtschaftlichkeit. Düsseldorf: VDI-Verl., 1994.

Lotter, B.; Wiendahl, H.-P. (Montage in der industriellen Produktion):
Ein Handbuch für die Praxis. Berlin, Heidelberg: Springer Berlin Heidelberg, 2012.

Luo, L.; Zhou, S.; Cai, W.; Low, M. Y. H.; Tian, F.; Wang, Y.; Xiao, X.; Chen, D. (Agent-based modeling):
Agent-based human behavior modeling for crowd simulation. In: Comp. Anim. Virtual Worlds. 19. Jg., 2008, 3-4, S. 271-281.

Maier, G. W.; Nissen, R. (Stichwort „Evaluation"):
Definition: Was ist „Evaluation"? https://wirtschaftslexikon.gabler.de/definition/evaluation-32471/version-256014, Stand: 23.05.2023

März, L.; van Langsdorf, P. (Flexibilität und Markorientierung in der Montage):
Flexibilität und Markorientierung in der Montage. In: Westkämper, E.; Bullinger, H.-J.; Horváth, P.; Zahn, E. (Hrsg.) Montageplanung. effizient und marktgerecht. (Reihe: VDI-Buch). Berlin, Heidelberg, s.l.: Springer Berlin Heidelberg, 2001, S. 3-10.

May, M. C.; Kiefer, L.; Kuhnle, A.; Stricker, N.; Lanza, G. (Multi-Agent Production Control for Matrix Production Systems):

Decentralized Multi-Agent Production Control through Economic Model Bidding for Matrix Production Systems. In: Procedia CIRP. 96. Jg., 2021, S. 3-8.

Mayer, S.; Arnet, C.; Gankin, D.; Endisch, C. (Control Systems in Modular Assembly Systems):
Standardized Framework for Evaluating Centralized and Decentralized Control Systems in Modular Assembly Systems. In: Proceedings of 2019 IEEE International Conference on Systems, Man and Cybernetics (SMC). Bari, Italy, 10/6/2019 - 10/9/2019. Piscataway, NJ: IEEE, 2019, S. 113-119.

Mayer, S.; Endisch, C. (Adaptive Production Control in a Modular Assembly):
Adaptive Production Control in a Modular Assembly System Based on Partial Look-Ahead Scheduling. In: Proceedings of 2019 IEEE International Conference on Mechatronics (ICM). Ilmenau, Germany, 3/18/2019 - 3/20/2019. Piscataway, NJ: IEEE, 2019, S. 293-300.

Mayer, S.; Gankin, D.; Arnet, C.; Endisch, C. (Negotiating Agents in Modular Assembly Systems):
Adaptive Production Control with Negotiating Agents in Modular Assembly Systems. In: Proceedings of 2019 IEEE International Conference on Systems, Man and Cybernetics (SMC). Bari, Italy, 10/6/2019 - 10/9/2019. Piscataway, NJ: IEEE, 2019, S. 120-127.

Mayer, S.; Hohme, N.; Gankin, D.; Endisch, C. (Production Control in a Modular Assembly System):
Adaptive Production Control in a Modular Assembly System – Towards an Agent-based Approach. In: Proceedings of 2019 IEEE 17th International Conference on Industrial Informatics (INDIN). Helsinki, Finland, 7/22/2019 - 7/25/2019. Piscataway, NJ: IEEE, 2019, S. 45-52.

McAuley, J. (Machine grouping):
Machine grouping for efficient production. In: Production engineer, 1972, Nr. 51, S. 53-57.

Meyerhoff, J.; Brühl, C. (Evaluation):
Evaluation. In: Meyerhoff, J.; Brühl, C. (Hrsg.) Fachwissen lebendig vermitteln. Das Methodenhandbuch für Trainer und Dozenten. 4th ed. Wiesbaden: Springer Fachmedien Wiesbaden, 2016, S. 77-84.

Miese, M. (Rationalisierung der Montage):
Rationalisierung der Montage. In: Brankamp, K.; Achenbach, W. (Hrsg.) Handbuch der modernen Fertigung und Montage. Handbuch. München: Verl. Moderne Industrie, 1975, S. 437-450.

Miese, M. (Systematische Montageplanung):
Systematische Montageplanung in Unternehmen mit Kleinserienproduktion. (Reihe: Schwerpunkt industrielle Produktion). 1. Aufl. Essen: Girardet, 1976.

Minolla, W. (Rationalisieren in der Arbeitsplanung):
Rationalisieren in der Arbeitsplanung: Schwerpunkt OrganisationRationalisieren in der Arbeitsplanung: Schwerpunkt Organisation. Dissertation. RWTH Aachen, Aachen, 1975.

Missbauer, H. (Auftragsfreigabe):
Auftragsfreigabe und Produktionssteuerung. In: Corsten, H.; Gössinger, R.; Spengler, T. S. (Hrsg.) Produktions- und Logistikmanagement in Wertschöpfungsnetzwerken. Handbuch. (Reihe: De Gruyter Handbook). München, Wien: De Gruyter Oldenbourg, 2018, S. 646-675.

Moher, D.; Liberati, A.; Tetzlaff, J.; Altman, D. G. (Systematic reviews and meta-analyses):
Preferred reporting items for systematic reviews and meta-analyses: the PRISMA statement. In: BMJ (Clinical research ed.). 339. Jg., 2009, 123-130.

Mönch, L. (Agentenbasierte Produktionssteuerung komplexer Produktionssysteme):
Wirtschaftsinformatik. (Reihe: Springer eBook Collection Business and Economics). Wiesbaden: DUV, 2006.

Monostori, L.; Váncza, J.; Kumara, S. (Agent-Based Systems for Manufacturing):
Agent-Based Systems for Manufacturing. In: CIRP Annals. 55. Jg., 2006, Nr. 2, S. 697-720.

Moonen, J. M. (Multi-agent systems):
Multi-agent systems for transportation planning and coordination. Zugl.: Rotterdam, Univ., Diss., 2009. (Reihe: ERIM Ph.D. series research in management, Bd. 177). Rotterdam: Erasmus Research Institute of Management (ERIM) Erasmus University Rotterdam, 2009.

Müller, D.; Schmitt, T. V. (Production planning in matrix-structured assembly):
Production planning in autonomous and matrix-structured assembly systems):
Effects of similarity of precedence graphs on order release sequencing. In: Procedia CIRP. 93. Jg., 2020, S. 1358-1363.

Nebl, T. (Produktionswirtschaft):
Produktionswirtschaft. (Reihe: Lehr- und Handbücher der Betriebswirtschaftslehre). 7., vollst. überarb. und erw. Aufl. München: Oldenbourg, 2011.

Nicola, G.; Di Tommaso, P.; Rosaria, E.; Francesco, F.; Pietro, M.; Antonio, O. (Functional Testing):
A Grey-Box Approach to the Functional Testing of Complex Automatic Train Protection Systems. In: Hutchison, D.; Kanade, T.; Kittler, J.; Kleinberg, J. M.; Mattern, F.; Mitchell, J. C.; Naor, M.; Nierstrasz, O.; Pandu Rangan, C.; Steffen, B.; Sudan, M.; Terzopoulos, D.; Tygar, D.; Vardi, M. Y.; Weikum, G.; Dal Cin, M.; Kaâniche, M.; Pataricza, A. (Hrsg.) Dependable computing - EDCC-5. 5th European Dependable Computing Conference, Budapest, Hungary, April 20 - 22, 2005 ; proceedings. (Reihe: Lecture Notes in Computer Science, Bd. 3463). Berlin: Springer, 2005, S. 305-317.

Nyhuis, P.; Rochow, N. E.; Krause, M.; Pischke, D.; Seitz, M.; Kuprat, V. K. (Organisationsformen):
Organisationsformen der Produktion. In: Journal of Production Systems and Logistics, 2021, Nr. 1, S. 1-36.

Oreskes, N. (Evaluation of models):
Evaluation (not validation) of quantitative models. In: Environmental health perspectives. 106 Suppl 6. Jg., 1998, Suppl 6, S. 1453-1460.

Österle, H.; Becker, J.; Frank, U.; Hess, T.; Karagiannis, D.; Krcmar, H.; Loos, P.; Mertens, P.; Oberweis, A.; Sinz, E. J. (Gestaltungsorientierten Wirtschaftsinformatik):
Memorandum zur gestaltungsorientierten Wirtschaftsinformatik. In: Österle, H.; Winter, R.; Brenner, W. (Hrsg.) Gestaltungsorientierte Wirtschaftsinformatik. Ein Plädoyer für Rigor und Relevanz. Nürnberg: Infowerk, 2010, S. 1-6.

Patzak, G. (Systemtechnik):
Systemtechnik - Planung komplexer innovativer Systeme: Grundlagen, Methoden, Techniken. Berlin, Heidelberg: Springer Berlin Heidelberg, 1982.

Petersen, T. (Organisationsformen der Montage):
Organisationsformen der Montage: Theoretische Grundlagen, Organisationsprinzipien und Gestaltungsansatz. Zugl.: Rostock, Univ., Diss., 2005. (Reihe: Schriftenreihe des Institutes für Produktionswirtschaft der Universität Rostock). Aachen: Shaker, 2005.

Poll, D. (Das Ende des Fließbands):
Das Ende des Fließbands, 2016. https://www.produktion.de/technik/das-ende-des-fliess-bands-306.html, Stand: 20.03.2022

Popp, J. (Logistikkonzepte für eine flexible Automobilproduktion ohne Band):
Neuartige Logistikkonzepte für eine flexible Automobilproduktion ohne Band. Institut für Fördertechnik und Logistik der Universität Stuttgart, 2018.

Poppenborg, J.; Knust, S.; Hertzberg, J. (Online scheduling of flexible job-shops):
Online scheduling of flexible job-shops with blocking and transportation. In: European journal of industrial engineering, 2012, Nr. 6, S. 497-518.

Rachner, J.; Wang, S.; Mathews, J.; Kaven, L.; Adlon, T.; Göppert, A.; Schmitt, R. H. (Agile Montage):
Agile, frei verkettete Montage real erleben. In: wt. 113. Jg., 2023, Nr. 04, S. 165-170.

Rajabinasab, A.; Mansour, S. (Dynamic flexible job shop scheduling):
Dynamic flexible job shop scheduling with alternative process plans: an agent-based approach. In: Int J Adv Manuf Technol. 54. Jg., 2011, 9-12, S. 1091-1107.

Ranke, D.; Bauernhansl, T. (Material Supply Strategies in Matrix Manufacturing Systems):
Evaluation of Material Supply Strategies in Matrix Manufacturing Systems. In: Weißgraeber, P. (Hrsg.) Advances in Automotive Production Technology - Theory and Application.

Stuttgart Conference on Automotive Production (SCAP2020). (Reihe: Arena2036 Ser). Berlin, Heidelberg: Springer Berlin / Heidelberg, 2021, S. 80-88.

REFA (Methodenlehre der Betriebsorganisation):
Methodenlehre der Betriebsorganisation: Planung und Steuerung Teil 3. 1. Aufl. München: Carl Hanser, 1991.

Reuter, C.; Burggräf, P.; Böning, C.; Schmitz, T.; Wagner, J.; Prinzhorn, H. (Adaptive Montage):
Adaptive Montage für XXL-Produkte. In: Zeitschrift für wirtschaftlichen Fabrikbetrieb. 109. Jg., 2014, Nr. 10, S. 718-721.

Ribeiro, L. (Industrial Agent Systems):
The Design, Deployment, and Assessment of Industrial Agent Systems. In: Leitão, P.; Karnouskos, S. (Hrsg.) Industrial agents. Emerging applications of software agents in industry. First edition. Amsterdam, Netherlands: Elsevier, 2015, S. 45-63.

Ricardo, M.; Ferreira, M. E. P.; Guimaraes, F. E.; Mamede, J.; Henriques, M.; da Silva, J. A.; Carrapatoso, E. (Functional and nonfunctional testing):
Functional and nonfunctional testing of ATM networks. In: Tagungsband zum Advanced Networks and Services. Amsterdam, Netherlands, Monday 20 March 1995: SPIE, 1995, S. 163-177.

Rouff, C. (Testing agents and their communities):
A test agent for testing agents and their communities. In: Tagungsband zum 2002 IEEE Aerospace Conference. Big Sky, MT, USA, 9-16 March 2002: IEEE, 2002, S. 2633-2638.

Schatten, A.; Demolsky, M.; Winkler, D.; Biffl, S.; Gostischa-Franta, E.; Östreicher, T. (Methoden der Modellierung):
Notationen, Methoden der Modellierung. In: Schatten, A.; Demolsky, M.; Winkler, D.; Biffl, S.; Gostischa-Franta, E.; Östreicher, T. (Hrsg.) Best Practice Software-Engineering. Eine praxiserprobte Zusammenstellung von komponentenorientierten Konzeptem, Methoden und Werkzeugen. Heidelberg: Spektrum Akademischer Verlag, 2010, S. 163-198.

Schenk, M. (Fabrikplanung):
Fabrikplanung und Fabrikbetrieb: Methoden für die wandlungsfähige, vernetzte und ressourceneffiziente Fabrik. (Reihe: Springer eBook Collection). 2., vollst. überarb. u. erw. Aufl. 2014. Berlin, Heidelberg: Springer Vieweg, 2014.

Schmidt, V. (Gruppenorientierte Arbeitsstrukturen für die Montage):
Entwicklung und Planung gruppenorientierter Arbeitsstrukturen für die Montage komplexer und variantenreicher Produkte in der Automobilproduktion. Dissertation. TU Braunschweig, Braunschweig, 1990.

Schmitt, R. H.; Göppert, M. R. A.; Hüttemann, G.; Lettmann, P.; Rook-Weiler, K.; Schönstein, D.; Schreiber, A.; Serbest, E.; Steffens, M.; Tomys-Brummerloh, A. (Frei verkettete Montage):

Frei verkettete wandlungsfähige Montage. In: Brecher, C.; Klocke, F.; Schmitt, R.; Schuh, G. (Hrsg.) Internet of Production für agile Unternehmen. AWK Aachener Werkzeugmaschinen-Kolloquium 2017, 18. bis 19. Mai. 1. Auflage. Aachen: Apprimus Verlag, 2017, S. 339-368.

Scholl, A. (Robuste Planung und Optimierung):
Robuste Planung und Optimierung: Grundlagen - Konzepte und Methoden - experimentelle Untersuchungen. Zugl.: Darmstadt, Techn. Univ., Habil.-Schr. Heidelberg: Physica-Verl., 2001.

Scholz, M.; Serno, M.; Franke, J.; Schuderer, P. (Material Supply of a Modular Manufacturing Environment):
A Hybrid Transport Concept for the Material Supply of a Modular Manufacturing Environment. In: Procedia Manufacturing. 11. Jg., 2017, S. 1448-1453.

Scholz-Reiter, B.; Freitag, M. (Autonomous Processes in Assembly Systems):
Autonomous Processes in Assembly Systems. In: CIRP Annals. 56. Jg., 2007, Nr. 2, S. 712-729.

Schönemann, M.; Herrmann, C.; Greschke, P.; Thiede, S. (Matrix-structured manufacturing systems):
Simulation of matrix-structured manufacturing systems. In: Journal of Manufacturing Systems. 37. Jg., 2015, S. 104-112.

Schönsleben, P. (Logistikmanagement):
Integrales Logistikmanagement: Operations und Supply Chain Management innerhalb des Unternehmens und unternehmensübergreifend. 6. Aufl. 2011. Berlin, Heidelberg: Springer Berlin Heidelberg, 2011.

Schreiber, S. (Dezentrale Steuerungsarchitekturen für Produktionssysteme):
Entwicklung einer Vergleichs- und Bewertungsmöglichkeit von dezentralen Steuerungsarchitekturen für Produktionssysteme. Dissertation. Helmut-Schmidt-Universität, Düsseldorf, 2013.

Schuh, G.; Schmidt, C. (Produktionsmanagement):
Grundlagen des Produktionsmanagements. In: Schuh, G.; Schmidt, C. (Hrsg.) Produktionsmanagement. Handbuch Produktion und Management 5. (Reihe: VDI-Buch, Bd. 5). 2., vollst. neu bearb. und erw. Aufl. Berlin: Springer Vieweg, 2014, S. 1-62.

Schuh, G.; Stich, V. (Produktionsplanung und -steuerung):
Produktionsplanung und -steuerung 1: Grundlagen der PPS. Berlin, Heidelberg: Springer Berlin Heidelberg, 2012.

Schukat, E.; Rachner, J.; Maidl, A.; Göppert, A.; Adlon, T.; Burggräf, P.; Schmitt, R. H. (Order release in matrix-structured assembly systems):
Agent-based Order Release In Matrix-Structured Assembly Systems. In: Proceedings of the Conference on Production Systems and Logistics: CPSL 2022, 2022, S. 652-661.

Schurig, M.; Rabitsch, C.; Ramsauer, C. (Agile Produktion):
Agile Produktion. In: Zeitschrift für wirtschaftlichen Fabrikbetrieb. 109. Jg., 2014, Nr. 12, S. 956-959.

Schweizer, M. (Montage):
Montage. In: Warnecke, H.-J. (Hrsg.) Der Produktionsbetrieb 2. Produktion, Produktionssicherung. (Reihe: Springer eBook Collection Computer Science and Engineering). Dritte, unveränderte Auflage. Berlin, Heidelberg: Springer Berlin Heidelberg, 1995, S. 38-95.

Scriven, M. (Evaluation):
The Logic of Evaluation. In: Proceedings of the Ontario Society for the Study of Argumentation Conference, 2007, S. 1-16.

Seitz, M.; Mütze, A.; Nyhuis, P. (Produktionssteuerung):
Produktionssteuerung von komplexen Materialflüssen. In: Zeitschrift für wirtschaftlichen Fabrikbetrieb. 114. Jg., 2019, Nr. 12, S. 828-834.

Shen, W.; Hao, Q.; Yoon, H. J.; Norrie, D. H. (Agent-based systems in intelligent manufacturing):
Applications of agent-based systems in intelligent manufacturing: An updated review. In: Advanced Engineering Informatics. 20. Jg., 2006, Nr. 4, S. 415-431.

Siddiqui, S. A.; Siddiqui, T. (Non-functional testing):
Non-Functional Characteristics and NFT Testing of Container Applications. In: IJERT. V9. Jg., 2020, Nr. 07, S. 858-861.

Sieben, C. (Strategie für die Fabrik der Zukunft & Flexible Zellfertigung. (Reihe: Inspirationen für die Produktion und Logistik von morgen!). Fabrik der Zukunft, 22. Februar 2021. https://podcast.fabrikderzukunft.com/episode/005-strategie-fuer-die-fabrik-der-zukunft-flexible-zellfertigung-mit-dr-christoph-sieben-bcg, Stand: 03.09.2022

Simon, H. A. (Sciences of the artificial):
The sciences of the artificial. Cambridge, Mass.: MIT Press, 1996.

Sivakumar, N.; Vivekanandan, K. (Testing for an Agent-Based Software):
Exploring the Need for Specialized Testing Technique for an Agent-Based Software. In:. International Journal of Soft Computing and Engineering IJSCE, 2012, Nr. 2, S. 221-228.

Sommerville, I. (Software engineering):
Software engineering. 10. ed. Boston [etc]: Pearson, 2016.

Spath, D.; Weck, M.; Seliger, G. (Produktionssysteme):
Produktionssysteme. In: Eversheim, W.; Schuh, G. (Hrsg.) Produktion und Management 3. Gestaltung von Produktionssystemen. (Reihe: Hütte). Berlin, Heidelberg: Springer, 1999, S. 1-35.

Spearman M.; Woodruff, D. L.; Hopp W. (ConWIP):
CONWIP: a pull alternative to kanban. In: International Journal of Production Research. 28. Jg., 1990, Nr. 5, S. 879-894.

Stark, T.; Klos, A.; Müller, M. (Montagetechnik):
Wandlungsfähige Montagetechnik. In: Bauernhansl, T. (Hrsg.) Fahrzeugforschungsproduktion. Entwicklung, Aufbau und Demonstration einer Wandlungsfähigen (Fahrzeug-) Forschungsproduktion. (Reihe: ARENA2036). Berlin, Heidelberg: Springer Berlin / Heidelberg, 2020, S. 119-130.

Strampp, W. (Lineare Algebra):
Lineare Algebra mit Mathematica und Maple: Repetitorium und Aufgaben mit Lösungen. Wiesbaden: Vieweg+Teubner Verlag, 1999.

Streim, H. (Lösungsverfahren):
Heuristische Lösungsverfahren Versuch einer Begriffsklärung. In: Zeitschrift für Operations Research. 19. Jg., 1975, Nr. 5, S. 143-162.

Tan, Q.; Tong, Y.; Wu, S.; Li, D. Towards a next-generation production system for industrial robots: A CPS-based hybrid architecture for smart assembly shop floors with closed-loop dynamic cyber physical interactions. In: Front. Mech. Eng. 15. Jg., 2020, Nr. 1, S. 1-11.

Teunis, G. (Engpassorientierte Werkstattsteuerung):
Engpassorientierte Werkstattsteuerung für teilautonome, kooperative Fertigungen. Zugl.: Hannover, Univ., Diss., 2003. (Reihe: Berichte aus dem IFW / Institut für Fertigungstechnik und Werkzeugmaschinen, Bd. 2003, 2). Hannover: PZH Produktionstechnisches Zentrum, 2003.

Thaler, K. (Montageablaufplanung):
Regelbasiertes Verfahren zur Montageablaufplanung in der Serienfertigung. Zugl.: Stuttgart, Univ., Diss., 1993. (Reihe: IPA-IAO Forschung und Praxis, Bd. 176). Berlin: Springer, 1993.

Thürer, M. (Kartenbasierte Steuerungssysteme):
Kartenbasierte Steuerungssysteme für eine schlanke Arbeitsgestaltung: Grundwissen Kanban, ConWIP, POLCA und COBACABANA. (Reihe: Springer eBook Collection). Wiesbaden: Springer Gabler, 2016.

Thürer, M.; Stevenson, M.; Qu, T. (Job sequencing and selection within workload control):
Job sequencing and selection within workload control order release: an assessment by simulation. In: International Journal of Production Research. 54. Jg., 2016, Nr. 4, S. 1061-1075.

Tomashevskii, I.; Tomashevskii, D. (Multi-criteria decision making):
A non-heuristic multicriteria decision-making method with verifiable accuracy and reliability. In: Journal of the Operational Research Society. 72. Jg., 2021, Nr. 1, S. 78-92.

Triantaphyllou, E. (Multi-criteria decision making):
Multi-criteria Decision Making Methods: A Comparative Study. (Bd. 44). Boston, MA: Springer US, 2000.

Unland, R. (Industrial Agents):
Industrial Agents. In: Leitão, P.; Karnouskos, S. (Hrsg.) Industrial agents. Emerging applications of software agents in industry. First edition. Amsterdam, Netherlands: Elsevier, 2015, S. 23-44.

Valckenaers, P.; van Brussel, H. (Design for the unexpected):
Design for the unexpected: From holonic manufacturing systems towards a humane mechatronics society. Oxford, UK: Butterworth-Heinemann is an imprint of Elsevier, 2015.

van Aken, J. E. (Design Science):
Management Research as a Design Science: Articulating the Research Products of Mode 2 Knowledge Production in Management. In: Br J Management. 16. Jg., 2005, Nr. 1, S. 19-36.

VDI (Agentensysteme):
VDI/VDE 2653 Blatt 1: Agentensysteme in der Automatisierungstechnik - Grundlagen

VDI (VDI-Richtlinie 2860):
VDI-Richtlinie 2860: Montage- und Handhabungstechnik: Begriffe, Definitionen, Symbol

Vijayakumar, S.; Sneha, M. (Non-Functional Testing):
Cloud Execution Model to Attain Quality for Non-Functional Testing. In: Achary, R. (Hrsg.) Cloud Reliability Engineering. Technologies and Tools. Milton: Taylor & Francis Group, 2021, S. 275-296.

Vogel-Heuser, B.; Göhner, P.; Lüder, A. (Agent-based control of production systems):
Agent-based control of production systems and its architectural challenges. In: Leitão, P.; Karnouskos, S. (Hrsg.) Industrial agents. Emerging applications of software agents in industry. First edition. Amsterdam, Netherlands: Elsevier, 2015, S. 153-170.

vom Brocke, J.; Simons, A.; Niehaves, B.; Riemer, K.; Plattfaut, R.; Cleven, A. (Literature Search Process):
Reconstructing the Giant: On the Importance of Rigour in Documenting the Literature Search Process. In: 17th European Conference on Information Systems (ECIS 2009), 2009, S. 2206-2217.

Wadhwa, S.; Rao, K. S.; Chan, F. (Flexibility types):
Comparative influence of three flexibility types on manufacturing lead-time performance. In: The International Journal of Advanced Manufacturing Technology. 29. Jg., 2006, 9-10, S. 1002-1007.

Wagner, J. (Kleinserienmontage):
Wirtschaftliche Störungsprävention in der Kleinserienmontage. Dissertation. Rheinisch-Westfälische Technische Hochschule Aachen

Warnecke, H.-J. (Ablauf der Montage):
Ablauf der Montage. In: Spur, G.; Stöferle, T. (Hrsg.) Handbuch der Fertigungstechnik. Fügen, Handhaben und Montieren. (Reihe: Handbuch der Fertigungstechnik, Bd. / hrsg. von Günter Spur und Theodor Stöferle ; Bd. 5). München: Hanser, 1986, S. 607-619.

Warnecke, H.-J. (Die Montage im flexiblen Produktionsbetrieb):
Technik, Organisation, Betriebswirtschaft. (Reihe: Springer eBook Collection Computer Science and Engineering). Berlin, Heidelberg: Springer Berlin Heidelberg, 1996.

Warnecke, H.-J.; Löhr, H.-G.; Kiener, W. (Montagetechnik):
Montagetechnik: Schwerpunkt der Rationalisierung. (Reihe: Buchreihe Produktionstechnik heute, Bd. 7). Mainz: Krausskopf, 1975.

Wehking, K.-H. (Montagetechnik):
Montagetechnik. In: Wehking, K.-H. (Hrsg.) Technisches Handbuch Logistik 1. Berlin, Heidelberg: Springer Berlin Heidelberg, 2020, S. 835-845.

Weiss, G. (Multiagent systems):
A modern approach to distributed artificial intelligence. 2. print. Cambridge, Mass.: MIT Press, 1999.

Weiss, G. (Agents in software):
Agent orientation in software engineering. In: The Knowledge Engineering Review. 16. Jg., 2001, Nr. 4, S. 349-373.

Werner, J. C. (Methoden der Evaluation):
Zielsetzung und Methoden der Evaluation elektronischer Medien. 3-32 Seiten / Perspektive Bibliothek, Bd. 7, Nr. 1 (2018), 2018.

Westkämper, E.; Warnecke, H.-J. (Fertigungstechnik):
Einführung in die Fertigungstechnik. (Reihe: Fertigung). 8., aktualisierte und erw. Aufl., korrigierter Nachdr. Wiesbaden: Vieweg + Teubner, 2011.

Wiesbeck, M. (Montagesequenzen für die situationsorientierte Werkerführung):
Struktur zur Repräsentation von Montagesequenzen für die situationsorientierte Werkerführung. Dissertation. TU München, München, 2014.

Wisner, J. D. (Order release):
A review of the order release policy research. In: International Journal of Operations & Production Management. 15. Jg., 1995, Nr. 6, S. 25-40.

Witt, K.-U. (Objektorientierte Programmierung):
Einführung in die objektorientierte Programmierung. Reprint 2018. Berlin: Oldenbourg Wissenschaftsverlag, 2019.

Witte, F. (Test Processes):
Strategy, Planning and Organization of Test Processes: Basis for Successful Project Execution in Software Testing. 1st ed. 2022. Wiesbaden: Springer Fachmedien Wiesbaden; Imprint Springer, 2022.

Wooldridge, M. (Agent-Oriented DAI testbed):
This is myworld: The logic of an Agent-Oriented DAI testbed. In: Wooldridge, M. J.; Jennings, N. (Hrsg.) Intelligent Agents. Agent Theories, Architectures, and Languages. (Reihe: SpringerLink Bücher, Bd. 890). Berlin, Heidelberg: Springer Berlin Heidelberg, 1995, S. 160-178.

Wooldridge, M. (Agents):
Intelligent Agents. In: Weiss, G. (Hrsg.) Multiagent systems. A modern approach to distributed artificial intelligence. 2. print. Cambridge, Mass.: MIT Press, 1999, S. 27-78.

Wooldridge, M.; Jennings, N. R. (Intelligent agents):
Intelligent agents: theory and practice. In: Wooldridge, M. J.; Jennings, N. (Hrsg.) Intelligent Agents. Agent Theories, Architectures, and Languages. (Reihe: SpringerLink Bücher, Bd. 890). Berlin, Heidelberg: Springer Berlin Heidelberg, 1995, S. 115-152.

Wooldridge, M. J. (Multiagent systems):
An introduction to multiagent systems. Reprint. Chichester: Wiley, 2002.

Zambrano Rey, G.; Bekrar, A.; Trentesaux, D.; Zhou, B.-H. (Solving the flexible job-shop just-in-time scheduling problem):
Solving the flexible job-shop just-in-time scheduling problem with quadratic earliness and tardiness costs. In: Int J Adv Manuf Technol. 81. Jg., 2015, 9-12, S. 1871-1891.

Zardari, N. H.; Ahmed, K.; Shirazi, S. M.; Yusop, Z. B. (Multi-criteria decision making):
Weighting Methods and their Effects on Multi-Criteria Decision Making Model Outcomes in Water Resources Management. Cham: Springer International Publishing, 2015.

Zawisza, J. (Agentensysteme zur dezentralen PPS):
Entwicklung und Integration interdependenter Agentensysteme zur dezentralen Produktionsplanung und -steuerung. Dissertation. Otto-von-Guericke-Universität Magdeburg, Magdeburg, 2018.

Zimmermann, J.; Mönch, L. (Adaptive agents):
Design and Implementation of Adaptive Agents for Complex Manufacturing Systems. In: Mařík, V.; Vyatkin, V.; Colombo, A. W. (Hrsg.) Holonic and Multi-Agent Systems for Manufacturing. Third International Conference on Industrial Applications of Holonic and Multi-Agent Systems, HoloMAS 2007, Regensburg, Germany, September 3-5, 2007, Proceedings. (Reihe: Lecture Notes in Computer Science). Berlin, Heidelberg: Springer Berlin Heidelberg, 2007, S. 269-280.

9 Anhang

A.1. Testplan

Tabelle 9.1: Testplan für das funktionale sowie nicht-funktionale Testing

Testfall	Geprüfte Funktionalität	Anpassung der Konfiguration *Basis*	Vorgehen: Auswertung von/ Vergleich mit	Leistungskennzahl
TF-1	Freigabe von Aufträgen	-	Auswertung eines Simulationslauf mit der Konfiguration *Basis*	Anzahl wartende Aufträge Anzahl aktive Aufträge Anzahl fertiggestellt Aufträge
TF-2	Prüfung der Ressourcenverfügbarkeit	Deaktivierung von Station AS10 im Zeitraum 50 - 500 ZE	Auswertung eines Simulationslauf mit angepasster Konfiguration	Freigegebene Produkte
TF-3	Berechnung und Auswertung	-	Auswertung der Konsolenaufgaben eines Simulationslauf mit der Konfiguration *Basis*	Anzahl Auslastungsprofile: vorhergesagt Anzahl Auslastungsprofile: berechnet
TF-4	Prüfung der Bestandsgrenzen	-	Auswertung der Konsolenaufgaben eines Simulationslauf mit der Konfiguration *Basis*	Zulässige Produkte Auftragsfreigabe Freigabeentscheidung
TF-5	Berechnung des Produktscores	-	Auswertung der Konsolenaufgaben eines Simulationslauf mit der Konfiguration *Basis*	Kumuliert-gewichtete Kapazitätsauslastung Produktscore
TF-6	Parametrisierung des Produktscores	Höhegewichtung von OP9	Auswertung eines Simulationslaufs mit angepasster Konfiguration sowie Vergleich mit Simulationslauf mit der Konfiguration *Basis*	Anteil der LB Auslastung AS 10
TF-7	Berechnung des Jobscores	-	Auswertung der Konsolenaufgaben eines Simulationslauf mit der Konfiguration *Basis*	Plan- Fertigstellungstermin Größter Verzug Jobscore
TF-8	Berechnung des Freigabescores	-	Auswertung der Konsolenaufgaben eines Simulationslauf mit der Konfiguration *Basis*	Produktscore Jobscore Freigabescore Freigegebenes Produkt
TF-9	Vergleich zur ConWIP-Steuerung	-	Auswertung eines Simulationslaufs mit ConWIP-Steuerung sowie Vergleich mit Simulationslauf mit der Konfiguration *Basis*	Durchlaufzeit der Aufträge Transportzeig der Aufträge Wartezeit der Aufträge Verspätung der Aufträge Durchschnittliche Stationsauslastung Anteil verspäteter Jobs Dauer des gesamten Simulationslaufs
TF-10	Prüfung der vertikalen Skalierbarkeit	Erhöhung der Anzahl Aufträge auf insgesamt 105 Aufträge sowie Berücksichtigung von OP9 in allen Varianten	Auswertung eines Simulationslauf mit angepasster Konfiguration	Anzahl wartende Aufträge Anzahl aktive Aufträge Anzahl fertiggestellt Aufträge

A.2. Ergebnisse des funktionalen Testings

Tabelle 9.2: Vollständige Simulationsergebnisse für Testfall TF-1, TF-3, TF-4, TF-5, TF-7 und TF-8

Nr.	Auftrags-ID	Produkt	Plan-Fertigstellungszeitpunkt	Freigabezeitpunkt (ZE)	Fertigstellungszeitpunkt (ZE)	Durchlaufzeit (ZE)	Transportzeit (ZE)	Wartezeit (ZE)
0	d98587c1	Budgetbatterie	85	0,02	82,83	82,81	4,03	22,43
1	90e1ff86	Standardbatterie	105	0,04	89,85	89,81	4,5	27,85
2	341d5942	Leistungsbatterie	125	19,65	101,55	81,9	3,9	17,94
3	0352ba90	Budgetbatterie	145	27,45	108,18	80,73	5,85	18,72
4	bab8480a	Standardbatterie	165	75,81	154,2	78,39	5,07	16,38
5	45d2097f	Leistungsbatterie	185	76,2	163,56	87,36	4,29	23,01
6	ca359860	Budgetbatterie	205	98,04	175,65	77,61	4,29	17,16
7	7e04a4a2	Standardbatterie	225	113,64	190,47	76,83	4,29	15,6
8	7cb24666	Budgetbatterie	265	140,94	218,55	77,61	4,68	16,77
9	3bc0a745	Leistungsbatterie	245	128,85	225,57	96,72	4,29	32,37
10	d28eaf8f	Budgetbatterie	325	159,66	235,32	75,66	3,9	15,6

11	3c56f67a	Standardbatterie	285	167,85	255,21	87,36	3,9	26,52
12	7447046c	Budgetbatterie	385	216,21	294,21	78	5,46	16,38
13	350b842a	Leistungsbatterie	305	215,82	303,57	87,75	4,29	23,4
14	f806de6b	Standardbatterie	345	237,66	315,27	77,61	4,29	16,38
15	63662c07	Leistungsbatterie	365	253,65	342,96	89,31	4,68	24,57
16	163c9feb	Budgetbatterie	445	268,86	350,37	81,51	5,85	19,5
17	4ec903c1	Budgetbatterie	505	284,85	363,24	78,39	5,07	17,16
18	02994ec7	Standardbatterie	405	296,55	375,33	78,78	5,07	16,77
19	fbd3670e	Leistungsbatterie	425	306,3	388,2	81,9	3,9	17,94
20	2ca5fcbf	Budgetbatterie	565	318,78	396,39	77,61	5,46	15,99
21	382be35e	Budgetbatterie	625	363,24	440,85	77,61	5,07	16,38
22	83687235	Standardbatterie	465	362,85	447,87	85,02	3,51	24,57
23	de75e23f	Leistungsbatterie	485	384,69	466,98	82,29	4,29	17,94
24	03d98878	Budgetbatterie	685	392,49	474	81,51	4,29	21,06
25	b840b48f	Standardbatterie	525	438,51	517,68	79,17	5,07	17,16
26	b7845a51	Leistungsbatterie	545	438,9	526,65	87,75	3,9	23,79
27	bd5cb756	Budgetbatterie	745	460,74	536,79	76,05	3,9	15,99
28	8472cd5f	Standardbatterie	585	476,73	553,17	76,44	3,9	15,6
29	5e3e6ab0	Budgetbatterie	805	504,42	582,03	77,61	4,68	16,77
30	6bc3e28d	Leistungsbatterie	605	492,33	589,05	96,72	4,29	32,37
31	2601435b	Budgetbatterie	865	523,14	598,8	75,66	3,9	15,6
32	ca777689	Standardbatterie	645	531,33	608,55	77,22	4,29	15,99
33	b85833f1	Budgetbatterie	925	579,69	658,47	78,78	5,85	16,77
34	ba5d976f	Leistungsbatterie	665	579,3	667,83	88,53	3,9	24,57
35	55c6df08	Standardbatterie	705	601,53	679,53	78	3,9	17,16
36	43ae4635	Leistungsbatterie	725	617,91	707,22	89,31	4,68	24,57
37	eb58577c	Budgetbatterie	985	633,12	714,24	81,12	5,46	19,5
38	77e2475f	Standardbatterie	765	648,72	727,11	78,39	4,68	16,77
39	461ece31	Budgetbatterie	1045	660,81	736,86	76,05	3,9	15,99
40	29aa3c83	Leistungsbatterie	785	670,56	754,02	83,46	5,07	18,33
41	9a4830ea	Budgetbatterie	1105	682,26	761,04	78,78	5,07	17,55
42	9de10baf	Standardbatterie	825	724,77	803,94	79,17	5,46	16,77
43	88d7752e	Leistungsbatterie	845	725,16	814,08	88,92	4,29	24,57
44	c602ef67	Budgetbatterie	1165	747	823,83	76,83	3,9	16,77
45	5d8536ee	Budgetbatterie	1225	763,38	840,21	76,83	5,07	15,6
46	33c07f65	Standardbatterie	885	778,98	858,54	79,56	6,63	15,99
47	7eb06fe4	Leistungsbatterie	905	791,07	874,14	83,07	4,29	18,72
48	0824f22c	Budgetbatterie	1285	807,06	884,28	77,22	4,29	16,77
49	706cebc0	Budgetbatterie	1345	821,88	897,93	76,05	3,9	15,99
50	7bf864e3	Standardbatterie	945	833,19	910,8	77,61	4,29	16,38
51	11b404a3	Budgetbatterie	1405	843,33	920,55	77,22	5,07	15,99
52	29b938fd	Leistungsbatterie	965	855,42	938,1	82,68	4,29	18,33
53	7e730eb5	Budgetbatterie	1465	867,12	953,31	86,19	3,9	26,13
54	4815afad	Standardbatterie	1005	903,78	981,78	78	4,29	16,77
55	98ddb24f	Leistungsbatterie	1025	904,17	998,94	94,77	4,68	30,03
56	2990e9b5	Budgetbatterie	1525	925,62	1005,96	80,34	5,07	19,11
57	7562753f	Budgetbatterie	1585	942	1018,83	76,83	4,68	15,99
58	38af1056	Standardbatterie	1065	957,6	1034,04	76,44	3,9	15,6
59	8f74a0de	Leistungsbatterie	1085	969,3	1052,37	83,07	4,68	18,33
60	b274098f	Budgetbatterie	1645	991,92	1076,55	84,63	6,24	22,23
61	10732095	Budgetbatterie	1705	1000,5	1083,57	83,07	3,9	23,01
62	2c8b28a1	Standardbatterie	1125	1014,15	1093,32	79,17	5,85	16,38
63	5db21c7c	Budgetbatterie	1765	1021,95	1100,34	78,39	3,51	18,72
64	8779d163	Leistungsbatterie	1145	1036,38	1118,67	82,29	4,29	17,94
65	00b8cccf	Budgetbatterie	1825	1046,52	1125,69	79,17	4,29	18,72
66	7c1b9c51	Standardbatterie	1185	1090,59	1169,37	78,78	5,07	16,77

67	28c2ee40	Leistungsbatterie	1205	1090,98	1178,73	87,75	3,9	23,79
68	822b5d69	Standardbatterie	1245	1112,82	1190,82	78	3,9	17,16
69	52b463f2	Standardbatterie	1305	1128,81	1205,25	76,44	3,9	15,6
70	967a6919	Leistungsbatterie	1265	1144,02	1227,87	83,85	5,85	17,94
71	24fddeff	Standardbatterie	1365	1156,11	1234,5	78,39	3,9	17,55
72	7dd562f3	Standardbatterie	1425	1174,83	1251,66	76,83	3,9	15,99
73	3552b709	Standardbatterie	1485	1183,8	1271,16	87,36	3,9	26,52
74	7aedeb5b	Standardbatterie	1545	1198,23	1278,18	79,95	4,29	18,72
75	ed1ae6dd	Leistungsbatterie	1325	1206,03	1289,49	83,46	5,07	18,33
76	aaa4af9b	Standardbatterie	1605	1220,46	1297,68	77,22	3,9	16,38
77	d52e4a93	Standardbatterie	1665	1264,53	1343,31	78,78	5,07	16,77
78	fcf5cf69	Leistungsbatterie	1385	1264,14	1352,28	88,14	3,9	24,18
79	7d86e81b	Standardbatterie	1725	1286,76	1364,76	78	3,9	17,16
80	7acca47a	Standardbatterie	1785	1302,75	1379,97	77,22	3,9	16,38
81	41c8c1b2	Standardbatterie	1845	1317,96	1396,74	78,78	5,07	16,77
82	4f9a1d3e	Leistungsbatterie	1445	1330,05	1413,12	83,07	4,29	18,72
83	2641b9c7	Leistungsbatterie	1505	1345,26	1427,94	82,68	4,68	17,94
84	8042ee1c	Leistungsbatterie	1565	1357,74	1442,37	84,63	5,46	19,11
85	0b1d80aa	Leistungsbatterie	1625	1372,95	1459,92	86,97	5,46	21,45
86	1157db2a	Leistungsbatterie	1685	1380,75	1466,55	85,8	5,46	20,28
87	890f60fa	Leistungsbatterie	1745	1395,96	1482,54	86,58	6,63	19,89
88	d511ed54	Leistungsbatterie	1805	1404,15	1489,56	85,41	4,29	21,06
89	c83bf397	Leistungsbatterie	1865	1419,75	1503,6	83,85	4,29	19,5

Tabelle 9.3: Auszug der Konsolenausgabe für Testfall TF-3, TF-4, TF-5, TF-7 und TF-8

TF	Konsolenlog
TF-4	Test: Release decision no. 1 Timestamp: 0.0000
TF-4	Test: Product Budgetbatterie is valid
TF-4	Test: Product Standardbatterie is valid
TF-4	Test: Product Leistungsbatterie is valid
TF-4	Test: Released order d98587c1 Released product Budgetbatterie
TF-3	Test: Release decision no. 2 Timestamp: 0.0200
TF-4	Test: Release decision no. 2 Timestamp: 0.0200
TF-3	Test: Number of active Jobs: 1
TF-3	Test: Expected number of demand profiles: 2
TF-3	Test: Actual number of demand Profiles: 2
TF-4	Test: Product Budgetbatterie is valid
TF-4	Test: Product Standardbatterie is valid
TF-4	Test: Product Leistungsbatterie is valid
TF-4	Test: Released order 90e1ff86 Released product Standardbatterie
TF-3	Test: Release decision no. 3 Timestamp: 0.0400
TF-4	Test: Release decision no. 3 Timestamp: 0.0400
TF-3	Test: Number of active Jobs: 2
TF-3	Test: Expected number of demand profiles: 4
TF-3	Test: Actual number of demand Profiles: 4
TF-4	Test: No order released
TF-4	Test: Release decision no. 4 Timestamp: 19.2600
TF-8	Test: Release decision no. 4 Timestamp: 19.2600
TF-4	Test: Product Budgetbatterie is valid
TF-4	Test: Product Standardbatterie is valid
TF-4	Test: Product Leistungsbatterie is valid
TF-8	Test: product: 0 isValid: true ProductScore: 1.0000 jobScore: 0.0000 jobReleaseScore: 0.4000 newHigh: 0.4000 newBestIndex: 0 Releasescore über Produkt- und Jobscore
TF-8	Test: product: 1 isValid: true ProductScore: 0.9843 jobScore: 0.0000 jobReleaseScore: 0.3937 newHigh: 0.4000 newBestIndex: 0 Releasescore über Produkt- und Jobscore
TF-8	Test: product: 2 isValid: true ProductScore: 0.9685 jobScore: 1.0000 jobReleaseScore: 0.9874 newHigh: 0.9874 newBestIndex: 2 Releasescore über Produkt- und Jobscore
TF-8	Test: Release Job: 0 of Product: 2
TF-4	Test: Released order 341d5942 Released product Leistungsbatterie
TF-3	Test: Release decision no. 7 Timestamp: 27.0600
TF-3	Test: Number of active Jobs: 3
TF-3	Test: Expected number of demand profiles: 12
TF-3	Test: Actual number of demand Profiles: 12
TF-3	Test: Release decision no. 8 Timestamp: 27.4500
TF-3	Test: Number of active Jobs: 4
TF-3	Test: Expected number of demand profiles: 24
TF-3	Test: Actual number of demand Profiles: 24
TF-3	Test: Release decision no. 134 Timestamp: 259.5000
TF-3	Test: Number of active Jobs: 4
TF-3	Test: Expected number of demand profiles: 36

TF-3 Test: Actual number of demand Profiles: 36
TF-5 Test: Release decision no. 340 Timestamp: 601.1400
TF-5 Test: Current Product Index: 0 Number of checked release profile: 1 Utilization for checked Release Profile: 0.0775 new Max Utilization for current product: 0.0775
TF-5 Test: Current Product Index: 0 Number of checked release profile: 2 Utilization for checked Release Profile: 0.0772 new Max Utilization for current product: 0.0775
TF-5 Test: Current Product Index: 0 Number of checked release profile: 3 Utilization for checked Release Profile: 0.0778 new Max Utilization for current product: 0.0778
TF-5 Test: Current Product Index: 0 Number of checked release profile: 4 Utilization for checked Release Profile: 0.0775 new Max Utilization for current product: 0.0778
TF-5 Test: Current Product Index: 0 Number of checked release profile: 5 Utilization for checked Release Profile: 0.0778 new Max Utilization for current product: 0.0778
TF-5 Test: Current Product Index: 0 Number of checked release profile: 6 Utilization for checked Release Profile: 0.0775 new Max Utilization for current product: 0.0778
TF-5 Test: Current Product Index: 0 Number of checked release profile: 7 Utilization for checked Release Profile: 0.0775 new Max Utilization for current product: 0.0778
TF-5 Test: Current Product Index: 0 Number of checked release profile: 8 Utilization for checked Release Profile: 0.0772 new Max Utilization for current product: 0.0778
TF-5 Test: Current Product Index: 0 Number of checked release profile: 9 Utilization for checked Release Profile: 0.0778 new Max Utilization for current product: 0.0778
TF-5 Test: Current Product Index: 0 Number of checked release profile: 10 Utilization for checked Release Profile: 0.0775 new Max Utilization for current product: 0.0778
TF-5 Test: Current Product Index: 0 Number of checked release profile: 11 Utilization for checked Release Profile: 0.0778 new Max Utilization for current product: 0.0778
TF-5 Test: Current Product Index: 0 Number of checked release profile: 12 Utilization for checked Release Profile: 0.0775 new Max Utilization for current product: 0.0778
TF-5 Test: Product Index: 0 MaxReleaseProfileUtility: 0.0778 best releaseProfileUtility of all products: 0.0778
TF-5 Test: Current Product Index: 1 Number of checked release profile: 1 Utilization for checked Release Profile: 0.0763 new Max Utilization for current product: 0.0763
TF-5 Test: Current Product Index: 1 Number of checked release profile: 2 Utilization for checked Release Profile: 0.0760 new Max Utilization for current product: 0.0763
TF-5 Test: Current Product Index: 1 Number of checked release profile: 3 Utilization for checked Release Profile: 0.0767 new Max Utilization for current product: 0.0767
TF-5 Test: Current Product Index: 1 Number of checked release profile: 4 Utilization for checked Release Profile: 0.0763 new Max Utilization for current product: 0.0767
TF-5 Test: Current Product Index: 1 Number of checked release profile: 5 Utilization for checked Release Profile: 0.0767 new Max Utilization for current product: 0.0767
TF-5 Test: Current Product Index: 1 Number of checked release profile: 6 Utilization for checked Release Profile: 0.0763 new Max Utilization for current product: 0.0767
TF-5 Test: Current Product Index: 1 Number of checked release profile: 7 Utilization for checked Release Profile: 0.0763 new Max Utilization for current product: 0.0767
TF-5 Test: Current Product Index: 1 Number of checked release profile: 8 Utilization for checked Release Profile: 0.0760 new Max Utilization for current product: 0.0767
TF-5 Test: Current Product Index: 1 Number of checked release profile: 9 Utilization for checked Release Profile: 0.0767 new Max Utilization for current product: 0.0767
TF-5 Test: Current Product Index: 1 Number of checked release profile: 10 Utilization for checked Release Profile: 0.0763 new Max Utilization for current product: 0.0767
TF-5 Test: Current Product Index: 1 Number of checked release profile: 11 Utilization for checked Release Profile: 0.0767 new Max Utilization for current product: 0.0767
TF-5 Test: Current Product Index: 1 Number of checked release profile: 12 Utilization for checked Release Profile: 0.0763 new Max Utilization for current product: 0.0767
TF-5 Test: Product Index: 1 MaxReleaseProfileUtility: 0.0767 best releaseProfileUtility of all products: 0.0778
TF-5 Test: Current Product Index: 2 Number of checked release profile: 1 Utilization for checked Release Profile: 0.0751 new Max Utilization for current product: 0.0751
TF-5 Test: Current Product Index: 2 Number of checked release profile: 2 Utilization for checked Release Profile: 0.0748 new Max Utilization for current product: 0.0751
TF-5 Test: Current Product Index: 2 Number of checked release profile: 3 Utilization for checked Release Profile: 0.0755 new Max Utilization for current product: 0.0755
TF-5 Test: Current Product Index: 2 Number of checked release profile: 4 Utilization for checked Release Profile: 0.0751 new Max Utilization for current product: 0.0755
TF-5 Test: Current Product Index: 2 Number of checked release profile: 5 Utilization for checked Release Profile: 0.0755 new Max Utilization for current product: 0.0755
TF-5 Test: Current Product Index: 2 Number of checked release profile: 6 Utilization for checked Release Profile: 0.0751 new Max Utilization for current product: 0.0755
TF-5 Test: Current Product Index: 2 Number of checked release profile: 7 Utilization for checked Release Profile: 0.0751 new Max Utilization for current product: 0.0755
TF-5 Test: Current Product Index: 2 Number of checked release profile: 8 Utilization for checked Release Profile: 0.0748 new Max Utilization for current product: 0.0755
TF-5 Test: Current Product Index: 2 Number of checked release profile: 9 Utilization for checked Release Profile: 0.0755 new Max Utilization for current product: 0.0755
TF-5 Test: Current Product Index: 2 Number of checked release profile: 10 Utilization for checked Release Profile: 0.0751 new Max Utilization for current product: 0.0755
TF-5 Test: Current Product Index: 2 Number of checked release profile: 11 Utilization for checked Release Profile: 0.0755 new Max Utilization for current product: 0.0755
TF-5 Test: Current Product Index: 2 Number of checked release profile: 12 Utilization for checked Release Profile: 0.0751 new Max Utilization for current product: 0.0755
TF-5 Test: Current Product Index: 2 Number of checked release profile: 13 Utilization for checked Release Profile: 0.0751 new Max Utilization for current product: 0.0755
TF-5 Test: Current Product Index: 2 Number of checked release profile: 14 Utilization for checked Release Profile: 0.0748 new Max Utilization for current product: 0.0755
TF-5 Test: Current Product Index: 2 Number of checked release profile: 15 Utilization for checked Release Profile: 0.0755 new Max Utilization for current product: 0.0755
TF-5 Test: Current Product Index: 2 Number of checked release profile: 16 Utilization for checked Release Profile: 0.0751 new Max Utilization for current product: 0.0755
TF-5 Test: Current Product Index: 2 Number of checked release profile: 17 Utilization for checked Release Profile: 0.0755 new Max Utilization for current product: 0.0755

TF-5 Test: Current Product Index: 2 Number of checked release profile: 18 Utilization for checked Release Profile: 0.0751 new Max Utilization for current product: 0.0755
TF-5 Test: Product Index: 2 MaxReleaseProfileUtility: 0.0755 best releaseProfileUtility of all products: 0.0778
TF-5 Test: Timestamp: 601.1400 MaxReleaseProfileUtility over all valid Products 0.0778
TF-5 Test: product: 0 productScore: 1.0000
TF-5 Test: product: 1 productScore: 0.9849
TF-5 Test: product: 2 productScore: 0.9698
TF-3 Test: Release decision no. 564 Timestamp: 947.0700
TF-3 Test: Number of active Jobs: 5
TF-3 Test: Expected number of demand profiles: 24
TF-3 Test: Actual number of demand Profiles: 24
TF-7 Test: Release decision no. 663 Timestamp: 1090.2000
TF-7 Test: Product Index: 1 Job Index: 0 Job ID 7c1b9c51 Delay: 24.70 MaxDelay: 24.70 DueDate Job: 1185 earliest DueDate: 1185 Best Job: 0
TF-7 Test: Product Index: 1 Job Index: 2 Job ID 822b5d69 Delay: 0.00 MaxDelay: 24.70 DueDate Job: 1245 earliest DueDate: 1185 Best Job: 0
TF-7 Test: Product Index: 1 Job Index: 4 Job ID 52b463f2 Delay: 0.00 MaxDelay: 24.70 DueDate Job: 1305 earliest DueDate: 1185 Best Job: 0
TF-7 Test: Product Index: 1 Job Index: 6 Job ID 24fddeff Delay: 0.00 MaxDelay: 24.70 DueDate Job: 1365 earliest DueDate: 1185 Best Job: 0
TF-7 Test: Product Index: 1 Job Index: 8 Job ID 7dd562f3 Delay: 0.00 MaxDelay: 24.70 DueDate Job: 1425 earliest DueDate: 1185 Best Job: 0
TF-7 Test: Product Index: 1 Job Index: 10 Job ID 3552b709 Delay: 0.00 MaxDelay: 24.70 DueDate Job: 1485 earliest DueDate: 1185 Best Job: 0
TF-7 Test: Product Index: 1 Job Index: 12 Job ID 7aedeb5b Delay: 0.00 MaxDelay: 24.70 DueDate Job: 1545 earliest DueDate: 1185 Best Job: 0
TF-7 Test: Product Index: 1 Job Index: 14 Job ID aaa4af9b Delay: 0.00 MaxDelay: 24.70 DueDate Job: 1605 earliest DueDate: 1185 Best Job: 0
TF-7 Test: Product Index: 1 Job Index: 16 Job ID d52e4a93 Delay: 0.00 MaxDelay: 24.70 DueDate Job: 1665 earliest DueDate: 1185 Best Job: 0
TF-7 Test: Product Index: 1 Job Index: 18 Job ID 7d86e81b Delay: 0.00 MaxDelay: 24.70 DueDate Job: 1725 earliest DueDate: 1185 Best Job: 0
TF-7 Test: Product Index: 1 Job Index: 20 Job ID 7acca47a Delay: 0.00 MaxDelay: 24.70 DueDate Job: 1785 earliest DueDate: 1185 Best Job: 0
TF-7 Test: Product Index: 1 Job Index: 22 Job ID 41c8c1b2 Delay: 0.00 MaxDelay: 24.70 DueDate Job: 1845 earliest DueDate: 1185 Best Job: 0
TF-7 Test: Product Index: 2 Job Index: 1 Job ID 28c2ee40 Delay: 7.70 MaxDelay: 7.70 DueDate Job: 1205 earliest DueDate: 1205 Best Job: 1
TF-7 Test: Product Index: 2 Job Index: 3 Job ID 967a6919 Delay: 0.00 MaxDelay: 7.70 DueDate Job: 1265 earliest DueDate: 1205 Best Job: 1
TF-7 Test: Product Index: 2 Job Index: 5 Job ID ed1ae6dd Delay: 0.00 MaxDelay: 7.70 DueDate Job: 1325 earliest DueDate: 1205 Best Job: 1
TF-7 Test: Product Index: 2 Job Index: 7 Job ID fcf5cf69 Delay: 0.00 MaxDelay: 7.70 DueDate Job: 1385 earliest DueDate: 1205 Best Job: 1
TF-7 Test: Product Index: 2 Job Index: 9 Job ID 4f9a1d3e Delay: 0.00 MaxDelay: 7.70 DueDate Job: 1445 earliest DueDate: 1205 Best Job: 1
TF-7 Test: Product Index: 2 Job Index: 11 Job ID 2641b9c7 Delay: 0.00 MaxDelay: 7.70 DueDate Job: 1505 earliest DueDate: 1205 Best Job: 1
TF-7 Test: Product Index: 2 Job Index: 13 Job ID 8042ee1c Delay: 0.00 MaxDelay: 7.70 DueDate Job: 1565 earliest DueDate: 1205 Best Job: 1
TF-7 Test: Product Index: 2 Job Index: 15 Job ID 0b1d80aa Delay: 0.00 MaxDelay: 7.70 DueDate Job: 1625 earliest DueDate: 1205 Best Job: 1
TF-7 Test: Product Index: 2 Job Index: 17 Job ID 1157db2a Delay: 0.00 MaxDelay: 7.70 DueDate Job: 1685 earliest DueDate: 1205 Best Job: 1
TF-7 Test: Product Index: 2 Job Index: 19 Job ID 890f60fa Delay: 0.00 MaxDelay: 7.70 DueDate Job: 1745 earliest DueDate: 1205 Best Job: 1
TF-7 Test: Product Index: 2 Job Index: 21 Job ID d511ed54 Delay: 0.00 MaxDelay: 7.70 DueDate Job: 1805 earliest DueDate: 1205 Best Job: 1
TF-7 Test: Product Index: 2 Job Index: 23 Job ID c83bf397 Delay: 0.00 MaxDelay: 7.70 DueDate Job: 1865 earliest DueDate: 1205 Best Job: 1
TF-7 Test: Product Index: 1 Jobscore:1.00
TF-7 Test: Product Index: 2 Jobscore:0.31
TF-4 Test: Release decision no. 677 Timestamp: 1112.4300
TF-4 Test: Product Standardbatterie is valid
TF-4 Test: Product Leistungsbatterie is valid
TF-4 Test: Released order 822b5d69 Released product Standardbatterie
TF-5 Test: Release decision no. 699 Timestamp: 1155.7200
TF-5 Test: Current Product Index: 1 Number of checked release profile: 1 Utilization for checked Release Profile: 0.1141 new Max Utilization for current product: 0.1141
TF-5 Test: Current Product Index: 1 Number of checked release profile: 2 Utilization for checked Release Profile: 0.1144 new Max Utilization for current product: 0.1144
TF-5 Test: Current Product Index: 1 Number of checked release profile: 3 Utilization for checked Release Profile: 0.1144 new Max Utilization for current product: 0.1144
TF-5 Test: Current Product Index: 1 Number of checked release profile: 4 Utilization for checked Release Profile: 0.1138 new Max Utilization for current product: 0.1144
TF-5 Test: Current Product Index: 1 Number of checked release profile: 5 Utilization for checked Release Profile: 0.1141 new Max Utilization for current product: 0.1144
TF-5 Test: Current Product Index: 1 Number of checked release profile: 6 Utilization for checked Release Profile: 0.1141 new Max Utilization for current product: 0.1144
TF-5 Test: Current Product Index: 1 Number of checked release profile: 7 Utilization for checked Release Profile: 0.1141 new Max Utilization for current product: 0.1144
TF-5 Test: Current Product Index: 1 Number of checked release profile: 8 Utilization for checked Release Profile: 0.1144 new Max Utilization for current product: 0.1144
TF-5 Test: Current Product Index: 1 Number of checked release profile: 9 Utilization for checked Release Profile: 0.1144 new Max Utilization for current product: 0.1144
TF-5 Test: Current Product Index: 1 Number of checked release profile: 10 Utilization for checked Release Profile: 0.1138 new Max Utilization for current product: 0.1144
TF-5 Test: Current Product Index: 1 Number of checked release profile: 11 Utilization for checked Release Profile: 0.1141 new Max Utilization for current product: 0.1144
TF-5 Test: Current Product Index: 1 Number of checked release profile: 12 Utilization for checked Release Profile: 0.1141 new Max Utilization for current product: 0.1144
TF-5 Test: Current Product Index: 1 Number of checked release profile: 13 Utilization for checked Release Profile: 0.1141 new Max Utilization for current product: 0.1144
TF-5 Test: Current Product Index: 1 Number of checked release profile: 14 Utilization for checked Release Profile: 0.1144 new Max Utilization for current product: 0.1144
TF-5 Test: Current Product Index: 1 Number of checked release profile: 15 Utilization for checked Release Profile: 0.1144 new Max Utilization for current product: 0.1144

TF-5 Test: Current Product Index: 1 Number of checked release profile: 16 Utilization for checked Release Profile: 0.1138 new Max Utilization for current product: 0.1144
TF-5 Test: Current Product Index: 1 Number of checked release profile: 17 Utilization for checked Release Profile: 0.1141 new Max Utilization for current product: 0.1144
TF-5 Test: Current Product Index: 1 Number of checked release profile: 18 Utilization for checked Release Profile: 0.1141 new Max Utilization for current product: 0.1144
TF-5 Test: Current Product Index: 1 Number of checked release profile: 19 Utilization for checked Release Profile: 0.1141 new Max Utilization for current product: 0.1144
TF-5 Test: Current Product Index: 1 Number of checked release profile: 20 Utilization for checked Release Profile: 0.1144 new Max Utilization for current product: 0.1144
TF-5 Test: Current Product Index: 1 Number of checked release profile: 21 Utilization for checked Release Profile: 0.1144 new Max Utilization for current product: 0.1144
TF-5 Test: Current Product Index: 1 Number of checked release profile: 22 Utilization for checked Release Profile: 0.1138 new Max Utilization for current product: 0.1144
TF-5 Test: Current Product Index: 1 Number of checked release profile: 23 Utilization for checked Release Profile: 0.1141 new Max Utilization for current product: 0.1144
TF-5 Test: Current Product Index: 1 Number of checked release profile: 24 Utilization for checked Release Profile: 0.1141 new Max Utilization for current product: 0.1144
TF-5 Test: Product Index: 1 MaxReleaseProfileUtility: 0.1144 best releaseProfileUtility of all products: 0.1144
TF-5 Test: Current Product Index: 2 Number of checked release profile: 1 Utilization for checked Release Profile: 0.1130 new Max Utilization for current product: 0.1130
TF-5 Test: Current Product Index: 2 Number of checked release profile: 2 Utilization for checked Release Profile: 0.1133 new Max Utilization for current product: 0.1133
TF-5 Test: Current Product Index: 2 Number of checked release profile: 3 Utilization for checked Release Profile: 0.1133 new Max Utilization for current product: 0.1133
TF-5 Test: Current Product Index: 2 Number of checked release profile: 4 Utilization for checked Release Profile: 0.1126 new Max Utilization for current product: 0.1133
TF-5 Test: Current Product Index: 2 Number of checked release profile: 5 Utilization for checked Release Profile: 0.1130 new Max Utilization for current product: 0.1133
TF-5 Test: Current Product Index: 2 Number of checked release profile: 6 Utilization for checked Release Profile: 0.1130 new Max Utilization for current product: 0.1133
TF-5 Test: Current Product Index: 2 Number of checked release profile: 7 Utilization for checked Release Profile: 0.1130 new Max Utilization for current product: 0.1133
TF-5 Test: Current Product Index: 2 Number of checked release profile: 8 Utilization for checked Release Profile: 0.1133 new Max Utilization for current product: 0.1133
TF-5 Test: Current Product Index: 2 Number of checked release profile: 9 Utilization for checked Release Profile: 0.1133 new Max Utilization for current product: 0.1133
TF-5 Test: Current Product Index: 2 Number of checked release profile: 10 Utilization for checked Release Profile: 0.1126 new Max Utilization for current product: 0.1133
TF-5 Test: Current Product Index: 2 Number of checked release profile: 11 Utilization for checked Release Profile: 0.1130 new Max Utilization for current product: 0.1133
TF-5 Test: Current Product Index: 2 Number of checked release profile: 12 Utilization for checked Release Profile: 0.1130 new Max Utilization for current product: 0.1133
TF-5 Test: Current Product Index: 2 Number of checked release profile: 13 Utilization for checked Release Profile: 0.1130 new Max Utilization for current product: 0.1133
TF-5 Test: Current Product Index: 2 Number of checked release profile: 14 Utilization for checked Release Profile: 0.1133 new Max Utilization for current product: 0.1133
TF-5 Test: Current Product Index: 2 Number of checked release profile: 15 Utilization for checked Release Profile: 0.1133 new Max Utilization for current product: 0.1133
TF-5 Test: Current Product Index: 2 Number of checked release profile: 16 Utilization for checked Release Profile: 0.1126 new Max Utilization for current product: 0.1133
TF-5 Test: Current Product Index: 2 Number of checked release profile: 17 Utilization for checked Release Profile: 0.1130 new Max Utilization for current product: 0.1133
TF-5 Test: Current Product Index: 2 Number of checked release profile: 18 Utilization for checked Release Profile: 0.1130 new Max Utilization for current product: 0.1133
TF-5 Test: Current Product Index: 2 Number of checked release profile: 19 Utilization for checked Release Profile: 0.1130 new Max Utilization for current product: 0.1133
TF-5 Test: Current Product Index: 2 Number of checked release profile: 20 Utilization for checked Release Profile: 0.1133 new Max Utilization for current product: 0.1133
TF-5 Test: Current Product Index: 2 Number of checked release profile: 21 Utilization for checked Release Profile: 0.1133 new Max Utilization for current product: 0.1133
TF-5 Test: Current Product Index: 2 Number of checked release profile: 22 Utilization for checked Release Profile: 0.1126 new Max Utilization for current product: 0.1133
TF-5 Test: Current Product Index: 2 Number of checked release profile: 23 Utilization for checked Release Profile: 0.1130 new Max Utilization for current product: 0.1133
TF-5 Test: Current Product Index: 2 Number of checked release profile: 24 Utilization for checked Release Profile: 0.1130 new Max Utilization for current product: 0.1133
TF-5 Test: Current Product Index: 2 Number of checked release profile: 25 Utilization for checked Release Profile: 0.1130 new Max Utilization for current product: 0.1133
TF-5 Test: Current Product Index: 2 Number of checked release profile: 26 Utilization for checked Release Profile: 0.1133 new Max Utilization for current product: 0.1133
TF-5 Test: Current Product Index: 2 Number of checked release profile: 27 Utilization for checked Release Profile: 0.1133 new Max Utilization for current product: 0.1133
TF-5 Test: Current Product Index: 2 Number of checked release profile: 28 Utilization for checked Release Profile: 0.1126 new Max Utilization for current product: 0.1133
TF-5 Test: Current Product Index: 2 Number of checked release profile: 29 Utilization for checked Release Profile: 0.1130 new Max Utilization for current product: 0.1133
TF-5 Test: Current Product Index: 2 Number of checked release profile: 30 Utilization for checked Release Profile: 0.1130 new Max Utilization for current product: 0.1133
TF-5 Test: Current Product Index: 2 Number of checked release profile: 31 Utilization for checked Release Profile: 0.1130 new Max Utilization for current product: 0.1133
TF-5 Test: Current Product Index: 2 Number of checked release profile: 32 Utilization for checked Release Profile: 0.1133 new Max Utilization for current product: 0.1133
TF-5 Test: Current Product Index: 2 Number of checked release profile: 33 Utilization for checked Release Profile: 0.1133 new Max Utilization for current product: 0.1133
TF-5 Test: Current Product Index: 2 Number of checked release profile: 34 Utilization for checked Release Profile: 0.1126 new Max Utilization for current product: 0.1133

TF-5	Test: Current Product Index: 2 Number of checked release profile: 35 Utilization for checked Release Profile: 0.1130 new Max Utilization for current product: 0.1133
TF-5	Test: Current Product Index: 2 Number of checked release profile: 36 Utilization for checked Release Profile: 0.1130 new Max Utilization for current product: 0.1133
TF-5	Test: Product Index: 2 MaxReleaseProfileUtility: 0.1133 best releaseProfileUtility of all products: 0.1144
TF-5	Test: Timestamp: 1155.7200 MaxReleaseProfileUtility over all valid Products 0.1144
TF-5	Test: product: 1 productScore: 1.0000
TF-5	Test: product: 2 productScore: 0.9899
TF-8	Test: Release decision no. 712 Timestamp: 1174.4400
TF-8	Test: product: 1 isValid: true productScore: 1 jobScore: 0 jobReleaseScore: 1 newHigh: 1 newBestIndex: 1
TF-8	Test: product: 2 isValid: true productScore: 0.9885179672549437 jobScore: 0 jobReleaseScore: 0.9885179672549437 newHigh: 1 new-BestIndex: 1
TF-8	Test: Release Job: 2 of Product: 1
TF-8	Test: Released order 7dd562f3 Released product Standardbatterie
TF-4	Test: Release decision no. 824 Timestamp: 1344.8700
TF-4	Test: Product Leistungsbatterie is valid
TF-4	Test: Released order 2641b9c7 Released product Leistungsbatterie
TF-3	Test: Release decision no. 836 Timestamp: 1363.9800
TF-3	Test: Number of active Jobs: 6
TF-3	Test: Expected number of demand profiles: 54
TF-3	Test: Actual number of demand Profiles: 54
TF-8	Test: Release decision no. 844 Timestamp: 1372.5600
TF-8	Test: product: 2 isValid: true productScore: 1 jobScore: 0 jobReleaseScore: 1 newHigh: 1 newBestIndex: 2
TF-8	Test: Release Job: 0 of Product: 2
TF-8	Test: Released order 0b1d80aa Released product Leistungsbatterie
TF-3	Test: Release decision no. 850 Timestamp: 1380.7500
TF-3	Test: Number of active Jobs: 6
TF-3	Test: Expected number of demand profiles: 243
TF-3	Test: Actual number of demand Profiles: 243
TF-3	Test: Release decision no. 877 Timestamp: 1419.3600
TF-3	Test: Number of active Jobs: 6
TF-3	Test: Expected number of demand profiles: 162
TF-3	Test: Actual number of demand Profiles: 162

Tabelle 9.4: Simulationsergebnisse für Testfall TF-2

Nr.	Auftrags-ID	Produkt	Plan-Fertigstellungs-zeitpunkt	Freigabe-zeitpunkt (ZE)	Fertig-stellungszeit-punkt (ZE)	Durchlauf-zeit (ZE)	Transport-zeit (ZE)	Warte-zeit (ZE)
0	b7c9bcb7	Budgetbatterie	85	0,02	62,52	62,5	3,32	1,28
1	5f1148ad	Standardbatterie	105	0,04	67,68	67,64	2,3	6,44
2	9f1ec343	Budgetbatterie	145	24,46	90,74	66,28	3,38	5,16
3	1faab52e	Budgetbatterie	205	63,1	142,67	79,57	4,42	18,1
4	703b28d2	Standardbatterie	165	63,08	150,08	87	4,31	24,82
5	ffb847e4	Budgetbatterie	265	82,37	157,88	75,51	3,57	15,51
6	f6d79c11	Budgetbatterie	325	89,39	166,85	77,46	4,86	16,23
7	25eb07a1	Budgetbatterie	385	154,37	229,3	74,93	3,82	14,7
8	70b8c3a6	Standardbatterie	225	153,98	246,34	92,36	4,05	30,59
9	5bd3f3bd	Standardbatterie	285	176,21	251,82	75,61	3,94	13,77
10	0e50bfef	Budgetbatterie	445	184,01	266,23	82,22	4,52	21,05
11	2311b9af	Budgetbatterie	505	198,44	273,25	74,81	3,53	14,2
12	aa9a11ef	Budgetbatterie	565	259,6	337,21	77,61	5,07	16,38
13	d7026cb7	Standardbatterie	345	259,21	355,93	96,72	5,46	34,32
14	079a1ff9	Budgetbatterie	625	282,22	362,95	80,73	4,68	19,89
15	3e046dc4	Standardbatterie	405	290,02	371,92	81,9	5,46	19,5
16	cb238db2	Budgetbatterie	685	303,67	389,86	86,19	3,9	26,13
17	09c3dc98	Budgetbatterie	745	359,44	444,07	84,63	5,46	23,01
18	1bc38390	Standardbatterie	465	359,05	451,09	92,04	3,9	31,2
19	c8985e11	Budgetbatterie	805	380,89	459,28	78,39	5,07	17,16
20	e10b60d9	Budgetbatterie	865	388,69	466,3	77,61	3,51	17,94
21	b2db93d8	Budgetbatterie	925	402,73	480,88	78,15	4,36	17,55
22	5e1b091a	Leistungsbatterie	125	18,72	514,87	496,15	2,97	431,41
23	68c67077	Budgetbatterie	985	453,82	525,07	71,25	4,48	9,61
24	00be626b	Standardbatterie	525	453,43	532,09	78,66	3,53	17,09
25	c2b4fcf7	Standardbatterie	585	475,27	548,08	72,81	4,38	10,5
26	15b83000	Budgetbatterie	1045	482,26	555,1	72,84	4,58	11,65
27	541ffd1f	Leistungsbatterie	185	523,51	606,58	83,07	5,46	17,55

28	a80d6a47	Leistungsbatterie	245	523,9	614,77	90,87	4,68	26,13
29	2c84eb1c	Leistungsbatterie	305	546,91	629,98	83,07	5,07	17,94
30	e776ad4b	Leistungsbatterie	365	554,32	638,95	84,63	5,85	18,72
31	dab84467	Leistungsbatterie	425	577,72	661,96	84,24	5,46	18,72
32	b7c827c7	Leistungsbatterie	485	578,11	668,98	90,87	5,07	25,74
33	a7577b47	Leistungsbatterie	545	601,51	684,19	82,68	4,29	18,33
34	4557de91	Leistungsbatterie	605	617,89	702,13	84,24	5,07	19,11
35	10dc59ac	Standardbatterie	645	633,1	716,17	83,07	3,9	22,23
36	a12babf1	Leistungsbatterie	665	649,87	733,72	83,85	5,07	18,72
37	063f9e72	Standardbatterie	705	656,89	740,35	83,46	3,9	22,62
38	d2c8efea	Leistungsbatterie	725	695,11	778,96	83,85	5,46	18,33
39	5ecead42	Standardbatterie	765	704,08	785,98	81,9	3,9	21,06
40	63fdacfc	Standardbatterie	825	734,11	812,5	78,39	5,46	15,99
41	c343962a	Leistungsbatterie	785	733,72	822,25	88,53	4,29	24,18
42	5cb2a0d0	Standardbatterie	885	772,72	851,11	78,39	5,46	15,99
43	2ba3bb9f	Leistungsbatterie	845	772,33	860,08	87,75	3,9	23,79
44	e4bef051	Budgetbatterie	1105	802,75	879,58	76,83	3,9	16,77
45	8627c678	Leistungsbatterie	905	802,36	889,72	87,36	4,29	23,01
46	12e2b009	Budgetbatterie	1165	840,58	917,8	77,22	5,07	15,99
47	f6c9bf23	Standardbatterie	945	840,19	924,82	84,63	3,51	24,18
48	5476e44d	Budgetbatterie	1225	869,83	946,66	76,83	4,29	16,38
49	711951fb	Leistungsbatterie	965	869,44	956,8	87,36	4,29	23,01
50	7755bcd3	Standardbatterie	1005	898,69	977,08	78,39	5,07	16,38
51	85a4001d	Leistungsbatterie	1025	910,78	992,68	81,9	3,9	17,94
52	6f86f364	Budgetbatterie	1285	922,09	999,7	77,61	5,07	16,38
53	41ba0e67	Budgetbatterie	1345	941,59	1019,2	77,61	5,07	16,38
54	0031524b	Standardbatterie	1065	952,12	1028,56	76,44	3,51	15,99
55	1767dfd9	Leistungsbatterie	1085	964,21	1047,67	83,46	5,07	18,33
56	4ddf11b4	Budgetbatterie	1405	985,66	1062,49	76,83	4,29	16,38
57	b9f3cef2	Budgetbatterie	1465	995,02	1083,16	88,14	3,9	28,08
58	69eed6c1	Budgetbatterie	1525	1016,47	1095,25	78,78	3,9	18,72
59	bff00fc3	Standardbatterie	1125	1012,18	1102,27	90,09	3,9	29,25
60	89113531	Leistungsbatterie	1145	1034,41	1117,09	82,68	5,07	17,55
61	6a291dc0	Budgetbatterie	1585	1042,99	1124,11	81,12	4,29	20,67
62	c7922338	Standardbatterie	1185	1088,23	1167,01	78,78	5,46	16,38
63	d1a04837	Leistungsbatterie	1205	1088,62	1176,37	87,75	3,9	23,79
64	c5799e2e	Budgetbatterie	1645	1110,07	1186,12	76,05	3,9	15,99
65	9ce2b5cc	Standardbatterie	1245	1126,45	1203,28	76,83	3,9	15,99
66	36560f8e	Budgetbatterie	1705	1141,66	1219,66	78	5,85	15,99
67	5eaf8e1d	Leistungsbatterie	1265	1153,75	1236,04	82,29	4,29	17,94
68	5378433e	Budgetbatterie	1765	1169,35	1245,4	76,05	3,9	15,99
69	dfc196cd	Budgetbatterie	1825	1184,56	1261,39	76,83	4,29	16,38
70	b491bab0	Standardbatterie	1305	1196,26	1275,04	78,78	4,68	17,16
71	b7537a98	Leistungsbatterie	1325	1206,01	1289,08	83,07	4,68	18,33
72	e680e952	Standardbatterie	1365	1218,49	1297,66	79,17	5,07	17,16
73	a846a8dd	Standardbatterie	1425	1238,38	1315,21	76,83	3,51	16,38
74	1acdfb4f	Standardbatterie	1485	1254,37	1331,59	77,22	4,29	15,99
75	d9487760	Standardbatterie	1545	1262,17	1340,56	78,39	4,29	17,16
76	5f6701bb	Leistungsbatterie	1385	1282,06	1364,74	82,68	4,29	18,33
77	1ca34c35	Standardbatterie	1605	1284,4	1382,29	97,89	3,9	37,05
78	c6aca4df	Standardbatterie	1665	1313,26	1390,87	77,61	4,29	16,38
79	f43c1fe6	Leistungsbatterie	1445	1326,91	1409,98	83,07	4,68	18,33
80	95952df4	Standardbatterie	1725	1335,49	1417,39	81,9	4,68	20,28
81	8f273c2f	Standardbatterie	1785	1381,9	1461,07	79,17	5,07	17,16
82	dc43e5fd	Leistungsbatterie	1505	1382,29	1470,04	87,75	4,29	23,4
83	b4a37794	Standardbatterie	1845	1404,52	1482,13	77,61	3,9	16,77

84	c747b09e	Leistungsbatterie	1565	1420,51	1504,75	84,24	5,46	18,72
85	1a171614	Leistungsbatterie	1625	1435,72	1519,57	83,85	4,68	19,11
86	a916f8d5	Leistungsbatterie	1685	1447,81	1532,44	84,63	6,24	18,33
87	1e44621f	Leistungsbatterie	1745	1463,02	1548,04	85,02	5,46	19,5
88	661479ff	Leistungsbatterie	1805	1470,82	1555,06	84,24	4,68	19,5
89	b90465af	Leistungsbatterie	1865	1486,42	1571,44	85,02	5,46	19,5

Tabelle 9.5: *Simulationsergebnisse für Testfall TF-6 mit veränderten Gewichtungsfaktoren*

Nr.	Auftrags-ID	Produkt	Plan-Fertigstellungszeitpunkt	Freigabezeitpunkt (ZE)	Fertigstellungszeitpunkt (ZE)	Durchlaufzeit (ZE)	Transportzeit (ZE)	Wartezeit (ZE)
0	1da10e96	Budgetbatterie	85	0,02	74,92	74,9	4,42	14,22
1	c47f5c4d	Standardbatterie	105	0,04	83,11	83,07	4,5	21,24
2	f8a5770a	Leistungsbatterie	125	19,54	103,39	83,85	5,07	18,72
3	624bff31	Leistungsbatterie	185	27,34	116,65	89,31	5,07	24,18
4	67c5e605	Budgetbatterie	145	47,62	124,84	77,22	4,68	16,38
5	3b083243	Standardbatterie	165	71,41	150,97	79,56	5,46	17,16
6	c0058dcb	Leistungsbatterie	245	71,8	159,94	88,14	3,9	24,18
7	7fabf782	Budgetbatterie	205	93,64	170,86	77,22	3,9	17,16
8	ee137494	Standardbatterie	225	109,24	188,02	78,78	4,68	17,16
9	5bce2100	Leistungsbatterie	305	124,84	208,3	83,46	5,46	17,94
10	f58d61fa	Leistungsbatterie	365	137,71	220,39	82,68	3,9	18,72
11	881921db	Budgetbatterie	265	152,92	230,92	78	3,9	17,94
12	7b602235	Standardbatterie	285	168,52	245,74	77,22	3,9	16,38
13	f100016f	Leistungsbatterie	425	179,44	262,9	83,46	5,07	18,33
14	353e77be	Leistungsbatterie	485	196,21	279,28	83,07	4,29	18,72
15	4d74c651	Leistungsbatterie	545	202,84	287,86	85,02	5,85	19,11
16	ee05dabc	Budgetbatterie	325	223,9	300,73	76,83	3,9	16,77
17	a5796876	Standardbatterie	345	235,6	314,38	78,78	5,07	16,77
18	ddae0ea9	Leistungsbatterie	605	250,81	335,05	84,24	5,85	18,33
19	bf56aafd	Leistungsbatterie	665	266,41	348,7	82,29	3,9	18,33
20	9b55c133	Budgetbatterie	385	280,06	357,28	77,22	4,68	16,38
21	60b77e7a	Standardbatterie	405	297,22	376	78,78	3,9	17,94
22	48b00ed8	Leistungsbatterie	725	305,41	390,04	84,63	5,85	18,72
23	439a428f	Leistungsbatterie	785	322,96	405,25	82,29	4,29	17,94
24	f6785c54	Budgetbatterie	445	329,2	412,27	83,07	5,07	21,84
25	db8e77c2	Standardbatterie	465	363,52	442,3	78,78	5,07	16,77
26	f45f9754	Leistungsbatterie	845	363,91	451,27	87,36	3,9	23,4
27	de3f16ae	Budgetbatterie	505	398,23	476,62	78,39	5,46	16,77
28	b403cade	Leistungsbatterie	905	402,13	485,98	83,85	4,29	19,5
29	6929810e	Standardbatterie	525	419,68	497,68	78	4,29	16,77
30	79151a73	Leistungsbatterie	965	435,67	519,91	84,24	5,46	18,72
31	3df2b75d	Budgetbatterie	565	451,27	533,95	82,68	4,29	22,23
32	743c8648	Leistungsbatterie	1025	466,87	551,5	84,63	5,85	18,72
33	6ecfb996	Standardbatterie	585	478,96	558,52	79,56	4,29	18,33
34	11fc3e53	Leistungsbatterie	1085	497,68	581,14	83,46	4,68	18,72
35	4639c0ea	Budgetbatterie	625	512,89	589,72	76,83	4,29	16,38
36	0bfb3768	Standardbatterie	645	528,88	608,05	79,17	6,24	15,99
37	6fd9e143	Leistungsbatterie	1145	544,48	631,84	87,36	3,9	23,4
38	99b29213	Leistungsbatterie	1205	553,06	639,25	86,19	5,46	20,67
39	ceefb377	Budgetbatterie	685	574,12	650,17	76,05	3,9	15,99
40	0836aa7e	Leistungsbatterie	1265	585,04	700,09	115,05	5,85	49,14
41	e499dac6	Standardbatterie	705	599,47	724,27	124,8	21,45	46,41
42	3c0824a5	Leistungsbatterie	1325	615,46	742,6	127,14	44,46	22,62
43	e42baea6	Budgetbatterie	745	629,11	755,47	126,36	4,29	65,91

44	6ea3d8e8	Leistungsbatterie	1385	646,27	769,12	122,85	24,18	38,61
45	10ea2f9d	Standardbatterie	765	692,29	779,65	87,36	13,65	16,77
46	b4e5bed5	Budgetbatterie	805	698,53	787,45	88,92	5,85	26,91
47	9858e8fe	Standardbatterie	825	735,58	814,36	78,78	5,85	15,99
48	67487617	Leistungsbatterie	1445	735,97	823,33	87,36	3,9	23,4
49	30b526b5	Budgetbatterie	865	773,8	851,8	78	5,46	16,38
50	10fdac84	Standardbatterie	885	774,19	858,82	84,63	3,9	23,79
51	d43b29d1	Leistungsbatterie	1505	803,05	886,12	83,07	4,29	18,72
52	f455f487	Leistungsbatterie	1565	803,44	893,14	89,7	4,68	24,96
53	73d8a61a	Budgetbatterie	925	826,45	902,89	76,44	3,9	16,38
54	e952a220	Standardbatterie	945	844	921,22	77,22	4,29	15,99
55	eddc2471	Leistungsbatterie	1625	857,26	940,72	83,46	5,46	17,94
56	59a3cc81	Budgetbatterie	985	872,86	949,3	76,44	3,51	16,77
57	96355e5d	Standardbatterie	1005	888,46	965,68	77,22	3,9	16,38
58	8f1b0402	Leistungsbatterie	1685	896,65	979,33	82,68	4,68	17,94
59	d2357b1c	Leistungsbatterie	1745	911,86	994,54	82,68	4,29	18,33
60	fe373198	Leistungsbatterie	1805	920,05	1002,73	82,68	4,68	17,94
61	c721a5c8	Budgetbatterie	1045	942,28	1019,11	76,83	4,29	16,38
62	5866fd22	Standardbatterie	1065	953,2	1032,37	79,17	5,07	17,16
63	8d6f0b05	Leistungsbatterie	1865	967,24	1052,26	85,02	5,85	19,11
64	2cad9bdf	Budgetbatterie	1105	982,45	1059,28	76,83	3,9	16,77
65	f4d7c2a2	Budgetbatterie	1165	998,44	1074,1	75,66	3,9	15,6
66	493a7f72	Standardbatterie	1125	1011,31	1087,75	76,44	3,9	15,6
67	583536a1	Budgetbatterie	1225	1023,01	1101,79	78,78	5,85	16,77
68	7929155d	Budgetbatterie	1285	1033,15	1121,29	88,14	3,9	28,08
69	d87d91eb	Budgetbatterie	1345	1044,46	1141,18	96,72	5,46	35,1
70	8fc2cfa6	Budgetbatterie	1465	1067,08	1148,2	81,12	5,46	19,5
71	df391d3b	Budgetbatterie	1405	1054,6	1155,22	100,62	4,29	40,17
72	2cf6340b	Standardbatterie	1185	1080,73	1162,63	81,9	4,29	20,67
73	d0084004	Standardbatterie	1245	1144,3	1229,32	85,02	4,29	23,79
74	bc5d29e2	Budgetbatterie	1525	1144,69	1236,34	91,65	4,68	30,81
75	7bcb6d49	Budgetbatterie	1585	1166,14	1245,31	79,17	5,46	17,55
76	bfa74070	Budgetbatterie	1645	1173,55	1262,86	89,31	6,24	26,91
77	6bfaad16	Budgetbatterie	1705	1187,59	1269,1	81,51	3,9	21,45
78	2b4e6acc	Standardbatterie	1305	1195	1276,51	81,51	5,85	18,72
79	f77ba0a9	Budgetbatterie	1765	1260,52	1345,54	85,02	4,68	24,18
80	b99e5d9e	Standardbatterie	1365	1260,13	1352,56	92,43	5,46	30,03
81	ff6f6a32	Budgetbatterie	1825	1281,97	1368,94	86,97	3,51	27,3
82	7d29c921	Standardbatterie	1425	1290,16	1375,96	85,8	5,46	23,4
83	19dc4602	Standardbatterie	1485	1303,81	1382,98	79,17	4,68	17,55
84	390bdaf1	Standardbatterie	1545	1312,78	1393,12	80,34	5,85	17,55
85	b9dca3ff	Standardbatterie	1605	1375,18	1462,54	87,36	6,63	23,79
86	bfd870d2	Standardbatterie	1665	1375,57	1469,95	94,38	6,24	31,2
87	c937b6f5	Standardbatterie	1725	1397,8	1478,14	80,34	5,85	17,55
88	23467475	Standardbatterie	1785	1405,6	1485,16	79,56	3,9	18,72
89	d8d9e42b	Standardbatterie	1845	1420,42	1501,93	81,51	5,46	19,11

A.3. Ergebnisse des funktionalen Testings

Tabelle 9.6: Simulationsergebnisse von Testfall TF-9 des Simulationslaufs mit ConWIP-Steuerung

Nr.	Auftrags-ID	Produkt	Plan-Fertig-stellungs-zeitpunkt	Freigabe-zeitpunkt (ZE)	Fertig-stellungszeit-punkt (ZE)	Durchlauf-zeit (ZE)	Transport-zeit (ZE)	Warte-zeit (ZE)
0	f5e2d85a	Standardbatterie	105	0,02	83,18	83,16	4,81	20,83
1	cba60433	Standardbatterie	165	0,04	90,2	90,16	4,5	28,24

2	cdad6bca	Standardbatterie	225	0,06	96,83	96,77	4,65	34,87
3	cc78c749	Budgetbatterie	85	0,1	103,85	103,75	5,07	42,52
4	5a835d70	Leistungsbatterie	125	0,08	110,87	110,79	5,07	45,66
5	abc9b72b	Standardbatterie	285	83,57	160,4	76,83	3,9	15,99
6	4da221b2	Standardbatterie	345	90,59	181,85	91,26	5,46	28,86
7	c82a5985	Standardbatterie	405	104,24	188,87	84,63	4,29	23,4
8	7672d211	Leistungsbatterie	185	97,22	195,89	98,67	6,24	32,37
9	f9b2768e	Leistungsbatterie	245	111,26	203,3	92,04	5,07	26,91
10	81c36d52	Leistungsbatterie	305	160,79	245,03	84,24	4,68	19,5
11	6a0fb5ab	Leistungsbatterie	365	182,24	275,84	93,6	5,46	28,08
12	0caa2169	Budgetbatterie	145	189,26	282,47	93,21	4,29	32,76
13	2c75334c	Standardbatterie	465	196,28	289,88	93,6	6,24	30,42
14	526df4ef	Leistungsbatterie	425	203,69	296,9	93,21	4,68	28,47
15	c3c194ad	Standardbatterie	525	245,42	324,2	78,78	4,29	17,55
16	e4e0c50e	Leistungsbatterie	485	276,23	361,64	85,41	5,85	19,5
17	de1482ff	Standardbatterie	585	282,86	369,05	86,19	4,29	24,96
18	a289e42d	Budgetbatterie	205	290,27	376,07	85,8	4,68	24,96
19	4a7c84fa	Leistungsbatterie	545	297,29	382,7	85,41	4,29	21,06
20	02a9e916	Leistungsbatterie	605	324,59	407,27	82,68	4,29	18,33
21	7df02c45	Budgetbatterie	265	369,44	447,05	77,61	3,9	17,55
22	f11eaccc	Leistungsbatterie	665	362,03	454,07	92,04	5,46	26,52
23	a24d5e97	Budgetbatterie	325	376,46	461,09	84,63	4,68	23,79
24	b48ef4c0	Standardbatterie	645	383,09	468,11	85,02	5,46	22,62
25	bf06eb55	Leistungsbatterie	725	407,66	491,9	84,24	4,68	19,5
26	21c6d24d	Budgetbatterie	385	447,44	532,07	84,63	3,9	24,57
27	be2f870b	Standardbatterie	705	461,48	540,65	79,17	4,68	17,55
28	77b8e9e4	Leistungsbatterie	785	454,46	547,67	93,21	6,63	26,52
29	805b7650	Leistungsbatterie	845	468,5	555,08	86,58	5,07	21,45
30	a2c964d7	Budgetbatterie	445	492,29	570,29	78	4,68	17,16
31	e35464ac	Budgetbatterie	505	532,46	612,02	79,56	4,29	19,11
32	4473546b	Standardbatterie	765	541,04	628,4	87,36	4,29	26,13
33	a4673c1e	Budgetbatterie	565	555,47	635,42	79,95	3,9	19,89
34	c81b82d9	Standardbatterie	825	548,06	642,44	94,38	5,46	31,98
35	5ec2a298	Standardbatterie	885	570,68	649,85	79,17	5,07	17,16
36	3364da2e	Standardbatterie	945	612,41	689,63	77,22	3,9	16,38
37	4276924c	Standardbatterie	1005	628,79	711,08	82,29	4,68	20,67
38	9f55182b	Budgetbatterie	625	635,81	718,1	82,29	5,07	21,06
39	0f87a6ce	Budgetbatterie	685	642,83	725,12	82,29	5,85	20,28
40	c6551e12	Standardbatterie	1065	650,24	732,14	81,9	5,46	19,5
41	cbd92092	Standardbatterie	1125	690,02	769,19	79,17	5,46	16,77
42	3227ff8c	Leistungsbatterie	905	711,47	794,54	83,07	4,68	18,33
43	671620df	Standardbatterie	1185	718,49	801,17	82,68	4,29	21,45
44	627f124c	Budgetbatterie	745	725,51	808,19	82,68	4,68	21,84
45	baac2340	Leistungsbatterie	965	732,53	819,11	86,58	7,02	19,5
46	91c9e804	Leistungsbatterie	1025	769,58	853,43	83,85	5,46	18,33
47	dad47d99	Budgetbatterie	805	801,56	880,73	79,17	5,07	17,94
48	4b764a69	Leistungsbatterie	1085	794,93	888,14	93,21	5,46	27,69
49	bd9f89fe	Standardbatterie	1245	808,58	895,16	86,58	5,07	24,57
50	6e8b84a1	Leistungsbatterie	1145	819,5	904,52	85,02	6,24	18,72
51	430483aa	Budgetbatterie	865	853,82	930,26	76,44	3,9	16,38
52	ad08a366	Budgetbatterie	925	881,12	965,36	84,24	3,9	24,18
53	fa84916a	Standardbatterie	1305	888,53	972,38	83,85	5,85	21,06
54	5b0336b7	Budgetbatterie	985	895,55	979,4	83,85	5,07	22,62
55	b6813672	Standardbatterie	1365	904,91	986,42	81,51	5,07	19,5
56	ed9c00dc	Budgetbatterie	1045	930,65	1009,43	78,78	5,46	17,16
57	9e0a4447	Budgetbatterie	1105	965,75	1044,14	78,39	4,29	17,94

58	9d393ac5	Standardbatterie	1425	972,77	1052,72	79,95	5,07	17,94
59	475e8c1f	Budgetbatterie	1165	979,79	1059,35	79,56	5,07	18,33
60	9884eda9	Budgetbatterie	1225	986,81	1066,37	79,56	5,85	17,55
61	88909dbf	Budgetbatterie	1285	1009,82	1086,26	76,44	4,68	15,6
62	72f87038	Leistungsbatterie	1205	1044,53	1129,16	84,63	5,46	19,11
63	cf638661	Leistungsbatterie	1265	1053,11	1136,18	83,07	4,29	18,72
64	d2078689	Budgetbatterie	1345	1059,74	1143,2	83,46	5,07	22,23
65	6129b360	Leistungsbatterie	1325	1066,76	1156,07	89,31	4,68	24,57
66	447226dd	Leistungsbatterie	1385	1086,65	1170,89	84,24	5,07	19,11
67	21ee2384	Budgetbatterie	1405	1129,55	1211,06	81,51	3,9	21,45
68	77e37e33	Standardbatterie	1485	1136,57	1218,08	81,51	5,85	18,72
69	26404753	Budgetbatterie	1465	1143,59	1224,71	81,12	5,46	19,5
70	2402784a	Standardbatterie	1545	1156,46	1235,63	79,17	4,29	17,94
71	c4a71e23	Leistungsbatterie	1445	1171,28	1256,69	85,41	6,24	19,11
72	0fc4a036	Leistungsbatterie	1505	1211,45	1296,47	85,02	6,24	18,72
73	1da2c3f2	Budgetbatterie	1525	1218,47	1303,49	85,02	3,51	25,35
74	f8308d77	Budgetbatterie	1585	1225,1	1310,51	85,41	4,68	24,57
75	f7abd732	Budgetbatterie	1645	1236,02	1317,53	81,51	4,29	21,06
76	5ee26049	Standardbatterie	1605	1257,08	1334,69	77,61	4,29	16,38
77	d6ba7081	Standardbatterie	1665	1303,88	1383,05	79,17	3,9	18,33
78	6e15ed86	Leistungsbatterie	1565	1296,86	1389,68	92,82	6,63	26,13
79	c1af03e0	Standardbatterie	1725	1310,9	1396,7	85,8	5,07	23,79
80	63ab1d55	Leistungsbatterie	1625	1317,92	1403,72	85,8	4,68	21,06
81	e2e6d77d	Leistungsbatterie	1685	1335,08	1421,27	86,19	6,24	19,89
82	5f52e985	Budgetbatterie	1705	1383,44	1466,51	83,07	4,29	22,62
83	0f275a3e	Leistungsbatterie	1745	1390,07	1475,09	85,02	5,46	19,5
84	4f10b246	Standardbatterie	1785	1397,09	1482,5	85,41	6,63	21,84
85	171bede6	Budgetbatterie	1765	1404,11	1489,52	85,41	4,29	24,96
86	4060404a	Budgetbatterie	1825	1421,66	1500,44	78,78	5,07	17,55
87	a7e3aa18	Leistungsbatterie	1805	1466,9	1553,48	86,58	3,9	22,62
88	4803e0d8	Standardbatterie	1845	1475,48	1561,28	85,8	6,24	22,62
89	b854cd83	Leistungsbatterie	1865	1482,89	1567,91	85,02	5,07	19,89

Tabelle 9.7: Simulationsergebnisse von Testfall TF-10 mit angepasster Konfiguration

Nr.	Auftrags-ID	Produkt	Plan-Fertig-stellungs-zeitpunkt	Freigabe-zeitpunkt (ZE)	Fertig-stellungszeit-punkt (ZE)	Durchlauf-zeit (ZE)	Transport-zeit (ZE)	Warte-zeit (ZE)
0	45c5b235	Budgetbatterie	85	0,02	83,15	83,13	4,79	20,09
1	3a73f19e	Standardbatterie	105	0,04	90,17	90,13	5,28	25,51
2	bfb2a1ff	Leistungsbatterie	125	19,58	101,09	81,51	3,9	17,55
3	3aebb791	Budgetbatterie	145	27,38	110,84	83,46	6,63	18,72
4	4e19de2c	Standardbatterie	165	47,66	131,12	83,46	5,07	19,5
5	dc321457	Budgetbatterie	205	50,39	149,45	99,06	4,29	36,66
6	bb8b3f96	Leistungsbatterie	185	75,74	159,2	83,46	4,29	19,11
7	544534ab	Budgetbatterie	265	90,17	172,07	81,9	5,85	17,94
8	f159d680	Budgetbatterie	325	99,53	192,35	92,82	4,68	30,03
9	aa241be2	Standardbatterie	225	111,62	199,37	87,75	4,68	24,18
10	aa980725	Budgetbatterie	385	120,98	206,39	85,41	5,07	22,23
11	15d38450	Leistungsbatterie	245	137,36	221,6	84,24	5,46	18,72
12	2acd873c	Budgetbatterie	445	147,11	228,62	81,51	3,9	19,5
13	16acb027	Standardbatterie	285	191,96	276,98	85,02	6,63	19,5
14	0e752a12	Leistungsbatterie	305	192,35	284	91,65	5,07	26,52
15	0a4f1513	Budgetbatterie	505	214,58	299,99	85,41	5,46	21,84
16	7ac3d170	Budgetbatterie	565	222,38	306,62	84,24	5,07	21,06
17	be631ffa	Standardbatterie	345	236,03	319,1	83,07	4,68	19,5

18	a3718059	Leistungsbatterie	365	246,56	332,36	85,8	6,24	19,5
19	ba419e4c	Budgetbatterie	625	269,57	351,08	81,51	4,68	18,72
20	96639961	Budgetbatterie	685	269,96	359,66	89,7	5,07	26,52
21	77ab1da9	Standardbatterie	405	292,19	373,7	81,51	4,29	18,33
22	89fb9310	Budgetbatterie	745	299,21	381,5	82,29	5,85	18,33
23	5f377f64	Budgetbatterie	805	323,39	406,46	83,07	5,46	19,5
24	e46c3cc1	Leistungsbatterie	425	323	413,48	90,48	4,29	26,13
25	e4b9f6e6	Standardbatterie	465	346,01	427,91	81,9	4,29	18,72
26	33c16d60	Budgetbatterie	865	361,61	442,34	80,73	4,68	17,94
27	4a5a7acf	Leistungsbatterie	485	377,21	461,45	84,24	5,46	18,72
28	79d87f99	Budgetbatterie	925	394,37	479,78	85,41	4,29	23,01
29	8,754E+68	Budgetbatterie	985	400,61	487,19	86,58	6,24	22,23
30	675285f9	Standardbatterie	525	415,82	499,28	83,46	4,68	19,89
31	02d7ec26	Leistungsbatterie	545	424,01	509,03	85,02	5,85	19,11
32	2f9f8ca6	Budgetbatterie	1045	449,36	532,82	83,46	5,85	19,5
33	b562340f	Budgetbatterie	1105	449,75	539,84	90,09	4,29	27,69
34	c1ec499d	Standardbatterie	585	471,59	553,88	82,29	4,29	19,11
35	f3fbee08	Budgetbatterie	1165	478,22	560,9	82,68	4,68	19,89
36	99853178	Budgetbatterie	1225	503,18	585,47	82,29	6,24	17,94
37	bf747542	Leistungsbatterie	605	502,79	592,49	89,7	3,9	25,74
38	a8bdcb11	Standardbatterie	645	525,02	607,31	82,29	4,29	19,11
39	c35315d1	Budgetbatterie	1285	541,4	622,91	81,51	4,29	19,11
40	512580ae	Leistungsbatterie	665	555,44	639,68	84,24	5,07	19,11
41	d2678fab	Budgetbatterie	1345	578,45	661,52	83,07	5,46	19,5
42	12eddd3a	Budgetbatterie	1405	578,84	668,15	89,31	5,07	26,13
43	8d51e877	Standardbatterie	705	600,29	682,58	82,29	4,29	19,11
44	14c28b9b	Leistungsbatterie	725	608,09	692,33	84,24	5,46	18,72
45	48673c1e	Budgetbatterie	1465	622,52	703,64	81,12	4,29	18,72
46	12954178	Budgetbatterie	1525	631,49	723,53	92,04	5,07	28,86
47	d7e8c7e6	Standardbatterie	765	655,67	743,42	87,75	4,29	24,57
48	cc8676cd	Budgetbatterie	1585	656,06	750,44	94,38	4,29	31,98
49	35a3af9a	Budgetbatterie	1645	685,31	766,04	80,73	4,29	18,33
50	631ad674	Leistungsbatterie	785	684,92	773,84	88,92	4,68	24,18
51	ee7fb8e5	Standardbatterie	825	714,56	797,24	82,68	5,07	18,72
52	d46a0e13	Budgetbatterie	1705	738,35	819,08	80,73	4,29	18,33
53	48919bce	Leistungsbatterie	845	737,96	826,1	88,14	4,68	23,4
54	6bfd42b4	Budgetbatterie	1765	759,8	847,94	88,14	5,46	24,57
55	b75fd968	Standardbatterie	885	766,82	860,03	93,21	5,46	28,86
56	1df816f6	Budgetbatterie	1825	781,25	867,05	85,8	5,85	21,84
57	7324cac5	Leistungsbatterie	905	790,61	874,07	83,46	4,29	19,11
58	ae4d4599	Budgetbatterie	1885	813,62	894,35	80,73	4,29	18,33
59	232e12eb	Budgetbatterie	1945	814,01	901,37	87,36	4,29	24,96
60	9d7eab87	Standardbatterie	945	853,01	935,3	82,29	5,46	17,94
61	b3d9e53b	Leistungsbatterie	965	853,4	942,32	88,92	3,9	24,96
62	9bc48882	Budgetbatterie	2005	882,26	962,99	80,73	4,29	18,33
63	2f5696f2	Budgetbatterie	2065	882,65	971,18	88,53	5,07	25,35
64	bb336a6a	Standardbatterie	1005	934,91	1017,98	83,07	6,24	17,94
65	902efbe2	Leistungsbatterie	1025	935,3	1024,61	89,31	4,68	24,57
66	6499c772	Standardbatterie	1065	957,53	1046,84	89,31	5,07	25,35
67	37d8560e	Leistungsbatterie	1085	965,33	1060,49	95,16	6,24	28,86
68	3c23d5fe	Budgetbatterie	2125	988,73	1069,46	80,73	4,29	18,33
69	280047de	Standardbatterie	1125	989,12	1077,26	88,14	5,07	24,18
70	d8e13b01	Standardbatterie	1185	1010,18	1094,42	84,24	5,46	19,89
71	9b89424a	Standardbatterie	1245	1017,2	1101,44	84,24	5,46	19,89
72	ab7d3d09	Standardbatterie	1305	1065,17	1149,02	83,85	5,85	19,11
73	b4fed1c9	Leistungsbatterie	1145	1064,78	1155,65	90,87	4,68	26,13

74	9403213a	Leistungsbatterie	1205	1087,4	1172,42	85,02	6,24	18,72
75	efb50b18	Standardbatterie	1365	1095,2	1179,44	84,24	3,9	21,45
76	eeb70df8	Standardbatterie	1425	1119,38	1201,67	82,29	4,68	18,72
77	1fdd8295	Standardbatterie	1485	1119,77	1208,3	88,53	4,68	24,96
78	237d7cf8	Standardbatterie	1545	1141,61	1222,73	81,12	4,29	17,94
79	4d2f361e	Standardbatterie	1605	1172,81	1255,49	82,68	5,85	17,94
80	f3ecd5a8	Leistungsbatterie	1265	1172,42	1262,9	90,48	5,07	25,35
81	afd9b453	Standardbatterie	1665	1196,21	1280,06	83,85	6,24	18,72
82	729ba7c5	Leistungsbatterie	1325	1202,45	1295,27	92,82	3,9	28,86
83	233ff939	Standardbatterie	1725	1226,63	1310,09	83,46	5,85	18,72
84	16dcf5a2	Standardbatterie	1785	1227,02	1317,11	90,09	5,46	25,74
85	3b813075	Standardbatterie	1845	1248,47	1331,54	83,07	5,07	19,11
86	72becab4	Standardbatterie	1905	1256,27	1339,34	83,07	5,07	19,11
87	74727527	Leistungsbatterie	1385	1271,09	1355,33	84,24	4,29	19,89
88	835b47cc	Standardbatterie	1965	1282,79	1377,17	94,38	5,46	30,03
89	304e853e	Standardbatterie	2085	1305,02	1391,99	86,97	4,68	23,4
90	2e1869f6	Standardbatterie	2025	1303,85	1399,01	95,16	4,29	31,98
91	ae807674	Leistungsbatterie	1445	1326,47	1409,54	83,07	5,07	17,94
92	a6eba3ff	Standardbatterie	2145	1333,49	1416,56	83,07	4,68	19,5
93	a6cdbe16	Leistungsbatterie	1505	1384,97	1471,55	86,58	5,46	21,06
94	f13a72cc	Leistungsbatterie	1565	1385,36	1478,57	93,21	5,46	27,69
95	e73fb266	Leistungsbatterie	1625	1408,37	1491,44	83,07	4,68	18,33
96	166acdd4	Leistungsbatterie	1685	1416,56	1500,8	84,24	5,85	18,33
97	7ee1d1f0	Leistungsbatterie	1745	1436,84	1520,3	83,46	5,46	17,94
98	32da1340	Leistungsbatterie	1805	1439,57	1527,32	87,75	4,68	23,01
99	a5511bba	Leistungsbatterie	1865	1467,65	1549,94	82,29	4,29	17,94
100	8414531b	Leistungsbatterie	1925	1468,04	1557,74	89,7	4,68	24,96
101	9805a9b3	Leistungsbatterie	1985	1491,05	1573,34	82,29	4,29	17,94
102	d676dffb	Leistungsbatterie	2045	1507,82	1596,35	88,53	4,68	23,79
103	b8bc2253	Leistungsbatterie	2105	1521,86	1606,1	84,24	5,46	18,72
104	5c3117a6	Leistungsbatterie	2165	1537,46	1620,92	83,46	5,07	18,33

In der Reihe **Ergebnisse aus der Produktionstechnik** zuletzt erschienen:

Schukat, Esben:
Kapazitätsorientierte Auftragsfreigabe in matrixstrukturierten Montagesystemen
ISBN: 978-3-98555-189-9
Erscheinungsdatum: 20.02.2024

Metzmacher, Amelie Isabel:
Beschäftigungsfähigkeit im produzierenden Sektor – Entwicklung des Predictive Model of Industrial Employability
ISBN: 978-3-98555-201-6
Erscheinungsdatum: 13.02.2024

Olivier, Marcel:
Abtragmechanismen beim drahtfunkenerosiven Bearbeiten elektrisch leitfähiger Keramiken im kohlenwasserstoffbasierten Dielektrikum
ISBN: 978-3-98555-200-9
Erscheinungsdatum: 30.01.2024

Landwehr, Markus:
Modellierung und Vorhersage des eigenspannungsbedingten Bauteilverzugs bei der Fräsbearbeitung
ISBN: 978-3-98555-194-1
Erscheinungsdatum: 09.01.2024

Goergen, Fabian:
Analogieversuch zur Erzeugung von Zahnflankenbrüchen an Stirnrädern
ISBN: 978-3-98555-191-0
Erscheinungsdatum: 11.12.2023

Ochel, Janis:
Datengetriebene Strukturierung von NC-Zerspanprozessen
ISBN: 978-3-98555-204-7
Erscheinungsdatum: 14.02.2024

Schulz, Malena:
Digital Twin Methodology for the Automated Fiber Placement with In-situ Consolidation of Thermoplastic Tape
ISBN: 978-3-98555-195-8
Erscheinungsdatum: 30.01.2024

Schweins, Julian:
Datengestützte Gestaltung des nachhaltigen Werkzeuglebenszyklus
ISBN: 978-3-98555-197-2
Erscheinungsdatum: 22.01.2024

Ecker, Christian:
Flexible Inbetriebnahme roboterbasierter Montagesysteme durch Prozessdemonstration
ISBN: 978-3-98555-189-7
Erscheinungsdatum: 11.12.2023

Padberg, Melanie:
Ansätze der inhärent sicheren Konstruktion modifizierbarer, cyberphysischer Produktionssysteme
ISBN: 978-3-98555-184-2
Erscheinungsdatum: 07.12.2023

Edition Wissenschaft
Apprimus

Studerus, Bastian:
Gestaltung von Kooperationen zwischen Technologiekonzernen und Start-ups
ISBN: 978-3-98555-186-6
Erscheinungsdatum: 04.12.2023

Riedel, Jörn:
Scannendes Verfahren zur flexiblen Messung asphärischer Optiken
ISBN: 978-3-98555-177-4
Erscheinungsdatum: 31.10.2023

Buckhorst, Armin Friedrich:
Planung und Steuerung von Abläufen in linienlosen mobilen Montagesystemen
ISBN: 978-3-98555-174-3
Erscheinungsdatum: 26.09.2023

Schwarberg, Annika:
Identifizierung von Innovationspotenzialen durch die Analyse von Produktnutzungsinformationen
ISBN: 978-3-98555-169-9
Erscheinungsdatum: 17.08.2023

Müller, Ulrich:
Material Removal and Grinding Wheel Wear Mechanisms during Grinding of Polycrystalline Cubic Boron Nitride
ISBN: 978-3-98555-163-7
Erscheinungsdatum: 01.08.2023

Vogel, Paul-Alexander:
Entwicklung eines Prozessmodells für die nicht-isotherme vakuumunterstützte Dünnglasumformung
ISBN: 978-3-98555-140-8
Erscheinungsdatum: 21.06.2023

Wlecke, Shari:
Industrialisierung hochiterativ entwickelter Produkte
ISBN: 978-3-98555-171-2
Erscheinungsdatum: 13.11.2023

Müller, Clemens:
Elektrische Widerstandserwärmung von Blechwerkstoffen zur Steigerung der Umformbarkeit
ISBN: 978-3-98555-175-0
Erscheinungsdatum: 16.10.2023

Scheuer, Thomas:
Fähigkeitsbündel zur Steigerung der Arbeitsproduktivität für intelligente produzierende Unternehmen
ISBN: 978-3-98555-173-6
Erscheinungsdatum: 25.09.2023

Heutmann, Timo:
Proactive Production Control for a Synchronized Tool Production
ISBN: 978-3-98555-164-4
Erscheinungsdatum: 03.08.2023

Schroers, Marius:
Gehörbezogene Auslegung zweistufiger Getriebe unter Berücksichtigung dynamischer Anregungseffekte
ISBN: 978-3-98555-165-1
Erscheinungsdatum: 01.08.2023

Chavan, Prateek:
Substructuring Methods for Efficient Prediction of Spindle-Holder-Tool Assembly Dynamics
ISBN: 978-3-98555-160-6
Erscheinungsdatum: 05.06.2023

Edition Wissenschaft
Apprimus

Zeitfracht Medien GmbH
Ferdinand-Jühlke-Straße 7
99095 Erfurt, Deutschland
produktsicherheit@kolibri360.de